目 录

序言
前言

综合篇

亲历七十年城市发展巨变

导语： 共和国迎来 70 年华诞。面对今天巍峨雄丽的城市、现代交通、优良环境、崭新面貌和小康生活，作为与共和国城市发展建设同呼吸、共命运、经风雨、相成长的亲历者和过来人，喜视大步前进的惊人巨变，无限感慨，不由得思绪万千、心潮澎湃，欣然命笔，回忆那亲身经历过的难忘旅程和城市变化，赞颂那得来不易的伟大成就和改革开放的变革精神，情不自禁，引以为自豪和欣慰。

一、第一个十年城市苏醒

1949 年 10 月 1 日中华人民共和国成立，伴随五星红旗迎风飘扬，祖国人民要在满目疮痍、残垣断壁、一穷二白的基础上，鼓足干劲、力争上游、多快好省地建设社会主义。1950 年代，百废俱兴，凤凰涅槃，生龙活虎，热血沸腾，人民以极大的努力投入到打翻身仗的建设中。时年少，上学堂，好猎奇，常在老家太原城里东张西望，看到 1949 年 4 月 24 日人民解放军攻克城池、解放太原时炮轰成豁口的东古城墙被拆除了，开建东门外的建设路；又看到大南门的南古城墙被拆除了，开建迎泽大街，在原古城墙对面的乱石荒滩上建设迎泽公园，在迎泽大街东端建设火车站，在迎泽大街西端兴建迎泽大桥，迎泽大桥西建起了太原工学院等。还看到大东门街、杏花岭街、桥头街、柳巷、五一路的老城演变，以及迎泽大街两侧高楼崛起，迎泽宾馆、晋阳饭店、并州饭店、劳动人民文化宫，以及五一路百货大楼、解放路百货商场、五一电影院、长风剧场、宽银幕电影院、杏花岭体育场等的建设，再加上大片职工住宅楼的兴建，与砖瓦房街巷和多层小楼组合成的老城区融为一体，给城市增加了新的设施、新的功能、新的血液，形成了新的面貌，焕发呈现出城市苏醒、伸腰展臂、抖擞精神、生气勃勃的活力。尤其是第一个五年计划期间 156 项重点建设工程安排在太原的工业项目得到落实，建起了太原化工厂等，在河西区布置了工业区，以及城北部太原钢铁厂、机械厂、机床厂的发展，再加上东西两山煤矿大量增产和发展，使太原初步构建成一座重工业城市，旧貌换新颜，展示了经过 10 年奋斗所取得的可喜成就。

太原又称晋阳、并州、龙城，有山有水，人杰地灵，从历史上看，曾是古代的三朝都城和六朝陪都，李世民父子从晋阳起兵，建立大唐王朝，李世民称太原为"王业所基，国之根本"。自古留存的蒙山大佛、天龙山石窟、晋祠、文庙崇善寺，狄公（仁杰）故里、纯阳宫、双塔寺等名胜古迹，是历史文化悠久的见证。近代遭受近百年外患侵略、抗日战争和国内战争，城市败落不堪，新中国成立后迎来新生。枯木逢春，从沉重苦难中站立起来的太原人民，在中国共产党的领导下，怀着美好的愿望，自力更生，艰苦奋斗，排除万难，一往无前，激发出巨大力量，是短短10年城市发展建设打好翻身仗的内在原因和动力源泉。

二、第二个十年城市受挫

正当我国人民在打好翻身仗基础上，庆祝十年的丰功伟绩，意气风发去争取更大胜利的时候，1960年代初，遭遇了三年困难时期，自然灾害和人为失误，带来经济不振、物质匮乏、物价高涨，牵制了城市发展建设的前进步伐。当刚刚有所缓解之后，1966年史无前例的"文化大革命"爆发，到处掀起批斗会，发展到红卫兵、造反派、战斗队、大串联，甚至打砸抢，造成社会混乱，虽然喊着"抓革命、促生产"的口号，实际上严重影响生产秩序，经济发展停滞不前，城市建设踟蹰难行，而且借"破四旧"，对历史文化遗产肆意破坏，致使城市发展建设蒙受挫折，一蹶不振。其时，我大学毕业分配到兰州工作。这是一座位于大西北"两山夹一川"的带状城市，于第一个五年计划期间，在西固区建起兰炼、兰化厂，在十里河区建起兰石厂等，成为新型重化工业城市，随之城市发展很快，人口猛增，楼房很多，市场繁荣，在城关区建设了五泉山公园、白塔山公园和5km长的黄河滨河路带状公园等，彻底改变了新中国成立前荒山秃岭、城垣破旧的面貌。兰州市城市总体规划（1954—1974年）是我国第一个五年计划期间第一批被国务院批准实施的城市总规，因此，兰州是严格按照规划建设起来的典型城市。可是，由于遭受"文化大革命"的冲击，兰州城市规划局撤销，干部下放，规划废弛，城市规划管理失控，造成城市建设工程项目盲目上马、混乱建设，在西固区建起了西固农药厂、天津制药厂等，排放弥漫难闻的气味；在城关区东部（上风向）建起了东岗钢铁厂，给城关区带来严重污染；在雁滩地区建起了造纸厂，污水排入黄河河道，污染水体；在五泉山公园大门口建起了污染工厂，影响景观与环境；在旧城区内建起了兰州铸造厂、广武门化工厂等，给居民区带来噪声影响和安全隐患；在白塔山公园东段建起了庞大楼房，遮挡白塔山公园特色景观；在西关什字广场边缘建起了"干打垒"的多层住宅楼，与周边环境格格不入；更可笑的是，以影响滨河路南市政府（当年革委会）领导安全为由，下令必须剪掉黄河滨河路带状公园邻马路的绿篱墙下部枝叶（避免藏坏人），于是出现"绿篱柏树脱裤子"的奇观。所见所闻，"文化大革命"诋毁城市规划，不按规划布局，任由权势者点头"规划"、跺脚"定点"、见缝插针、我行我素、盲目建设、管理失控、造成危害的事实是不少的。它使城市规划受挫，使科学合理地安排城市建设项目受挫，使人们对建设美好城市家园的期待受挫，给城市的发展建设带来难以挽回的损失和负面影响。

三、第三个十年城市回暖

"文化大革命"延续到 1970 年代初，给我国城市规划、建设、管理所造成的冲击、干扰和破坏，再加上"先生产、后生活"的错误做法，把城市发展建设项目列为"非生产性建设项目"，很少投资，尽量取消，致使城市居民住房严重不足，公共服务设施和市政公用设施短缺，城市道路开拓建设乏力和年久失修，交通紧张等，引起全社会的关注和反思，反映强烈。1971 年始，为解决居民住房问题，北京决定以住宅建设为主，结合前门大街改造和商业点合理调整，统一规划安排兴建前三门大街。这一做法，起到了面对城市发展建设已存在的"条条"与"块块"矛盾，"骨头"与"肉"的关系失调，城市基础设施和社会福利设施"欠账"问题，有所认识、有所重视、有所纠偏的作用，松动了对于城市发展建设项目"冷漠"对待的局面。1973 年，原兰州市规划管理局副局长任震英从"牛棚"复职，他随即提出：兰州应当编制新的城市总体规划。1974 年，甘肃省暨兰州市修改总体规划领导小组成立，由任震英主持规划修编工作。1975 年初，我奉命参加了兰州市新的总体规划编制的全过程。1978 年，城市总体规划方案正式完成。当年中共十一届三中全会后，国务院决定召开第三次全国城市工作会议，强调了城市在国民经济社会发展中的重要地位与作用，强调了城市规划的重要性，要求全国各地城市都要编制和修订城市规划，决定 47 个城市试行每年从上年工商利润中提出 5% 作为城市维护和建设资金，并决定由国家拨出一定款项补助城市住宅建设和维护资金。这次会议，打破了"文化大革命"给城市发展建设所戴上的桎梏，使我国城市发展建设步入一个崭新的阶段，成为一次历史性的转折。《中共中央关于加强城市建设工作的意见》指出："今后要有步骤地推行民用建筑实现统一规划、统一投资、统一计划、统一施工、统一分配、统一管理"。这"六统一"方针，对促进城市各项建设能够按照城市规划合理布局和安排，充分发挥各项公共服务设施和市政公用设施的作用，变分散建设为成片建设，起到了非常重要的作用。1979 年 10 月 29 日，国务院批准了兰州市城市总体规划（1978—2000 年），兰州成为十一届三中全会后国务院第一个批准新修订的城市总体规划的城市。各地城市相继开展新的城市总体规划编制工作，按照城市规划进行城市各项建设和管理，各项工作重新迈上正常轨道。我国城市发展建设形势回暖，沐浴着改革开放的春风，拨乱反正，解放思想，开拓前进，使得我国城市规划、建设、管理领域呈现一派新的气象。

四、第四个十年城市振兴

　　1949 年以来中国的城市发展建设历程，经过 30 年来正反两个方面的不同遭遇和实践对比，效果是明显的，教训是深刻的，付出挫折和创伤代价得来的经验，证明了城市地位与作用的不可低估性和城市规划的重要意义，以及按照城市规划进行各项城市建设和管理的必要性和迫切性。进入 1980 年代，国家针对城市规划、建设、管理领域出台了一系列方针、政策、指导思想和重要举措，营造了大好形势和振兴局面。1980 年，国家建委召开全国城市规划工作会议，提出"控制大城市规模，合理发展中等城市，积极发展小城市"的城市发展基本方针，国务院批转的《全国城市规划工作会议纪要》明确指出"城市市长的主要职责，是把城市规划、建设和管理好"，要求城市政府和市长将主要精力转移到把城市规划、建设、管理作为一项政府职能而且是主要职能来抓，为城市能够全面、合理、有目标、有步骤地健康发展创造重要条件。同年，中央书记处对北京市工作方针提出四条建议，要求北京建设成为社会秩序、城市环境、科技文化一流的城市，不仅确定了北京城市发展建设的大方向，同时对全国其他城市的发展建设都有借鉴意义。在社会层面，《建筑师》杂志第 5 期发表《城市要发展，特色不能丢》的呼吁文章，引起一定反响。1981 年，国家基本建设委员会、国家文物事业管理局、国家城市建设总局联合向国务院上报《关于保护我国历史文化名城的请示》，1982 年 2 月国务院批转请示报告，公布了第一批国家历史文化名城名单（共 24 座城市），拉开了我国关于历史文化名城申报、保护和管理工作的序幕。1983 年，国务院召开第二次全国环境保护会议，要求"经济建设、城乡建设和环境建设同步进行，同步实施，同步发展，做到经济效益、社会效益、环境效益的统一"。1984 年中共十二届三中全会通过的《关于经济体制改革的决定》，要求"充分发挥城市的中心作用"，于是"认识城市的中心地位，发挥城市的主导作用"成为全社会的共识。同年国务院颁发《城市规划条例》，从此我国城市规划、建设、管理领域有了行政法规，迈开了法制化步伐。同年中共中央和国务院作出进一步办好特区和开放 14 个沿海港口城市的决定，我国 4 个经济特区和 14 个沿海开放城市率先步入城市规划、建设、管理创新发展新阶段。在建设部系统方面，1982 年恢复成立中国城市规划设计研究院，不久即承担了深圳特区城市总体规划编制工作；1983 年 10 月成立全国市长培训中心，主要负责对我国设市城市的市长、副市长开展城市规划、建设、管理内容为主的短期培训；1984 年 1 月成立中国城市科学研究会，揭开我国城市科学研究新篇章，研究城市科学的意义和作用，旨在发展城市科学，科学发展城市。1986 年六届全国人大第四次会议通过制定《城市规划法》的议案，国务院法制局决定由建设部牵头再次组织起草《城市规划法（草案）》。斯年，我调入建设部城市规划司，直接参加了《城市规划法（草案）》初稿、讨论稿、修改稿、送审稿的起草。1989 年 12 月 26 日经七届全国人大第十一次会议通过，同日颁布了《城市规划法》。《城市规划法》的颁布实施，成为中华人民共和国建立以来第一部关于城市规划、城市建设和发展全局的基本法，以法律形式规定了城市规划的地位与作用，载明"城市规划区内的土地利用和各项建设必须符合城市规划，服从规划管理"，并明确了实行"一书两证"制度（建设项目选址意见书、建设用地规划许可证、建设工程规划许可证），标志着城市规划产生划时代的鼎立、升格和变革，使得我国城市规划、建设、管理进入依法行政的新时期。1980 年代成为我国城市发展建设的改革、开放、创新、进步直到颁布《城市规划法》、有了法律保障的关键年代，不仅使城市振兴，更为今后的科学、合理、快速发展奠定了坚厚的基础。

五、第五个十年城市雄起

乘着《城市规划法》颁布实施的春风，建设部城市规划司及时编制出版了《城市规划法解说》，提出以《城市规划法》为中心，建立健全包括法律、行政法规、部门规章、地方性法规、地方政府规章等在内的城市规划法规体系，并为构建我国城市规划管理理论，出版了《城市规划管理》《城市规划实施管理》《城市规划依法行政导论》等著作，推动地方健全城市规划管理机构及其制度等，使 1990 年代初期我国城市规划工作得到进一步加强和发展。1992 年，从北京到全国各地掀起的房地产开发热潮及其开发事业的兴起，给城市发展建设增添了活力，对于旧城改造问题也出现了新的转机。改革开放的阳光雨露，让种子生根发芽，推动了经济特区和沿海开放城市崛起并带动其他城市不同程度的发展。恰此际，我来到连云港履职。这是一座有山、有水、有岛、有海港、有历史文化遗产的神奇城市，既是沿海开放城市，又具有新亚欧大陆桥东方桥头堡的优势，发展条件很好。在连云港加强经济技术开发区和大港建设的情况下，与规划、风景园林、建委等部门一起，编制了连云港市城市总体规划（1991—2010 年）、云台山风景名胜区总体规划、东西连岛开发规划、宋跳工业区总体规划，以及东海、赣榆、灌云三个县城总体规划等，加强了花果山风景区的保护和建设，开辟了渔湾龙潭风景区，修复了古海州城朐阳门，进行了几条路的拓建等，同时，制定了《连云港市〈城市规划法〉实施细则》和《连云港市违法建设检查处理办法》，并对市区进行了两次违法建设大检查，查处总建筑面积 36 万 m² 的违法建设，为当年连云港能够具备条件以较快步伐与时俱进发挥了一定作用。那时候，看到烟台、威海、青岛、日照、徐州、南通、宁波、镇江、南京等城市抓紧规划、建设和管理工作，尤其是威海强调"规划一张图，审批一支笔，配套一条龙，管理一盘棋"的做法，收效显著，使得城市中的各项建设能够按照规划相竞而起，不仅高楼大厦鳞次栉比，而且注意创造和保护城市特色，城市面貌焕然一新。1996年我被调到全国市长培训中心任职，在举办市长研究班的同时，与市长们打交道，为城市发展服务，邀专家一起到有关城市磋商发展大计，比如淮阴的"三淮一体"（淮阴市、淮安市、淮阴县）发展规划；厦门本岛控制、鼓浪屿保护和城市特色研究；漳州新华西片区旧城改造；石嘴山市湿地的保护、开发和利用；滁州"一座青山半入城"格局和琅琊山风景区保护；平遥世界文化遗产保护和城市发展；本溪太子河地带规划和环境保护；德州城市形象建设的规划设想论证；敦煌市城市总体规划咨询；常德城市规划与规划管理研讨等。所看到的这些城市对于城市发展建设给予高度重视，积极安排，并针对问题攻坚克难，谋求更大更快发展，城市面貌发生很大变化，成绩斐然。2003 年，全国市长培训中心编写出版了《城市发展见证》大型丛书，推出 160 多个城市改革开放以来的巨大建设成就和经验，成为我国城市竞相发展的客观见证和赞歌。

六、第六个十年城市战略

进入 21 世纪，我国城市发展的地位与作用得到相当高的重视，被提升到战略的高度。2001 年，我国国民经济和社会发展第十个五年计划纲要提出："我国推行城镇化的条件已经成熟，要不失时机地实施城镇化战略，促进城乡共同进步和发展。"城镇化是世界上城市发展的客观规律，逆城镇化发展就会走弯路，顺应城镇化发展就会不断前进。跨世纪后，我国把城镇化作为国家的一个发展战略来抓，势必极大地推动我国城市发展建设的步伐。城市成为实施城镇化发展战略的重要阵地和实体空间，自然不能缓步而行，于是掀起了加快城市规划、建设和依法管理的热潮，各个城市竞相发展、各显其能，政策倾斜、投资倾斜，落实项目，发奋图强。彼时我发挥余热，在中国城市规划协会工作，了解到深圳已成为改革开放前沿城市大发展的典范；上海浦东新区高楼林立，闪烁着"东方明珠"的灿烂光辉；天津滨海新区 2005 年成为国家级新区；郑州的郑东新区加快开发；沈阳开辟新区建设；太原也向南部扩展（如汾东新区建设），以及 2010 年重庆两江新区和兰州新区（中川地区）的设立等，扩大了城市规模，促进了乡村人口向城市人口的转化以及城市的不断快速发展和完善，提高了我国的城镇化率，使2010 年全国城镇人口达 6.7 亿人，城镇化率近 50％，比 1999 年的城镇化率

（31%）有了大幅度提高。在城市快速发展进程中，我国国家级历史文化名城2010年达到112座，得到了有效保护和合理利用，城市的风景名胜区也得到保护和合理建设，在"以人为本"的前提下，宜居城市、生态城市、低碳城市、绿色城市、园林城市、紧凑城市、数字城市等，成了提高城市质量水平的基本要求，人们对于城市发展建设有了明确的奋斗目标和衡量标准，也有了共识和自信。2004年，中国科学技术协会完成了"2020年中国科学和技术发展研究"大型课题，并编辑出版，指出城镇化是城市的外延性发展过程，是城市发展的数量表征；城市现代化则是城市的内涵性发展过程，是城市发展的质量提升，因此，在实施城镇化发展战略过程中，需要促进城市现代化，建设现代化城市。2004年10月，中共十六届三中全会明确提出"以人为本，全面、协调、可持续"发展的科学发展观，树立和落实科学发展观，成为进一步指导和实施城市规划、建设、管理以及高质量快速发展的灵魂和准绳，使21世纪初的城市建设蓬勃发展，如火如荼，重质量的同时，稳扎稳打，取得了非凡的城镇化战略成就。2008年在北京举办的奥运会、2010年在上海举办的世博会，让国内外人民亲眼见证了实施城镇化战略以来在中国大地上城市建设所发生的惊人变化和欣欣向荣的崭新面貌。

七、第七个十年城市巨变

由于实施城镇化战略和加强城市现代化建设，城市快速变大、变高、变酷、变新了，随着城市旅游事业的迅速发展，人们发现不少城市存在"千篇一律，百城一面"的现象。正逢2011年《中共中央关于深化文化体制改革，推动社会主义文化大发展大繁荣若干重大问题的决定》公布，作为体现文化大发展大繁荣重要一环和城市科学发展精神支柱的城市文化得以凸现。于是，在城市发展建设过程中，弘扬中华优秀传统文化，建树社会主义先进文化，因地制宜保护和发展城市特色，扭转"千篇一律，百城一面"局面，势在必行。各地城市加强城市设计工作，处理好传统与现代、继承与发展的关系，让城市建筑和城市形态更好地体现地域特征、民族特色和时代风貌，同时依托现有山水脉络等独特风光，让城市融入大自然，让居民望得见山、看得见水、记得住乡愁，创造优良的人居环境，努力把城市建设成为人与人、人与自然和谐共处的美丽家园，推动美丽中国建设，已经成为必然之需和实际行动。2015年12月，中央城市工作会议召开，贯彻创新、协调、绿色、开放、共享的发展理念，要求建设各具特色的现代化城市，提高新型城镇化水平，走出一条中国特色城市发展道路，指出六条新时期新常态下城市转型发展路径，还提到打造安全城市、海绵城市、智慧城市、文化城市、人民城市和形成城乡发展一体化新格局等，成为当前我国城市全面发展的前进动力。该年，古稀之年的我离开了中国城市规划协会，趁国内旅游事业兴盛的机会，几年时间亲眼看到所到城市蒸蒸日上、大气磅礴、各显神通、精益求精、各具特色的城市发展建设情景。举世闻名的中国高铁已经四通八达，交通极其快捷，不少大城市有了地铁、公共汽车一卡通，十分方便，市场繁荣，琳琅满目，道路上各种车辆川流不息，一派生机勃勃景象。尤其是楼厦街道，豪气轩昂；高层住宅，成片挺拔；园林绿地，到处可见；河溪水道，清洁景爽；历史街区，保护特色；风景名胜区，游人如织，使各个城市都展现出自己的腾飞气势和特有魅力。领略到最年轻的城市深圳、最壮美"天堂"杭州、最奇葩山城重庆、最耀眼古都北京和西安，以及"天府"锦绣成都、巢湖霸都合肥、中原雄城郑州、黄鹤江城武汉、邕江绿都南宁、红色圣城遵义、带状金城兰州、功勋石油城大庆等非常壮观、豪迈、亮丽的城市英姿和风采，早已是今非昔比，其变化是令人惊叹、举世瞩目的，与过去有天壤之别，乃名副其实的城市巨变。

可以说，自改革开放以来，我国城市发展建设面貌日新月异，实施城镇化战略后则快马扬鞭，龙腾虎跃，又加上转型发展，锦上添花，使真正的巨变呈现在眼前，这无疑是一个奇迹。正当我们和祖国欢欣鼓舞同庆共和国 70 岁生日之际，面对我国城市发展建设的巨大成就和创造精神，我们在自豪的同时，一定要倍加珍惜、珍重和热爱，焕发出新时代的殷切期望和努力，从而进一步使"城市，让生活更美好"的城市发展前景攀上更高境界和更加美好的未来。

（撰稿人：任致远，中国城市规划协会原副会长，中国城市科学研究会原副秘书长）
注：摘自《城市发展研究》，2019（04）：01-05，参考文献见原文。

城市规划下乡六十年的反思与启示

导语： 以政府部门工作为主线，对过去六十年来城市规划下乡的背景、做法、经验、效果进行了简要的归纳，对不同阶段城市规划下乡遇到的实际问题和政府推动工作的方式，以及专业发展自身的规律进行了反思。认为，每个自然村和集镇都单独编制规划很困难，也没有必要，应当在县市、乡镇规划指导下对居民点进行分类，再确定单个居民点是否需要单独编制规划。规划编制应当提供建设、保护、复耕等多种不同的"套餐"，而不是用一个万能的模式。城乡规划是一个学科，城市规划是其重中之重，乡村规划是其重要组成部分。城乡规划并不是规划的全部，需要与其他规划进行协调整合。只有将城乡居民点变迁的规律作为专业研究的重点，城市的重要性和城乡规划的科学性才能得到真正的提高。城市问题与乡村问题互为因果，城市发展与乡村振兴是同一件事情的两个方面，其长久动力源自城镇化过程中城乡关系的改善。需要摆脱部门主义和学科偏见，努力改变城市规划主导乡村规划的局面，从更宽泛的人居实践视野，用人居科学理念和复杂适应系统理论指导城乡规划的发展，促进人居环境的改善。

一、导言

城市规划，在业内经常被简称为规划。虽然如此，实际上主要还是针对城市。从源头讲，古希腊将城市/城邦作为美好生活的基础。从当代的实践看，存在大量的重城市轻乡村现象。联合国设立人居中心关注住房和人类居住问题，该中心于1986年，即成立以后的第10年出版了首份《全球人类住区报告》。5年后，报告第2版命名为《城市化的世界》。联合国原秘书长加利在序中提到："在过去数十年中，迅速的城市发展确实改变了我们这个星球的面貌，在发展中国家尤其如此。全球的城市文明将会对各国和国际的发展及经济增长方式产生深远的影响，也必将改变各国和国际政策的内容和重点。"上海世博会的主题"城市让生活更加美好"同样深入人心。会后，中国政府推动联合国设立了"世界城市日"。

众所周知，现代城市规划从传统的城市设计中分化出来正是因为城市问题。从1909年英国利物浦大学创设的现代城市规划专业开始算起，国际上的城市规划学科至今已有 110 年历史。中国城市规划虽然有丰富的实践和本土的文化背景，但是作为专业教育的设置受到了西学东渐的影响，相对晚些。20 世纪 50 年代，同济大学开设类似城市规划专业的教学，清华大学等在建筑学专业内设立城市规划学组，主要是为新中国的城市建设特别是工业项目服务的。

然而，中国传统的农业文明高度发达，现代化的核心问题是农业、农村和农民的改造。从西方引入的城市规划专业一开始并不是为农村而设立，却需要面对中国特殊的国情，处理城乡二元经济社会结构条件下的城市与乡村规划，其艰难程度可想而知。令人欣慰的是，虽然中国城市规划学会、中国城市规划设计研究院，以及许多大学的城市规划系并没有更名，但是中国有了城乡规划法、城乡规划部门、城乡规划学科，以及许多城乡规划院。有趣的是，没有更名的单位，也已经将乡村作为重点工作之一。可见，60 多年来，中国的城市规划专业在解决城市问题的同时，一直面临着如何下乡的问题。

无论从全球看，还是从中国情况看，从城市规划发展为城乡规划，都经历了复杂的演化过程。城乡规划，涉及城乡与区域的功能布局、资源利用、政策制度等。城乡规划的发展，除学术界自身的努力，与政府的推动密不可分。早在 1953 年，中央就明确，城市规划工作由建筑工程部负责。后来虽然有短暂的取消，以及与其他部门的双重管理，但是大部分时间是建设部门负责，直到 2018 年调整到自然资源部。中国的城市规划，现在已经成为城乡规划。在这个过程中，政府为何介入、做了什么、效果如何、规划如何更好地为乡村服务，应该是一个很有意义的话题。

本文采取文献资料研究、参与式观察、代表性案例分析等方法，对 1958～2017 年间中国政府推动的城市规划下乡工作进行回顾，分析遇到的主要问题和解决的办法，以及效果、不足等，以期对当今乡村振兴背景下的乡村规划工作有所启发。为了表达方便，同时与重大政策相结合，将城市规划下乡区分为三个阶段，正好是三个 20 年。一是 1958～1977 年。国家的主要目标是谋独立。建立国家工业体系是重中之重。将农民组织起来计划生产粮食，统购统销，获得启动资金。规划下乡主要是为政治需要服务的。二是 1978～1997 年。政策引导人民谋富裕。农村改革率先突破并取得成功，乡村工业化与乡村城镇化势不可挡，大量的建设需要安排，生态环境受到威胁。规划下乡主要是为乡村建设服务的。三是 1998～2017 年。政府工作的重点转向谋强盛。城乡统筹发展成为关键。小城镇大战略、社会主义新农村、美丽乡村、特色小镇、田园综合体，一直到乡村振兴战略的提出。规划下乡是城乡融合发展的必然要求。

二、第一阶段：1958～1977 年

（一）人民公社规划

中华人民共和国成立之初，百废待兴。1950 年，国家出台《土地改革法》，掀起振兴乡村的首个高潮。全国土地改革的成功，实现了"耕者有其田"的目标。1951 年，中共中央印发《关于农业互助合作的决议（草案）》。1953 年，中共中央印发《关于农业合作化问题的决议》。互助组、合作社有利于统一对农村进行规划和建设。为稳定粮食供应，1953 年，政务院颁布《关于实行粮食的计划收购和计划供应的命令》，实行统购统销。1951 年，公安部发布《城市户口管理暂行条例》。1955 年，国务院发布《关于建立经常户口登记制度的指示》。1958 年，毛主席签发一号命令，实施《中华人民共和国户口登记条例》。1955 年，国务院发布《关于城乡划分标准的规定》。户口制度基础上的城乡二元经济社会制度逐步建立。同年，中央决定在全国农村建立人民公社。

1958 年 9 月，农业部要求在全国范围开展人民公社的规划，规划的内容除农、林、牧、渔外，还包括平整土地、整修道路、建设新村。紧接着，建工部在山东召开城市规划工作座谈会，并形成《城市规划工作纲要三十条（草案）》。刘秀峰部长作总结报告，内容涉及县镇规划建设和农村规划建设问题。这是新中国"规划下乡的最初号召"。

回顾当时的情况，主要有两个问题。一是盲目乐观。在社会主义改造基本完成后，短短几年所取得的成绩使人们认为中国富强目标可以在较短时间内实现。于是产生了急躁冒进思想。经过全党整风、开展反右派斗争运动，中央认为，经济战线和政治思想战线斗争都已"取得伟大胜利"，因此开始制定社会主义建设总路线、发动"大跃进"和人民公社化运动。这使得原本需要纠正的"左"变成极左。二是搞群众运动。一开始，由于兴修水利和开展农田基本建设需要，一部分较小的高级社需要并成大社，这样有利于统一规划，解决劳力、资金和物资问题。但是在"大跃进"的背景下，这个合并变成了群众性运动。在得到中央主要领导认可和鼓励后，不少地方实现了"一乡一社"的高级社，接着又改变农村基层组织结构，实行"乡社合一"。人民公社的大范围实践过度放大了政府的作用。

公社基本特点是"一大二公"。"一大"，就是规模大，从原来初级社的一村一社，每社 100～200 农户，扩大到一乡一社，甚至数乡一社，每社的农户数达到 4000～5000 甚至 1 万～2 万。"二公"，就是生产资料归公，将几十个甚至上百个初级社合并，土地、耕畜、农具和财产全归公社；将社员自留地、自养牲畜、林木、生产工具都归集体所有。"一平二调"即一切重要生产资料归全民所有，

产品由国家统一调配使用，上缴利润，生产开支和社员消费都由国家统一确定。政社合一、工农商学兵合一。"组织军事化、行动战斗化、生活集体化"。

1958年春开始，人民公社新建及改建了一批住宅，相当于集体宿舍；建设了一批公社食堂，供集体用餐。由于这种做法对农民日常家庭生活干预过度，引起群众的强烈不满。当年11月，中共中央在《关于人民公社若干问题的决议》中要求"乡镇和村居民点住宅的建设规划，要经过群众的充分讨论"，"在住宅建筑方面，必须使房屋适宜于每个家庭男女老幼的团聚"。此后的住宅建设中允许保留家庭厨房。总体而言，公社建设规划指导下的农村住宅和公共福利设施以及工业企业的建设，造成了巨大的浪费。

1959年，人民公社的管理体制调整为"三级所有、队为基础"，即公社、管理区、生产队所有，以生产队为基础。1962年，中共中央通过《农村人民公社工作条例修正草案》，规定生产队范围内的土地归生产队所有，所有土地禁止出租和买卖。1963年，发布《关于各地对社员宅基地问题作一些补充规定的通知》，规定宅基地含有建筑物和无建筑物的空白宅基地，都不得出租和买卖。与此同时，公社及其所辖的生产大队、生产小队的规模都进行了调整，公社数量调整到55682个，生产大队调整到708912个，生产小队调整到4549474个，分别增加30478个、225098个、1561306个，并保持了大体稳定，直到改革开放后的撤乡建镇并村。

公社时期有个别县编制了"县联社规划"，开始考虑多个公社之间的相互关系，可以算作跨行政区域规划的初步探索。由于当时的经济能力，不仅不可能产生任何实际效果，而且很快就在"三年不搞规划"的错误决定下夭折了。

反思公社规划，主要存在以下问题。一是编制时间太短。规划小组往往1～2天就画出一个规划图，甚至一个院校师生30～40人一周内就编制出全县范围所有公社的规划总图。因此，公社规划基本没有科学的依据，也没有调查研究的时间。二是超出能力范围。规划普遍存在指标过高、规模过大问题，而且要求立即建设，超出了人民公社财力物力的限度。有的地方将大量小村庄迁并到一起，给社员的生产生活造成很大的不便。有些县还对全县的公社所在地和各个村庄的户数提出具体规划要求，甚至提出在一年内做到"社社通电灯、队队通电话"等，根本不切实际。

（二）大寨式规划

大寨是山西省昔阳县的一个山村。相传在宋元时期曾为兵家相争的重要关隘，为派兵把守而安营扎寨，得名大寨。战乱平息后，一些难民来到兵寨栖身，日久成为一个村落。至新中国成立时，大寨有64户，190口人。这里自然条件恶劣，耕地分散在"七沟、八梁、一面坡上"，而且全村 700 亩耕地，60％归 4 户地主富农，48 户贫雇农只占有 144 亩劣等山地。早在 1946 年，大寨就开始实行互助组，1953 年实行初级社，1955 年已实现一村一社，并很快建立高级社。从 1953 年开始，大寨村制定了"改造自然"的规划，用 5 年时间改造了 7 条大沟和几十条小沟，筑坝垒堰，淤成良田。

大寨的核心精神是"自力更生、艰苦奋斗"。大寨人共筑坝 180 多条，累计长 7.5km；把 4700 多个分散地块，修整成 2900 多块；把 300 亩坡地，修整成水平梯田。在浩大治理工程中，累计投工 11000 个。没要国家一分钱。于是，中央号召农业学大寨，大寨成为全国农业战线树立的一面"红旗"。于是，大寨式的新村规划（图 1）在全国不同地区如雨后春笋般增长。大寨的经验可以归纳为：一是通过修筑梯田，改善耕地质量。二是通过治理沟滩，增加土地数量。三是变水害为水利。四是通过与相邻村调换土地，方便耕作。五是修建道路，改善交通。

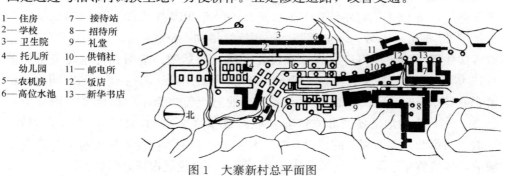

1—住房   7—接待站
2—学校   8—招待所
3—卫生院   9—礼堂
4—托儿所   10—供销社
   幼儿园   11—邮电所
5—农机房   12—饭店
6—高位水池   13—新华书店

图 1　大寨新村总平面图

反思大寨式的新村规划建设，之所以难以为继，一是没有做到因地制宜。大寨毕竟是一个山村"先治坡、后治窝"的规划原则，限制了有条件的地方改善居住环境条件，进而实现扩大再生产的机会。二是挫伤了群众的积极性。个人改善居住条件的愿望受到打击，自己动手建设住宅的家庭被扣上"资本主义自发倾向""修建资产阶级安乐窝"等政治帽子。三是助长了依赖思想。片面要求集体统一组织开展住宅建设，产权归集体所有，使得社员群众都在等待集体为自己建设住宅。四是加重了集体经济负担。没有足够的财力和人力负担集体住房的管理成本，住房得不到很好的维护。另外，新村景观单调乏味。兵营式的"排排房"，便于分配，但是千篇一律，缺乏生动宜人的景色，不少地方破坏了人工与自然环境结合的乡村人居风貌。

（三）启示

深入的调查研究是搞好乡村规划的基础。如果对乡村现状的实际情况缺乏认真的了解，也就没有科学规划的基础，就无法编制出合理的规划。不能用搞政治运动的方式搞乡村规划。如果规划下乡只是服务于一时的政治需要，而不是服务于农民的生活和生产，就无法得到广大农民的真心拥护和积极支持，反而违反了政治的根本目的。乡村规划不能搞一种模式。如果不考虑规划对象当时当地的客观条件，超越经济发展水平，违背自然环境条件，规划方案就难以最终落地。

三、第二阶段：1978～1997 年

（一）村镇初步规划

全国村镇规划提出的背景是我国 1978 年的农村改革率先取得成功，农民收入快速增加。据抽样调查，1950 年代我国农民纯收入每年增加 3～4 元，"文化大革命" 10 年间平均每年增长不到 1 元。1979 年我国农民的纯收入就比 1978 年增加了 26.6 元，1980～1983 年间，每年连续增加 30～40 元。农民手里有了钱，改善居住环境的愿望得以实现，农村住宅建设量猛增。全国农村建设房屋总量 1978 年为 1 亿 m^2，1979 年达 4 亿 m^2，1983 年更是高达 7 亿 m^2。与此同时，乡镇企业异军突起。1980～1986 年，乡镇企业总产值按当年价格计算平均年增长达 26.4%，农村地区各类非农产业就业人数年增长达 14.4%。由于没有规划，采取"亲帮亲、邻帮邻"的建设方式，乡村生产与生活功能布局混乱，基础设施缺乏，环境质量下降，住房质量得不到保障，并出现乱占耕地问题。

农村建设房屋和乡镇企业建设厂房用地增加，立即引起了管理部门的注意。事实上，由于农村建设房屋大多在原有建设用地范围内进行，从统计数据看，1985 年的建制镇建设用地为 1444 万亩，村庄和集镇建设用地为 18864 万亩，合计为 20308 万亩，并没有比 1978 年的村镇建设用地 21163 万亩增加，反而还略有减少。但乡镇企业的快速发展大大增加了沿海地区的工业用地。因此，居民点工矿用地的总量从 1978 年的 23358 万亩，增加到 1985 年的 29805 万亩，占全国土地总面积的比重也从 1.6%，增加到 2.1%。1985 年，耕地大量"农转非"，一年内净减少 1511 万亩，即 100.7 万 hm^2。由于人口的增加，到 1985 年时，全国人均耕地仅为 1.8 亩，比 1952 年减少了 1.02 亩。

根据上述情况，1979 年，国家建委、国家农委、农业部、建材部、国家建工总局联合在青岛召开了有史以来的第一次全国农村房屋建设工作会议，要求帮助农民建好住宅。由于农村形势变化速度太快，需要进一步明确全国村镇建设的指导思想、基本原则等问题，1981 年，国家建委、国家农委在北京召开了第二次农村房屋建设工作会议。当时万里副总理提到："当前形势的发展已经迫使我

们要考虑整个农村的建设，不能只是个建房子的问题了。"会议提出，农村房屋建设不可能孤立地抓好，而要扩大到村镇建设范畴，对山、水、田、林、路、村进行综合的规划。会议要求地方政府，用 2～3 年时间把辖区范围的村镇规划开展起来。国务院批转了这次会议的纪要，村镇规划成为由中央人民政府推动的一项工作。

在全国范围开展村镇规划面临一系列的问题。首先是经费问题。要在 2～3 年内编制出全国约 5 万个乡镇、400 万个村庄的规划，即使不考虑专业成本，光是现场调研的出差费用都是难以想象的。二是专业人才问题。平均 10 个县也摊不上一个经过正规教育的"科班出身"的技术人员。城市规划专业领域同时迎来"第二个春天"，下乡规划的专业力量奇缺。三是基础资料问题。90% 以上的村镇没有像样的现状图，与规划相关的必需的基础资料也是一鳞半爪。于是，迅速采取措施，设立机构，拨出专款，制定规则。1980 年，在国家基本建设委员会设立农村房屋建设管理办公室。1982 年，城乡建设环境保护部内设乡村建设局，1986 年更名为乡村建设管理局。1988 年，建设部下设村镇建设司。"六五"期间，中央财政拨专款 1.2 亿元，地方财政拨款 2.4 亿元，作为村镇规划事业费。1982 年，国务院颁发《村镇建房用地管理条例》。同年，国家建委与国家农委联合发布《村镇规划原则（试行）》，中国建筑科学研究院农村建筑研究所编写《村镇规划讲义》。1983 年，县镇建设统计报表制度建立。

与此同时，制定政策促进人才下乡。农村规划建设方面人才缺乏的问题引起了国家领导人的重视。万里副总理要求"城市要从规划、科学、技术、教育等方面支援农村，把农村建设好。"城乡建设环境保护部发布《关于工程技术人员支援村镇建设暂行规定》，支持并鼓励在职的和退休的专业人员到村镇应聘担任或者兼任村镇规划建设管理方面的技术工作，收入归自己所有。为了使下乡从事村镇规划的技术人员稳定下来，还决定在等级证书之外，适当降低要求，颁发"村镇规划专项资质证书"，允许持证单位从事县级以下的建制镇、集镇和村庄的规划编制。城乡建设环境保护部分别在湖北省的孝感和河北省的保定创办了一所中专和一个大专，培养村镇规划建设的专门人才。

为了适应乡村的情况，一般村庄的规划只有两条要求：一是安排好住宅建设用地，把申请建房农户的宅基地在原有村庄建设用地范围内调整好，逐户落实，有条件的把近年希望建房的用户排个队。二是把村庄建设中迫切需要解决的问题安排好，例如需要通电的则安排好电线走向，需要改水的则安排好水源。不要求面面俱到。较大的村庄和一般的集镇，要考虑人口规模与道路布局问题。规划原则可以归纳为"合理布局、控制用地、安排近期建设"。规划成果通常是"两图一书"，即现状图、规划图和说明书。村镇总体规划和村镇建设规划两个阶段的编制成果，只在个别示范图中才能看到。实际上是降低了规划标准。

必须指出，作为全国范围的村镇初步规划，仍旧带有开展"运动"的特点。许多地方组成了规划队、规划组，由县政府主要负责人甚至由县委书记兼任规划队的队长，县政府有关部门的主要负责人任副队长，从县级各单位抽调有一定技术专长的干部参加，加上部分经过培训的初级规划技术人员，共同组成。规划任务分解到队、班、组，分区包干。有的地方还对村庄规划实行收费服务，以解决经费不足问题。

为了吸引专业人员下乡，政府部门组织开展了一系列的规划竞赛。1983年，在全国范围开展了自下而上的逐级评议规划设计竞赛。据25个省、自治区、直辖市不完全统计，直接参与这项活动的有4万人之多，从县、地评选出来参加省一级评选的方案达1028个，省级单元评选出来参加全国竞赛的方案有79个，其中，集镇规划55个，村庄规划24个。1984年2月，在云南省昆明市召开了评议表彰大会，有14个获优秀奖、54个获佳作奖、11个获纪念奖。通过这样史无前例的专业竞赛，讨论有代表性的实例村镇的规划问题，解剖实例，典型引路，吸引更多的专业人员关注农村。

政府自身也及时开展了大量工作交流和宣传推广。1984年，在北京召开全国村镇建设经验交流会，当时李鹏副总理到会讲话，要求从规划做起，认真处理好生产生活关系、一二三产业的关系，做到以生产为基础，以县域为背景，以集镇为重点，合理使用土地，把山水田林路村电综合进行考虑。1985年，在苏州召开部分省市经济发达地区村镇建设工作座谈会，讨论《村镇建设管理暂行规定》《组织科技人员下乡支援村镇建设的若干意见》及《关于集镇实行综合开发、综合建设的几点意见》。同年，在北京举办了首届全国村镇建设成就展览会。1986年，举办了征文活动，并于当年10月在江苏省常熟市举办了全国村镇规划和建筑设计学术讨论会。这次学术活动收到论文190篇，对于总结村镇规划工作经验，探讨出现的新问题起到了促进作用。

从长远看，单靠竞赛和经验交流肯定是不够的。需要组织开展技术立法和科学技术研究作为支撑。早在1983年，全国城乡建设科学技术发展计划中就提出，各地应当根据农村实际情况和技术能力，陆续制订地方性的村镇规划定额指标。各地制订的定额指标，区分了主要的用地分类，主要公共建筑和生产建筑以及基础设施的标准，为提高村镇规划编制质量起到了重要作用，也为下一步制定国家标准打下了基础。1985年初，国家城乡建设环境保护部下达了"南北方农业区村镇发展的特点、规律、技术经济政策和规划建设的试点研究"课题，组织了浙江、四川、吉林、山东、河南五省的力量对农业区村镇开展了比较深入的调查研究。

初步规划的经验是宝贵的，成效也是显著的。一是树立了村镇规划意识。经过 5 年的努力，至 1986 年底，全国 3.3 万个小城镇和 280 万个村庄编制了初步规划。二是摸索了村镇规划做法。控制用地范围，尽量不占耕地。有一个大体上合理的布局，避免二次改造。把急需上马的项目安排好，以便指导近期建设。更加重要的是，扼制了乱占耕地的势头。据统计，农村建房占用耕地量逐年下降：1985 年为 145.5 万亩、1986 年为 126.7 万亩、1987 年为 86.3 万亩、1988 年为 56.4 万亩、1989 年为 40 万亩、1990 年为 18 万亩。1991 年降到最低点仅为 15 万亩。人均建设用地下降了 $19.35m^2$。

但是，由于过于仓促，初步规划的问题也是显而易见的。主要有依据不足、以点论点、"喜新厌旧"、套用城市规划的编制办法、没有特色等。

（二）村镇规划的调整完善

1984 年，乡镇企业发展受到中央重视，乡村工业化加速，要求乡办、村办、组办、户办、联合办"五个轮子一起转"。同时，乡村城镇化加速。1984 年，关于建制镇设立的标准降低，乡村与城镇的划分出现重大变化。1985 年，鼓励农民进镇落户。两年之后，明显感到抓村庄规划、强调农民建房用地管理已经不够了。于是，1987 年，城乡建设环境保护部发文要求对村镇初步规划进行调整完善。其基本思路是，以集镇为重点，从乡镇域村镇体系布局入手，分期分批进行。明确规划层次分为乡镇行政辖区范围的村镇体系布局规划、镇区与村庄的规划、镇重点地段建设的规划三个层次。不再要求所有村庄都编制规划。哪些村庄需要编制更为具体的建设规划，由乡镇域的规划决定。村镇规划管理更显务实理性。

村镇体系理论是建立在乡村生产生活基本单元基础上的。在一定的乡村范围内，有许多规模不等的村庄和若干集镇，它们形式上是分散的个体，实质上是互相联系的有机整体，其职能作用与设施配置各不相同，在生产生活、文化教育以及服务贸易各方面形成协调的结构体系，即基层村—中心村—集镇的群体系统（图 2）。对于生活在村庄上的村民，需要分级提供公共服务。一般情况下，农民在村庄从事农业副业生产，到附近的集镇上寻求产前、产中、产后的服务。日常生活中，孩子读小学、看个小病、买些简单的日用品，就到规模较大的村庄解决；再高一层次，读中学、看大病、买高档商品、看电影等，还是要到集镇。需要发挥不同等级乡村中心的作用。

虽然有了调整完善村镇规划的基本思路，人才缺乏的问题仍旧限制着具体工作的开展。据 1988 年初步统计，全国村镇建设事业机构总共配备了专业干部 2520 人，其中工程师以上职称的不满 400 人。也就是说，平均 8 个县也摊不上 1

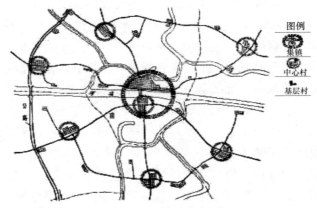

图2 村镇体系示意图

个工程师。何况这些专业技术人员还不都在从事一线的工作。更为严峻的是，人才的培养需要一定时间和投入，不可能在短期内从根本上解决，而建设却天天在进行，迫切需要采取应急措施。规划下乡仍是主要的渠道。1988年，建设部、中国科学技术协会发出《村镇建设技术人员职称评定和晋升试行通则》。

在规划实施方面，试点引路，加快立法进程是主要的办法。1987年，先后在广州、北京召开集镇建设试点工作经验交流会，城乡建设环境保护部、国务院农村发展研究中心、农牧渔业部、国家科学技术委员会发出《关于进一步加强集镇建设工作的意见》。1988年，在上海召开村镇建设座谈会，明确将集镇建设工作的重心放在经济发达地区的城市郊区，抓好沿海经济开放地区大中城市的城乡接合部。会议讨论了《村镇建设条例》和《村容镇貌管理暂行规定》。1993年，国务院颁布《村庄和集镇规划建设管理条例》。同年，建设部发布国家标准《村镇规划标准》。将乡村居民点分为12级，村镇建设用地分为9大类28小类，人均建设用地分为5级。

（三）规划合作的早期尝试

城市规划下乡首先遇到的问题，是将乡村规划做成另外一个规划，还是看作城市规划的延伸。就在建设部门内部在规划立法、标准和方法等方面磨合的过程中，其他部门同时下乡开展规划。规划的合作迫在眉睫。

一是与农业区划的合作。农业区划工作的许多目标与村镇规划密切相关。早在1981年，第二次农村房屋建设工作会议就提出，应当在农业区划的基础上，对山、水、田、林、路、村进行全面规划，并按照有利生产、方便生活和缩小城乡差别的要求把村庄和集镇建设成现代化的社会主义新农村。1981年，全国农业区划办公室发出《关于开展村镇调查和布局工作的通知》，要求把村镇调查和布局统一纳入农业区划工作，经过审定的成果应积极应用，供各地建设部门作为村镇规划的依据。至1983年，有1143个县完成了农业区划工作。一些技术力量比较好的地区，如江苏省的武进县和湖北省的京山县，在开展农业区划的同时，进行了村镇建设用地调查，并根据农业生产和多种经营发展设想，开展了居民点、交通运输线和河道走向、电力电信线路走向、工副业生产基地、重要设施配置等"一点两线几个面"的规划工作。1988年，建设部、全国农业区划委员会、国家科学技术委员会、民政部发布《关于开展县域规划的意见》。

二是与土地利用规划的合作。1990年，建设部与国家土地管理局共同下发了《关于协作搞好当前调整完善村镇规划与划定基本农田保护区工作的通知》（建村字第553号），提出"两区划定"，要求同时确定基本农田保护区和村镇建设用地范围。建议县市政府成立工作领导小组，由村镇建设、土地管理、农业、计划等部门负责人共同参加，统一考虑调整完善村镇规划和划定基本农田保护区工作。有条件的地方尽量做到同步进行。这可以看作是最早的"两规合一"。江苏省的实践得到中央领导的肯定。但是，由于没有相关政策保障和实施机制，以及"部门主义"和"地方主义"观念的影响，在全国范围几乎没有开展。

三是就县域规划进行了合作探讨。1982年，城市规划部门总结推广四川省乐山、大足编制县市域规划的经验。翌年，中国建筑学会城市规划学术委员会召开专题学术会，交流了县域规划的经验。1985年，中国建筑技术研究中心村镇规划设计研究所探讨江苏省昆山县城镇村体系布局规划。随后，城乡建设环境保护部在"若干经济较发达地区城镇化途径和发展小城镇的技术经济政策"课题中，专门设立了县域规划的专题。

在实践的基础上，推进城乡一体化规划。1994年，建设部组织开展了乡村城市化试点。选择不同区域经济条件相对较好的县市，编制县市域规划或城镇体系规划。乡村城市化试点县市的县市域规划可以看作由政府推动、学术界支持的传统城市规划与村镇规划融合的实践探索。清华大学编制的无锡县（锡山市）域规划、张家港市域规划，中山大学编制的顺德县域规划，都打破城乡樊篱，统筹考虑全县（市）社会经济发展需要、城镇化水平、基础设施与公共建筑配置、环境保护、土地利用等内容。受建设部委托，南京大学结合编制江宁县域规划，起草了《县域规划编制要点》。

此外，建设部在河南南阳、湖北襄阳地区，以及京津唐地区开展了跨越省级行政单元的小城镇规划试点。希望通过小城镇作为城乡联结的纽带，探讨城乡统一规划管理的可能性，缓和技术力量不足的矛盾，推进城乡规划体系的建立。希望通过更大空间范围规划实践，寻找规律，探索与不同类型区域规划的合作融合。目标是在一个省或者地区范围，尝试将县市一级作为管理的基层单元，将传统的城市规划管理的职能，延伸到周围的乡镇、村庄。

经过努力，城乡规划融合条件逐步成熟。1995 年，建设部以第 44 号令发布《建制镇规划建设管理办法》，将规划与建设管理各个环节的要求写在一起，克服了城乡的界限限制。1997 年，建设部发出《关于申报历史文化名镇、名村的通知》，作为历史文化名城保护工作机制的延伸，保护意识觉醒。在城镇体系规划基础上，探索编制村镇体系规划，作为落实深化的措施。上述探索，为把城市规划法修改为城乡规划法打下了坚实的基础。

（四）启示

乡村规划不能以点论点。就村论村、就镇论镇，等于将乡村居民点内在的有机联系切断了。村庄规模太小，功能过于单一，生活质量的提高离不开不同等级的乡村中心。乡村规划不能分步太多。乡村的人口密度低，地面物相对少，技术含量与城市不同，完全可以一步到位。组织多方力量下乡编制规划，需要考虑编制成本、费用来源、支付方式等问题。外来智力需要与本土智力结合，通过编制规划对当地的乡村规划员进行培训，促进规划的实施。乡村规划需要克服部门主义和学科偏见。过度关注土地等物质空间资源，只会编制用地扩张的规划不行了，单纯编制物质环境建设的规划不够了。需要多种规划手段的整合与部门的合作，共同为解决"三农"问题做出努力。

四、第三阶段：1998～2017 年

（一）小城镇规划

在中央明确提出小城镇发展战略之前，有关部门就开始了以小城镇为重点的规划建设实践探索。建设部是最早的部门之一。1993 年，建设部在苏州召开村镇建设工作会议，会议提出以小城镇为重点带动村镇建设的思路。1994 年，建设部等 6 部委发出《关于加强小城镇建设的若干意见》。1995 年，国家体改委等 11 个部门提出《小城镇综合改革试点指导意见》。1997 年，公安部《小城镇户籍管理制度改革试点方案》《关于完善农村户籍管理制度意见》得到国务院批转。

1998 年，"城镇化"提上议程。中国经济发展进入新阶段，迫切需要扩大市场规模和消费需求，城镇化被赋予与"城市化"不同的含义。同年，长江中下游地区发生洪涝灾害，中央决定平垸行洪、退田还湖、移民建镇。先后下达 4 期计划，移民 62 万户、240 万人，中央投资 101 亿元。就在这一年，小城镇成为大战略。中共中央十五届三中全会通过的《关于农业和农村工作若干重大问题的决

定》中指出，"发展小城镇，是带动农村经济和社会发展的一个大战略。"2000年，中共中央、国务院下发《关于促进小城镇健康发展的若干意见》，将小城镇发展作为实现我国农村现代化的必由之路。当年的政府工作报告要求，抓好小城镇户籍管理制度改革的试点，制定支持小城镇发展的投资、土地、房地产等政策。要求科学规划，合理布局，注意节约用地和保护生态环境，避免一哄而起。

为了适应城乡统筹发展的要求，中央政府在机构、立法、编制、管理、学科等方面做出了艰巨的努力。1998年，建设部将城市规划司与村镇建设司合并成城乡规划司（村镇建设办公室）。1999年，开始研究起草《城乡规划法》。2000年，国务院办公厅发布《关于加强和改进城乡规划工作的通知》。同年，建设部印发了《县域城镇体系规划编制要点》及《村镇规划编制办法（试行）》。2002年，国务院印发《关于加强城乡规划监督管理的通知》，同年，建设部等9部门对通知的贯彻落实提出要求。这一时期对城市规划扩展为城乡规划进行了广泛深入的探索。2011年，城乡规划学成为一级学科。

全国的实际情况是，相对于城市，一是从事乡镇规划建设管理的专业人才严重不足。据1997年统计，三分之一的乡镇未设立建设管理机构。平均每个镇只有1.66个，平均每个乡只有0.72个建设助理员。县级管理机构共配备工作人员12818名，其中，工程师以上专业人员不到16%，难以承担越来越繁重的规划建设管理工作任务。二是建设和管理经费不足。乡镇一级财政是1980年代中期随着改革开放的推进才开始建立的，既要完成县财政收入额度，又要养活乡镇政府，还要安排生产生活建设，力不从心。至1996年，全国乡镇财政决算总收入为1242亿元。其中，预算内收入802亿元，预算外收入440亿元。财政收入1000万元以上的乡镇只有923个，占全国乡镇财政总数的2.1%。相当一部分乡镇财政基本处于"等、靠、要"的状态。在这个大的背景下，乡村建设资金依靠国家安排的可能性不大，只能靠农村集体的积累。

更加重要的是，二元的土地政策并没有实质性的变化。小城镇人均建设用地比设市城市高出约三分之一，如果把所辖的村庄一并考虑，其用地总量无疑是居民点建设用地的"大头"。但是，关于土地征收制度改革、征地补偿、建设用地的国家征用等问题没有妥善解决，城乡之间没有真正意义上的土地市场存在。在没有土地收益时，户口管理限制农民进城。土地有了增值时，虽然允许农民到小城镇落户，农民却不愿意。因此，分散的空间布局无法改变。1995年，我国的乡镇企业的分布状况是：80%分布在村庄，12%分布在集镇，只有7%分布在建制镇，1%在县城以上居民点。小城镇规模很难扩大。1997年，我国建制镇镇区的平均人口规模只有约6300人，集镇镇区的平均人口规模不到2000人。规模经济难以形成。规模小、布局散，不仅影响第三产业的发展，不利于城市化，而且浪费资源、扩散污染，也使得公共建筑与基础设施的配置很不经济。

在学术界，普遍存在着小城镇发展的认识误区。一批人怀疑城市发展方针。认为"严格控制大城市，合理发展中等城市，积极发展小城镇"的方针不符合城市发展规律，应该修改为"合理发展大城市，积极发展中小城市，有选择地发展小城镇"，反对者主要是长期从事农村工作的专家，认为无法做出选择。这是因为混淆了小城镇的不同概念，误将作为居民点和管理单元的现有的小城镇，与作为政策对象的小城镇混为一谈。事实上，从全国整体看，作为现有的小城镇不可能都大发展，也不可能都不发展，也不大可能完全由政府决定谁先发展。小城镇作为大战略提出后的10年里，小城镇的劳动力、土地、环境等低成本优势逐步消失，同样面临成本上升、产能过剩、产业升级的压力。因此，政策的实际效果并不理想，总体上讲，未能达到预期目的。从全国整体情况看，小城镇的功能不强。没有足够的吸引力促进人口和产业集中；没有起到引导农业生产、加快农村发展、促进农民增收的作用。人们宁可"双栖"也不愿在小城镇上定居落户，劳动力采取了跨地区流动的方式就业，无法形成良性循环。

（二）乡村建设规划

在间隔了17年后，2004年开始，中央恢复出台1号文件。2005年，中共十六届五中全会提出，要按照"生产发展、生活宽裕、乡风文明、村容整洁、管理民主"的要求，扎实推进社会主义新农村建设。2006年，支农资金高达3397亿元。中央政府要求加强乡村规划，保护乡村特色，改善人居环境。2007年，中共十七大提出要统筹城乡发展，推进社会主义新农村建设。

2012年，中央经济工作会议要求提高城镇化质量。2013年，中央政府要求推进以人为核心的新型城镇化，提高城镇人口素质和居民生活质量。2014年，新型城镇化规划出台，作为应对全球性金融危机和经济危机、解决"三农"问题的路径，把促进有能力在城镇稳定就业和生活的常住人口有序实现市民化作为首要任务，将城市群作为主体形态。要求根据资源环境承载能力，构建科学合理的城镇化整体布局，促进大中小城市和小城镇合理分工、功能互补、协同发展。

与此同时，新生事物层出不穷，从特色小镇到特色小城镇，从美丽乡村到田园综合体。工科性质的城市规划下乡，被大量的非工科性质的规划类型所冲击，形成竞争态势。著名高校开始承接乡村规划课题和规划编制任务，将乡村规划内容列入教学重点。中国城市规划学会于2015年成立了乡村规划与建设委员会，其小城镇规划委员会于2017年将《小城镇建设》杂志作为会刊。"乡村"，成为知识生产中增长最快的关键词；"规划下乡"，不再需要动员，而是需要规则的制定。

经过 7 年，2005 年，建设部重新独立设置了村镇建设办公室。2006 年，发布《县域镇村体系规划编制暂行办法》。2007 年，在广东湛江召开农村困难群众住房工作座谈会，落实中共十七大提出的住有所居的目标。同年，建设部与公安部在杭州召开社会主义新农村消防工作经验交流会。2008 年，在合并城乡规划的第 10 个年头，恢复了村镇建设司。但是有趣的是，城乡规划司的村镇规划职能还在。于是，从村庄整治到危房改造，村镇建设的重点工作发生了变化。2008 年，国家标准《村庄整治技术规范》实施。2009 年，住房和城乡建设部发出《关于开展全国特色景观旅游名镇（村）示范工作的通知》，提出《关于开展工程项目带动村镇规划一体化实施试点工作的通知》，再次将规划与建设结合。同年，住房和城乡建设部连发两个通知，召开两次会议，贯彻中央扩大农村危房改造试点的工作要求。

关键的问题是，乡村存在着无法通过建设规划改变的难题。一是人的方面，劳动力外流，老龄化。乡村工业化、土地政策、农村劳动力去路等问题没有实质的改进方案。二是物的方面，村庄空心化。得到补助的乡村地区，人居环境条件得到一定程度的改善，基础设施和公共服务水平提高。但是从全国乡村整体情况来看，"农村仍旧落后、农业基础仍旧薄弱、农民增收仍旧困难"。

在这个背景下，2015 年，住房和城乡建设部印发《关于改革创新全面有效推进乡村规划工作的指导意见》，提出县（市）域乡村建设规划，统筹安排乡村地区重要基础设施和公共服务设施，作为编制镇、乡、村规划的上位规划，同时作为"多规合一"的重要平台。要求与经济社会发展五年规划结合，制定行动计划。分析乡村人口流动趋势及空间分布，划定经济发展片区，确定村镇规模和功能。划定乡村居民点管控边界，确定乡村建设用地规模和管控要求。还提出了综合考虑居民点体系、用地布局、设施配置、风貌管控和引导的规划目标，要求在分析自然生态气候、地貌地形地质、资源条件、人口分布、产业基础、交通区位、群众意愿等因素的基础上，将村庄分为城镇化村庄、特色村（历史文化名村、传统村庄、文化景观村、产业特色村）、中心村、其他需要保留的村庄、不再保留的村庄等类型。提出分区分类制定自然景观、田园风光、建筑风貌和历史文化保护等风貌控制要求，以及村庄整治和重点项目、标准、时序的安排（图 3）。

但是，在县市空间范围观察相关的部门规划关系，仍旧存在许多问题。例如，规划体系不匹配，需要统一规划期限、协调规模边界、落实项目空间等；技术平台不衔接，需要统一用地分类、图纸范围、信息内容等。管理体制不协调"多规合一"，不仅是中央政府部门的改革，还涉及中央与地方政府的关系，政府与其他性质社会组织的分工等问题，需要规划原理的革新。要在性质、规模、布局、功能分区、按级配置、规模效益等传统手法的基础上，树立系统优化、协同发展、公平包容的乡村发展理念；以农业区位、生活圈安排等生产、生活、生态结合的内容作为空间布局的原则；同时，还要有公共产品、公共政策相关的制度安排，以及公众参与、多方面协商的操作方式。

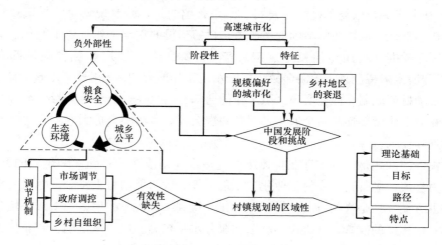

图 3　规划下乡在区域中升华

（三）启示

乡村规划是城乡规划的重要方面。城乡规划是一个学科，城市规划、区域规划、乡村规划三个不同方面的工作，都是城乡规划学科的组成部分。城乡规划不是规划的全部，虽然可以起不同的名称，其实质不会改变，同样需要与其他的规划进行协调整合。乡村规划需要研究乡村居民点的变迁规律。小城镇和村庄的保留与迁建，不可能由一个部门的规划决定，需要综合的政策设计。只有将村镇作为居民点研究，才能为管理单元调整和政策对象设计提供专业服务，才能"向权力诉说真理"，让权力服务于客观规律，规划的科学性才能得到真正的提高。乡村规划要重视乡土文化脉络的传承。要建立为乡村居民的全生命周期提供空间服务的基本理念，努力改变城市规划方式主导乡村规划的局面，不能从思想上认为农村落后、小农落后，于是热衷于用大规模改造的方式搞乡村建设，急于见到效果。

五、结语

60 年的乡村规划探索，包括城市规划队伍下乡和由此带动的乡村本土智力的规划实践，以及农口、生态、景观等相关专业向乡村规划领域的延伸，内容是相当丰富的。通过对城市规划下乡为主线的历史回顾，可以看到，乡村居民点形成村镇体系，逐个单独编制村庄规划，不论是行政村，还是自然村，都是困难的，也是没有必要的。即使是集镇，也难以独自确定规划目标，集镇作为农村中心，其繁荣离不开所服务的村庄。村庄规模太小，需要向上一级居民点寻求各种服务，才能满足村民现代社会生活的基本需要。即使将乡镇作为一个规划单元，重视小城镇的发展，也不意味着每一个乡镇都能得到大发展，更不是指每一个已有的小城镇都能成为未来的城市。如果规划做出这样的安排，必定出现局部之和大于整体的严重问题。从城、镇、村共同构成的体系，观察居民点变迁规律，人为地选取某一类作为发展重点都是超出政府能力的。规划政策需要平衡政府作用、市场机制、民众自助三种力量。规划编制方法应当提供建设、保护、复耕等多种不同的"套餐"，而不是用一个万能的模式。在生态文明时代的网络社会更是如此。

城市规划下乡60年的规划实践为城乡规划成为一级学科打下了坚实的基础，不能因为政府行政职能的调整，就将学科自身发展规律放在一边。乡村规划是城乡规划的组成部分，但是城乡规划也不是政府规划的全部，需要与其他的部门规划进行协调，需要在不同的政府层级规划之间平衡。从更宽泛的人居实践看，规划是治理的工具，政府规划同样不是规划的全部，需要与其他国家和国际组织的战略，国内政党、军事、企业的规划进行竞争、合作。只有将城市、集镇、村庄共同构成的居民点变迁的规律作为城乡规划专业研究的重点，城乡规划的科学性才能得到真正的提高，才能在新的地表空间规划体系中找到正确的定位。

新时代需要新认识。中共十九大提出乡村振兴战略，城乡规划管理的政府职能正在进行调整和重组，乡村规划不能独善其身。但是，从居民点变迁角度看乡村居民点，并不是由哪个部门管的问题，而是规划本来应该怎么做的问题。城市问题与乡村问题互为因果，城市发展与乡村振兴是同一个事情的两个方面，其长久的动力源自城镇化过程中城乡关系的改善。需要摆脱部门主义和学科偏见，努力改变城市文化主导规划的局面，从更宽泛的人居实践视野，用人居科学理念和复杂适应系统理论指导城乡规划的发展，促进人居环境的改善。

（撰稿人：何兴华，中国城市规划学会副理事长）

注：摘自《城市发展研究》，2019（10）：01-11，参考文献见原文。

伟大的七十年

——中国城市规划演进的资本—货币视角

导语： 城市规划的"价值观"或者说"目标函数"，决定了对城市规划理论体系的选择。什么是"好的"规划，什么是"坏的"规划，不取决于规划本身，而取决于规划的"目标函数"。过去 70 年，中国城市规划的目标一直是资本—货币条件及其生成模式的函数。按照中国的资本—货币供给经历了从短缺、充沛到过剩的发展历程，大体上也可以把城市规划过去的 70 年分解为三个阶段，从而为解释中国城市化的伟大的 70 年提供一个宏观的历史视角。

一、引言

过去 70 年，中国城市发展的跌宕起伏，已经成为世界级的历史现象。作为中国城市化的一部分，城市规划从理论到实践也经历了"戏剧性"的转变，但这些变化却很少来自城市规划理论自身的演进，而是更多源自中国城市发展的具体实践。

过去 70 年，中国城市化从历史的低谷（1949 年中国的城市化水平为10.6%，低于春秋战国时期的 16.0%，约为宋朝 20.0%的一半），急剧攀上历史的高峰（2011 年中国的城市人口历史性地超过农村人口），考虑到巨大的人口基数，如此巨量的城市人口增加，是世界城市史上任何时期都不曾达到的，与之相对应，中国的城市规划也因此具有了自己的唯一性。

从大历史角度看，70 年不过是弹指之间，但在此期间中国发生的城市化进程却将彪炳史册。解释中国的城市化进程肯定需要多个视角，才能完整描述这一史诗般的人口地域变迁。其中，城市化资本—货币的获取方式是一个长期被忽视的视角。如果把经济要素视作城市化的函数，资本—货币就是其中对城市化影响最大的自变量。

二、第一阶段（1949～1978 年）：资本窒息下的城市规划

1949 年中华人民共和国成立时，经过多年战乱的中国百废待兴，而恢复经济发展最大的困难就是缺少资本。传统增长与现在的增长的一个主要差别，就是

前者不能通过金融工具向未来融资，而只能依靠现有产业剩余的积累。当时，中国最大产业就是传统农业，所有启动工业化的原始资本积累，只能来自农业这一主要部门的剩余。最大限度地压缩传统产业部门的消费，几乎是中国获取工业化初始投资的唯一途径。

更为严重的问题是，中国缺少高水平分工所需要的货币。在实物货币时代，人人都接受（具有流动性）的商品才能成为货币的锚。经济规模越大，人口越多，具有流动性的商品就越稀缺，这也就意味着货币不足。国民党离开大陆时，带走了几乎所有的贵金属和外汇。中国政府只能以实物物资做准备，发行有限的货币，并借鉴苏联采用低货币依赖的计划经济模式启动工业化进程。由于与苏联相比，中国的货币更紧缺，整个计划经济期间，中国都未曾达到苏联曾经达到的城市化水平（1982 年就已达到 64%）。

在资本有限的前提下，中国实际上面对的是一个两难选择：要城市化还是工业化。中国当时的战略是先行工业化——把使用货币分工较少的农业部门和必须使用货币分工的工业部门分开，通过工农业产品剪刀差，为城市的工业化积累资本。为此，就必须限制农业人口流入城市，消耗有限的货币，进而将有限的资本全部投放到基础工业。按照这一战略，"低城市化"是"高工业化"的前提。以过去的剩余作为获取启动资本的主要积累手段，必定要压缩消费。这意味着高积累下的工业化必定是一个极为痛苦的过程，因为作为消费部门的家庭必须轻资产。

而两个今天看来"错误"的战略选择，进一步加剧了这一过程的痛苦。

第一个战略选择是走资本密集的重工业化道路。资本与劳动是新古典增长理论中的两大基本要素，所有的资本不足都是相对于劳动过剩而言的。大量的劳动本应是中国经济的比较优势，但当时仍处于战争威胁下的中国，不得不仿效二战前的苏联，强行推进重工业优先的发展战略。尽管当时选择这一战略有迫不得已的原因，但今天看来，其后果是进一步放大了中国资本和劳动的缺口。

第二个战略与城市关系密切，就是在城市化和工业化孰先孰后之间，中国选择了优先工业化。这一选择源于当时对城市本质及作用的落后理解。在当时的理论认知中，城市被视作单纯的消费，而工业才能承担生产。在强调积累的"先生产，后生活"的政策指导下，城市化一直处于被抑制的状态。"控制大城市规模、合理发展中等城市、积极发展小城市"，就是基于这样的认识，得出的城镇化战略。

今天人们已经知道，城市化不仅不是工业化的对立面，二者不是此消彼长的关系，相反，城市化就是工业化的一部分。所谓"城市"乃是一系列公共服务的集合，这些"公共服务"乃是各产业发展的共同需要，但自身提供却成本巨大的部分，比如，道路、电力、运输等基础设施，每个企业、家庭都需要，但分别自我提供则成本巨大，多数时候甚至是不可能的。如果由"城市"提供，成本则可以大幅降低。换句话说，城市就是为所有产业提供共享的"重资产"，通过"集体消费"分摊固定成本，使得这些产业可以"轻资产"运行。

因此，城市化必定是资本极其密集的过程，而中国缺少的恰恰是资本。现在看来，去城市化的工业化不仅没有推动工业化，反而进一步迫使企业"重"资本化，自我提供昂贵的基础设施，消耗更多的资本。在这样的环境下，能生存下来的必定是大型的、能重资产自给自足的生产单位——大型国有企业。

1949～1978年的城市规划也脱离不了资本窒息这一大的背景。尽管针对北京的规划有"梁陈方案"这样先进的思想，但在资本匮乏的情况下，限制"非生产性"的城市投资，仍然是城市规划的主流。这一时期的城市规划实际上都是在"资本—货币"双缺口约束条件下的一系列被迫选择。现在看来非常"先进"的规划思想（比如"梁陈方案"），在当时的大环境下并不合时宜。

当时影响巨大的"九六之争"就是一个典型的例子。当时根据苏联的经验，提出城市人均居住面积要达到9m^2，据说，这一标准是根据人的肺活量计算的。据周干峙先生说："这个9m^2，我们当时就叫作社会主义城市规划的原则，叫'对人的关怀'"。但由于按照城市规划的原理，这一标准是所有城市用地和基础设施估算的基础，这个指标一高，意味着与其相关的所有规划指标都会上去。因此，这一标准一经提出，就遭到了国家计委的反对，理由是财力上无法支撑。用周干峙先生的话讲："你用9m^{2}就画大了，画大了要修的马路就多了，搞的下水道也多了，我搞得了吗？当时搞一个下水道很困难的，不像现在。所以就出现了'九六之争'"。周先生回忆说："1953年、1954年搞的规划，大概执行到了1956年、1957年的时候，就因为'九六之争'，出现了'反四过'运动。""'反四过'运动最核心的问题就是要缩小规模，缩小开发。""跟现在完全相反，现在就怕你不高、不大、不快。"周先生这些话，凸显了不同阶段城市规划截然不同的目标取向。

这一阶段城市规划成果的典型代表就是北京。从"梁陈方案"的提出到被否定，从单中心扩张的城市结构到限制城市人口规模政策的出台，这些事件背后的深层动因都是资本短缺。脱离资本—货币不足这一大的背景，当时的城市规划理论和实践就会显得匪夷所思。

处于资本约束下的城市规划与其说是"发展城市"的规划，还不如说是"限制城市"的规划。城市规划不是在解决"最优增长"问题，而是要解决在有限资本条件下，优先选择城市化还是工业化问题，类似于经济学中生产要素的"最优配置"问题。作为那一个时代的亲历者，周干峙先生指出："从历史来说，'基本建设被压缩'是在压缩城市啊，工业并没有被压缩，至少不是那么大的压缩。"

由于计划经济时代大部分建设项目投资来自中央，中央规划机构经常扮演"监军"的角色，监督工业投资和地方政府城市建设投资是否"合理"，是否"挪用"了生产性资金，是否可以"更节省"一些，成本能否进一步降低。一句话，严格控制各类投资的"非生产"部分。而地方政府的城市规划部门，除少数特大城市外，大多附属于建设部门，甚至处于可有可无的状态。

三、第二阶段（1979～2008 年）：资本积累下的城市规划

中国城市规划的大转型，始于改革开放的 1978 年。城市存量从改革开放初期的 7000km^2 左右暴增到 2015 年的 51498km^2。短短 30 年时间建成区面积暴增 8 倍，如果算上工矿区，面积更是达到 10 万 km^2！

此后 40 年，中国城市规划的地位获得了前所未有的提高，规划不再是为了节省资本，而是为了创造资本。城市不仅不再是消耗有限资本的"消费品"，其本身也成为资本创造的源泉。建设标准不再是越低越好，而是"五十年不落后""世界眼光、国际标准"。一年一度的中国城市规划年会，成为其他学科难以企及的学科盛会。

这一切，都是源于中国经济发展积累模式的转变——长期制约中国的"资本—货币约束"得到了历史性的突破。

首先，中国开始放弃违背自身"资本短缺，劳动过剩"资源禀赋的优先发展资本密集的重化工业的发展战略，转而发展能吸收大量劳动力的"乡镇企业"和"轻资本"的消费品产业。其次，更重要的是，通过"国际经济大循环战略"，中国工业与"多资本，短劳动"的先进国家（特别是资本最多的美国），实现了互补型的垂直分工——资本大国负责资本增长环节，中国负责劳动增长环节。

而所有这些变化，都离不开布雷顿森林体系解体这一历史性的事件。在此之前，金本位极大约束了货币供给规模。发达国家一方面通过从殖民地直接输入原料节省货币使用，一方面通过贸易顺差增加货币存量。在商品货币条件下，一个国家资本—货币的增加，必定意味着另一个国家资本—货币的减少。布雷顿森林体系解体使得美元从商品货币转变为信用货币，通过贸易逆差，巨量的美元为全球贸易提供了流动性，使得全球分工成为可能，也为商品经济取代计划经济提供了条件，并最终以市场经济全面胜出而终结。

中国的改革开放即是抓住了这一历史机遇，同信用货币最大的输出国美国经济挂钩。1994 年的汇率并轨，使人民币从以物资为锚变为以美元为锚，顺差成为人民币生成的主要方式。因缺少资本而劳动过剩的中国，通过和因资本过剩而

劳动不足的美国进行垂直分工，克服了经济增长资本不足的短板，使劳动过剩的比较优势得以充分发挥。

特别是 2001 年，中国加入世贸组织后，世界产业链中劳动密集的部分开始大规模向中国转移，巨量贸易顺差使中国货币短缺问题迅速缓解。美国是信用货币的最大输出国，逆差不再是丧失资本的过程，而是创造资本的过程，中国的顺差不是"抢走"了美国的资本，而是为美元带来流动性，中美双双成为全球化最大的获益者（图1）。

与美元资本输入推动的工业化进程相伴随的是中国的城市化发展，带来对中国城市土地的需求。以地方政府垄断一级市场为特征的中国城市土地市场，为中国的资本形成提供巨大的信用。以土地市场为核心的土地金融（拍卖、抵押），为中国的城市基础设施建设提供了巨大的原始资本。正是由于资本—货币约束的解除，开启了中国城市化奇迹般的增长。中国的建成区面积从改革开放初 1981 年的 0.74 万 km^2 增加到 2015 年的 5.2 万 km^2。城市公共服务水平的提高，降低了所有产业部门的资本门槛，中国的工业化和城市化实现了同步增长。

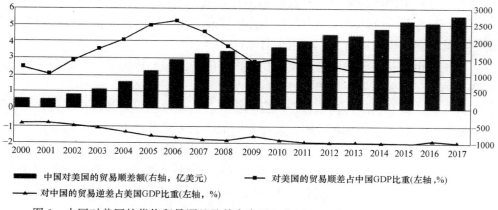

图 1　中国对美国的货物贸易顺差及其占中国和美国 GDP 的比重（2000～2017 年）

如果把这一阶段的城市规划视作一个巨大的"冰山"，则城市规划可以分为"水上"和"水下"两大部分。"水上"部分，就是大家熟悉的规划编制。由于资本约束的解除，大规模城市基础设施建设的规划设计，也就是以空间规划为主要内容的各类规划，成为规划需求的主要内容。与此同时，"概念（战略）规划"等中国特色的规划模式，极大地拓宽了传统的城市规划领域，城市规划取得的这些成就在资本极其匮乏的年代是难以想象的。

比较少为人知但却更加重要的是，城市规划冰山位于"水下"的部分——城市规划管理。城市规划管理的主要法源"两证一书"，将中国的城市规划置于了土地用途管制的核心。从选址、供地到验收，城市规划管理是唯一一个能贯穿土地用途管制全过程的审批权利。而中国经济增长资本的主要来源，又是以土地为核心的资本市场，这就使得城市规划处于了中国整个经济发动机的核心。中国城市规划的这一独特功能是全世界其他国家的城市规划不曾有过的。

这一阶段的典型城市，就是深圳。深圳的城市规划也因此成为中国城市规划成就的杰出代表。从城市选址到总规、到战略，从技术标准到法定图则、到土地招拍挂……如果说这一阶段中国城市化进程是城市规划的横坐标，深圳的成就几乎是中国城市规划的纵坐标。正是深圳，使中国的城市规划完成了从资本—货币短缺阶段向资本—货币富裕阶段的转变。

中国城市化历史性崛起，源于中国历史上第一次真正解决了资本—货币不足的问题。而解决这一问题的关键就是土地资本市场的建立。不同于其他发达国家"股票/债券＋银行"的资本—货币生成机制，中国创造了一条"土地＋银行"的资本—货币生成机制。而在土地金融制度中，城市规划，特别是地方政府的城市规划在其中扮演了关键角色。可以说，土地在资本市场上的价值，80％以上是由城市规划所决定的。城市规划所直接或间接支配的社会资本，远超任何其他经济部门。这些都是城市规划学科所有教科书中所没有的——城市规划从业者只是感觉到自己突然变得孔武有力，却很少有人理解个中的原因。

也正是由于具备创造资本的巨大功能，使得中国城市规划所能调动和支配的财富远远大于任何国家。中国的城市规划能级也因此远高于其他国家的规划同行。尽管中国城市规划理论在表面上还落后于发达国家，但城市规划本身却早已超出其他国家进入更高的维度。作为整体，中国城市规划的地位在世界范围是无与伦比的。

需要指出的是，国内城市规划理论对于规划与资本创造之间关系的探讨还处于非常原始的阶段，过时的西方规划范式还在统治着中国城市规划的教科书。把中国的规划实践通过削足适履来对标发达国家的规划术语（zoning，都市更新，公众参与……），再用西方语法（理论）讲中国规划故事依然是中国城市规划理论研究的主流。所幸的是，城市规划实践并没有等待自己的理论，就已经开始进入下一个阶段。

四、第三阶段（2009～2019 年）：资本充裕下的城市规划

中国城市规划的第三个阶段，是从 2008 年美国金融危机到目前仍在进行的规划阶段。这一阶段的大背景，是中国为应对金融危机而推出了"四万亿"积极的财政政策，无意中使中国巨大的土地信用创造资本的能力被激活，中国几乎在

一夜间成为资本大国。房价、债务、投资……共同制造了天量的货币，长期短缺的资本—货币变得过剩。

正如前文所述，资本充裕的另一面必定是劳动相对不足，这会导致长期过剩的劳动价格开始上升。在劳动密集产业不断转移的同时，中国也前所未有地开始了向资本密集的产业阶段的升级。短短 10 年之内，中国制造业的增加值先后超过德国、日本、美国等这些世界上最顶尖的制造业大国。表明中国制造业增长中，资本的比例在上升，劳动的比例在下降。

在巨量资本的支持下，中国城市化资本增长阶段迅速完成，城市增长目标才开始出现分化。那些进入资本相对过剩阶段的城市与其他发达国家城市所面对的问题越来越相似，经济虚拟化、资本密集化、劳动成本上升。现金流不足（社保、养老金缺口）正取代资本不足，成为城市未来发展更为迫切的议题。由于劳动变得短缺，争夺劳动将比争夺资本更重要，那些不能吸引劳动的城市，甚至人口净流失的城市，都将在新一轮增长中出局。城市规划的目标，将从如何限制人口转变为如何吸引人口。进入新阶段的城市规划面对着越来越多与上一阶段不同甚至完全相反的城市发展目标。

如何创造可持续的税收，将取代创造一次性的资本，成为城市化运营型增长阶段更重要的目标。在这一背景下，为投资增长服务的空间规划变得不再重要。怎样将已经形成的城市存量资产转化为稳定的收益流，成为未来规划新的重心和焦点。与此相适应，城市规划也要从其原来的服务对象——负责城市增量的建设部门，转移到新的服务对象——负责城市存量的自然资源部门。

在新的增长阶段，以创造增量为目的的城市规划，开始切换到以盘活存量为目的的城市规划。新的国土空间规划不再是传统的形式，以前围绕建设编制的规划，将转变为围绕管理的规划。强化规划的刚性，不再是强调图纸不能更改，而是要强调规则不能更改。尽管在过渡阶段，对增量空间规划依然会有巨大的需求，但那些能够为委托方带来现金流的规划工具会越来越多地进入规划市场，并最终淘汰传统规划工具。

五、结语

过去 70 年城市规划的是非功过，都不能脱离更大的历史环境孤立地加以评价。在这个阶段"正确"的规划政策，在另一个阶段很可能就不再"正确"，而一个阶段的"错误"可能为另一个阶段的"成功"提供了条件。当人们批评第一个 30 年的计划经济时，应该知道第二阶段市场化改革必需的货币制度当时并不存在。例如，计划时代所有制改造，虽然抑制了市场发育，但却为 1982 年宪法中城市土地公有创造了制度前提。而正是 1982 年宪法为后来对城市化影响巨大的"土地金融"提供了制度基础。

这不是由于规划学科进步了，更科学了，而是由于城市规划所处环境的经济变量不同了。也正因如此，不能用前面 30 年（资本窒息下）的城市规划，否定后面 30 年（资本积累下）的城市规划。更不能用最近 10 年（资本充裕下）的城市规划，解释前 60 年（资本窒息下和资本积累下）的规划。只有正确解释中国城市的演进历程，才能理解最近 10 年城市规划的转型，才能把握未来中国城市规划的演进趋势。

沿着资本—货币的逻辑，规划就有可能透过政策性的宣示，判断城市背后的真实需求。一个典型的例子就是城市规模。第一阶段提出"大跃进"的城市都失败了；第二阶段吸取第一阶段的教训，提出要限制城市规模，限制大城市规模甚至上升为国策，但丝毫没能阻碍第二阶段中国城市规模的全面扩张。理解了资本—货币这条增长主线，就能在规划时做出正确的判断，而不被委托方的一厢情愿的政策"愿景"所迷惑。过去 70 年所有成功的城市规划案例，都是那些遵循了市场逻辑的政治意志的结果。

中国城市规划获得成功的关键，就在于随着历史的改变而改变。而资本—货币从稀缺到剩余，就是这一条线索中最核心的那一条。如果这个判断是正确的，未来资本—货币形态的变迁，就依然会对中国城市规划的方向产生重大影响。对于那些嘴上大喊要控制人口的城市，资本将让它们的行为保持诚实——资本—货币逻辑会驱动城市的本能继续吸收人口，东京如此，伦敦如此，首尔如此，中国的一线城市（如北京、上海）也将如此。而那些不能留住人口的城市，将会在资本剩余的阶段被淘汰。

过去 70 年，中国的城市规划很大程度上是在被动适应资本—货币制度的变迁，未来新的国土空间规划如果能主动将资本—货币因素纳入规划的范畴，就有可能从被动接受经济制度转变为主动影响经济制度。城市规划就有可能借转型国土空间规划的机遇，再一次开启它的伟大新生！

（撰稿人：赵燕菁，中国城市规划学会副理事长，厦门大学建筑与土木工程学院教授、经济学院教授）

注：摘自《城市规划》，2019（09）：15-19，参考文献见原文。

"十四五"时期发展新趋势与
国土空间规划应对

导语："十四五"时期，我国将进入经济转型和制度革新的新时代。国土空间规划作为国家的重要政策调控工具，将有力地支撑国家的转型发展。本文认为，新时期社会经济发展的趋势包括经济发展进入新常态、城镇化发展进入新阶段和生态文明建设进入新时代。在此背景下，高质量发展成为各项工作的出发点，国土空间规划应在优化配置供给侧要素、服务新旧动能转换和实现全要素管理自然资源三个方面落实高质量发展的目标。新时期国土空间规划关注的重点应包括城乡空间发展、城市品质提升和生态文明建设等。

一、引言

改革开放40多年来，我国的社会经济发展发生了历史性巨变，取得了令人瞩目的成就。时至今日，我们又一次站在改革开放再出发的新起点。2010年以来，我国的社会经济发展环境发生了根本变化，原有的体制和政策难以解决新问题。在此背景下，中央开始了经济转型和体制创新的探索，提出新理念新思想新战略，出台一系列重大方针政策，推出一系列重大举措，推进一系列重大工作，以解决许多长期想解决而没有解决的难题，推动社会经济再发展。经济转型方面，在经济新常态和新经济崛起的背景下，积极探索新路径和转变发展模式，追求高质量发展；体制创新方面，进行了影响深远的机构改革，建立起新机制和出台新政策，破解发展的制度瓶颈。新时期，经济基础和上层建筑均进行着深入变革，两者相互作用和相互促进，释放出前所未有的发展动力，使得即将到来的"十四五"时期成为改革和发展最为关键的阶段。

2018年，随着国家自然资源部的组建，确立了新的国家空间规划体系。国家空间规划作为指导各项开发保护行为的政策工具，是国家和地方战略实施的重要支撑。因此，把握新时期社会经济发展新形势以及今后5年国家发展的重点，对国土空间规划编制和实施尤为重要。本文对国家、省以及29个城市"十四五"时期关注的焦点问题进行梳理，提出新时期国土空间规划面临的形势与任务，对国土空间规划的重点工作提出建议，以期对"十四五"期间国家转型发展和空间规划编制有所启示。

二、"十四五"时期社会经济发展新趋势

2008年全球爆发金融危机以来,我国进入了经济深刻转型和更替发展的新阶段。回顾过去10年我国的社会经济发展,对城乡发展及其空间配置产生重要影响的有经济发展进入新常态、城镇化发展进入新阶段和生态文明建设进入新时代三个方面。

(一) 经济发展进入新常态

改革开放的前30年,中国经济经历了令世界瞩目的高速增长。然而,2008年全球金融危机以来,我国经济增速放缓,GDP增长率从2010年的10.64%下降至2018年的6.60%。这种经济新常态的到来,标志着增长主义的终结,经济进入发展模式转轨和增长方式转变的新阶段。为此,中央相继提出"供给侧结构性改革"与"稳中求进"等经济发展政策,这些经济政策将在未来很长一段时期内指导我国的经济发展。新时期,经济发展将以增量改革促进存量调整,进而带来投资结构和产业结构优化。国土空间作为劳动力、土地、资本、制度创造、创新等供给侧要素的载体,其配置必须改变过往粗放配置的模式,不断优化配置,以适应供给侧要素的新变化。另一方面,根据有关研究,"十四五"期间中国将迈入高收入国家的门槛。这一历史性突破,将导致经济增长动力由原来的"出口拉动"转向"消费、服务业、技术创新带动"。根据国际经验,高收入发展阶段,休闲、娱乐及体验等消费将呈现快速增长趋势。2018年,我国消费支出对GDP的贡献率为76.20%,较2017年增加了近19.00%,这一趋势还将进一步加剧。因此,消费社会的到来将生产出更多的新型消费空间,国土空间规划必须对空间载体做出统筹安排,以满足人民群众对美好生活的追求。

(二) 城镇化发展进入新阶段

改革开放以来,中国经历了大规模的城镇化进程,城镇化率以每年增长1个百分点的速度快速增长,至2018年全国城镇化率达到59.58%,上海、北京、广东、江苏等省市城镇化水平接近或超过70.00%。人口在城乡之间的流动,带来城乡发展格局的重构——总体上呈现城镇人口增长与乡村人口减少的特征。

新时期,在城镇发展上,呈现出城镇收缩与增长并存。城镇化的国际经验表明,当城镇化率接近或大于70%时,城镇化发展将趋于平缓甚至停止。我国一些学者据此判断,中国城镇化进入后半程,这也与国际城市发展规律一致。然而,根据笔者等的观察和相关研究,虽然从城镇化率来看我国城镇化进入较高水

平，但是城镇化趋势并不会放缓，由于人口流向的变化，城镇发展正在进入深刻的结构性调整期。根据相关研究和对部分中西部地区的调研，未来一段时期人口集聚的地区主要有三大城市群（长三角城市群、京津冀城市群和珠三角城市群）、省会城市、县城城关镇三类地区。与此同时，城镇收缩也已经大范围地出现，有关研究统计中国180个城市存在人口总量/密度下降的趋势。在乡村发展中，也同样出现振兴与衰退的矛盾。由于乡村人口大规模外流，各地区均不同程度出现了乡村衰退问题。在此轮农村改革中，通过农民集体经济组织培育等制度创新，从根本上保障农民利益不受损，解决农民进城的后顾之忧，或许会形成新一轮农民进城的高潮，乡村衰退也将进一步加剧。在此背景下，乡村振兴战略的实施更加需要顺应城镇化的大势，精准选择发展村庄和特色村庄，促进农村健康有序发展。因此，在当前城镇化处于调整期的背景下，城镇和乡村发展均已进入增长与收缩并存的时代，城乡规划如何处理好增长与收缩的关系亟须研究。

（三）生态文明建设进入新时代

生态保护历来是中央政府强调的工作重点，但一些地方政府在快速城镇化过程中以牺牲环境为代价换取经济和城市发展，造成了生态空间侵占、环境污染等诸多问题。因此，党的十五大提出可持续发展战略，希望转变传统的粗放发展模式。"十一五"和"十二五"时期，国家更是对生态保护进行了一系列探索，例如国家发展改革委推出主体功能区规划、环境保护部划定生态保护红线、国土资源部和住房城乡建设部提出划定城镇开发边界等。但是，各部门事权冲突，政出多门，致使生态保护成效有限。

党的十八大提出要进行生态文明建设，标志着国家迈向生态文明的新时代。新时期，生态文明建设将呈现两个特征——最严格的生态保护和最广泛的生态修复。在生态保护方面，国家划定生态保护红线，将对生态功能保障、环境质量安全和自然资源利用等方面提出更加严格的监管要求，一切建设行为必须对生态保护红线做出让步。因此，产业发展和城镇建设必须立足生态本底，不能像以往一样随意侵占生态资源。在生态修复方面，对城镇建设和产业发展等活动造成的山体、林地、水域等破坏将加大修复力度，实现人与自然的和谐。应该说，对生态品质的追求也是高质量发展的重要方面。

综上所述，经济新常态、城镇化转型和生态文明建设是"十四五"时期我国社会经济发展的主旋律，高质量发展也随之成为新时期各项工作的行动纲领。国土空间规划作为落实社会、经济活动的重要政策手段，也要立足新形势，创新工作方式方法，更好地服务国家需求。

三、高质量发展：国土空间规划新要求

高质量发展是"十四五"时期我国社会经济发展的根本要求。国土空间规划作为国家空间发展的指南，必须以高质量发展为主线，科学布局生产空间、生活空间和生态空间，通过空间的开发、保护、置换和更新，提供支撑社会经济发展的高质量空间体系。高质量发展从优化配置供给侧要素、服务新旧动能转换和全要素管理自然资源等方面对国土空间规划提出了新要求。

（一）优化配置供给侧要素

"十四五"时期，在新的社会经济发展背景下，劳动力、土地、资本、制度创造、创新等供给侧要素将加速在空间上进行重组和配置。国土空间作为各种供给侧要素的载体，其规划布局对于供给侧要素的优化配置具有重要意义。2010年以后，自广东省率先进入存量规划时代，全国各地也纷纷进入存量挖潜开发的新发展阶段。因此，国土空间规划要以存量挖潜为主，促进土地集约节约利用，将存量用地用途转变为收益高的土地使用用途。伴随着消费社会的到来，国土空间规划要在城乡地区为新型消费业预留足够空间，满足消费新业态的发展。此外，在考虑区域发展差异和不平衡的基础上，促进各种资源在空间上的流动和各项设施的共建共享，实现供给侧要素的高效使用和合理配置。

（二）服务新旧动能转换

产业发展是高质量发展的强劲推动力。在新的社会经济背景下，产业发展的新旧动能转换主要体现在三个转变，即经济发展由依靠要素和投资驱动转向依靠创新驱动；对外开放战略由对外出口和引进外资为主转向扩大进口和对外投资为主；经济增长方式由高污染、高消耗的粗放型转向绿色环保的集约型。新旧动能转换将给对空间的使用带来根本性变化，需要国土空间规划统筹安排：一是空间规划要探索旧动能产业空间的升级改造或更新方式。近年来，"退二进三"和产业升级迫切需要探索工业用地再利用的模式，并且在土地用途管制上需要做出土地用途变化的制度安排，以破解制度瓶颈。二是空间规划要研究新动能产业空间利用的需求和特征。新动能产业包括战略性新兴产业、现代制造业、现代服务业等，其生产组织和空间需求不同于传统产业生产模式，因此需要研究其空间使用模式和要求，统筹做出安排。三是空间规划需要关注新动能产业带来的地域分工的又一次深刻变化。"互联网＋智能制造"将成为新动能产业的主体，柔性化、网络化和个性化的制造模式将影响深远。因此，空间规划需要积极应对在区域尺

度乃至全球尺度产业布局的新趋势和新模式。

(三) 全要素管理自然资源

长期以来，自然资源的管理职能分散在各个部门，割裂了各类自然资源完整性的同时，也存在大量矛盾冲突的问题，主要体现在各部门对单要素自然资源监管中空间布局的相互重叠、行政审批上事权不清等问题，造成了多个规划之间的相互冲突。习近平总书记强调构建人与山水林田湖草等自然资源要素的生命共同体，这是新时期生态文明制度体系建设的内在要求。因此，新国土空间规划体系从单要素的自然资源管理转向山水林田湖草全要素的自然资源管理。在具体管理上国土空间规划要兼顾以下两个方面：一方面，要落实对自然资源管理的刚性要求。进一步强化底线意识，必须对影响区域乃至国家生态安全、粮食安全的自然资源要素进行刚性管制。创新和完善各类重点自然资源要素的管制边界划定，综合利用指标、名录、负面清单等规划工具，建立全要素自然资源统一的底线管控体系。另一方面，自然资源管理也要体现弹性需求。在人与自然和谐共处的生命共同体中，人的发展同样重要，这就需要国土空间规划协调好自然资源保护与开发的关系，对于不涉及底线问题的自然要素进行灵活和弹性管理。因此，新建立的国土用途管制制度需要完善各类自然资源占补制度，保障人的活动空间以及各类自然资源要素空间在一定条件下能够进行科学合理的相互转换，实现对自然资源的高效利用，实现生产、生活和生态的高质量发展。

四、国土空间规划需要关注的重要问题

高质量发展将是未来一段时期国家和地方政策的基础。国土空间规划作为政府战略实施的重要政策工具，关注重点应当聚焦重构城乡空间、提升城市品质和践行生态文明三个方面。

(一) 重构城乡空间：增长与收缩并存

未来一段时期，城乡发展中增长和收缩并存，因此国土空间规划要积极做出探索和应对，采取差异化、针对性的发展策略引导空间重组。对于增长潜力大的城镇增长地区，主要涉及城市群（京津冀、长三角和珠三角）、省会城市、县城城关镇等，切忌"一刀切"式的存量化发展，而应在人口规模科学预测的基础上，有序、高效地供应发展空间。探索和完善跨行政区空间规划体系，建立规划实施机制，真正解决长期以来都市圈（城市群）级空间规划实施机制缺失的问题。对于城镇收缩地区，对绝对收缩（例如工矿资源型城市）、相对收缩（人口

减少城市，如温州、东莞）及"瘦身"收缩（例如北京、上海等特大城市功能疏解）等不同类型的收缩城镇深化研究，提出应对措施，为解决收缩城市的世界性难题，提供中国方案。

对于乡村振兴战略的实施和乡村衰退的现实，要从城镇化趋势进行科学判断，从而推进乡村振兴。全国许多地区对乡村振兴进行了有益探索，积累了丰富经验。建议借鉴江苏做法，引导乡村发展。空间规划要因地制宜，分类施策，可将乡村划分为重点村、特色村和一般村等类型。重点村应当注重产业扶持、公共配套建设、综合环境整治等，促进乡村可持续发展；特色村要打造特色产业、挖掘特色文化及塑造特色空间，以形成独具特色、动力充分的乡村发展模式；一般村主要针对衰退类乡村，应重点解决老龄化、空心化、土地荒废等问题，有条件的乡村可采取乡村撤并、土地复垦等措施。应当指出，增长与收缩并存是新时期空间规划面临的复杂问题，需要在实践过程中不断探索经验。

（二）提升城市品质：民生与人文并重

党的十八大以来，国家整体发展思路从以发展为导向向增进民生福祉转变，城市品质提升是最能惠及民生的系统工程，一些地方政府更是将品质提升纳入城市发展目标。具体来看，城市品质提升需要在民生服务改善和人文特色彰显方面着重开展工作。

从民生服务设施改善来看，过去40年城镇化高速发展，只注重拓张和建设，而忽视公共服务设施的配套建设，致使养老、教育、医疗、体育等民生设施匮乏。近年来，一些城市相继开始了公共服务设施补短板行动，希望改善民生服务。随着城市发展进入存量化阶段，大量存量空间为民生服务改善提供了可能的空间载体。因此，空间规划应当顺势而为，积极探索存量空间利用方式，将低效、荒废的空间进行更新利用，补充完善各类民生设施，实现空间更新利用与民生服务改善双赢。

从人文特色彰显来看，全球化进程的深入使得城市间发展趋于雷同，特色丧失已成为城市发展面临的普遍问题。新时期，增强文化自信也对城市建设提出新要求。近年来，一些城市开展了城市特色空间专项规划，但大多停留于规划层面，缺乏有效落实。因此，应将人文特色落实纳入空间规划体系全过程，尤其是纳入指导实施的法定规划，建设彰显人文特色的新城市。

（三）践行生态文明：保护与修复并举

国家迈向生态文明的新时代，生态文明建设呈现了最严格的生态保护和最广泛的生态修复两大特征。作为直接落实主体的地方政府也积极响应，将城市生态保护及生态修复纳入工作重点。

生态文明建设初期，各地工作重心始终围绕"治"，而忽视"防"，即重视污染治理而忽视生态保护。国家历来重视生态环境保护，但受限于部门事权冲突、多规衔接不足等原因，突破生态保护红线的建设开发屡禁不止。党的十九大以后，机构调整、多规合一等改革的推进，为生态保护提供了有效的制度保障。因此，新时期的国土空间规划需要建立最严格的生态保护红线管控制度，并以国家公园、自然保护区等保护地类型为抓手，建立国家、省、市等不同层级的生态保护体系，实现生态保护的层级化、网络化、全域化。此外，生态修复也将成为"十四五"时期的重点工作。2015年中央城市工作会议提出"生态修复"以来，各地纷纷开展城市生态修复的试点和探索，但受限于全域修复难、技术方法单一等困境，生态修复效果并不理想。因此，新时期城乡建设需要兼顾城市生态环境修复和城乡环境整治改造。生态环境修复主要包含山体修复、水体治理、棕地治理以及完善绿地系统等工作；城乡环境整治主要是对建成环境的综合整治，涉及道路综合整治、公园绿地品质提升、废弃用地生态化等工作。通过生态保护和生态修复，实现"十四五"期末高质量人居环境建设的目标。

五、结语

"十四五"时期，我国社会经济发展呈现新态势，其为空间规划体系改革提供机遇的同时，也带来了更多挑战，空间规划的理念、要求与重点等都将发生转变。党的十九大提出高质量发展，这将是空间规划改革的指针，为空间规划工作指明了方向。规划工作要顺应新形势，确立新目标，不断调整工作重点，将高质量发展放在突出位置，建设高效和谐的生产空间、生活空间和生态空间，有力支撑国家的转型发展。

（撰稿人：罗小龙，博士，南京大学建筑与城市规划学院副院长、教授、博士生导师，中国城市规划学会理事；陆建城，南京大学建筑与城市规划学院博士研究生）

注：摘自《城市规划》，2019（10）：09-12，参考文献见原文。

2020 年后我国城市贫困与治理的相关问题

导语： 2020 年是中国农村全面消除绝对贫困的目标年。然而贫困问题并未因此结束，伴随着城乡融合战略的不断推进，城市结构的转型，城市贫困隐患问题不断凸显，城市反贫困治理将成为未来中国扶贫的一个重要方向。本文主要从国际视角出发，通过梳理城市贫困的内涵、标准和测度等内容，重点对城市贫困的形成原因以及城市贫困治理的经验进行整理分析，并对未来城乡融合发展进程中，如何进一步推进我国城市贫困治理问题进行初步探讨。城市贫困的形成受到制度与政策、就业、医疗等宏观因素，同时也受到居民自身健康、教育、观念落后等微观因素影响，未来需要在借鉴农村扶贫基础上，进一步形成城市贫困人口识别标准，并在城乡融合基础上构建内外结合的城市反贫困机制。

一、引言

直至 20 世纪 90 年代初期，我国的贫困问题一向被看作一种农村现象。随着城市化进程的不断推进，城市贫困问题也逐渐凸现出来。与农村贫困相比，由于城市结构多样，城市贫困问题较为复杂，相当一部分城市贫困人口保障水平低，处境艰难。2020 年是我国全面消除绝对贫困的重要节点，但是扶贫任务并没有结束，城市贫困人口脱贫问题将成为社会需要关注的新主题之一。

二、城市贫困的内涵、标准和测度

城市贫困一直是全球性的问题。随着城市结构的不断多样化，城市发展的不断进步演化，城市贫困的内涵和范围也在不断地变化。近年来，中国城市化进程不断推进，使"富裕中的贫困"更加凸显，在城市发展的新时期，中国城市也面临新的贫困类型，需要新的标准和测度方法。

（一）城市贫困的内涵

贫困，从内容上来讲主要分为绝对贫困和相对贫困，绝对贫困主要是指物质方面比较匮乏从而影响基本生活的一种状态。而相对贫困，是指在一个社会或者群体中，收入水平相比整体水平来讲处于弱势地位的状态。城市发展过程中绝对贫困问题基本解决，面临的更多的问题是相对贫困，即为"富裕中的贫困"。随着社会结构的转型以及城市化的推进，城市中出现很多失业人口、低收入人群、社会闲散边缘人群，以及种族中、移民中的贫困人口等。同时，很多学者也表示城市中的老年群体以及文化程度较低的年轻群体等都是构成城市贫困的主要因子。

（二）城市贫困的衡量标准

由于城市贫困出现得较晚，同时城市贫困的成因较为复杂，内容涵盖较多，与农村相比较，城市贫困的标准比较难统一。目前在中国，城市贫困没有明确的标准，国家主要按照"城市最低生活保障线"作为衡量城市贫困人口的主要标准。城市最低生活保障线主要是指人均收入低于当地规定的最低生活标准的群体。按照《城市居民最低生活保障条例》中的规定，中国城市贫困人口主要包含三部分群体，即失业人口、下岗人员以及收入低于最低生活保障线的在业人员。按照低保标准，2016年，我国城市低保人口的规模约为2000多万人。

（三）测度方法

由于城市贫困标准的不统一，因此对其的测度也没有确定方法，目前国际上对城市贫困及低收入人口的确定，主要有以下几种方法。

1. 城市绝对贫困标准的测度

国际上对城市绝对贫困标准测度的常用方法主要有恩格尔系数法和国际贫困标准。①恩格尔系数法。它是衡量一个国家或地区生活水平高低的综合指标，由德国统计学家恩格尔（Engel）提出，后来国际上常以恩格尔系数超过59％作为判断贫困的一条标准。②国际贫困标准，也称绝对值法。目前国际贫困标准是每天1.25美元。该标准应用比较广泛，但它忽略了特定国家在不同时期的价格变动，而且它采用购买力平价汇率衡量贫困，导致对当地生活成本质量的有偏估计。

2. 城市相对贫困标准的测度

国际上测算相对贫困比较主流的方法是国际贫困线标准，主要按照一个地区中的中等收入家庭月收入的50％～60％来测算。在中国由于地区间的经济发展差距较大，因此贫困人口的认定是按照不同地区进行差异化进行，主要采取绝对值法和恩格尔系数测算法测算城市贫困线标准。

三、城市贫困的主要成因

城市贫困的形成是随着城市结构的不断调整、城市群体的不断变化而逐渐发生演变的，因此形成城市贫困的原因也是动态、具有实时性的。随着中国改革开放下城市化进程的不断推进、经济社会的不断提升、人民生活需求的不断提高，出现在城市中的致贫因素也越来越多样化。

（一）宏观层面的原因

1. 制度与政策影响

近20年来，经济体制改革推进、国有企业改制、医疗和社会保障制度不完善、城市拆迁、农民失地等多种因素，造成我国出现大量的新型城市贫困人口。根据数据统计，2016年中国基尼系数为0.465，在世界各国排名中处于第30位，与全球平均水平相比高出警戒线0.4。从结构来看，除了农村城市差距之外，城市内部也存在一定的贫富差距，而且随着城市的发展，这种差距逐渐在拉大，较高的城市生活成本等也使得城市贫民的生活境遇低下。城市"三无"人员及大部分残疾人无收入来源，全凭领取最低保障金度日，随着城市生活成本的提高，当城市最低生活保障标准较低且不敷支出时，这些人将无法摆脱贫困。城镇离退休人员的养老金已由社会统筹发放，但一些城市养老金数额不高，再加上物价上涨等因素，一些生活状况一般的家庭在遇到疾病、不可抗因素的影响时，也会逐渐沦入贫困家庭的行列。目前非公有制单位已成为吸纳劳动力的重要渠道，但是许多非公有制用工单位没有必要的劳动保障措施。

2. 就业的动态性因素

从时间维度看，城市贫困人口除了长期以来依靠低保政策的群体外，还有因为突发原因造成的短暂性贫困群体。对于这部分群体，就业问题是客观上造成其贫困的主要原因。随着城市发展迅速，工作的更新速度快，对于劳动者素质的要求不断提升。对于处在贫困边缘的家庭而言，本身文化素质、社会地位、获取社会资源等方面的能力相对较低，因此面对高竞争的环境，贫困人口获取工作的难度和拥有工作的稳定性就大大降低，长期如此则会降低其寻求工作的动机，继而由短暂性贫困转为长久性贫困。因此就业问题是决定他们是否贫困的关键因素。

3. 医疗负担的影响

疾病和贫困向来联系紧密，也是互相影响形成恶性循环。长期贫困必然会造成营养不良产生疾病，而治疗疾病需要的高额费用又会进一步加剧贫困境遇。根据2002年的"全国百城万户低保抽查"数据，在低保家庭中，患有慢性病或者大病的人的比例占到64.9%，可见在低保家庭中，疾病因素占主要因素，看病产生的家庭负担是他们无法摆脱贫困的核心问题。

（二）微观层面的原因

除了宏观因素之外，城市贫困群体本身的自我发展能力低下，甚至"运气"等不可抗因素，也是造成他们长期无法摆脱贫困或者很快落入贫困境地的不可忽视的因素。

1. 疾病与健康水平因素

健康水平是劳动力素质的重要方面。疾病等健康原因是造成城市家庭陷入贫困的最主要因素。据上海市民政局在 2007 年对 1400 多个贫困家庭调查中发现，因病致贫的比例最高，达到 90.68%，因残致贫的比例也有 10.75%；贫困家庭的大病重病患者的医疗费支出较多，人均医疗费月支出 529.92 元，占每月人均总支出的 47.2%。另一方面，城市低收入人群生活在社会底层，生活条件有限，再加上城市生活成本偏高，以及营养健康知识缺乏和身心压力大等，他们的营养和健康条件较差，容易成为疾病侵蚀的对象。

2. 受教育水平、知识和技能因素

教育水平低，知识和技能的储备欠缺是造成城市人口陷入贫困的另一关键因素。随着城市化的不断深入推进，城市间、城市内部的经济差距在不断拉大，造成不同地区和不同社会层面的群体之间差距不断扩大。城市贫困人群属于社会中的脆弱群体，受教育水平普遍较低，在城市中的竞争力较小，寻求工作的范围和机会也较小。由于知识和技能上的欠缺，他们对社会和工作的适应能力较低，只能从事一些相对简单、依靠体力的工作，生活环境较为艰苦，单位劳动报酬较低，工作岗位的替代性较大，陷入贫困境遇的概率也较大。

3. 家庭和个人的社会资本因素

除了外在的物质条件，城市贫困人口在内在方面往往也比较缺乏，比如社会参与度以及信息接收的程度，等等。从投入角度来看，劳动力城市贫困人口由于经济生活压力较大，因此用在基本生活的劳动和时间投入成本就较高，从而用于社会关系中的精力就微乎其微，严重影响其正常的城市社会关系。同时，随着城市共享机制的逐渐成熟，城市贫困人口由于较低的文化水平和较少的信息资源，因此较难与周围形成良性平等的互惠互利关系，在此机制中也逐渐被边缘化。

4. 突发事件等不可抗力因素

城市贫困人口不仅在经济条件上处于落后状态，造成他们无法摆脱贫困的往往还有应对特殊事件的能力上。自然灾害、疾病、事故等突发事件足以让他们落入贫困的深渊。破坏力较大的突发事件往往具有不可预见性和不确定性，对处于贫困边缘的低收入人群或者刚脱离贫困的人群而言，具有"致命"的打击。

5. 志气精神等内在因素

首先从城市贫困人口心理来看，由于城市整体的快速发展对部分城市贫困人口的拉动较小，城市内部群体经济水平差距较大，相对贫困突出，造成其对自身经济现状的不满，这种"社会排斥"感受会进一步对其脱贫形成阻力。其次，由于城市发展较快，人才资源集中，竞争力较大，贫困人口往往缺乏对于自身现状改变的信心，自我摆脱贫困的意识不强，积极性不够，造成脱贫的内生动力不足。最后，长期以来形成的习惯造成他们对自身生活条件的要求不高，而贫困的内容不仅是经济方面的，还包括生活基本水平、住房、饮食、医疗、教育以及精神状态等多个维度，较低的要求必然降低了整体生活水平的标准。

四、国内外城市贫困治理的主要途径

城市贫困治理是世界各国共同面临的问题。一些发达国家在城市贫困治理中有一些成功的做法和经验，对中国在城乡融合发展进程中解决城市贫困问题有一定的借鉴作用

（一）健全社会福利

社会福利是影响社会成员生活和精神水平的最基础保障，也是一个国家整体国民生活水平的最直接体现。

北欧的社会福利制度比较完善，比如瑞典是实行社会福利最早的国家。瑞典的社会福利是广泛性的，涵盖群体大，内容较全面，包括健康卫生、家庭和儿童、工伤保护、失业保险等，基本涵盖了居民生活的所有内容。并且补贴额度也比较大，比如从 2002 年起，瑞典政府规定孩子出生或领养以后父母可以获得 480 天带薪产假，此外，为了保障无业的父母，政府为其提供每天 60 克朗的补贴。对于失业超过 90 天的劳动者，政府可以为其提供每天 240 克朗的基本保障。

美国的社会福利也是在不断改革中一步步完善起来的，最主要的改革是福利对象群体的转换，从单纯的接受式群体转变为积极参与的群体，从之前被动式的补贴转变为相对独立的长效式培训，美国许多州设置了工作福利制计划，旨在补贴的同时通过教育培训进一步提升人们自身的能力，从而能长期获得经济独立。这与中国实施的教育扶贫模式具有相似的目的。1988 年美国通过的《家庭援助法案》设立了一项重要条款，即开创"工作机会与基本技能"的计划，目的在于为穷人提供教育、职业培训和就业安置。

在中国，社会福利随着改革开放的推进也在逐步完善和进步，由最初的与身份相匹配的社会福利待遇逐步转化成补缺型的社会福利模式，社会福利不直接介

入个人和家庭，而是通过市场对不能维持基本生活的居民进行补充性的保障。随着经济社会的不断进步，人们对生活水平需求的提升，之前的补缺型社会福利又逐步改善为适度普惠型的社会福利模式。

（二）扩大和提升就业

从造成城市贫困的成因来看，失业占主要因素之一，失业率的高低也会直接影响城市贫困人口的数量和规模。因此扩大就业是很多国家针对城市贫困所做的首要决策。斯泰克（Stack）在研究中提出，在任何经济发展阶段，政府实施一系列提升就业机会的措施，一定程度下可以促进资源均等化，减小社会群体之间的差距，从而缓解城市贫困。

近年来，许多国家都采取了各种扩大就业的措施。美国在面对金融危机带来的持续影响时，主要采取经济刺激的措施来缓解失业，通过减税等一系列措施刺激消费，从而拉动就业。同时针对贫富差距、收入不均等结构性问题，美国政府签署就业培训计划等项目来帮助弱势群体提升就业能力。日本政府针对女性群体就业问题在2015年出台了《女性活跃促进法》，进一步提升女性在政府和企业的人员比例，促进女性在社会活动中的积极性，从而带动整个国民消费。欧洲政府主要通过干预经济刺激来缓解就业问题。欧盟根据不同地区、不同行业、不同群体来提供多样性的就业机会，旨在缓解社会结构失衡带来的城市贫困问题。

（三）发展地方经济

一个地区的整体经济是影响当地人民生活基本水平的最主要因素，也可以说是影响贫困的最直接因素，因为贫困人口往往面临的是最基本的生活问题。因此世界许多国家为了缓解贫困，解决区域间的平衡问题，采取了一系列措施大力发展地方经济。德国在平衡区域间发展方面制定了一系列法律法规，如《联邦区域规划法》（1965年），《区域经济政策的基本原则》（1967年）以及《联邦区域规划纲要》（1975年）等，充分给予地方政府自我发挥的权限，地方政策实施都由各州来负责，联邦在经济上给予50%的资助。

发达国家的城市贫困治理也不是全无问题。随着老龄化问题凸显，老年人退休保障水平低已经成为发达国家城市贫困治理需要面对的一大问题。如日本近年来领取养老金的人逐渐增加，缴纳养老保险的人数逐渐减少，开始领取年金的年龄不断推后，金额也在降低，老年人生活面临较大压力，成为城市脱贫较难解决的问题。韩国的情况也是如此，不少退休老年人需要再度进入劳动力市场寻找工作，以满足退休后生活所需。此外，高昂的房价、房租和城市生活成本也使得发达国家城市贫困人口无法承受。

（四）提升最低生活保障标准

最低生活保障制度是社会保障的一种，主要是政府对收入水平低于当地最低生活标准的群体进行基本生活扶持的一项举措，也是治理城市贫困的直接举措。最低生活保障主要采取居民自主申请的方式进行补助，主要针对收入低于当地平均收入水平的群体，包括无生活来源等弱势群体，也包括在职或下岗人员，与失业保险相比范围更广，能覆盖没有能力得到工作的群体，因此更能涉及更多的城市贫困人口。近年来随着经济水平的不断上升，各地都纷纷上调了最低生活保障标准，2016 年上海由 790 元/（人·月）上调为 880 元/（人·月），北京市由 2011 年的 480 元/（人·月）上调为 2016 年的 880 元/（人·月）。

五、对我国城乡融合背景中城市贫困治理的几点建议

城乡融合促进了资源的流动和共享，但对城市而言，也使城市产生了新的问题。据统计，中国 2017 年城乡居民人均收入倍差为 2.71，其中基础设施与公共服务的城乡差距仍然较大。因此，城乡融合对于城市发展无形中形成较大压力，城市贫困也会随之浮上水面，成为城乡融合后面临的新问题。针对城市贫困的主要特点及形成原因，新时期我国城市贫困治理应该有如下需要着力的方面。

（一）进一步确定城市贫困人口标准

我国的贫困线一直是以绝对贫困为标准，尽管其水平一直在提高（现行标准是以 2010 年不变价格计算的每人每年 2300 元），但贫困标准一直是理论界争论的焦点，贫困标准也影响全球对我国的减贫成就的认同。随着我国社会经济的不断发展，城市贫困问题的不断出现，应该着手于城市贫困的概念界定以及制定城市贫困线的新标准，我国减贫重点工作的转化应从全面、多维、动态的角度出发，科学制定和预测城市贫困人口，制定相对贫困标准，开展新一轮城市扶贫减贫工作。除了以收入为基本衡量标准外，还应该考虑医疗、教育、社会保障等因素，综合衡量城市贫困人口。

（二）内外结合，强化职能与提升城市贫困人口能力并重

要对症下药，内外并重。在宏观层面，要强化城市政府的反贫困职能，增强对城市贫困治理的支持力度。城市政府部门在贫困治理上的职责应更细化、更明确，要强调任务的分配和部门之间的协调和沟通，从劳动就业、生活保障、医疗保障、教育、住房等方面各负其责，将扶贫内容细化、具体化。在微观层面，要

提升城市贫困人口的文化程度和技能，创造更多的就业岗位，增强其应对贫困的能力和抵御风险的能力。

（三）进一步完善社会保障制度

进一步扩大城市需要保障的居民和群体范围，将下岗、退休、失业以及进城务工人员等城市贫困群体纳入保障范围。提升最低生活保障与养老、医疗等社会保障之间的融合度，从物质层面到精神层面综合提升城市贫困人口的生活水平。同时，进一步关注城市贫困群体的子女教育问题，比如进城务工人员子女教育问题等，提升城市贫困人口脱贫的长效性，避免造成返贫或代际贫困问题。

（四）营造社会氛围，建立合作互信的共享机制

城市贫困治理需要合作与互信的社会氛围，需要有效的渠道填补和打通城市内部之间存在的断层和"鸿沟"，形成城市贫困群体与其他主体的合作共享机制。通过合作共享机制，促进城市内部的共识和知识、技能、信息、服务等方面的共享，提升贫困人口发展能力。

（撰稿人：冯丹萌，博士，农业农村部农村经济研究中心助理研究员；陈洁，博士，农业农村部农村经济研究中心研究员）

注：摘自《城市发展研究》，2019（11）：102-107，参考文献见原文。

培育现代化都市圈的若干思考

导语：我国城镇化进入以城市群为主体形态的发展阶段，对区域协调发展提出了更高要求，培育现代化都市圈具有重要的现实意义。本文首先以我国法律制度为基础，对都市圈的内涵进行了辨析，认为都市圈具有 4 个方面的属性。其次，立足我国国情和发展阶段，总结提出我国都市圈发展呈现 6 个方面的独特性。最后，提出在新的发展阶段，应按照高质量发展的要求，从构架基于功能联系的空间形态、坚持以人民为中心的服务要素配置、基于资源禀赋差异互补的产业空间重构、发挥市场资源配置等方面合理制定政策措施，着力培育现代化都市圈。

一、引言

我国进入高质量发展的新时代，城镇化以城市群为主体形态。影响城镇化发展的户籍制度改革方向已经确定，土地制度包括关于集体经营性建设用地入市的法律规定修正案已经由全国人大审议颁发。未来 15 年，城镇化水平将持续稳步发展，都市圈是实现城市群为主体形态的重要支撑，培育现代化都市圈已成为应当关注的突出议题。

二、都市圈的内涵

如同对城市的不同理解一样，都市圈概念对于地理学、经济学、社会学、城市规划学等不同学者而言，可从不同角度去定义。我国都市圈概念，涉及城市、市域城镇体系等，实质上与法律体系、行政体系等密切相关。以下两个判断，是讨论我国都市圈内涵的认知基础。

研究都市圈应以城市建设区作为空间基础。城市研究的第一科学问题是基本概念的正确，没有正确和统一的城市基本概念，就谈不上研究城市，就没有城市科学（周一星，2006）。学界对城市含义有基本共识，普遍认为城市与乡村相对应而言，是以非农业活动和非农业人口为主的人类聚居地，空间上一般理解为城市建成区。基于这一认知，可以判断出城市边界应当是动态变化的，其随着城镇化过程不断扩张调整。同时，随着人们对社会联系和公共服务的需求变化，城市的行政管辖功能可能涉及较其建成区本身更广泛的区域，即城市行政区域（包括城市建成区、农村和城市郊区）。

研究都市圈应该重视城市行政管理职能。依据我国《宪法》行政区域划分直辖市、市有地域概念，相关法律制度的设计与行政级别有关。通俗地讲，我国行政区域划分的"市"，包括直辖市、省辖市（称地级市，一般内设区、县）、由地级市代管的省辖县级市（一般内设镇、街道）。法律赋予了"设区的市"（一般是地级以上城市）享有立法权，行使行政权力包括财政体制、公共服务责任等，来保障公民的合法权益。从空间形态上来看，"设区的市"周边围绕着若干县级市和小城镇，相互之间仍然有大量的农田或者绿化带。如果它们之间归属同一行政决策和管理体系，从我国规划语境来讲是市域城镇体系。对比国际城市行政建制，它已经不是"一个城市"，而是若干大中小城市的集合体。虽然它们相互之间有些有公路等基础设施连接，有些甚至有轨道交通联系，居住人群相互往来，但是不归属同一城市政府的行政决策和管理体系，政府提供的公共服务水平等方面亦有明显差异。

（一）都市圈是随经济社会发展形成的跨行政区划的城市空间形态

城市空间形态随着城镇化过程不断变化，都市圈是新型城镇化发展阶段的一种跨行政区域的城市空间形态。改革开放之前，我国具有明显的城乡二元结构特点，城乡分离是一路之隔、一墙之隔，城市空间形态主要是随着工业项目选址和建设拓展而变化。改革开放后，随着经济体制改革和城镇化发展，城市空间形态变化主要依照城市发展战略目标开展，受旧城区改造和新区开发共同的驱动。特别是1988年4月《中华人民共和国宪法修正案》明确"土地使用权可以依照法律的规定转让"后，土地开发和基础设施建设、城市扩张性快速发展、大量农村人口持续涌入，已经成为影响城市空间形态变化的主导因素。随着城镇化进入中后期，以超大和特大城市建成区为中心的、跨行政区域的都市圈出现，推动城市群为主体形态，是市场配置资源的必然结果，是我国城镇化发展的基本规律。

长期以来，我国的城市发展与治理高度倚重行政区划调整。我国行政区划的特点为，行政边界在功能上是地方政府公共权利行使的绝对空间边界，在结构上各行政区之间形成严格的管辖与被管辖的主从关系和排列组合。这种治理思路和惯性导致整体并入式的行政区划调整不断出现，比如2019年1月山东省莱芜市整体并入济南市，成为后者的市辖区。与之不同，都市圈是一种跨行政区划的、两个或者多个行政主体之间的经济社会协同发展区域，能够更好地发挥辐射功能强的中心城市在发展中的主导作用，实现跨区域的资源合理配置，是顺应城镇化发展规律、跨行政区划的城市空间形态，即：中心城市建成区与周边中小城市建成区间互动的城市空间形态，这是我们对都市圈概念的基本认识。

（二）都市圈是超大、特大中心城市发展的结果

在规划语境中，一般认为"都市圈"是由一个综合功能的特大或超大城市辐射带动周边大中小城市共同形成，是具有一体化特征的城市功能区（钮心毅，等，2018）。在不同发展阶段，其内部呈现不同的结构关系（图1）。在雏形发育期，中心城市建成区发展对周边城市产生巨大的人口吸引力，突出表现在高度分离的职住关系，但与周边城市的分工体系、周边城市基础设施仍不完善，辐射带动不足，城市间内在联系较弱；在快速发展期，中心城市建成区由于人口密度过大、服务能力不足、生态承载压力大等原因，逐渐向周边城市扩散转移部分产业和非核心功能，分工体系开始形成，区域基础设施一体化建设加快；在趋于成熟阶段，随着都市圈内部城市之间分工体系逐渐成熟与合理化，在中心城市建成区的人口与服务压力得到疏散和缓解的同时，周边城市的经济实力逐步提升，基础设施趋于完善，实现了中心城市与周边城市的互联互通。

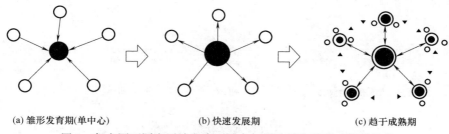

(a) 雏形发育期(单中心)　　　　　　(b) 快速发展期　　　　　　(c) 趋于成熟期

图1　都市圈不同发展阶段中心城市与周边城市的联动关系示意

从生态环境角度考虑，人口和经济在中心城市建成区的聚集意味着中心城市面临着严峻的生态形势与压力，而大气污染、流域污染等生态环境问题超越城市行政边界，存在明显的空间溢出和地区交互影响（李磊，等，2014）。都市圈作为一体化的协调发展区域，有利于严格保护跨行政区的重要生态空间。以中心城市为核心，在都市圈范围内积极开展跨流域、沿交通轴线和经济发展轴线的统一生态环境建设，以协同共治、源头防治为重点，强化生态网络共建和环境联防联治，是加强中心城市生态环境维护与建设的重要策略。

（三）都市圈是实现城乡一体化发展的需要

作为城镇化主体形态城市群，都市圈是超大、特大中心城市跨行政区划的城市空间形态，其形成既包括城市之间的一体化，也包括推进城乡融合发展（张建华，等，2007），其基本内涵如图2所示。都市圈的发展，实质上是中心城市功

能扩散和人口流动过程的综合，中心城区人口向周边小城镇扩散的同时，农业人口也在向小城镇甚至中心城区集中，这个集中与扩散的互动过程是同步进行的（汪光焘，2002）。都市圈作为区域经济社会集约发展的有效路径，在其培育过程中，城市对周边区域的辐射作用将明显强于极化作用，通过将小城镇整合进都市圈空间结构中，相关城市功能扩散至周边城镇，农村集体经营性建设用地的入市和产业转型，农民城市化落户于适宜自身居住的城市和城镇，影响着城镇体系的重构。随着都市圈经济一体化的推进，城乡之间逐渐发展成为一个高度关联的社会。从城乡发展的角度看，都市圈既是一个经济圈，也是一个社会圈、生活圈（贾儒楠，2014）。在传统城乡二元制度下，经济建设投资向城市过度倾斜，都市圈内部呈割裂发展态势，城乡间公共服务水平差距巨大（汪光焘，2017a）。都市圈作为跨行政区划的城市空间形态，是政府统筹城乡公共服务的重要载体，有利于实现城乡在教育、医疗、社会保障、劳动力就业等方面公共服务优质资源的双向对流；有利于实现推动城市的公共服务向农村延伸、社会事业向农村覆盖、加快农村基础设施提档升级，以城乡共建共享的形式解决城乡之间基本公共服务供给的缺位与失衡问题。

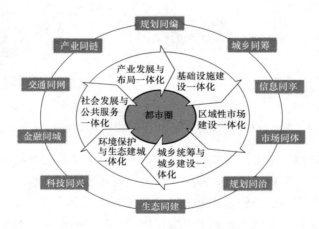

图 2　都市圈基本内涵

（四）培育现代化都市圈是实现城市群为主体形态的重要支撑

我国城镇化已进入城市群为主体形态的发展阶段，表现为以一个或多个超大、特大城市为核心，依托现代交通运输网、信息网，在一定区域范围内形成的能够发挥复合中心功能的城市集合体，能够产生巨大的集聚经济效益，是国民经济快速发展、现代化水平不断提高的标志之一。城市群更加突出空间上的邻接，但其范围尚无明确定义，一般以市域边界划定，例如长三角城市群涵盖了上海以及江苏、浙江、安徽的部分地级市。城市群区域内，依据资源环境承载能力构建科学合理的布局，促进大中小城市和小城镇合理分工、功能互补、协同发展。

就我国行政建制和管辖区域来讲，城市的核心竞争力在于建成区功能。城市群区域内，跨行政区划的都市圈内部集聚程度更高，并逐步形成"多中心、网络化"的区域空间格局。相比而言，都市圈则更强调超大、特大中心城市建成区的核心地位以及地域上的圈层结构，更重视超大、特大中心城市建成区与周边中小城市建成区和小城镇的紧密通勤和各类交通设施关系，更关注人在都市圈内流动所产生的各种需求，形成了跨行政区划的城市空间形态。从而顺应城镇化发展规律，在空间集聚度方面，彼此的联系越来越紧密，都市圈内的产业分工一般存在明显互补性，共同影响区域发展；在生态系统方面，应当坚持区域生态保护的理念，着力推进绿色发展、循环发展、低碳发展，尽可能减少对自然的干扰和损害，节约集约利用土地、水、能源等资源。由此，支撑着城市群地区的竞争力和影响力。

三、中国都市圈发展的现状与特征

（一）行政区划对都市圈发展的影响

中国城市配置资源力量强大，以特大、超大城市为代表的中心城市从区划上包含若干区县和小城镇，空间上邻接地级市，从空间形态上更像"太阳系"[图3（b）]。在这一空间形态下，培育以中心城市为核心的都市圈时，将面临资源配置的制度屏障问题。主要体现在三个方面：第一，跨界的基础设施建设、产品和服务的提供以及生产要素流通受到影响，将导致产业重复布局、基础设施和公共服务的分散建设与使用；第二，轨道交通沿线土地利用效率不足，造成土地资源浪费；第三，虽然中心城区和周边城镇之间的绿带和农田发挥了组团间生态隔离作用，但是位于中心城市郊区地带的农村集体经营性建设用地在一定程度上成为事实上的发展洼地。

相比之下，国际上具有影响力的都市圈突破了行政区划限制，大部分在空间上呈现"八爪鱼"形态[图3（a），表1]。主要原因在于，大部分发达国家以城市作为基层一级公共服务的提供单位和自治单位，都市圈在发展过程中呈现相对自主的规划权力。在中心城市扩张的过程中，通过规划轨道交通和公路与周边中小城市紧密连接，在放射状和蛛网状的轨道交通和公路的沿线开发建设，形成了人口密度从中心城市出发、沿轨道交通梯度下降的格局。

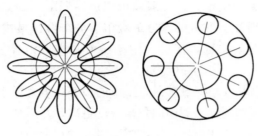

(a)"八爪鱼"状　　　　　(b)"太阳系"状

图 3　都市圈空间格局

不同都市圈行政区划差异和发展现状比较　　　　　　表 1

都市圈	东京都市圈	纽约大都市区	大巴黎都市圈	大伦敦区
行政体系	道州-市町村 两级地方自治制度	联邦制度，多个州	省、市合一的 政区建制	大伦敦管理局- 自治市-选区三级 管理体制
面积（km²）	16382	32630	12012	1572
人口（万人）	3600	2188	1142	768
人口密度 （万人/km²）	0.22	0.07	0.10	0.49
单程平均通 勤时间（min）	69	40	38	43
核心区域	都心三区	曼哈顿	巴黎市	伦敦市
其他区域	东京都区部	纽约市其他地区 纽约州其他地区 新泽西州 康涅狄格州	核心集聚区（1～11 区） 中央集聚区（22～20 区） 其他地区	内伦敦 （伦敦城外 12 个市） 外伦敦（其他 20 个市）

（二）公共资源供给能力水平的差异

都市圈内公共资源普遍向城市核集聚，且在城市核集聚的资源质量更高（图4）。中国都市圈发展过程中，教育文化、医疗卫生、生活服务等公共服务资源向城市核集聚，在空间上呈现圈层化递减特征，在时序上滞后于人口流动。在行政区划分割叠加影响下，内外圈层间落差显著，成为制约都市圈高质量发展的突出短板。

都市圈的形成是产业和人口由中心向边缘扩散的市场行为，是城市区域发展从分化到收敛的规律使然。但是，中国的城市体系在一个严格的直辖市、省会城市、地级市和县级市的行政层级上运作，较高级别的城市"监督指导"较低级别的城市，并享有更大的决策自主权和更多的公共财政资源。在这样的体制下，中心城市利用行政权力将优质公共资源和产业聚集在中心，加之其在市场规模、产业结构、技术创新等方面的优势，使内外圈层之间产生"马太效应"。

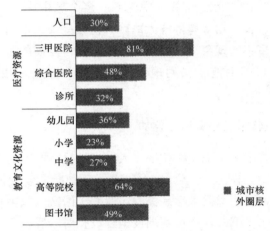

图 4　中国主要都市圈内外圈层的人口、医疗与教育文化资源分布

（三）经济与人口呈现不平衡的布局

21 世纪以来，中国空间经济日益呈现"大分散、小聚集"的格局特征，在区域尺度的经济聚集和不平衡布局仍十分明显，板块内部的差距不断加大（图 5）。经济聚集意味着，特大、超大城市的非核心功能难以向周边城镇疏解，优质公共资源和产业过度集中于中心城市而催生高房价、污染等大城市病，弱化其核心竞争力。同时，周边城镇难以建设多层次基础设施网络，不具备吸纳中心

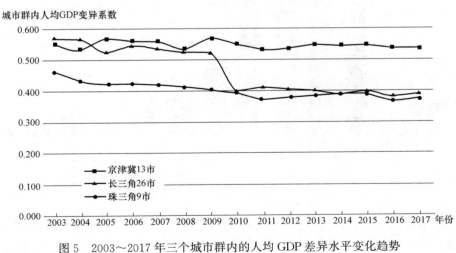

图 5　2003～2017 年三个城市群内的人均 GDP 差异水平变化趋势

城市产业转移承接的能力，甚至引发贫困、脆弱和人口快速收缩等问题（Castells-Quintana D，2015）。

有研究表明，2010～2016年间，中国660多个城市中，95个城区人口密度显著下降，京津冀、长三角及粤港澳大湾区都持续呈现人口向北京、上海和港广深等中心城市过度聚集的现象。人力资源是城市经济发展的重要因素，小城市人才流失使经济聚集与不平衡布局的现象更加严重，形成恶性循环（Florida R，2002）。

（四）快速城镇化引发多重风险叠加

快速城镇化过程中，土地城镇化快于人口城镇化，空间的无序开发给城市生态系统带来多重风险（图6）。第一，由于农业活动向非农业活动转换，城市生产生活方式扩散，资源能源需求显著提升，改变了区域内原来自然生态系统的结构和自然恢复的功能；第二，绿色基础设施建设相对滞后，不足以妥善处置生产生活产生的污染物，直接导致水、土、大气等环境介质质量恶化，形成恶性循环；第三，缺乏合理规划的城市建设活动可能引起区域景观的破碎化，削弱了区域生态系统的支撑能力和自我修复功能，城市的脆弱性不断加强（吕永龙，等，2018）。

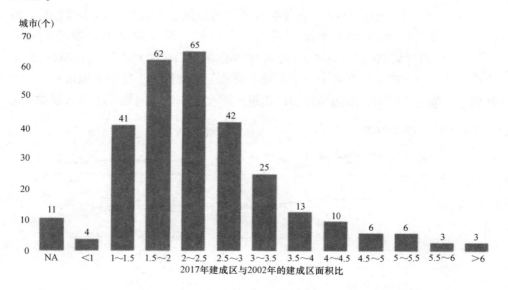

图6　2002～2017年288个地级及以上城市中建成区面积变化幅度

随着智能化、信息化发展，中心城市的产业构成将从劳动密集型为主转向知识密集型主导，导致进城劳动力的就业机会减少、失业率增加，收入差距加大、生活观念和方式的不同可能进一步扩大社会风险。此外，家庭式人口迁移模式的出现、老龄化时代到来，都对都市圈的教育、医疗及养老等公共基础服务提出新的要求（图7）。

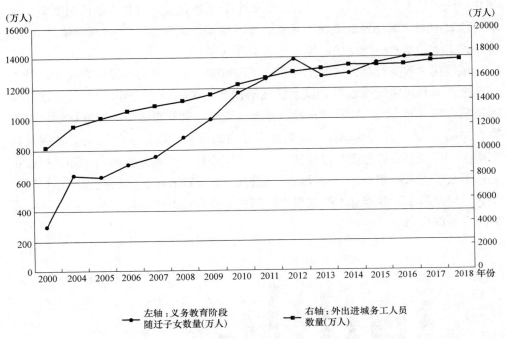

（万人）

左轴：义务教育阶段
随迁子女数量(万人)

右轴：外出进城务工人员
数量(万人)

图7 外出进城务工人员以及义务教育阶段进城务工人员随迁子女数量变化趋势

（五）跨城通勤模糊地理空间的边界

随着中心城市居住成本过高、城市间通勤时间与成本下降，以上海等为代表的中心城市出现了"跨城通勤"的现象，这种城市间"居住—工作"等基本功能之间带来的流动超过了传统城际商务、生产联系带来的流动。都市圈内的跨城通勤不仅是交通上的连接，也将引起城市基础服务互联的需求，进而对区域空间结构产生重要影响。当前需要通过空间规划及相关制度安排，引导经济、人口等要素在都市圈内跨行政边界的优化配置与良性流动。

国家将粤港澳大湾区、长三角一体化等上升为国家战略，是建立更加有效的区域协调发展新机制的重要举措。这些地区拥有良好的经济基础，在区域、国家乃至世界的经济、科技、金融等领域均占据重要地位，能够推进更高起点的深化改革和更高层次的对外开放。这些国家战略的实施为破解行政壁垒和要素跨区流动提供了机遇，阻碍都市圈高质量发展的瓶颈有望被逐渐打破。

（六）城乡融合发展的机遇与挑战并存

改革开放以来，推动城乡一体化经历了乡镇企业发展、建设新农村、新型城镇化、统筹城乡发展、城乡一体化，到如今全面建立城乡融合体制机制等多个发展阶段，中国"城乡要素流动不顺畅、公共资源配置不合理"的问题依然突出，真正意义上的城乡一体化协同发展仍未实现（图8）。

城镇化进程受行政力量的干预和市场逻辑的支配，社会资源单向流动，城市不断把成本和风险转嫁农村，城乡发展结构严重失衡（孙全胜，2018），这些问题依旧存在。城乡一体化在"户籍、土地、资本、公共服务等方面的体制机制仍存在弊端"，就乡村自身而言，面对城乡之间的巨大差距，农村劳动力特别是高素质人才持续外流的趋势难以改变，村庄"空心化"现象日益加剧，部分村庄也走向了衰退（张海鹏，2019）。随着"乡村振兴"战略以及"城乡一盘棋""以工促农、以城带乡"等理念不断被提出，城乡一体设计不断强化，城乡融合发展趋势将有新的机遇。

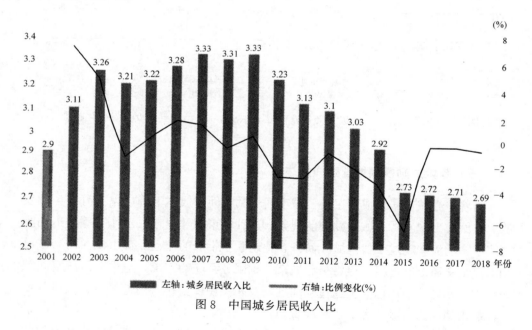

图 8　中国城乡居民收入比

四、高质量发展现代化都市圈的关键

习近平总书记在党的十九大报告中指出，"以城市群为主体构建大中小城市和小城镇协调发展的城镇格局"，这是新时代推进新型城镇化的根本准则。2018

年底至 2019 年 5 月，我国先后出台多项关于区域协调发展、现代化都市圈培育、国土空间规划体系、新型城镇化建设及城乡融合发展的相关文件，这些文件均重点关注了八个方面工作，包括区域战略统筹、优化空间布局、城乡融合发展、发挥市场作用、产业分工协作、生态环境共保共治、基础设施一体化、公共服务共建共享等（图 9）。未来城镇人口将主要集中在以城市群为主体的城镇化区域，上述政策为新型城镇化建设和现代化都市圈培育提供了政策指引。

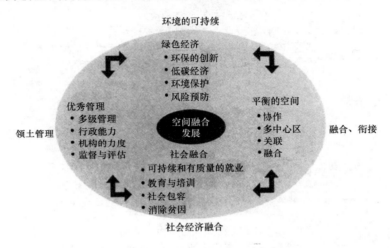

图 9　现代化都市圈发展愿景

（一）构建基于功能联系的都市圈空间形态

当前，区域协调发展上升为国家战略，应基于都市圈的空间形态，探索建立跨越行政区的治理体制，形成网络化的都市圈格局，这也是破解当前中国城市治理过度依赖行政管理的可行路径。在边界范围上，应基于中心城市与周边城市的实际功能联系，根据跨城人流和物流等界定都市圈边界及核心区域范围（图 10）。在空间形态上，应从"太阳系"式的空间布局向紧密连接的"八爪鱼"式空间布局转变。在交通建设上，高覆盖率和高质量的都市圈交通建设是基础条件，应构建由中心城市紧密连接周边中小城市的，适应人才、技术交流的复合交通网络，打造"通道＋枢纽＋网络"的都市圈物流运行体系，实现中心城市和周边区域跨行政边界的资源匹配和共享。

（二）坚持以人民为中心的服务要素配置

1. 精准划定增长边界，优化都市圈空间结构

都市圈内生态本底、产业结构、文化背景等在空间上存在差异，增长边界的

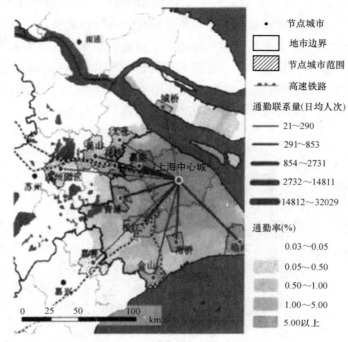

图 10　上海与周边城市的通勤

准确划定，将直接影响国土开发利用的效率和效益。在都市圈尺度上，增长边界不仅依赖于人的活动，更依赖于区域的生态本底。在生态优先的导向下，以保护城市及周边地区资源环境为出发点，开展资源环境承载能力和国土空间开发适宜性评价，划定城市增长边界，防止都市圈内各城市无序蔓延。要探索利用大数据来科学划定都市圈的范围，用人类移动数据、活动数据等来评价城市增长边界的有效性，验证规划人口在都市圈内的活动情况、通勤等交通关系，分析都市圈的现实空间结构，为空间范围划分提供有力支撑。

2. 建设快速交通网络，强化都市圈衔接与互动

超大、特大城市的都市圈依托于多层次的轨道网络发展，通过综合交通枢纽与城市功能中心耦合布局和衔接互动，不断强化重要功能中心面向区域的辐射带动作用。都市圈交通与中心城市核心建成区的发展直接相关，跨城市行政区域的交通主要体现在通勤交通的关联性。由于城市财政制度、行政管理等原因，都市圈交通网络建设的关键是交通设施建设与运行机制如何适应（汪光焘，2016；汪光焘，2017b）。

都市圈和交通圈之间的尺度关系很重要，不同的交通方式具有不同的服务半径，对应不同的一小时交通圈。支撑都市圈的交通圈不应该只有地铁和轨道，而

应该是综合交通体系（图11）。例如，以延长地铁来替代都市圈轨道，将产生全线不同区域客流不均衡、运营不经济等问题，并造成资源浪费和超长的出行时间。从国际经验来看，都市圈轨道主要服务通勤圈、覆盖距离市中心约50～70km的范围，地铁主要服务中心城区、距市中心10～15km范围为主。除了都市圈轨道，城市间的高速公路、国省干线、县乡公路等都市圈多层次公路网也是密切城际交通联系、保障都市圈交通畅通机制的重要途径。

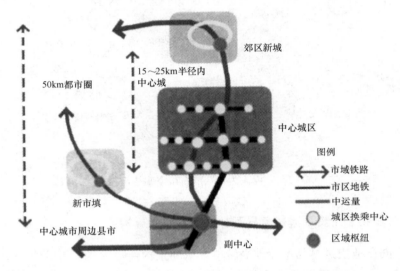

图11　都市圈市域铁路、市区地铁和中运量轨道交通的定位概念

3. 供需精准对接，突破公共服务供给模式

传统的社会治理、公共服务供给模式，难以对不同群体的差异化需求进行有效区分和识别，容易造成公共服务供给侧的"一刀切"，使得社会治理难以精细化。精准识别都市圈内不同空间位置人群的具体需求，将直接关系到生产力布局、公共服务资源配置、社会治理等诸多方面，强化公共服务、基础设施等的精准化供给，进而提高资源配置效率和公众满意度。

现代化都市圈的公共服务的规划与配置，应充分考虑市政基础、公共服务设施、生活配套等的空间分布与功能优化，为人口流动、产业重构等创造条件，以优质公共服务打造特色磁极（图12）。针对不同类型不同发展阶段的都市圈，需因地制宜采取适宜的培育思路，最终实现产业、城市、人口融合发展。对于存量新城，需倾斜公共服务配给，为已有人口和基础产业配套足够的公共服务资源，吸引和承载新增人口及产业，使得公共服务在满足均衡的同时，达到质量要求。

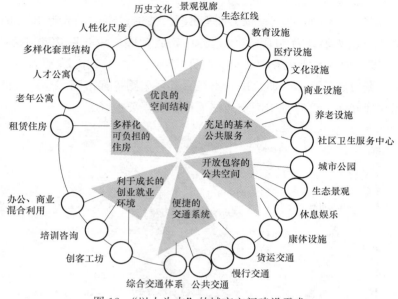

图12 "以人为本"的城市空间建设需求

（三）坚持基于资源禀赋差异互补的产业空间重构

都市圈产业演进是与产业外溢转移和空间重构伴随发展的，其本质上是一个"产业升级—土地紧缺—价值重组—空间调整"的过程。总体上是地域的价值和成本差异推动都市圈产业"三二一"逆序化的空间分布过程（图13）：依赖于高精尖人才与面对面沟通的金融、商贸、总部经济等高附加值产业，将重点分布在中心城市核心区；制造业依照对核心区的依赖度与对土地空间的需求度，从内而外按产业附加值由高到低梯度布局，如都市圈 30km 圈层附近布局研发型轻型制

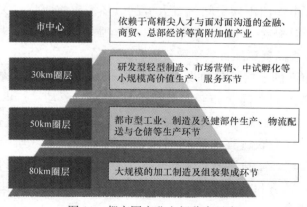

图13 都市圈产业空间分布示意

造、市场营销、中试孵化等小规模高价值生产、服务环节；50km 圈层范围内布局都市型工业、制造及关键部件生产、物流配送与仓储等生产环节；80km 圈层布局大规模的加工制造及组装集成环节等。但城市核规模大小不同，圈层半径会存在一定差异。应分类引导城市产业布局，以提升城市产业竞争力和人口吸引力为导向，健全有利于区域间制造业协同发展的体制机制，引导城市政府科学确定产业定位和城际经济合作模式，避免同质化竞争。

人口和土地都是都市圈发展的基本要素。就土地配置而言，现状距离市场化配置有较大差距。但是，随着集体经营性建设用地入市规定的实施，将为都市圈内产业布局调整和结构优化提供新的机遇，为统筹城乡一体化发展、农民返乡创业以及农民市民化转移提供新的空间。这些也是新时代培育都市圈必须高度关注的内容。

（四）坚持发挥市场配置资源的决定性作用

都市圈首先是一个经济圈，培育现代化都市圈要实现跨行政区域的产业结构优化、生态环境区域治理以及公共基础服务配置，必须充分发挥市场配置资源的决定性作用，利用市场打破当前行政区划体制下地域分割等行政命令难以解决的协调问题。

当前，我国要素的自由流通主要面临两个方面的瓶颈，一个是户籍制度下的要素流通瓶颈，另一个是行政区划体制对跨界基础设施建设、产品和服务供给以及生产要素流通带来瓶颈。培育现代化都市圈要抓住当前机制体制改革机遇，处理好政府与市场的关系，用好政府的宏观调控，并给予市场主体充分的创新空间。都市圈建设应坚持市场主导、政府引导、高质量发展的原则，通过推进机制体制的改革，加快完善产权制度、建设统一开放市场，不断努力打破地域分割、行业垄断等阻碍要素流动和要素高效配置的不合理障碍，营造规则统一开放、标准互认、要素自由流动的市场环境，让市场来决定都市圈人口和土地资源在城市之间、城乡之间等空间上的合理配置，这也是未来空间融合与发展的现代化都市圈发展愿景。

五、结语

我们对都市圈概念的基本认识是指随经济社会发展形成的跨行政区划的城市空间形态。都市圈作为一种跨行政区划的、两个或者多个行政主体之间的经济社会协同发展区域，能够更好地发挥辐射功能强的中心城市在发展中的主导作用，实现跨区域的资源合理配置。都市圈的形成是以超大、特大城市为代表的中心城市发展的必然规律，培育现代化都市圈是城乡一体化发展的需要，是实现城市群为主体形态的重要支撑，是推进高质量城镇化的重要抓手。

培育现代化都市圈不只是要形成以通勤距离为界定范围的空间形态，更重要的是构建由中心城市紧密连接周边中小城市的功能互补的城市空间形态。其中，建设适应人才、技术交流的复合交通网络，打造"通道＋枢纽＋网络"的都市圈物流运行体系，是现代化都市圈发展的支撑性内容。

现代化都市圈的培育，在创新角度，要符合我国经济社会发展阶段，要充分发挥市场配置资源作用，探索相关联的政府间的协调机制；在共享角度，顺应城市和城市群发展规律，优化公共产品空间，要素精准配置、产业空间重构与优势互补，实现城市间的互助共享；在绿色发展角度，要明确资源承载力和空间开发边界，促进资源的均衡和有效配置，实现人与自然和谐共处，建设美丽中国。

（撰稿人：汪光焘，高级工程师，同济大学兼职教授，原建设部部长，第十一届全国人大环境与资源保护委员会主任委员；叶青，深圳市建筑科学研究院股份有限公司董事长，教授级高级工程师；李芬，深圳市建筑科学研究院股份有限公司中心总工程师，研究员；高渝斐，北京市建筑设计研究院有限公司，北京市建筑高能效与城市生态工程技术研究中心建筑师）

注：摘自《城市规划学刊》，2019（05）：14-23，参考文献见原文。

国土空间规划的维度和温度

导语：从"网红城市"现象分析入手，指出传统工业化规划运行体系存在的局限，着重探讨生态文明新时代如何把握时空新趋势、建立国土空间规划新体系、发挥行业新作用三个方面的问题。提出从工业文明过渡到生态文明过程中，需把握时空演变的六个驱动维度；在数字化新时空生态中，应加快构建现代空间治理体系，建立可感知、能学习、善治理、自适应的智慧规划；规划者应强化有机思维、用户思维、设计思维，在实践中丰富规划专业生态的维度，传导美好生活的温度。

一、规划感知的维度

（一）网红城市的问候：规划者，能感知到我的活力和美好吗？

规划是塑造时空的艺术，"网红城市"的时空"活力"和"美好"体验值得规划者关注和探究。以重庆网红景点洪崖洞为例，人们可以看到人与景是互动的，城市内外群体是互动的，市民、游客和政府是互动的。但一名"规范"的规划管理者或一名游客对这种场景的认知维度可能不一样。

现有规划规范对"时节"不是很敏感，在规划周期内，时间是均质甚至相对静止的。但空间问题往往是在一个特定时间里才出现的，如交通拥堵问题、网红景点现象等都是在特定时间段"涌现"出来。工业化规划的物理时间是均等的，而实际的自然时间是有"时节"的。又如"空间"，传统工业化规划的空间是均质的物理空间，而实际空间的禀赋是不一样的，是有着不同自然和人文要素的"场景"。再比如"人"，现行规划规范中一般只有人口规模，且对非常住人口往往选择"忽视"。至于不同人的时空"行为"特征，以及人与空间的互动"关系"等，现有规划标准体系更难以考虑。

2019 年"十一"国庆节长假，重庆为了让外来游客获得好的体验，政府动员市民配合把旅游空间让渡出来，重庆市民对游客的友善和热情，让人感动。但这种美好的场景、美好的市民，还有美好的游客和美好的政府，现行的法定规划体系却不能有效感知到。

规划者习以为常的专业知识或许只能认知实世界的冰山一角，惯性思维影响了规划者的认知，落后的专业规范形成专业性的"忽视"。而网红城市现象提醒了规划者：城市是群体创作的时空生态艺术品。空间问题实际上是时间问题，是特定时间"涌现"出来的问题，没有时间，也就没有空间的"活力"；空间问题是人的行为问题，没有人的行为，就无所谓"美好"，也无须规划设计；空间问题是"时空人事"的关系问题，没有关系冲突，也无须空间治理。

（二）传统工业化规划体系的偏差：缺少维度和温度

我国已有的规划体系主要形成于工业化阶段。受传统工业化"理性"思维影响，原有的工作方法和指标体系、标准体系、政策体系、评价体系等工作体系与现代空间治理需求已不大匹配。在传统工业化空间体系中，城市被当成"机器"，人被物化，空间被工程标准格式化，"我们"的"感知系统"也被降维：如把空间治理问题降维为空间建设问题；把人的生产生活方式问题降维为空间区划问题，忽视时空的关联；把空间品质、结构问题降维为空间规模、数量问题；把个性化行为和体验问题降维为宏观统计标准问题；甚至有人把国土空间规划理解为划定"三条控制线"的规划。这种工业化、标准化、静态化思维产生的系统偏差，使传统规划的"规范"认知与真实世界的需求有点远，有点"冷"。"城市是有温度的"，"规划师们"也不是冰冷的，因而规划是应该有温度的，是应该能感知和塑造城市的"活力"和"美好"品质的。

（三）国土空间规划的变量：时空人事

开展国土空间规划，首先要认知"国土"。国土是文明的载体，而文明是自然的后代，因为文明是人创造出来的而人是自然的一部分。因此，经济规律、社会规律都是"自然规律"的一部分，国土空间规划既要遵循经济规律、社会规律，更要遵循自然规律，这样才能把握好新时代规划的维度。在许多语境下，"国土空间规划"与"空间规划"含义是一致的，"国土空间"不仅有宏观尺度，也有微观尺度；除了有尺度效应，还有区位和边界等空间形态特征。

强调"国土"，就是要求按照生态文明建设的要求，基于实际的国土空间而不是抽象的物理空间做规划。即要立足特定区域、特定时期的国土空间的自然和人文禀赋，针对国土上人们的生产生活活动，优化空间开发和保护，维护好国土空间应有的秩序、权益和运行机制。

国土空间规划就是要协调"时空人事"的关系，甚至一个国家空间规划体系的建设也取决于这四个变量的变化。考虑一个规划，必须考虑其发展阶段，即为"时"；要考虑其所处区域资源禀赋特点，即为"空"；要考虑特定"人"的活动，即为"人"；而"事"就是空间发展和治理。通盘考虑这四个方面，才能构成一个完整的国土空间规划。

(四) 规划者：灵魂和脚步是否停留在过去？

人都有时代的局限性，但规划者却必须要有前瞻性，规划体系也不能落后于时代。人们常说不要跑得太快，要让灵魂赶上脚步。而规划者可能面临的是：灵魂和脚步是不是赶上了新时代？或者是不是还走在传统工业化的老路上？进入生态文明新时代，规划者需要回答好三个问题：

第一，能否把握新时代的脉搏和趋势进而引领新时代？即把握"势"。

第二，能否有效建立与新时代匹配的国土空间规划体系？即遵循"道"。

第三，能否在新的规划实践中真正让城乡变得更美好？即做好"事"。

二、时空演变的维度

(一) 城镇化的脉搏：从工业文明到生态文明

要把握新时代时空演变的脉搏和趋势，关键要把握城镇化发展的脉搏和趋势。新中国成立 70 年以来，中国的城镇化成就巨大，城乡规划功不可没。伴随着国家发展站起来、富起来、强起来，我国城镇化进程也大致可分为三个阶段：

一是从新中国成立到改革开放之前。总体上在计划经济背景下，通过工业化推进城镇化。工业化和计划经济是推动城镇化的两个主要动力，早期城镇化基本上以要素驱动为主。

二是从改革开放到进入新时代。市场化和全球化成为新动力，同时，小汽车进入家庭对城乡空间结构影响显著。这个时期是我国城镇化快速发展阶段，以规模驱动为主，速度快、效率高，城镇化率从 1978 年的 17.92% 提高到 2018 年的 59.58%，但积累的结构性问题也很突出。

以上两个阶段都属于工业文明时期。以传统工业化推动城镇化，一般更关注经济增长，更依赖规模驱动和要素驱动。

三是进入生态文明新时代后的发展阶段，是一个多元多维动力创新驱动的阶段。除了新型工业化外，新型市场化和新型全球化也意味着已有动力的新变化。而"深度信息化"或数字化对空间的影响越来越大，改变了生产生活方式、发展方式和治理方式，形成了新的时空"生态"，时空秩序将发生革命性变化；"全面人本化"表明城镇化回归到以人为核心，网红现象标志手机已成为人体的一部分，人的认知功能和行为需求发生了重大改变；"全面生态化"是指生态不仅成为生活的基础，也促成了新的生产生活方式和空间发展方式；"区域网络化"是指"多中心、网络化、组团式、集约型"的空间发展模式成为趋势，城市群、都市圈或城镇群、城镇圈成为区域发展的主要形态，尽管各地区差异较大，但总体上还是呈现出网络化的趋势。这一时期规模扩张慢下来，但驱动力的维度越来越多，政府、市场、社会、技术和自然这"五只手"都在发挥作用。

驱动维度越多，变化越快，未来发展的不确定性也越大。而规划要把握好时代的驱动力，才能把握好空间发展趋势，才能驾驭好不确定性——这正是规划的基本功能。

（二）空间演变趋势：六维驱动的空间 V4.0

在新型城镇化的多元动力驱动下，生态文明新时代的空间 V4.0（相对于原始文明 V1.0，农业文明 V2.0，工业文明 V3.0）演变呈现出六个维度的变化：

一是在时空生态方面，从工业化时期以碳基资源驱动为主转变为以硅基生态的数字驱动为主，万物互联的数字化"新生态"将推进形成"生命共同体"和"命运共同体"。

二是在发展方式方面，从规模驱动为主转变为创新驱动或绿色驱动为主，关键是推动"绿水青山"成为"金山银山"，加快形成绿色发展方式和生活方式。

三是在空间格局方面，从点轴驱动为主转变为网络驱动为主，推动区域开放、协调，城乡融合。

四是在空间供给方面，从以物质性生产驱动为主转变为以人的生活驱动为主，回归以人为核心，注重人的行为、人的感受、人的需求和生活品质，其实质是品质驱动。

五是在空间供给方面，从工业化、标准化、机械化的模块驱动为主转为特色化的流量驱动为主，特色品质即是后工业化的"分工"将激发地方的活力和区域交流，使空间"流动"升值。

六是在治理主体方面，从行政驱动为主转变为各方共建共治共享的用户驱动为主，用户（群众）既是消费者，又是生产者和创造者。实际上，"人人都是规划师"，每个人每天都在创造、塑造未来，形成共建共享的局面是规划治理的必然要求。

新的时代需要新的时空秩序来支撑。原有的规划运行体系及相应的法规、政策和技术规范都应作相应的调整了。

三、规划体系的维度

（一）制度进化：从工程体系到治理体系

建立新的国土空间规划体系，要把握好前文所述的时空演变的"势"，还要把握好时代发展的要求，主要有以下三方面：第一，进入生态文明新时代，要加快形成绿色发展方式和生活方式。第二，进入高质量发展新阶段，要满足人民对美好生活的向往。第三，党中央提出了实现治理体系和治理能力现代化的新要求，空间治理方式和规划体系要与时俱进。

因此，新时代的规划体系要从工业文明的工程建设体系向生态文明的空间治理体系转变，并相应体现出三个主要特征：一是"走新路"，即坚持新发展理念，走以生态优先、绿色发展为导向的高质量发展新路子。二是"守初心"，即坚持以人民为中心，让群众对规划有真实的获得感、幸福感和安全感。三是"接地气"，即坚持一切从实际出发，使规划"能用、管用、好用"，改变"规划规划，纸上画画，墙上挂挂"的局面。有人将新规划体系的价值导向归纳为"一优三高"，即"生态优先，高质量发展，高品质生活，高效能治理"，基本对应了发展方式、生活方式和治理方式三个维度的时代要求。

（二）体系重构："多规合一"和"四个体系"

建立"多规合一"的国土空间规划体系是一套系统性、整体性、重构性的改革，涉及"四个体系"的重构，不仅重构规划编制审批体系，还着力加强了实施监督体系这个短板，同时重构两个基础设施：法规政策体系和技术标准体系。国土空间规划的法规政策体系和技术标准体系也要从工业文明的工程建设体系转到空间治理体系上来，体现逻辑、法理、技术支撑的统一。不仅要解决"多规合一"的协调性问题，还要强化规划的战略性、科学性、权威性和操作性。这要求规划工作不仅要有目标导向和问题导向，还要强化实施（运行）导向，着力改革完善规划管理体制和运行机制，处理好政府与市场、中央与地方、决策与实施和监督的关系，确保规划体系高效运行。

"五级三类"的国土空间规划，既突出"多规合一""一张蓝图"的统一性、一致性，又考虑了地方和空间尺度、领域的差异性。在层级上对应了国家行政管理层级，给了省级以下政府因地制宜开展工作很大自主权。有的市、县乃至乡镇总体规划可以一同编制；作为详细规划的村庄规划，有需要、有条件的才编制，也可以几个村为单元编制。"五级三类"的规划编制单元并不拘泥于行政单元，可以有"生态单元"或其他非行政单元，如正在开展的"长江经济带国土空间规划"是流域单元，"上海大都市圈国土空间规划"是区域协同单元。

"多规合一"落在"一"，意味着不仅要统一规划，还要突出四个统一——统一底数、统一标准、统一平台和统一管理制度。数据要以国土调查数据为基础；标准要按治理体系要求重构，不是原来工程体系的拼凑；平台要基于"国土空间基础信息平台"，这个平台是国家的数字化生态基础设施，是城市信息模型（City Information Modeling，CIM）、"智慧城市"乃至"数字国土"的基础；实施监督、评估预警等管理制度也要统一规范。"多规合一"还意味着原"多规"优势的融合。重点要融合原主体功能区规划的战略性、综合性优势，融合原城乡规划的技术性、系统性优势，融合原土地利用规划的政策性、操作性优势。

（三）理论探索：从工业理性到生态理性

构建新的国土空间规划体系，需要理论指导。学术逻辑与行政逻辑可以不一样，但应"和而不同"，有内在的一致性。在数字化的新生态中，规划认知的维度在变化，规划的逻辑、"理性"和理论也要与时俱进。

一要认知"空间"的变化，即"新时空"。在数字化背景下，自然生态、人文生态、数字生态融合为一体，祖先理想的"天地人"合一状态，从当今这一代人开始可以亲身感知。时空回归一体，宏观微观贯通，空间仍然基于"物质"环境，但"回归"到一种时空"生态"，而不仅是静态的物理空间。

二要认知"人"的变化，即"新人类"。人口规模增长趋势将逆转，人口结构、分布、生活方式、行为特征等对空间的影响更为突出。手机等智能化植入已经改变了"人"的功能和相互关系，出现"新人类""新部落"，"人"不再是标准化的人口或工业化的生产资料。消费者、生产者融合一体，人"回归"到美好生活，工作是生活的一部分。

三要认知"规划"的变化，即"新规划"。规划不仅要引领和约束发展，还要注重对"生态"进化过程的"照料"，要"治未病"，规划设计和治理融合一体，即规划要"回归"到"生态治理"：一方面，对应数字化生态催生的"新时空""新人类"，规划的"理性"要从"工业理性"进化为"生态理性"，即可认知人与自然"感性"行为规律的新"理性"；另一方面，未来的规划是"可感知、能学习、善治理、自适应"的智慧规划或智慧型"生态规划"，这需要重构规划的感知系统、动力系统、操作系统、服务系统、安全系统等整体运行的生态系统。同时，要认识到规划作为时空的艺术，不仅要活在当下，也要活在未来，智慧规划是努力的方向，也是"道法自然"在数字化生态下的一种"回归"。

四、行业生态的维度和温度

（一）机缘：百年未有之大变局

在新时代，规划者有新的机会多做美好的事：

一是进入了生态文明新时代。建设生态文明是中华民族永续发展的"千年大计"，"绿水青山就是金山银山"是极具哲学高度、战略远见和实践精神的重大命题，是规划"走新路"的关键。如何支撑"千年大计"，实现中华民族伟大复兴的"中国梦"？如何将"绿水青山"变成"金山银山"？国土空间规划必须作为，也大有可为。

二是世界的不确定性在增加。当今世界正经历百年未有之大变局，必然面临百年未有之不确定性。不确定性越突出，越需要规划来驾驭。"多规合一"的国土空间规划应发挥战略科技和整合科学的优势。

三是数字化的新时空生态。以互联网为代表的新一代信息技术，创造了人类生活新时空，拓展了国家治理新领域，数字化极大地提高了人类认识世界、改造世界的能力，提供了一个规划治理体系与空间治理需求相对称、相匹配的革命性机会。

（二）自信：信心来源于比较优势

中国规划者至少有四个方面的优势：

一是文化优势。中国有五千年生态文化的传统，"天人合一""道法自然"等传统智慧在生态文明新时代显得格外珍贵。习近平生态文明思想也体现了中国生态文化的自信。中国古代的农耕文明实际上是一种早期"生态文明"，人类经历了相对短暂的"工业文明"之后，必然回归到可持续的"生态文明"。传承和弘扬好中华生态文化就可以形成新时代规划的优势。

二是政治优势。除了文化自信，还有道路自信、理论自信、制度自信。比如党中央提出的"五位一体"总体布局，比传统可持续发展理论的"三位一体"更加完善，也更有操作性。"多规合一"的改革充分体现了政治建设统领的优势，必然形成前所未有的规划体制机制优势。

三是实践优势。中国国土辽阔、地区差异大，并且处于新型城镇化的关键阶段，有其他国家和地区无法比拟的实践机会。前些年各地开展的"多规合一"等规划改革探索已经积累了宝贵经验，新的规划体系正是建立在各方探索创新的基础上。

四是人才优势。中国的规划专业人员数量可能是全世界最多的，经过多年的历练，很有实力，也很有活力。

拥有最悠久的生态文化传统、最坚强的政治优势、最丰富的实践机会、最庞大的专业队伍，中国规划者应该有信心建立中国特色的规划理论、规划思想、规划方法。习近平总书记说：时代是思想之母，实践是理论之源。只要保持开放的心态，扎根于丰富的实践，就能形成中国自己的规划体系。

（三）思维：从工程思维到生态思维

一切问题都可以归结为思维问题。习近平总书记指出：我们应该遵循天人合

一、道法自然的理念，寻求永续发展之道。新时代的国土空间规划体系从工程体系转向治理体系，规划思维就要从基于牛顿力学的工程思维或机械思维转向基于量子力学的生态思维或生态治理的思维。

一要有"有机思维"。要把城乡看成"生命共同体"和生态系统，这样才能"道法自然"。有机生命体是有时间维度的，有行为、有演变、有成长、有收缩，还有生态系统的开放性、关联性、多样性。规划者不能像制造机器一样制造空间，应像森林一样思考，像培育生命一样培育空间，才可能促进人与自然和谐共存，共同成长。

二要有"用户思维"。社会是"命运共同体"，要有"用户思维"，即要在新时代弘扬"群众路线"，这是我国规划工作者的传统优势。群众路线有两个方面的基本要素，"一切为了群众"是服务宗旨，"一切依靠群众"是要让群众成为共同的创造者，干部有没有水平关键看能不能"一切依靠群众"。规划的过程就是社会治理的过程。因此，"以人民为中心""开门做规划"不是一句口号，弘扬群众路线是对所有规划工作者的要求，做社会工作是规划工作者应有的基本功。

三要有"设计思维"。规划、设计本为一体，做规划一定意义上就是做设计，即通过"设计"形成规划治理方案。强调"设计思维"，就是要突出以解决问题为导向，将"设计"作为规划治理的基本手段和过程。因此，不仅"城市设计"是国土空间规划的手段，"地理设计""社区设计""场景设计"等也是不同尺度国土空间规划的手段。此外，规划治理还需要有时间维度的"运行设计"、与实施相关的"政策设计"。比如城市更新是今后规划的一个重点领域，"更新"不仅是空间形态的改变，更是相关主体行为的调整和相关利益的再分配。如果仅有漂亮的形态设计方案，而没有合适的政策机制和实施运行方案，"更新"便难以实施。总之，"设计思维"意味着要着眼于解决问题，着眼于协调利害关系，着眼于对规划治理行为进行"全生命周期管理"。

这三个"思维"，与五大发展理念相呼应，与国土空间规划时代特征相对应：进入生态文明新时代，"走新路"，规划者要有"有机思维"；以人民为中心，"守初心"，规划者要有"用户思维"；推进治理现代化，"接地气"，规划者要有"设计思维"。

（四）实践：转脑袋、转身体、迈步子、建生态

当前，正处于规划工作者大有作为的关键时期。2019年5月，《中共中央 国务院关于建立国土空间规划体系并监督实施的若干意见》正式公布，明确了各项任务，其中大量关键性、基础性工作要在2020年到位。规划工作者不仅要"转脑袋"（转变理念思维），还要"转身体"（重构工作体系）、"迈步子"（推进编制实施）、"建生态"（加强行业发展）。

一是要重构体系。不仅是规划"操作系统的重构"，也是规划"生态系统"的重构，难度前所未有。必须调动各方力量，发动全行业力量，共同努力，加快建设与时代和国情相匹配的国土空间规划"四大体系"。

二是要新启规划。市县以上的国土空间总体规划前期工作已全面展开，任务十分繁重。但真正的考验是，要使这一轮规划成为"走新路"的规划，体现"绿水青山就是金山银山"的规划，不能"穿新鞋，走老路"，尤其是规划管理者要改变原有的路径依赖。

三是要重塑行业。生态文明新时代的规划必须要有匹配的"行业生态"。目前行业已经有良好的生态基础，群体开放、包容。要继续发挥好行业学会、协会的作用，不仅要有更宽领域、更高维度的开放，还要更加融合，只有这样，规划行业才能更有活力，才能形成集体智慧，才能共同担当好让国土更加美丽、城乡更加美好的历史使命。

五、结语

习近平总书记指出：国土是生态文明建设的空间载体。从大的方面统筹谋划、做好顶层设计，首先要把国土空间开发格局设计好。要按照人口资源环境相均衡、经济社会生态效益相统一的原则，整体谋划国土空间开发。无论从规划感知的维度、时空演变的维度、规划体系的维度还是行业生态的维度出发，"多规合一"的国土空间规划体系都应适应生态文明新时代、高质量发展新阶段和国家治理体系和治理能力现代化新要求，实现从工程建设体系向空间治理体系的转变。在数字化生态背景下，国土空间规划不仅要重构规划的操作系统，还要重构规划的生态系统。在百年未有之大变局中，规划工作者应走在时代的前列，在实践中不断丰富规划专业生态的维度，用规划传导美好生活的温度。

（撰稿人：庄少勤，自然资源部总规划师；赵星烁，自然资源部城乡规划管理中心；李晨源，自然资源部国土空间规划局）

注：摘自《城市规划》，2020（01）：09-13，参考文献见原文。

技术篇

我国城市收缩的多维度识别及
其驱动机制分析

导语：在梳理收缩城市的基本内涵基础上，围绕人口、经济、空间这三个核心要素，提出了一套新的多维度收缩城市概念体系。然后，综合运用 GIS 空间分析、Logit 回归分析等方法，识别出我国 2010～2015 年间的各类收缩城市，分析其空间分布特征，探讨其内在驱动机制。主要结论如下：（1）2010～2015 年，我国的单维度收缩城市以人口收缩城市为主，共计 214 个；经济收缩城市和空间收缩城市相对较少，分别为 59 个和 21 个。此外，我国还存在 28 个双维度收缩城市，3 个全维度收缩城市。（2）东北地区是我国各类收缩城市的主要分布区域。（3）各类收缩城市的驱动机制存在较为明显的差异。（4）基于多维度收缩城市概念体系，能够对收缩城市进行多层次、多维度的复合式识别，更加精准地确定城市收缩的类型、范围及收缩程度，从而为城市调控与发展策略的制订奠定基础。

　　城市收缩是城市生长发育过程中一个客观的历史阶段，也是当前我国新型城镇化过程中必须面对的重要挑战之一。早在 20 世纪 60 年代，欧美发达国家的部分老工业城市就已经开始出现城市收缩现象。研究表明，1960～2003 年间，50％以上的欧洲大中城市出现了不同程度的人口流失；1960～2010 年间，美国五大湖地区的底特律、匹兹堡、圣路易斯、布法罗等城市的人口收缩率甚至超过了 50％。德国的一个研究项目也发现，在人口超过 100 万的全球 450 个城市区域内，总人口减少了 10％左右。城市收缩逐渐发展成一个全球性的新现象。

　　改革开放以来，中国凭借着人类历史上速度最快、规模最大的城市化进程，创造了世界史上经济增长的奇迹。但是，随着经济减速和人口拐点的到来，部分城市也已经开始经历人口收缩的过程。在联合国人居署发布的世界城市报告中，发现中国有大约 50 个城市正在收缩。龙瀛等人的研究也发现，在中国的 654 个县级及以上城市中，有 180 个城市的人口规模/密度出现了下降。扩张和增长已不再是城市唯一的标准演替路径，城市收缩正作为一种"新常态"席卷全球。在未来，中国的城市也必然会像欧美发达国家一样，进入大范围收缩的阶段。

　　城市收缩是城市发展的一个历史阶段，也是经济全球化的客观产物。在不久的将来，城市收缩也将成为中国新型城镇化过程中必须面对的一项重要挑战。面对不断出现的城市收缩现象，人们有必要抛弃传统城市增长范式下对收缩城市的抗拒和排斥心理，客观、理性地探讨城市收缩的理论和应用问题，努力推动收缩城市的可持续发展。总体上看，目前中国的收缩城市研究尚处于概念认识和实证探索的起步阶段，在收缩城市的基本内涵、识别方法、驱动机制等基础理论研究方面尚存在诸多问题，难以应对城市系统由增长到收缩的重大转折。因此，本文拟在国内外收缩城市研究的基础之上，结合中国的实际情况，从人口、经济、空间三个维度出发，构建一套收缩城市的多维度概念体系，进而对我国的收缩城市进行多维度识别，分析其空间分布特征，探讨我国收缩城市的可持续发展路径。

一、收缩城市的内涵解析

（一）收缩城市的基本内涵

收缩城市的基本概念和内涵是开展收缩城市研究的理论起点，也是构建城市收缩理论大厦的基石。1988 年，德国学者 Häußermann H. 首次提出了收缩城市（shrinking city）一词，用来描绘城市人口的大量流失，以及由此带来的城市局部地区空心化现象。2004 年，收缩城市国际研究网络（SCIRN）将收缩城市定义为：至少拥有 1 万居民，经历了 2 年以上的人口持续流失，并且正在经历以某种结构性危机为特征的经济转型的人口密集区域。Oswalt P 将收缩城市定义为暂时或永久失去了大量的居民，且人口流失数量占总人口至少 10％或年均人口流失率大于 1％的城市。在国内，徐博认为狭义的城市收缩是指城市人口的持续流失；而广义的城市收缩则是指人口、经济、社会、环境和文化在空间上的全面衰退。姜鹏则将中国式收缩城市定义为：城乡行政单元常住人口的持续减少，或特定城镇区域人口密度的大幅降低。

从国内外研究现状来看，虽然学界并未就收缩城市的人口基数、收缩的时间年限和人口规模等问题达成一致，但是，普遍认为城市人口的减少是收缩城市的核心特征。然而，城市收缩现象具有复杂的过程、多维度的表现形式与形成原因，城市人口流失只能反映城市收缩现象的一个最基本方面，许多学者也开始尝试从城市经济、社会、空间等方面不断拓展收缩城市的内涵和外延。

（二）多维度收缩城市的提出

笔者认为，单一的城市人口变化指标并不能完全涵盖城市收缩现象，但是，将人口、经济、社会、空间等多个指标全部纳入收缩城市概念体系中，又容易淡化其核心特征，引起概念分歧，导致研究结果的混乱。为此，笔者建议围绕人口、经济、空间这三个核心要素，将城市收缩的基本概念界定为：在多种因素的共同作用下，以城市人口的持续性流失、城区局部空心化、结构性经济衰退或转型等现象为基本表现特征的一种城市发展过程。围绕人口、经济、空间这三个收缩城市的核心要素，本文提出了一套"一体两翼三维度"的收缩城市概念体系（图1）。其中，"一体"是指城市人口流失这一核心特征；"两翼"是指结构性的经济转型和城市建成区的局部空心化；"三维度"则是指人口、经济、空间这三个维度之间相互联系，却又相对独立的关系。换言之，人口收缩、经济收缩和空间收缩是城市收缩的三个基本方面，但它们并不一定同时发生。

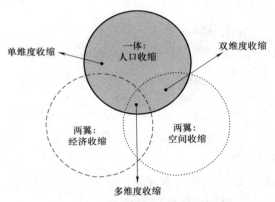

图1　收缩城市的多维度概念体系

　　根据多维度收缩城市概念体系，收缩城市识别也将从之前的"非此即彼"式单一思维方式转换为多层次、多维度的复合型思维方式。首先，根据收缩的维度类型，可以将收缩城市划分为人口收缩城市、经济收缩城市和空间收缩城市三类；其次，根据收缩的维度数量，又可将收缩城市划分为单维度、双维度和全维度收缩城市三类。其中，单维度收缩城市是指该城市仅在三个维度中的一个维度出现了收缩现象；相应地，双维度收缩城市是指该城市在两个维度上同时出现了收缩现象；而全维度收缩城市则是指一个城市在上述三个维度上同时出现了收缩现象。通过对收缩城市的多层次、多维度识别，可以更加准确地界定城市收缩的类型、范围及收缩程度，从而为城市调控与发展策略的制订奠定基础。

二、多维度收缩城市的识别

（一）数据

1. 统计数据

本文所使用的各城市人口和经济数据主要来源于历年的《中国城市统计年鉴》；各城市的建成区面积来源于历年的《中国城市建设统计年鉴》。由于在研究期间，部分城市经历了行政区划调整，故根据民政部公布的历年县级以上行政区划变更情况公告（http：//xzqh. mca. gov. cn/description？ dcpid＝1）对这些城市进行分析，剔除了行政辖区范围发生了变化的城市。最后，共提取了635个城市样本。

2. 地理空间数据

（1）高程数据来源于美国国家航空航天局（NASA）网站的 ASTER 全球数字高程模型（GDEMV002）。根据该高程数据，利用 Arcgis 10.0 软件计算得到坡度数据。

（2）植被指数（NDVI）、净初级生产力（NPP）、10℃以上积温、湿润指数、年平均降水量等数据均来自中国科学院资源环境科学数据中心（http：//www. resdc. cn/）。

（3）中国的县级行政边界数据（包括面域数据和点数据）来源于国家基础地理信息中心（http：//www. ngcc. cn/）。

（二）方法

1. 城市收缩识别方法

（1）单维度收缩城市的识别。利用市区人口密度、人均 GDP、建成区面积这三个指标来识别人口/经济/空间收缩城市。

首先，根据下式计算各城市在 2010～2015 年间的人口收缩率：

$$S_{i\text{Pop}} = \frac{X_{i\text{Pop}}(2015) - X_{i\text{Pop}}(2010)}{X_{i\text{Pop}}(2010)} \times 100\% \tag{1}$$

式中，$S_{i\text{Pop}}$ 为城市 i 的人口收缩率；$X_{i\text{Pop}}$（2015）为城市 i 在 2015 年的人口密度；$X_{i\text{Pop}}$（2010）为城市 i 在 2010 年的人口密度。根据计算结果，如果城市 i 的人口收缩率 $S_{i\text{Pop}}$ 小于 0，则表明该城市为人口收缩城市；反之，则不是人口收缩城市。

经济收缩城市和空间收缩城市的识别过程与人口收缩城市相同。但在计算 2010 年和 2015 年的人均 GDP 时，为了克服不同年份价格因素变动的影响，利用 GDP 平减指数对各期经济数据进行处理，以保证其可比性。

（2）双维度收缩城市的识别。如果城市 i 在人口和经济这两个维度均出现了收缩，则表明城市 i 是"人口—经济"收缩城市。"人口—空间""经济—空间"收缩城市的识别过程与之相同。

（3）全维度收缩城市的识别。如果城市 i 在人口、经济、空间这三个维度均出现了收缩，则表明城市 i 是全维度收缩城市。

2. 空间统计法

利用 Arcgis 10.0 软件中的 Zonal 空间统计工具，统计出各城市的平均高程、平均坡度、植被指数、净初级生产力、积温、年平均降水量等地理要素。

3. 核密度分析法

利用 Arcgis 10.0 软件中的核密度（Kernel）分析工具，计算各类收缩城市的密度表面，以识别出各类收缩城市的聚集区域和分布模式。

4. Logit 回归分析法

采用 Logit 回归分析法，分别探讨各类收缩城市的驱动因子，探讨不同类型收缩城市在内在驱动机制方面的差异。具体操作过程使用 SPSS 18.0 软件完成。

三、识别结果及其空间分布特征

（一）单维度收缩城市

表 1 展示了 2010～2015 年间我国单维度收缩城市的分布情况。结果表明：①人口收缩城市共计 214 个，占所有 635 个城市的 33.70%。从总体上看，这些人口收缩城市分布于 27 个省级行政区域中，占全国 31 个省级行政区域（除港澳台以外）的 87.10%。从地区上看，东北地区的人口收缩最为明显。黑吉辽三省的人口收缩城市数量共计 58 个，占全国总量的 27.10%。此外，东部地区的山东、广东、江苏等省份，以及中西部的湖北、湖南、四川、新疆等省或自治区也有较多的人口收缩城市。②经济收缩城市共计 59 个，占城市总量的 9.29%。这些城市分布于 14 个省级行政区域中。其中，黑吉辽三省共有 17 个经济收缩城市，占全国总量的 28.81%。此外，中部地区的山西、河南、江西等省份也有较多的经济收缩城市。③空间收缩城市共计 21 个，仅占城市总量的 3.31%。其中，黑龙江、吉林的空间收缩城市共计 7 个，占全国总量的 33.33%。

单维度收缩城市数量（2010～2015 年）　　　　　　　　　　　表 1

省（自治区）	人口收缩城市数量	省（自治区）	空间收缩城市数量	省（自治区）	经济收缩城市数量
辽宁	22	黑龙江	4	辽宁	12
黑龙江	19	内蒙古	4	山西	10
吉林	17	吉林	3	河北	6
山东	15	湖南	2	河南	6
广东	14	甘肃	1	黑龙江	5
江苏	13	广东	1	江西	4
湖北、湖南	12	湖北	1	甘肃	3
安徽	10	宁夏	1	广东	3
内蒙古、四川、新疆	9	陕西	1	山东	3
浙江	8	四川	1	贵州	2
陕西	7	云南	1	青海	2
河南	6	浙江	1	安徽	1
甘肃、河北	5	—	—	广西	1
其他省份	22	—	—	新疆	1
合计	214	合计	21	合计	59

通过分析我国各类收缩城市的核密度表面分布情况，可以得出：①人口收缩城市的核密度要远高于经济收缩城市和空间收缩城市。在我国东北、中部、东部等各个区域均有较多的人口收缩城市。新疆、西藏、青海等省份的核密度较低，其主要原因是这些省份的城市总量也比较少。②经济收缩城市主要集中于东北地区的吉林、辽宁，以及中部的山西等省份。研究期间，这些区域的经济增长速度相对缓慢。③空间收缩城市的数量很少。这主要是因为我国仍然处于快速城市化阶段，绝大多数的城市空间规模仍然在不断增长。

（二）双维度收缩城市

表 2 展示了 2010～2015 年间我国双维度收缩城市的分布情况。结果表明：①我国的双维度收缩城市共计 28 个（已扣除重复计数的城市），占城市总量的4.41％。虽然该类城市的绝对数量并不多，但是，考虑到我国的人口结构和经济增长态势，有必要密切关注这些城市的成长、发育和演变过程，合理规划和引导其后续发展。②"人口—经济"收缩城市共有 21 个，是双维度收缩城市中的主要类型。其中，黑吉辽三省的"人口—经济"收缩城市数量高达 15 个，占全国的 71.43％。③"人口—空间"收缩城市共计 10 个。其中，黑吉辽三省"人口—空间"收缩城市的数量仍然是最多的，占全国总量的 40％。④我国的"经济—空间"收缩城市共计 3 个，其中 2 个城市分布于东北地区。

双维度收缩城市数量（2010～2015 年）　　　　　　　表 2

省（自治区）	人口—经济收缩城市数量	省（自治区）	人口—空间收缩城市数量	省（自治区）	经济—空间收缩城市数量
辽宁省	10	黑龙江省	2	黑龙江省	1
黑龙江省	4	吉林省	2	吉林省	1
山东省	2	湖北省	1	甘肃省	1
吉林省	1	内蒙古	1	—	—
安徽省	1	甘肃省	1	—	—
甘肃省	1	宁夏回族自治区	1	—	—
广东省	1	陕西省	1	—	—
广西壮族自治区	1	四川省	1	—	—
合计	21	合计	10	合计	3

（三）全维度收缩城市

2010～2015 年间，我国共有三个全维度收缩城市：黑龙江的双鸭山市，吉林的桦甸市，以及甘肃的玉门市（图2）。①双鸭山市拥有黑龙江省第一大煤田，煤炭储量占全省的 54％。随着煤炭价格的下跌，以及产业转型的缓慢，使得该市的人口增长和经济发展长期处于较为缓慢的状态。2010~2015年间，双鸭山市市区人口密度的变化率为-4.40%；人均GDP的变化率为-1.61%；建成区面积的变化率为-1.36%。②桦甸市是吉林省四大铁矿基地之一，还拥有金、银、铜、油页岩等多种矿产资源，也是吉林省林业重点县市和主要木材生产基地之一。这些传统资源曾经为桦甸市的经济发展奠定了基础。但是，随着矿产储量的减少，以及我国经济增长方式的转变，桦甸市传统资源的贡献能力严重萎缩，导致其城市发展陷入困境。2010~2015年间，桦甸市市区人口密度的变化率为-4.90%；人均GDP的变化率为-0.63%；建成区面积的变化率则高达-37.44%。③玉门市位于甘肃高海拔山区，曾是中国的石油重镇。在新中国成立初期，这里建成了中国第一个油田，诞生了"铁人"王进喜。但是，随着石油资源逐渐枯竭，使得该市经济迅速衰退，人口也不断流失。2010~2015年间，玉门市市区人口密度的变化率为-19.11%；人均GDP的变化率为-26.96%；建成区面积的变化率高达-61.59%。城市收缩现象非常明显。

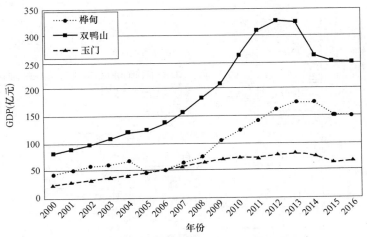

图2　三个全维度收缩城市的GDP总量变化趋势

四、驱动机制分析

本文从自然生态本底、城市规模、城市经济发展、城市人口结构、城市市政建设、城市生态环境等方面入手，选择了31项二级指标（表3），利用Logit回归模型，定量分析我国各类收缩城市的内在驱动机制。

表4展示了各Logit回归模型的主要参数及其运行结果。从表中可以看出，四个Logit模型的分类正确率均在70%以上，ROC曲线的线下面积均高于0.75，

收缩城市驱动机制分析中使用的指标体系　　　　　　　　表3

一级指标	编号	二级指标	单位
A. 自然生态本底因子	A-01	高程	— m
	A-02	坡度	°
	A-03	植被指数（NDVI）	—
	A-04	净初级生产力（NPP）	$g/m^2 \cdot a$
	A-05	10度以上积温	℃
	A-06	湿润指数	—
	A-07	年平均降水量	mm
B. 城市规模因子	B-01	城区面积	km^2
	B-02	城区人口	万人
	B-03	城区人口密度	$人/km^2$
C. 城市经济发展因子	C-01	地区生产总值	万元
	C-02	人均地区生产总值	元/人
	C-03	第一产业所占比重	%
	C-04	第二产业所占比重	%
	C-05	第三产业所占比重	%
	C-06	固定资产投资	万元
	C-07	公共财政收入	万元
	C-08	公共财政支出	万元
	C-09	人均居民人民币储蓄存款余额	元/人
D. 城市人口结构因子	D-01	中学生所占总人口比例	%
	D-02	小学生所占总人口比例	%
	D-03	中小学生所占总人口比例	%
E. 城市市政建设因子	E-01	人均居住用地	$m^2/人$
	E-02	城市市政公用设施建设固定资产投资	万元
	E-03	人均城市用水	$m^3/人$
	E-04	人均城市天然气用量	$m^3/人$
	E-05	人均城市道路长度	m/人
F. 城市生态环境因子	F-01	污水处理率	%
	F-02	人均公园绿地面积	$hm^2/万人$
	F-03	道路清扫保洁面积	$10^4 m^2$
	F-04	生活垃圾无害化处理率	%

注：由于数据可得性的原因，本文用中小学生所占总人口的比例来代表城市的人口结构。中小学生所占比例较高，则表明该城市的人口结构较为年轻化；反之则趋于老龄化。

86

表明模型的模拟精度较高。①自然生态本底因子在四个 Logit 模型中均显著，这表明高程、坡度、净初级生产力等生态本底条件对城市的生长发育起着非常重要的基础性作用。自然生态条件较好的城市，更易于发展经济、吸引人口，从而推动城市的发展。②城市人口、面积、人口密度等城市规模因子对于人口/经济/空间收缩城市的形成也具有显著的作用。总体上看，收缩城市多出现在中小城市中。这是因为部分中小城市对特定资源和产业过于依赖，导致其经济发展容易受到一些突发性情况和宏观经济波动的影响，从而引发城市收缩。③城市经济发展因子对于人口/经济/空间这三类收缩城市的形成也具有显著的作用。其中，产业结构对于空间收缩城市的影响尤为显著。产业的发展往往需要大量的产业用地，是城市空间扩张的重要驱动力。④城市人口结构因子主要对人口收缩城市的形成具有显著的作用，但对经济/空间收缩城市的影响并不明显。其原因在于，在长时间尺度上，人口结构的变化无疑会对城市经济和城市空间产生影响，但在短期内，其影响则并不显著。⑤城市市政建设、城市生态环境也是城市成长和发育过程中的重要因素，它们会影响城市的人居环境和吸引力。

各个 Logit 模型的主要参数及结果 　　　　表 4

模型参数		人口收缩城市	经济收缩城市	空间收缩城市	双维度收缩城市
Omnibus 检验	Chi-square	129.261	96.254	74.546	69.179
	df	34	34	34	34
	Sig.	0.000	0.000	0.000	0.000
模型汇总	−2 Log likelihood	674.941	291.119	109.664	160.005
	Cox & Snell R Square	0.185	0.141	0.111	0.104
	Nagelkerke R Square	0.257	0.308	0.440	0.341
Hosmer-Lemeshow 检验	Chi-square	2.564	7.256	3.154	2.740
	df	8	8	8	8
	Sig.	0.959	0.509	0.924	0.950
分类正确率		72.70%	91.10%	97.10%	95.10%
方程中的变量	A. 自然生态本底因子	高程**	高程**,坡度**,NPP**	NPP**	高程*,坡度**
	B. 城市规模因子	城区人口* 城区面积** 城区人口密度**	城区人口密度* 城区面积*	城区人口* 城区面积* 城区人口密度*	—
	C. 城市经济发展因子	公共财政收入**	人均 GDP** 公共财政支出	二产所占比重** 三产所占比重* 固定资产投资*	—
	D. 城市人口结构因子	小学生所占人口比例**	—	—	小学生所占人口比例**

模型参数		人口收缩城市	经济收缩城市	空间收缩城市	双维度收缩城市
方程中的变量	E. 城市市政建设因子	人均城市道路长度** 人均城市用水*	—	人均城市道路长度**	—
	F. 城市生态环境因子	污水处理率*	污水处理率*	污水处理率*	—
ROC曲线	线下面积	0.766	0.853	0.922	0.903

注：1. ** 表示在5%的水平上显著；* 表示在10%的水平上显著；

2. 由于各类双维度收缩城市的数量较少，故未对其分别建模；

3. 由于全维度收缩城市的数量过少，故未对其建模。

此外，从表4中也可以看出，各类收缩城市的驱动机制存在较为明显的差异。城市人口收缩现象的成因非常复杂，自然生态条件、城市规模、城市经济发展、城市人口结构、城市市政建设、城市生态环境等多种因素都对其产生了显著的影响；城市经济发展因素则对城市经济收缩和城市空间收缩现象的影响更大。

五、结论

（1）2010～2015年，我国的单维度收缩城市以人口收缩城市为主，共计214个，占城市总量的33.70%；经济收缩城市和空间收缩城市相对较少，分别为59个和21个。双维度收缩城市共计28个，占城市总量的4.41%。全维度收缩城市3个，为双鸭山市，桦甸市和玉门市。东北地区是各类收缩城市的主要分布区域。

（2）Logit回归模型的结果表明，各类收缩城市的驱动机制存在较为明显的差异。城市人口收缩现象的成因非常复杂，自然生态条件、城市规模、城市经济发展、城市人口结构、城市市政建设、城市生态环境等多种因素都对其产生了显著的影响；城市经济发展因素则对城市经济收缩和空间收缩的影响更大。

（3）基于本文提出的多维度收缩城市概念体系，能够对收缩城市进行多层次、多维度的复合式识别，更加精准地确定城市收缩的类型、范围及收缩程度，从而为城市调控与发展策略的制订奠定基础。

（撰稿人：张伟，博士，西南大学地理科学学院副教授，硕士生导师，中国地理学会会员；单芬芬，浙江省地理信息中心；郑财贵，博士后，高级工程师，重庆市国土资源和房屋勘测规划院副院长；胡蓉，博士，西南大学地理科学学院副教授）

注：摘自《城市发展研究》，2019（03）：32-40，参考文献见原文。

复杂城市系统规划理论架构

导语：基于城市是复杂系统的事实，提出复杂城市系统规划理论架构，尝试将规划理论与城市理论建立联系。这个理论架构由4个模块组成：复杂理论、复杂城市系统、制定计划的逻辑以及规划行为，其中复杂城市系统以及制定计划的逻辑通过"4个I"来联系。这个理论架构主要将城市规划研究区分为两大部分：城市理论与规划理论，其中复杂理论是复杂城市系统的理论基础，而制定计划的逻辑是规划行为的理论基础。"4个I"在这个理论架构中扮演着核心联系的功能，它们既是复杂城市系统构成的核心因素，也是制定计划的逻辑发生作用的核心成分。

一、引言

城市是复杂系统。这个事实往往被过去城市规划学者忽略或简化，以至于所构建出的规划理论一方面脱离城市的背景，独立于城市理论之外；另一方面将城市视为简单的线性系统，导致所构建的规划理论无法解决复杂的城市问题，造成了规划的灾难。有关于规划的解释，文献中有许多从不同的视角来探讨，包括经济学、博弈理论、社会学、数学规划，以及生态学。这些研究大多数从哲学的层次聚焦在规划本身；从抽象层次探讨规划在社会结构背景下的隐喻；从方法论层次探讨如何解决规划问题；从实证层次探讨某个领域中规划如何操作。它们倾向将规划从实证世界中抽离出来，并将规划视为理想的及人工的，但不尽然是为达到某些事前目标的理性过程。规划其实是人们解决问题的自然方式，如同决策，规划是人类共有的行为，而不是构思出来的。因此，规划行为的研究显得格外重要。

从复杂城市系统的角度来看，复杂系统呈现远离均衡的非线性状态。当系统无法达到均衡的状态时，过程便显得重要，也就是说时间是重要因素，而规划能改变系统运行的轨迹，自然也显得重要。过去的规划过度重视空间，而忽略时间，这是因为受经典科学的影响，视城市系统为静态、线性并趋向均衡状态（equilibrium state）。城市发展的动态调整决策受制于相关性、不可分割性、不可逆性以及不完全预见性，形成了复杂系统，并使得规划能发生作用。在对复杂城市系统有了这个新的认识之下，我们迫切需要的是一个规划理论架构，能够同时兼顾城市理论与规划理论，并将这两套理论结合为一，作为城市规划实践的指引。本文的目的，便在尝试构建这样的一个理论架构，作为后续研究的基础。

二、复杂城市系统

城市是复杂系统，然而目前学界对复杂性的定义及衡量方式并没有达成共识。比较有说服力的讲法是系统的复杂度是描述该系统的叙述的长度，长度越长，系统越复杂。如果以这个概念来描述城市，无疑地，城市系统是复杂的，试想我们如何来完整地描述上海市，其长度绝对不是一本书可以叙述清楚的。另一方面，我们也可以从网络科学来定义复杂性。网络大致分为三种：有序、混乱与复杂。假设有 100 个节点围成一个圆圈，有序网络指的是每一节点与左右相邻两个或数个节点相连；而混乱网络指的是节点之间以随机的方式相连；其余的网络称为复杂网络。如果我们将城市中的人们视为节点，显而易见地，城市网络不会是有序或混乱网络，人们之间的联系既非有序也非随机，它必定是复杂网络。此外，从复杂系统的组成分子来看，有同质性组成分子的复杂系统，比如水分子组成水；也有异质性组成分子的复杂系统，比如生态系统。城市系统无疑地属于后者，因为城市系统包含了建成环境、生态环境与社会环境，分别由物质构造、生物及人类所组成。从较专业的角度来看，基本元胞自动机（Elementary Cellular Automata）的演变规则有 256 个，而不同规则演变出来的结果可分为四类：死寂、规律、复杂及混乱。城市系统不可能是一片死寂，也不可能是完全具有规律性，更不可能是一片混乱。它是处于混乱与有序之间，乱中有序的复杂状态。因此，从以上的说明可以论证城市系统是复杂的。

城市作为复杂系统有什么特质？在回答这个问题之前，我们先要了解城市复杂系统的动态过程。城市物质环境是由许多开发项目在时间及空间上积累而成，比如小区的规划兴建、道路的建设以及各种形式的土地开发。当新的开发项目兴建完成，附近地区的土地利用亦因这新的开发项目而随之改变。杭州市浙江大学紫金港校区的兴建，导致附近地区住房的抢建；上海市新天地购物商圈的形成，造成附近地区土地利用的转变，都是明显的例子。而开发项目附近地区环境的改变，又造成其他地区土地利用的转变，一直迭代扩散出去。这种因某区位的开发项目兴建，造成其他地区环境改变的过程称之为动态调整（Dynamic Adjustment）。在没有交易成本（Transaction Cost）的情况下，这些调整能快速地达到最优化，以至于城市复杂系统最终会呈现均衡的状态。但是实际上，开发商需要搜集信息以获取开发的利益，这些信息搜集的成本构成了交易成本。此外，开发决策具有相关性（Interdependence）、不可分割性（Indivisibility）、不可逆性

(Irreversibility)以及不完全预见性（Imperfectforesight），或称"4个I"，阻碍动态调整的最优化，使得复杂城市系统无法达到均衡的状态。例如，某地的商场开发项目，会使得附近地区作为零售土地利用为最优化，但是由于拆迁既有建筑（不可逆性）以及其他重大设施如道路的兴建（相关性），使得零售使用无法立即实现，导致土地次优化的使用。因此，"4个I"的作用类似交易成本，但是比交易成本的意涵更宽广，使得动态调整失灵。此外，城市系统也因"4个I"的关系，使得它具有复杂网络的特性。

城市复杂系统最重要的特性之一是自组织（self-organization）。自组织是系统中通过许多个体的互动，涌现出集体的秩序、形态或规律。城市中最明显的自组织现象便是聚集，许多类似的产业会聚集在某个区位，比如商圈、丝绸城及市场等。这些厂业的聚集，是自发性的，并没有外力使然。城市规划也会带来秩序，但是自组织所形成的秩序是自然的、结构性的，且是分形几何状的，规划所带来的秩序是人工的、效率性的，且是欧式几何状的。任何城市的演变都是在自组织与规划的综合力度中进行，而且规划的力度会削弱自组织的力度。

三、制定计划的逻辑与规划行为

就规划的专业而言，不论是建筑、城市规划或风景园林，当面对复杂的规划设计对象时，传统的做法是将它简化。这是受到人类认知能力的限制，而无法理解及面对复杂性。于是传统的规划思维便针对一个城市制定一个综合性计划。这种将线性及简单系统的思维错置来解决非线性及复杂的城市系统，自然带来规划的大灾难。取而代之的是认识且接受城市系统的复杂性，并直接面对它。

前面提到过，城市发展因"4个I"的关系，具有复杂系统远离均衡的特性。也就是说，作为开放系统，城市会永无止境地演变。在这种情况下，演变的过程显得重要，也就是说时间是重要的因素，而考虑时间的规划作为改变系统演变的重要因素，便显得格外重要。有关规划的研究大多独立于城市之外而进行，使得规划研究过于抽象而与现实脱节。在其他地方，我们证明了在"4个I"决策特质存在时，规划能发挥作用，而这"4个I"也是构成城市系统复杂性的成因，因此规划的逻辑若能建立在"4个I"的基础上，应能将规划理论与城市理论联系起来。Hopkins便提出了以"4个I"为基础的城市发展制定计划的逻辑，强调规划在做决策的同时考虑多个决策，是解决前述因"4个I"造成的动态调整失灵的重要方式。在其他地方我们已介绍了Hopkins的制定计划的逻辑的精髓，在此不再赘述。重点是，制定计划的逻辑指出了一个重要的探索方向，那就是规划行为研究的重要性，此处略加申述。

如前述，远离均衡的复杂城市系统中规划能产生作用，而规划是一种普遍的行为，规划行为的研究自然是规划理论的核心构件。计划（Plans）是由多个决策组成，规划（Planning）便是针对这多个决策在时间及空间上加以安排。不论是住房的平面图或是城市的规划图，都是活动决策在空间上的安排。计划可以是意念，也是意图，它们可以通过议程（Agenda）、政策（Policy）、愿景（Vision）、设计（Design）及战略（Strategy）等规划机制来改变城市环境。从最基本及最抽象的视角来看，规划是在时间及空间上协调决策，并通过信息的操弄来改变城市。规划与做决策不同，前者考虑多个决策，而后者一般只达成一个决定。

基于这样的认识，规划行为的研究便在探讨人们在何种情况应该及如何来协调多个决策，并可建立在行为决策分析（Behavioral Decision Analysis）的基础上来进行。比如，我们可以探讨：人们在从事规划时为何容易产生过度自信？人们在制定决策时为何通常会忽略其他相关的决策？邻避设施选址的博弈如何进行？环境管理的政府机制如何设计？规划者能考虑相关的决策吗？等价或比率判断何者比较可靠？

四、理论架构

综合上述论证，我们可以构建复杂城市系统规划理论架构如图 1 所示。这个理论架构由 4 个模块组成：复杂理论、复杂城市系统、制定计划的逻辑以及规划行为，其中复杂城市系统以及制定计划的逻辑通过"4 个 I"来联系，而城市复杂系统与规划行为共同形成计划。这个理论架构主要将城市规划研究区分为两大部分：城市理论与规划理论，其中复杂理论是复杂城市系统的理论基础，而制定计划的逻辑是规划行为的理论基础。"4 个 I"在这个理论架构中扮演着核心联系

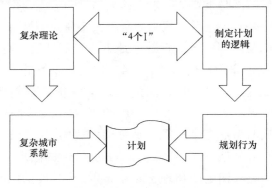

图 1　复杂城市系统规划理论架构

的功能，它们既是复杂城市系统构成的核心因素，也是制定计划的逻辑发生作用的核心成分。这 4 个模块的初步研究均逐渐成熟，剩下的工作便是逐步填补这个理论架构的知识间隙。

五、讨论

传统城市建模，包括 GIS 及大数据，以"鸟瞰"的角度分析城市，固然可以从宏观的角度理解城市空间布局，但是忽略了微观的人的行为以及其与城市环境的互动。换句话说，我们需要"人瞰"的角度来理解城市，以人的尺度从城市系统的内部来理解人们从事活动的动态轨迹。本文提出的理论架构便希望能弥补这方面文献的不足。比如，在复杂城市系统建模的模组中，笔者便从空间垃圾桶模型的构建，从城市系统内部的视角，通过计算机模拟，描绘活动动态的过程，并获得初步的验证。

在信息科技发达及快速城镇化的时代，或许有人会质疑本文所提出的复杂城市系统规划理论架构是否仍然有效。我们认为类似 ICT（Information and Communication Technology）的科技发展以及我国目前所面临的快速城镇化进程，实际上只是压缩了城市发展的时间及空间向度，并不会影响城市的基本运行机制，因此这个规划理论架构在信息科技发达及快速城镇化的时代，相信仍可适用。

复杂城市系统理论的特色之一是同时兼顾个体与群体的相互影响关系。以城市产业的聚集现象为例，当产业聚集时，它影响了附近地区的土地利用决策的制定，并产生了外溢效果，扩散出去，造成整个城市的土地利用空间分布的重组，进而又回头影响了个别开发商的决策行为，周而复始。因此，本文所提出的复杂城市系统规划理论架构，尝试以整体的观点看待城市，而不是将城市切割为零碎的子系统，从片面的观点来理解城市并解决问题。从更宽广的角度来看，一反经典科学的化约论，将系统切割成基本构成单元，或整体论，忽略了这些构成系统的基本单元，本文所提出来的复杂城市系统规划理论架构兼顾化约论及整体论，从个体及整体的对偶性（Duality），来理解复杂城市系统。

六、结论

目前我国规划学术界正处于百家争鸣的"春秋战国时代"，各种特定目的的规划理论层出不穷，让人眼花缭乱。我们需要的是具有前瞻性、基础性并适合我国国情的规划理论。已故知名的物理学家霍金曾经说过，21 世纪是复杂科学的世纪。本文立基于此科学前沿，大胆地提出客观及理性的复杂城市系统规划理论架构，以就教于学界先进，并以作为后续发展的开端。最后要说明的是，规划不是万灵丹，要改善城市环境，除了规划外，还必须同时从行政（Administration）、法制（Regulations）以及治理（Governance）入手，方能竟其功。

（撰稿人：赖世刚，博士，同济大学建筑与城市规划学院教授）

注：摘自《城市发展研究》，2019（05）：08-11，参考文献见原文。

建筑创新与新建筑文明

——兼论新时期绿色建筑发展与建筑方针

导语：中国社会已经进入绿色发展新时期，低碳与智慧城市、绿色建筑是新时期城乡建设行业发展的核心主题。在中华历史文明的长河中，因传统建筑文明可以衡量城市与建筑文化先进的程度而占有极其重要的地位。国人如今引以为豪的历朝历代传承下来的地域性传统建筑，既是我国不同地域多民族建筑文化的载体，也蕴含着我国先民们在农耕时代积淀的建造智慧和经验。我们应该保护和传承这些宝贵的建筑文化遗产，还应该创造代表当今社会发展水平的新的建筑文明。"低碳""绿色"应该成为新时期城市与建筑发展的"源"动力，也将是未来城市与建筑的内涵。本文从新时期建筑方针的思考，到低碳城市与绿色建筑发展的技术路线等方面，进行了初步的论述。

一、关于建筑文化与建筑文明

中国社会已进入绿色发展新时期，国民经济总量和科技发展水平，与改革开放初期相比，取得了长足的进步。在经历了漫长的中华历史文明进程后，中国再一次走向世界的前列，将向全人类贡献自己的智慧，创造新的东方文明。

文明是衡量人类社会发展进化程度的标尺，是以人类基本需求和全面发展的满足程度为共同尺度的；而文化是人类社会不同族群创造的物质与精神文明的表达或载体，是以不同民族、不同地域、不同时代的不同条件为依据的，因而是多元的，因此，不论我们是否倡导，建筑文化的多样性是必然的，建筑文化一定是多元的，是由社会经济与技术发展水平、地域自然环境条件、民族与信仰等多因素决定的，甚至，奇奇怪怪建筑也是一种建筑文化现象，因为不符合这个时代人类社会的共识和主题，故不是主流的、先进的、文明的，不能代表这个时代。

人类社会进入 21 世纪，随着环境、能源与资源、人类健康等问题的出现，城乡建设领域出现了许多新的理念，节能、节水、节材、低碳、生态、绿色、可持续发展等，不胜枚举。经过几十年的摸索和实践，"低碳城市与绿色建筑"已成为国际社会达成的共识。2015 年《中共中央 国务院关于深入推进城市执法体制改革改进城市管理工作的指导意见》将中国的建筑方针修订为"实用、经济、绿色、美观"。换句话说，新时期城乡建设与建筑文明的内涵，将会围绕"低碳"

"绿色"主题而创新。中国拥有许许多多优秀的传统历史建筑，它们承载着中华历史进程中灿烂的农耕文明。新时期低碳城市与绿色建筑的普及，将会创造出与这个时代相匹配的绿色建筑文明。

二、新中国建筑方针

方针是指引事业前进的方向和目标。各行各业、社会发展各个历史时期，都需要有大政方针指导。建筑方针指引着建筑行业（制定政策、标准编制、研发、设计、建造等）向正确的方向发展。建筑方针决定了一个时期内所有新建与改建建筑的性能、品质和整体风貌等特征。

新中国成立后，于1952年7月召开了第一次全国建筑工程会议，提出了建筑和建筑设计的总方针：①适用；②坚固安全；③经济；④适当照顾外形的美观。1955年2月，建筑工程部又召开设计及施工工作会议，明确提出了全国的建筑方针："适用、经济、在可能的条件下注意美观"。次年，国务院下发了《关于加强设计工作的决定》，明确提出"在民用建筑的设计中，必须全面掌握适用、经济、在可能条件下注意美观的原则"。

在改革开放前的计划经济时代，新中国建筑方针指导了我国建筑业的发展，包括国家计委、经委及建工部制订基本建设投资计划、建设标准以及财政拨款。在行业内部，建筑方针指导了建筑设计行业各类设计标准的编制，指导了建筑设计和施工行业的概算、预算、决算定额的编制和执行，以及建筑类高校教材的编写乃至建筑设计人才的培养等各个方面。

然而，毕竟是计划经济时代的产物，其指导的目标和对象，是公有体制下的国有产权房屋。建筑方针在执行中曾经遇到过很多问题，最主要的是如何把握"经济"与"美观"的尺度等。陶宗震先生曾经专门撰文《新中国"建筑方针"的提出与启示》，论述过新中国建筑方针的制定过程、执行中出现的不同理解和偏差等问题。

很多学者曾解读过新中国的建筑方针。不过有些存在"过度解读"的问题，给"适用、经济和美观"强加了很多不搭界的内涵。例如，把"降低能源消耗"归属到建筑方针的"经济"原则之中。这种解读的结果往往是让人们感觉不知所云，把建筑方针变成了口号。

理解新中国的建筑方针，应该从建筑方针提出时的社会背景出发。为什么要"适用、经济、在可能的条件下注意美观"？首先，"适用、美观"是既好用又好看，是人类造物活动必须遵循的基本法则，也是建筑物应该具备的"天性"。与此相匹配的，还应该包括且排在首位的是"安全"，包括坚固和耐久两个方面。

三个属性合起来即为维特鲁威的三原则：坚固（Durability），实用（Utility），美观（Beauty）。

新中国建筑方针为什么会把"经济"写入建筑方针？"经济"是所有建筑必须具备的属性吗？显然不是。回顾 1950 年代中国社会经济发展状态可以发现：

（1）新中国全面实行社会主义计划经济和公有制，房屋等固定资产全部归国家所有。

（2）新中国刚成立，经济基础极为薄弱，"一穷二白"，但国家需要为各级政府工作人员、国营企业职工和城镇居民等提供巨量的住房和公共用房。

（3）既需要在各级政府的房屋基本建设投资中体现"经济"，城镇房屋的建设与维护中落实"经济"，也要求以"经济"原则进行建筑设计，控制成本，提高性价比。

所以，新中国的建筑方针，某种意义上是国家这个唯一的"房屋业主"给自己制订的"方针"。

三、新时期建筑方针

时隔 60 年后的 2015 年 12 月 20 日，中央再次召开了"中央城市工作会议"。针对新时期城镇建设和新型城镇化进程中出现的"贪大、媚洋和奇怪"等现象，明确提出了新时期的建筑方针为：适用、经济、绿色、美观。

与新中国成立后的建筑方针相比，新时期建筑方针增加了"绿色"原则，去掉了"美观"原则的附加条件。但随之而来的问题是：①为何没把建筑的"安全性"（包含耐久性）写入新时期建筑方针？②为什么依然要把"经济"写入新时期建筑方针？③为什么把"绿色"原则加在"美观"原则之前？④四个属性"概念"之间是什么关系？排列的理论依据是什么？下面逐一做简单分析。

（一）安全性

新时期，应该大幅度提升新建与改建建筑的安全性和耐久性，而不仅是满足于抗震设防或其他防灾的最低要求。我们应该建造长寿命、能够代表当今时代建造技术和安全技术水平的建筑，应该给后人留下这一时代社会取得巨大进步的载体，成为这个时代的建筑文化的实体象征。因此，在新时期建筑方针中应该包含建筑的安全性（含耐久性）。

（二）经济性

新中国刚刚建立时的建筑方针中，强调"经济"原则是可以理解的。但在新时期建筑方针中，依然保留"经济"原则，值得商榷。

改革开放四十年，中国已经由计划经济模式转变为市场经济模式，全社会的财富总量、公共与住宅建筑的投资建设体制、房屋的产权归属、建筑质量和环境品质等均发生了天翻地覆的变化。"经济"，就是在房屋建造、运行与维护过程中体现低成本，而低成本难以建造代表这一历史时期"建筑文明"的建筑，反而会出现功能上的"短命"建筑。因此，新时期的建筑方针中，"经济"原则并不是必须原则。

（三）绿色性

绿色建筑的概念，从最初的需满足"节能减排"，之后扩展到"节能、节地、节水、节材、减少污染物排放"，现已演进到新颁布的《绿色建筑评价标准》GB/T 50378—2019 中给出的"安全耐久、健康舒适、生活便利、资源节约、环境宜居"。故建筑的"绿色性"，很大程度上体现的是房屋建造、运行使用与维护过程中的"公益性"。建筑的"绿色性"，是当今社会绿色发展在房屋建筑行业中的具体体现，写入新时期建筑方针，既必要，又必然。

四、绿色建筑及实现路径

绿色建筑的公益属性，决定于绿色建筑与建筑发展史上的许多概念，如古典建筑、现代建筑、后现代建筑、地域建筑等的根本不同。绿色建筑服从普通工业与民用建筑必须遵循的所有规律，包括维特鲁威的建筑三原则。绿色建筑不但要满足业主和使用者的需求，还应该满足人类社会可持续发展的要求：节约物质资源、减少公害。因此，绿色建筑是满足了"坚固、适用、美观"后，又达到了"节能、节地、节水、节材、减少污染物排放"等社会公益指标和性能的建筑。所以说，绿色建筑就是代表当今时代的建筑，也是最好的建筑。相反，如果不满足"坚固、实用和美观"要求，仅仅依靠附加和配置一整套"绿色建筑技术"来凑建筑物的"技术性能指标"，不能称之为绿色建筑。依赖技术堆积起来的"绿色建筑"，基本上是高成本的。

绿色建筑的实现，从设计角度，第一责任人应该是建筑师。没有一个"绿色"的建筑设计方案，没有一个与所在地域自然、经济、技术、文脉传承等相适应的建筑设计方案，包括外部形体、色彩搭配、平面布局、空间组织、构造选材等，无论后续工种运用何种先进的技术和设备，都不是绿色建筑。一个"绿色"的建筑设计方案，在建成后运行期间，所有的"负荷"都很小，包括"热负荷、冷负荷、电负荷、水负荷、燃气负荷"等。其所有的"排放量"也很小，包括"污水、废水、垃圾、余热、噪声"等。一个绿色的建筑设计方案，其围护结构构造、门、窗、室内外装饰等用材，尽可能使用的是本地材料，而且是可以回用的材料。

所以，绿色建筑不是一个新的建筑类别，也不存在一个新的专业——"绿色建筑专业"，更不存在所谓的"绿色建筑工程师"。绿色建筑全部性能指标的实现，是建筑师、结构工程师、暖通与智能控制工程师、新型建材工程师、建造安装工程师以及运行维护工程师共同努力的结果。建筑类相关专业的基础性研究，包括建筑热工、建筑构造、建筑设计等，为绿色建筑设计、建造和运维，提供新的设计计算方法、新的构造及新的设计评价标准等。科技部"十三五"重点专项《绿色建筑及建筑工业化》，也是分别按专业工种来支持的。

五、建筑方针的内涵和排序

新中国建筑方针包含了三个理念和原则，而新时期建筑方针在原建筑方针基础上增加了一个理念和原则。

新中国建筑方针，涵盖了房屋建筑必备的基本属性，"适用、经济、在可能的条件下注意美观"，既"适用"新中国社会主义计划经济体制下的劳动者和城镇居民居住使用，实现"人人有住房"的公有制梦想，又"适用"经济基础薄弱的实现条件，符合"勤俭建国"的社会逻辑。

新时期的建筑方针，安全、实用、美观、绿色，既是原则，也是建筑物必须满足的性能，它们之间是"层级递进"还是"加权叠加"关系？二者差异很大。层级递进，符合"层级之间逐一满足的逻辑关系"。例如，建筑的安全性和实用性之间是一种层级关系，安全性是第一层级，实用性次之，即：建筑的安全性没有满足时，建筑的实用性是不存在的，或者是没有意义的。而加权逻辑，即客观事物的若干属性，相互独立，互不影响。每一属性，按其重要性或影响程度，确定其权重。性能指标按权重叠加，为其品性。依据社会心理学原理，建筑的"安全、实用、美观"性能，符合行为人（投资者）与受益人（使用者）合一的原则。而"绿色"性能，则会出现"行为人与受益人分离"，故属公益行为。因此，绿色，应该是最高层级。

所以，新时期建筑方针四个原则之间的关系应该是"层级关系"，"绿色"应排在最后。建议我国的建筑方针确定为：安全、实用、美观、绿色。这将是我国新时期建筑业发展的行动纲领，也是创造中华建筑新文明的动力和源泉。

（撰稿人：刘加平，中国工程院院士，西安建筑科技大学教授，中国城市规划学会会员；董晓，长安大学建筑学院讲师，西安建筑科技大学在读博士后，中国城市规划学会会员）

注：摘自《城市发展研究》，2019（11）：01-04，参考文献见原文。

中国城市高质量发展内涵、现状及发展导向

——基于居民调查视角

导语：中央《关于推动高质量发展的意见》明确指出，要把维护人民群众利益摆在更加突出位置，带动引领整体高质量发展。中国城市化进程正处于关键转型期，要树立以人民为中心的发展思想，加快转变城市发展方式，厘清城市高质量发展的理论体系，明晰城市高质量发展的实施路径，既是今后城市建设的战略导向与主体内容，又是破解中国不同区域各种"城市病"的关键抓手。本文在解析城市高质量发展的科学内涵及理论支撑的基础上，利用课题组多年积累的问卷调研数据分析了中国城市高质量发展亟待解决的问题，并提出了城市高质量发展的四个发展导向。

一、引言

改革开放 40 年，伴随着中国综合国力日益增强，中国社会经济结构发生了巨大变化，城市化的速度与规模远远超出当今以及历史上相同阶段的任何国家，取得了全方位的、开创性的成就。但是，快速的城市化发展也带来了土地非农化利用蔓延、交通拥堵、服务设施短缺、环境污染、城乡二元鸿沟加剧等问题，已成为我国现阶段城市发展的主要障碍。中国城市化发展正处在由低质量发展向高质量发展迈进的关键转型期，厘清城市高质量发展的理论源流，建立高质量的城市发展路径，既是今后城市建设的关键内容，也是破解"城市病"的重要抓手。

对标 2010 年以来全球知名城市规划动向，伦敦 2014 年版规划强调以人为本、公平、繁荣、便捷和绿色发展等理念，纽约 2030 规划的主题思想是建设更绿更美好的城市，联合国"人居三《新城市议程》"也强调要改善所有人的生活质量，重点提升城市的包容性、健康性、安全性。在我国现阶段的城市化发展过程中，居民的日常需求已经开始从"温饱型"向"品质型"跃迁，期盼有更稳定的工作、更满意的收入、更舒适的居住条件、更高水平的公共服务以及更优美的环境，城市发展导向的重心已由生产向生活和消费转变。2018 年中央全面深化改革委员会审议通过的《关于推动高质量发展的意见》中明确指出，要把维护人民群众利益摆在更加突出位置，带动引领整体高质量发展。已有前沿研究也表明，城市经济增长驱动力正在发生转变，庞大的人口基数、不断壮大的中产阶层

及其对高品质生活的追求，使得城市文化、城市宜居性对城市经济活力的提升带动作用日益凸显。因此，开展城市高质量发展的研究需求十分迫切。

本文以课题组多年累积的人居环境满意度问卷调研结果为基础，力图从居民视角解析城市高质量发展的科学内涵及理论基础，诊断当前中国城市化进程中的主要问题，提出实现我国城市高质量发展的发展导向。

二、城市高质量发展的科学内涵和理论基础

（一）城市高质量发展的科学内涵

实现城市高质量发展是中国现阶段推进新型城镇化的重要目标与战略导向。理解城市高质量发展的内涵，明确城市高质量发展方向，可以有效地引导城市转型。围绕这一核心问题，规划学、地理学、社会学以及经济学领域的学者们建言献策，提出了多角度理解。

在国内，学者们不约而同地意识到，城市高质量发展不能再以城市的数量扩张和城市化率的高速提升为重点，而要以城市发展是否还在延续高环境污染与资源消耗的旧有模式、居民生活满意度与幸福感是否得到了有效提升为新的评判基准，集约高效、以人为本的发展理念贯穿在不同学者对城市高质量发展的内涵定义之中。例如：单卓然、黄亚平认为公平、幸福、转型、绿色、健康以及集约是新型城镇化的六大核心目标；方创琳认为新型城镇化高质量发展的内涵可以概括为高质量的城市建设、高质量的基础设施、高质量的公共服务、高质量的人居环境、高质量的城市管理和高质量的市民化的有机统一，李善同认为高质量的城市发展应更注重完善城市功能、提高居民生活品质、保护生态环境和推动产业升级等。国外城市研究或城市管理业界没有专门提出"高质量发展"的目标或倡议，与之相近的是如何实现城市的"可持续发展"，他们认为一个可持续发展的城市应当具有的特质是社会公平、环境友好、重视文化遗产保护、适当的建设密度等，国际城市规划实践也接连提出诸如韧性城市、包容城市、健康城市、智慧城市等城市发展方向，间接反映出当今国际社会的城市发展战略与愿景也是以城市居民的实际感受与需求为发展核心。

不难发现，国内学者出于对当前我国国情的深度了解，仍把经济发展与生态环境保护连同居民需求一同作为城市高质量发展内涵的综合要素，而国外学者则是在城市经济发展、环境治理已达到较高水平的前提及基础上，继续从不同细节探究城市可持续发展的内涵。综合以上分析，笔者认为，当前我国城市高质量发展仍需综合考虑自然、经济及社会各要素，但要始终以居民主观感受为重要衡量标准及指引。因此，城市高质量发展的内涵是要同步地为居民营造更高效活跃的

经济环境、更便捷舒适的居住环境、更公平包容的社会环境以及更加绿色健康的自然环境。

（二）城市高质量发展的理论基础

以人为本的城市高质量发展研究涉及可持续发展、人居环境科学、福利经济学等相关理论和方法。城市可持续发展是城市高质量发展的基础；城市高质量发展研究需依托人居环境科学体系内的研究手段与研究成果；福利经济学关注城市发展过程中的效率与公平，这也是城市高质量发展的重要实践目标。此外，国际前沿的城市发展方向及其内涵对于我国城市高质量发展具有重要的指导意义。

1. 可持续发展理论

可持续发展是既满足当代人的需要，又不对后代人满足其需要的能力构成危害的发展。具体来说，体现在社会的可持续发展、经济的可持续发展和环境的可持续发展三方面。对于城市高质量发展而言，城市可持续发展是城市高质量发展的基础，城市高质量发展不仅要保证城市社会、经济、环境发展的可持续，还要求其发展是高效且优质的。城市可持续发展与高质量发展的研究内容是相通的，城市可持续发展研究侧重全维度衡量城市发展的自然资本与其他资本协调模式，认为城市弱可持续发展可由技术创新或人力资本替代自然资本，反之，城市强可持续发展认为自然资本功效无法被替代，这也是城市高质量发展研究的重要内容之一。

2. 人居环境理论

人居环境最早出现在联合国《温哥华宣言》中，其定义为"人居环境是人类社会的集合体"。在国内，吴良镛院士提出的人居环境科学对"人居环境"这一概念进行了深度的理论探索与丰富的实证研究。受吴良镛院士倡导的"综合"与"融贯"思想影响，多学科交叉发展，既有建筑学与规划学的主导，又有地理学与环境科学的渐进融合，催化了从以人为尺度的建筑环境营造转向面向不同阶层需求的城市规划设计思想探索与理想模式构建。在城市高质量发展的研究过程中，必然要依托人居环境科学体系内的一系列研究基础，借鉴与利用合适的研究方法、发展及实践相应的优质研究成果。

3. 福利经济学理论

福利经济学是西方经济学中以社会福利为主要研究内容的一个重要经济学分支，研究内容涉及社会的公平与效率、社会的主要追求目标以及效用的人际间比较等。城市经济增长是每一个城市的主要目标，但福利经济学研究成果启示当代城市：不能单纯把城市物质水平的增加当作城市经济的增加，居民个体福利水平的提高也是城市经济发展的重要目标；同时，城市的发展要注重惠及人群的均衡性，不能通过依靠牺牲少数群体利益的方式获得增长动力。城市高质量发展的重要目标之一是探索城市公共资源的有效空间配置，使得城市发展不仅能够满足大多数人的利益，而且可以兼顾弱势群体（图1）。

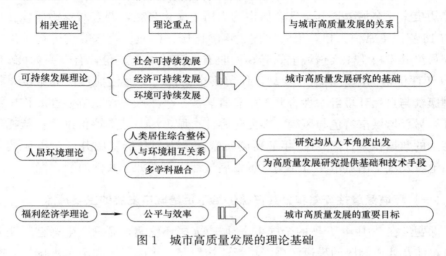

图1　城市高质量发展的理论基础

三、中国城市高质量发展亟待解决的问题

为了科学诊断我国城市发展的问题所在，精准把握城市居民对美好生活的需求，课题组自 2005 年起连续多年在多个城市，通过线上线下问卷调查形式开展了大规模的人居环境满意度调查，积累了近 6 万份有效问卷（表1）。

课题组积累数据概况　　　　　　　　　　　表 1

调查范围	调查年份	有效问卷数量（份）
北京市	2005、2009、2013、2018	7647、5089、5733、9339
环渤海地区	2014	6959
全国 40 个城市	2015	9325
全国 11 个城市	2019	12050

问卷收集方法、抽样方式、居民样本选取及样本量的确定均严格遵照人文地理学研究的科学规范，具体操作流程及北京市、环渤海地区和全国 40 个城市的样本构成详见课题组往年的研究成果，在此不再赘述。在指标体系构建方面，北京市、环渤海地区及全国 40 个城市调查的指标体系相同，设计了城市安全性、交通便捷性、环境健康性、公共服务设施方便性、自然环境舒适性以及社会环境舒适性六大评价维度，问卷指标体系、满意度得分计算方式及 40 个城市的具体名单详见文献；2019 年全国 11 个城市调查为课题组本年度新增调查，目的是在

进一步扩充课题组全国范围内城市调查问卷积累的基础上，重点考察历史文化名城的城市居民人居环境主观评价，因此最终选取沈阳、南京、福州、厦门、景德镇、长沙、广州、海口、成都、遂宁、西宁共 11 个城市，除厦门、遂宁及西宁为非历史文化名城外，其余 8 个城市均为历史文化名城，调查对象为居住在该城市的 16 岁以上常住人口，男女比例、年龄比例、职业、收入等均进行了配额控制，最终共发放 13438 份线上问卷，回收有效问卷 12050 份，有效率为 89.7％。2019 年评价指标体系也稍有变动，保留安全韧性与交通便捷性两大维度，将环境健康性与自然环境舒适性合并为生态宜居性，公共服务设施方便性改称生活舒适性，另新增城市特色与风貌、多元包容性、城市活力三类评价维度。依托于上述庞大的数据积累，以 2019 年最新调研数据为主要分析基础并结合以往调研成果，笔者发现中国城市在迈向高质量发展过程中存在如下共性问题。

（一）环境健康性较差和公共资源供给不足是城市发展的主要痛点

课题组在 2019 年开展的全国 11 个城市人居环境调查显示，生态宜居性大维度下，涉及环境健康的噪声污染、垃圾清洁情况、水体污染和雨污水排放、雾霾等空气污染 4 项分指标全部低于平均值，且得分较低（表2）。同时比对 2015 年"雾霾等空气污染"满意度在全部分指标中满意度最低的评价结果，可发现随着近年来我国大气环境治理工作成效的凸显，噪声污染和水污染已逐步取代大气污染成为城市居民最不满意的环境健康性问题。在公共资源方面，城市人口的迅速增加造成基础设施和公用事业的负担过重，房价不断攀升，城市各类服务设施拥挤加剧，公共服务质量下降。课题组 2019 年的调查结果显示，城市居民对房租或房价的可接受程度评价最低，对城市公租房建设的评价也较低，25％左右的城市居民对房价或房租的可接受程度感到不满意。除住房外，无障碍设施、紧急避难场所、儿童活动场地、运动设施以及养老设施等公共服务设施数量供给不足、质量参差不齐等问题也是居民日常生活的痛点所在。

2019 年全国 11 个城市人居环境调查低于平均分的分指标　　表 2

分指标名称	所属评价维度	评价得分
房租或房价可接受程度	生活舒适性	67.07
噪声污染	生态宜居性	67.69
停车的便利程度	交通便捷性	68.35
道路通畅程度	交通便捷性	69.07
水体污染和雨污水排放	生态宜居性	69.36
防灾应急组织能力	安全韧性	69.55
公租房建设	多元包容性	69.84

分指标名称	所属评价维度	评价得分
残疾人无障碍设施	多元包容性	69.90
创业氛围	城市活力	70.04
基础设施抗风险能力	安全韧性	70.33
上班通勤时间可接受程度	交通便捷性	70.37
人才引进政策	城市活力	70.46
紧急避难场所	安全韧性	70.55
垃圾清洁状况	生态宜居性	70.55
儿童活动场地	生活舒适性	70.89
雾霾等空气污染	生态宜居性	71.19
运动设施	安全韧性	71.25
对弱势群体的包容性	多元包容性	71.28
养老设施	生活舒适性	71.38
小区物业管理水平	生活舒适性	71.60
空间开敞性	生态宜居性	71.91

（二）交通拥堵、停车难以及通勤时间过长制约城市人居环境评价

2015 年、2019 年对全国多个城市的人居环境调查结果显示，北京、深圳、广州、武汉、上海等城市的出行便捷满意度低，交通便捷性大维度下，交通拥堵、停车难以及通勤时间过长的问题尤其突出（表 2）。课题组对北京市的多年份跟踪调查也显示，北京的出行条件是长期制约北京城市人居环境满意度的瓶颈问题。2005～2018 年间，北京核心城区大部分街道的交通便捷性满意度没有得到提升反而呈下降趋势，2013 年以来，交通便捷维度下的停车便利程度分指标始终评价最低，其次是道路通畅程度评价也较差。城镇化进程伴随着城市空间的快速扩张及土地利用功能的分离，使得居民职住分离加剧并进一步造成了交通拥堵日趋严重，居民交通出行质量严重制约着居民的城市人居环境评价，必须在城市高质量发展的过程中得到重视。

（三）城市发展理念不成熟导致城市风貌与特色丧失过程加剧

课题组 2019 年对全国 11 个城市的调查发现，"非物质文化的传承""历史建筑与传统民居保护""历史文化民城保护"等分指标评价较低（表 3），各城市差异比较明显。厦门并非历史文化名城，但城市特色总体评价排名第一，分指标"特色文化氛围""非物质文化的传承""历史建筑与传统民居保护"均评价最好；

遂宁、西宁这两座非历史文化名城的城市特色总体评价排名也高于大部分历史文化名城。调查涉及的历史文化名城中，广州、长沙及南京城市特色总体评价靠后，同时这三座城市"优质游览路线的营建"评价较低；福州、景德镇、海口的"历史文化名城保护"满意度较低。现阶段我国城市建设多以大规模的城市开发为基础，以增量建设和大拆大建为手段，为城市历史文化的保护和城市风貌特色的营造带来了诸多弊端。在市场逻辑和地方财政运作的推动下，地方政府更倾向于投资生产性行业，而不是消费型公共服务。同时，在"形象工程"建设与地方政绩驱动下，城市发展"重新城、轻老城"，导致许多城市历史建筑和街区保护不周，甚至被拆除，地方历史文化特色渐渐丧失。

2019 年全国 11 个城市"城市风貌及特色"总体评价及分指标评价排名   表3

指标	评价得分
城市风貌及特色总体评价	73.59
非物质文化的传承	71.43
历史建筑与传统民居的保护	72.75
历史文化名城的保护	72.86
优质游览路线的营建	72.97
景观的美感与协调	73.69
特色文化氛围	73.80
建筑的可辨识性(标志性建筑物)	74.02

（四）城市开放和包容性不高是城市均衡发展的隐形障碍

在中国经济体制转轨和市场竞争加剧的背景下，城市经济增长收益的不平等分配存在逐渐扩大的趋势。同时与我国大城市老龄化、流动人口大量涌入等趋势叠加，城市富裕阶层、中产阶层及低收入人群等弱势群体之间，以及城市"本地户籍本地户口""外地户籍本地户口"与外来流动人口之间的不平等分配不仅表现在收入上，也表现在非收入方面，如城市就业可进入性、基本公共服务可获得性等。根据课题组 2019 年的调查结果，居民对城市人居环境的总体满意度随着收入增加呈现倒 U 形发展趋势，百分制下中产阶层满意度平均得分超出其他阶层 10 分左右；大多数城市"本地户籍本地户口"居民的城市多元包容性评价明显优于"外地户籍本地户口"居民和外来流动人口，百分制分差达到 10 分以上（表4）。在城市内部，市场和旧有制度的交织作用以及城市化的地域推进也产生了诸如衰退的旧城区、城中村、老旧单位社区及城市边缘地区等几类社会公平与包容问题比较突出的地区，制约着城市的均衡发展。

2019 年全国 11 个城市人居环境调查不同户籍居民对城市多元包容性的评价得分

表 4

城市	籍贯本地，有本地户口	籍贯外地，已获得本地户口	外地户口
成都	78.19	70.45	70.22
福州	76.58	70.43	65.89
广州	77.47	68.04	67.86
海口	77.15	68.31	69.26
景德镇	73.69	70.87	68.14
南京	77.05	65.44	67.34
厦门	77.33	68.39	72.69
沈阳	79.11	69.89	67.30
遂宁	76.36	69.75	68.74
西宁	77.92	69.89	67.18
长沙	77.47	69.94	67.29

四、中国城市高质量发展的发展导向

城市高质量发展既是中国城市化进程中的重要转折，也是未来城市建设的主要目标。推动城市高质量发展应从对上述问题的"破题"开始：居民对当前城市环境健康性的评价较差启示城市规划和管理者要进一步提高城市生态宜居水平；针对公共资源供给不足及出行难等问题，建设高效完善的公共服务体系是关键；解决城市风貌与特色丧失过程加剧这一问题需以提炼城市文化内涵为抓手，而城市开放和包容性不高则是由于忽视了不同居民群体的差异化需求。因此，现阶段我国城市高质量发展的发展导向如下。

（一）提高城市生态宜居水平

课题组近年的调查显示（表5），环境健康性和自然环境舒适性，即生态宜居水平是居民眼中"影响人居环境最重要的因素"。2014 年、2019 年对环渤海及全国 11 个城市的调查结果均显示，居民认为生态宜居性是影响人居环境最重要的因素。进一步地，在生态宜居性维度下的分指标中，居民对城市绿化水平的满意度是影响居民生态宜居性评价的重要因素。西方发达国家已经充分认识到城市绿色空间提供的生态系统服务不仅能够支持城市的生态完整性，还可以保护城市人口的公共健康。因此，为保证居民能够生活在环境健康性高、自然环境舒适度好的城市中，未来中国城市高质量发展的重要内容之一是提升城市生态宜居水平、减轻雾霾等环境污染。绿色健康的自然环境是城市高质量发展的前提，在城市天然自然环境维护方面，城市设计应注重原始自然环境和建成环境的有机融合；在人工自然环境的建设方面，不仅要注重道路绿化、公园绿地、城市水面等关键要素的数量提升，更要关注其空间分布的均衡性。

居民选择"影响人居环境最重要的因素"占比　　　　　　　表5

2014年环渤海人居环境调查		2019年全国11个城市人居环境调查	
评价维度	占比（%）	评价维度	占比（%）
自然环境舒适性	22.68	生态宜居性	26.23
环境健康性	21.11	生活舒适性	18.05
公共服务设施方便度	17.82	城市特色与风貌	17.92
社会环境舒适性	16.83	交通便捷性	14.23
城市安全性	12.72	多元包容性	8.28
交通便捷性	8.83	安全韧性	8.21
		城市活力	7.09

（二）建设高效完善的公共服务体系

由表5可知，除生态宜居性外，居民选择"影响人居环境最重要的因素"占比第二高的就是生活舒适性，2014年和2019年的选择比例相近，接近18%。同时，交通便捷性在居民眼中的重要性也由2014年的末位提升至2019年的第四位，选择比例提高了5.4%。交通服务设施和生活服务设施是城市公共服务设施的重要组成部分，与居民的日常生活息息相关，影响着居民的切身利益。高效方便的公共服务体系是城市高质量发展的重要保障，城市高质量发展需进一步提高公共服务设施品质，完善居民日常生活圈的建设，实现优质公共服务的全民共享。在改善交通便捷性方面，应大力提倡公共交通，倡导绿色出行，建立完备且覆盖率高的公共交通体系，改善居民的出行体验，使出行环境更友好、更人性化。

（三）提升城市文化内涵

城市文化内涵是城市吸引力的重要组成部分，许多衰落的城市在寻求转型发展过程中均依托城市文化和遗产重新塑造了新的城市形象，历史文化名城在全球化浪潮中极具地方特征的突出价值，也为其带来了发展机遇。对于处在激烈的全球化竞争中的城市而言，利用文化驱动城市经济增长，打造核心竞争力，促进经济多元化，已成为政策制定者的共识。良好的城市文化氛围也与居民生活质量息息相关，多元文化是高素质人才最关注的宜居要素之一，文化消费层次、文化设施和历史文化积淀是影响居民城市文化氛围满意度评价的主要因素。独有的文化特色是城市高质量发展的重要引擎，高质量的城市发展要求城市传承优秀传统文化，延续城市历史文脉、发掘培育新兴文化，凝练城市文化内涵。

（四）积极应对不同人群的差异化需求

不同社会经济属性的居民对人居环境的关注重点存在差异。以课题组长期跟踪调研的北京市为例，就户籍差异而言，已获得本地户口的居民更在意停车、居住区的物业和绿化、空间开敞性、食品安全等城市硬件细节是否能够得到改善，而外来流动人口则更看重平均收入的多少、城市包容性的高低、就业机会及教育机会的丰富程度等城市"软件"条件；就收入差异而言，低收入人群的出行便捷度满意度最低，同时住房条件也较差，而高收入人群非常看重人文环境舒适性，文化消费的需求高；就年龄差异而言，青年人、中年人及老年人分别更看重生活方便性、交通便捷性及城市安全性。城市高质量发展需积极应对不同人群的差异化需求：要满足低收入群体和流动人口的基本需求，为其提供有尊严的生活条件和上升通道；满足老年人、女性、儿童等的特殊需求，完善各类设施，强调个性化设计，帮助实现性别和年龄平等；为年轻人、知识分子、创意阶层提供多元共享的环境和有趣的生活方式，激发其创造力，帮助实现自我价值。

五、结语

综上所述，围绕城市高质量发展的科学内涵，在可持续发展、人居环境科学及福利经济学等相关理论和方法的指导下，城市高质量发展不仅要注重客观建成环境的均衡建设，还应时刻关注居民的主观评价，实现城市建设和居民利益的和谐共赢。课题组利用多年累积的大量问卷调研结果，从居民实际感受与切身利益出发，总结归纳了当前城市高质量发展亟待解决的问题是环境健康性较差、公共资源供给不足、出行难、城市开放和包容性不高以及城市发展理念不成熟等，提出现阶段城市高质量发展的导向应当是提高城市生态宜居水平、建设高效完善的公共服务体系、提升城市文化内涵以及积极应对不同人群的差异化需求。未来，进一步深化和加强以上四个方面的研究将是城市高质量研究的重点方向。

（撰稿人：张文忠，中国科学院地理科学与资源研究所研究员，博士生导师，中国发展战略学研究会副理事长；许婧雪，中国科学院地理科学与资源研究所 2016 级直博生；马仁锋，宁波大学地理与空间信息技术系副教授；马诗萍，中国科学院地理科学与资源研究所 2017 级直博生）

注：摘自《城市规划》，2019（11）：13-19，参考文献见原文。

超越增长：应对创新型经济的
空间规划创新

导语： 创新是推动经济高质量发展的本质动力，也是一个国家、城市保持竞争力的核心。与传统经济增长模式有着巨大差别，创新型经济将重构空间使用与空间规划的基本逻辑。本文试图基于创新型经济构成要素的空间特性，建构创新型经济和空间规划的互动关系。文章解析了创新企业、创新网络以及创意人群的空间特性；从空间管控、空间组织、空间营造等方面，探讨了超越于增长导向的规划思维；进而提出应对创新型经济的三个空间规划重点：以柔性管控激活创新空间，以创新网络链接创新集群，以创意生活集聚创意人群。国土空间规划体系的建构应该注重对创新型经济的积极适应：在治理目标上强调创新发展与生态文明的统一，在治理方式上强调国家意志与地方智慧的统筹，以空间规划的系统性创新推动国家的高质量发展。

一、引言

创新是推动经济形态由规模增长迈向高质量发展的本质动力，也是一个国家、城市保持竞争力、确立引领地位的核心。作为一个相对抽象的概念，"创新"诞生于对"增长"与"发展"两种经济状态的思辨。熊彼特认为传统要素的投入仅能支撑经济的增长，而只有创新才能驱动经济的发展；增长将在有限的阶段中走向衰退，而发展则能够在持续的变革中创造价值。在经历了改革开放以来高速的经济增长之后，依靠人口、资源、资本等传统要素驱动的增长模式已难以为继，塑造创新驱动的经济形态（简称"创新型经济"）已经成为国家跨越中等收入陷阱、续写"中国奇迹"的必然选择。2016年《国家创新驱动发展战略纲要》正式实施，明确提出"到2030年跻身创新型国家前列，到2050年建成世界科技创新强国"的目标；十九大报告又进一步强调"创新是引领发展的第一动力，是建设现代化经济体系的战略支撑"。"十四五"时期无疑将成为国家战略深入实施、创新型经济持续建构的关键阶段。从增长到发展并不是必然、自发的线性过程，创新型经济的建构需要政府在经济、社会、文化等多个领域的治理创新。在创新型经济的目标导向下，空间规划需要重新认识经济与空间的互动逻辑，在主动识变、积极应变、敢于求变中推动规划思维以及技术方法的创新，从而更加有效推动社会经济高质量发展目标的实现。

近年来，创新型城市、创新型园区、创新型空间（众创空间）等不同尺度新空间模式与规划研究广泛出现。一些学者基于创新型城市、创新生态系统等理论，探讨了城市发展路径转变中的规划应对策略；一些学者基于产业集群与政府治理的新趋势，探讨了创新导向的产业布局、园区建设和城市更新模式；还有一些学者基于对创新主体行为偏好的调查和国际先进的建设经验，提出创新空间的规划布局和管制策略。总体而言，应对创新型经济的空间规划研究尚处于探索阶段，创新型经济—空间模式—空间规划之间的逻辑关系有待厘清。

因此，本文试图在创新型经济和空间规划之间、理论与实践之间建构相对清晰的逻辑脉络（图1），梳理创新型经济的基本构成要素，分析相关要素的空间特性，探讨超越于增长导向的空间规划思维创新，进而提出应对创新型经济的空间规划策略。

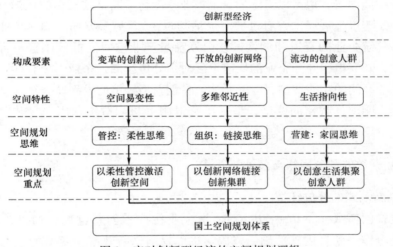

图 1　应对创新型经济的空间规划逻辑

二、创新型经济的构成要素及其空间特性

（一）变革的创新企业与空间易变性

创新企业（innovative enterprise）是具备创新能力、从事创新活动并以创新作为核心竞争力的企业，也是推动创新型经济的核心主体。尽管创新企业有更大概率诞生于新兴产业之中，但并不局限于特定的产业门类，早在1912年，熊彼特就在《经济发展理论》一书中对"创新"的5种形式进行了界定，作为判断企业创新行为的重要依据。时至今日，"建立新的生产函数""实现创造性破坏"等

本质变革依然是界定创新企业的共识性标准。无论是渐进式还是颠覆式，创新企业需要持续保持内在的变革特征，这就意味着其不稳定、不确定的发展常态。创新企业个体的小变革，又将引发与之相关的企业群落的大变革。创新企业将重构市场竞争与合作的既有秩序，加速淘汰守旧的传统企业，不断孕育和塑造新的创新企业，推动着企业群体的快速迭代。创新企业的变革特征，也将最终反馈为密集调整、充满变化的产业发展状态。理解变革、拥抱变革是认知创新企业与创新型经济的基本前提。

　　创新企业的变革特征将驱动产业空间的适应性调整。一方面，创新企业在生产经营方式上的变革，将催生新的区位选择逻辑与空间利用方式。例如，除了规模化与标准化的传统产业园区以外，乡村、景区、社区等都有可能成为新兴的产业空间，在云计算、技术共享和3D打印技术等共同支撑下，以个人、家庭为单位的小型创新企业、社区制造（微工厂）模式将大量涌现。尽管很难清晰预测未来的产业空间图景，但可以肯定的是，产业空间将不断打破既有的认知与地理边界，在一定程度上展现未曾有过的"灵活与自由"。另一方面，创新企业的崛起将伴随着传统企业的衰退和淘汰，并引发存量产业空间的低效闲置与再利用过程。例如，新兴电子商务企业的快速发展对部分传统商贸企业形成替代，进而倒逼传统商业空间的功能转型。综上所述，在创新型经济的发展状态中，产业空间将面临较为剧烈且频繁的变动，呈现出衰退闲置与创造性利用叠合并存的复杂状态。

（二）开放的创新网络与多维邻近性

1. 创新范式的开放转型

　　开放式创新（open innovation）是指企业在技术创新过程中通过与外部组织的广泛合作来整合内外部创新资源，进而提高创新效率与效益的一类创新模式。在20世纪80年代以前，针对创新的分工鲜有发生，出于对知识的高度保密，企业更加倾向于利用本公司的资源和技术进行产品的研发，过分强调单个企业主体的封闭式创新过程。随着技术复杂度的不断提高，技术与产品的生命周期不断缩短，企业"封闭式"创新的成本与风险不断增加。同时，信息流动的自由化、高等教育的广泛普及，加速了知识生产的扁平化，进一步松动了封闭式的知识壁垒。基于此，企业竞争优势往往来源于更有效地利用他人的创新成果，建立外部渠道、整合外部资源的开放式创新遂成为必然选择。开放式创新是企业、高校以及科研机构、消费者等各类创新主体互动、协同的动态过程，创新网络便是对于这种创新合作关系的描述。创新网络的发育情况决定着创新的开放程度与效率。

2. 多维邻近的网络塑造

基于地理邻近的多维邻近是创新网络形成的重要支撑，全球（跨地区）创新网络的链接和地方创新网络的加密是两种并存的网络地理现象。尽管现代通信技术为超越地理限制的创新合作提供了可能，但地理邻近对于知识传递仍然具有不可替代的价值。地理邻近使创新主体间能更容易、更充分地进行面对面交流，有助于隐性知识（或称为缄默知识）的传递。隐性知识是依托于具体的情景、具有一定偶然性且不易明确编码的信息，有利于显性知识的解释、吸收以及知识的再创造。隐性知识的有效传递需要借助面对面的交往，这也是知识溢出高度地方化的原因，随着创新网络研究的不断深入，对邻近的关注由单一的地理邻近拓展到认知邻近、社会邻近、制度邻近等多个维度。创新网络组织的复杂性决定了其对于多维邻近的系统性依赖，但是多维邻近并没有否定地理邻近的基础和支撑性作用。相反地，其丰富了地理邻近的认知内涵。一方面，地理邻近往往是实现认知邻近、制度邻近的诱因之一，有利于多维邻近效果的达成；另一方面，在推动地方化创新网络的过程中，需要关注开放的社会氛围和治理环境的顶层设计，不仅要引导不同创新主体在物质空间上集聚，更要破除创新主体制度性、认知性的壁垒。

（三）流动的创意人群与人本生活指向

在农耕文明时代和工业文明时代，由于对土地、原料等生产资料存在显著依赖，在经济学研究中"人"多被视为一种群体化、标准化的劳动力，其价值并未充分凸显。20世纪60年代后，发达国家相继转入以创新为主要驱动力的新经济形态，"人"作为信息、知识、创新的基础载体和基本单元，其重要性得到了重新认识。美国经济学家舒尔茨率先提出了人力资本的概念，将"人"作为一种关键性的"资本"，以理解新的经济动力。此后，经济学家们相继证明了人力资本是吸引企业集聚的核心要素、人力资本的集中能提高地方生产效率等一系列理论假设。佛罗里达对人力资本的概念进行补充与修正，开创性地提出"创意阶层"的概念，指出创意是一种创造有益、新颖形式的能力，知识和信息仅是创意的工具和材料，具有创意能力、从事创意工作内容的人群构成创意阶层。创意人群对于创新型经济的决定性作用日益成为社会共识。

创意人群的流动不再受制于由企业（就业）分布所决定的单向逻辑，而呈现越来越显著的生活指向性，推动了人们关于城市价值以及人居环境的重新思考。城市舒适性（urban amenity）理论强调，优质的人力资源更加倾向于选择生活舒适度较高的城市定居，进而带动企业的集聚和经济的发展。城市舒适性包括自然环境的舒适性、人工环境的舒适性以及社会环境的舒适性。佛罗里达进一步提出了"地方品质"（quality of place）的概念，认为其是一个地方区别于其他地方在环境、人物、事件等方面体现的独特吸引力，能够满足创意阶层在生活中所追求的丰富多彩、高品质、令人愉悦的体验和身份证明的机会。对于城市空间社会属性、生活价值的重视和倡导，不仅仅是出于人本主义的自觉，更是对创新驱动逻辑的充分理解。

三、超越增长：空间规划思维的三重创新

（一）空间管控：超越规范的柔性思维

为适应产业空间的易变特性，在空间利用的管控方式上应确立超越传统技术规范的柔性思维。在规模增长型的经济环境中，空间利用的模式是从一到多的线性叠加，空间管控的思维逻辑、技术规范规则也相对稳定。规范性的规划思维有利于空间利用模式的快速复制和大面积推广，以高效地配合经济增长带来的空间扩张需求，同时也很容易通过有关刚性管制要求约束空间开发中的市场失序。然而，在创新型发展的经济环境中，空间的使用形式将不断出现从无到有的非线性跃迁，空间生长、演化的逻辑更为易变。墨守传统技术规范的空间规划将抑制创新的活力，但是彻底推倒传统规范显然也不利于城市可持续目标的实现，因此，确立空间管控的柔性思维就显得尤为重要。柔性思维是刚性和弹性在现实发展需求过程中的辩证耦合，是对技术规范的动态反思和持续改进。应对创新型经济对空间需求的不确定性，空间规划要克服路径依赖的思维惯性，提升规划的创新应变能力，提高在管控标准、管控对象、管控过程等方面的动态适应性。

（二）空间组织：超越集聚的链接思维

为适应创新网络的多维邻近性，在产业集群的组织方式上应确立超越集聚的链接思维。在规模型增长的经济环境中，产业集群的空间组织方式主要以"集聚"效应为目标，增加园区数量和用地规模，加大基础设施投入和政府服务的集中覆盖，吸引和激励企业集中布局，进而提高土地利用效率与经济产出规模。集聚思维导向下的空间规划能够有效降低成本、提高规模效益与空间供给效率，支撑经济的快速增长过程。但是，集聚思维推动下的空间增长并不会精准地促进本地创新网络的形成，显然是较为粗放和初级的产业集群组织方式。在创新型发展的经济环境中，产业集群的核心价值是提供开放式创新协作的便利环境，因此，空间规划需要针对创新网络的需求特征而确立起链接的思维。在规划中有意识地弥补本地创新资源缺失的短板，有针对性地引入和打造具有网络组织效应的功能性载体，不断丰富创新主体的类型和创新合作的可能场景，营造开放合作的集群

氛围。通过"绣花针"式的精巧织补，形成向内密集联络、向外广泛开放的创新网络，从而推动创新集群的生成与升级。

（三）空间营建：超越生产的家园思维

为适应创意人群流动的生活指向性，在城市的营建方式上应确立超越生产的家园思维。在传统资源要素驱动的经济环境中，城市的发展依赖于产业空间等生产性要素的大规模供给。新中国成立以来的相当长时期，受制于薄弱的经济基础和增长主义发展模式，城市更多地被视为经济生产的载体，城市的发展与建设凸显了重"生产"轻"生活"、重"资本"轻"人文"的特点，以生产为核心的各类产业园区是空间供给与规划的重点。在创新型发展的经济环境中，创意人群成为启动创新经济的核心要素，创意人群的"稀缺性"日益凸显，城市间、国家间的人才争夺战愈演愈烈，"招才引智"成为继"招商引资"之后城市间竞争的新内容。通过营造具有吸引力的城市生活，进而集聚创意人群并推动创新型经济的发展，这无疑是城市实现创新超越的必由路径。对于愉悦、丰富的城市生活场景投资同样也是对于创意阶层的投资，是对于城市创新动力的投资。因此，空间规划需要确立家园思维，不仅"满足人民对美好生活的向往"，更要敏锐地捕捉创意阶层的人群生活特性与需求特征，营造与之相互契合的空间系统，为之提供有吸引力、有承载力、有塑造力的创意生活。

四、应对创新型经济发展环境的空间规划重点

（一）以柔性管控激活创新空间

以柔性管控激活创新空间，就是要通过对管控标准、管控对象、管控过程的柔性化设计，满足创新型经济对于空间日益多样化的诉求，充分释放空间的新经济潜力。在保障原则性、基础性等刚性约束的基础上，积极提升空间管控的灵活性。①通过土地使用的兼容性、空间置换的动态性来体现管控标准的柔性。增加土地使用的兼容比例与可选类型，通过设置限制性清单的方式，反向鼓励土地的复合利用；针对新型产业用地应允许制造业与商务、办公和公寓进行一定比例的混合，融合研发、创意、设计、中试、无污染生产等创新功能以及相关配套服务。通过使用权交易、发展权让渡等制度完善，降低存量空间再利用和再开发的交易难度，提升创新企业参与城市更新的积极性。②通过设置管控政策的试点地区来体现对有关对象的柔性管控。尤其针对具备一定创新型经济发展潜力但也存在较复杂矛盾和较高敏感性的乡村、生态化地区等，要谨慎、积极地处理好创新发展、生态保护和社会公平等多维目标之间的关系；做好对增量用地开发的适

度、高质量预控，同时促成存量用地的率先、有序更新；探索非集中连片但有机组织的创新型产业空间利用模式。③通过定期的规划评估与及时的专项研究来体现管控过程的柔性。面临创新型经济将带来的更为复杂的不确定情景，需要建立常态化的空间规划动态评估机制，定期反思规划的管控方式，检讨和总结其创新适应性；针对创新发展过程中涌现出的空间新现象、新问题，应该及时形成专项规划或研究的支撑体系，不断学习、认知创新型经济驱动的城市发展规律，保持规划调整与市场反馈的密切互动。

（二）以创新网络链接创新集群

1. 植入需求驱动的创新链接点

植入需求驱动的创新链接点，就是要通过打造企业—政府—高校以及科研机构（政产学研）联动的创新合作载体，引入外部创新资源并内化地方性的创新网络。当前，中国大量的传统企业和产业集群存在创新升级的需求，但是却缺乏建构开放式创新网络的能力，尤其是产学研的合作网络。许多产业集群成长于以低成本为优势的草根环境中，本地的创新资源匮乏，即使在同城或者邻近地区布局高校、科研院所，也极有可能在科研方向上与本地产业集群不相匹配。此外，不同创新主体之间还存在信息的不对称以及机构性质、价值诉求的差异，使得建构创新网络的交易成本较大，这极大地限制着企业参与产学研合作的积极性，对于中小企业的影响则更为明显。发达国家已经凭借一套比较完善的科技中介服务体系来加速科技成果的转化，但是中国的科技中介服务体系尚不发达，政府的积极、精准治理就显得尤为重要。

为了克服创新网络的组织痛点，空间规划应该基于创新升级的地方诉求，主动引领创新网络的链接工程，积极布局以创新合作载体为主要形式的创新链接点。创新合作载体是由政府牵头，以整合高校、科研机构的研发实力与企业创新需求为目标所形成的协同创新实体，是具有明确网络链接属性的功能性空间，也是共性创新需求的交流平台和创新基础设施。创新合作载体可以由某一高校或科研机构的分支机构负责运作和管理，也可以由政府派出机构对多个外部创新资源进行统一整合，形成广泛的共建关系，并进一步集成中介咨询、金融、检测等专业服务功能。相比于产业集群的整体形态，创新合作载体往往仅是一个小微空间，但是却能成为撬动集群创新的战略支点，实现产业集群的"创新修补"。空间规划应该重视创新链接点的发展引导和建设布局，根据本地产业集群的现实诉求明确引进外部合作对象，根据外部创新资源的特性和空间需求设计相应的用地条件，以及资金、税收等集成的政策优惠包，塑造具有较强政策性和网络组织性的创新驱动空间。

2. 营造开放联动的创新融合圈

营造开放联动的创新融合圈，就是要围绕具有创新带动能力的龙头企业、高校以及科研机构，形成以功能多元紧凑、弹性调整为组织特征的创新型地区。通过生产和生活融合、机构与企业共生、高成本与低成本交织的空间基底设计，强化既有创新网络、激发潜在创新网络。一方面，创新融合圈的营造应该满足创新网络对于空间多样性的需求，注重研发、孵化等各类型创新活动空间、居住以及相关商业、公共服务空间的混合，促进研、住、娱融合发展，以营造丰富开放的社交氛围，提高非正式的创新合作机会。除了功能类型的多样性外，创新融合圈的营造还应该注重发展阶段的多样性，为企业成长和人才发展的不同阶段提供较宽谱系的空间选择。另一方面，创新融合圈的营造应该更加强调空间用途管制的弹性应变能力，注重增量拓张和存量更新的统筹协调，在土地性质、主体建筑结构不变的情况下，尽可能地放开功能管制。区别于孤立的、形态均质、功能单一的传统产业园区，创新融合圈是更具有"雨林"特质的都市型空间单元。空间规划应该推动创新融合圈作为创新集群的主要建设形态，这是对传统产业集群方式、传统产业空间类型的提升和发展。

（三）以创意生活集聚创意人群

1. 建构包容性的住房供给方式

包容性是创意生活的最基本特质，有利于广泛、持续地吸引创意人群。一个地区的包容性突出体现在文化开放性、居住成本两个方面，对于一个国家而言，文化开放性的影响较显著；而对于一个城市而言，居住成本的影响则更为显著。房价作为居住成本的重要表征，与城市的创新型经济之间存在紧密而微妙的关系，创新活跃的城市往往创意人群的数量众多且购买力较强，能够推动房地产市场的快速发展，但是，房价的过快上涨无疑又将显著降低城市生活的包容性，阻碍创新型经济的形成与可持续。房价的过快上涨将会增加创新的机会成本，"驯化"创意人群原生的冒险精神，导致其规避风险较高、不确定性较强的创新活动。可以说，房价（空间的资本化）与创新型经济的博弈是全球性的经典博弈和世界性的治理难题。当前，中国各大城市尤其是一二线城市正面临着高房价对创新发展带来的巨大挑战。

建构包容性的住房供给方式，就是要通过政策性住房的科学供给以降低居住成本，弥合高房价与创意人群当前住房支付水平间的差距。尽管针对人才安居的货币补偿政策也是城市政府降低人才居住成本的重要手段，但是政策性住房的供给无疑是力度更大的空间治理方式。相比于普通商品住宅，政策性住房的租赁和购买价格更低，相应地也有更加严格的适用条件和更加封闭的产权交易管理方式。政策性住房的供给应以较强针对性、较广覆盖面、较多层次性为基本原则，为各类创意人群（外来人口）提供先落脚后发展、先租后买、先安家再改善的成长性安居情景。空间规划应该根据城市自身的房地产状态，推动政策性住房体系的合理建构与布局；不断加大政策性住房（用地）的供给比例，甚至确立政策性住房在新增住房供应体系中的主体地位；注重政策性住房与普通商品房在空间上的混合配置以及在战略性创新地区的先导布局，与创新空间形成良好的职住关系；通过新增用地、城市更新以及区域合作等方式实现对政策性住房的多渠道供给。

2. 塑造共享性的创意体验空间

共享性的创意体验空间是创意文化的空间载体，也是能够激发创新灵感、强化创意阶层身份认同的生活场景要素。进入21世纪以后，纽约、柏林等几乎全世界所有扮演"文化和时尚中心"角色的城市，都成为吸引创意人士和催生技术密集产业的领先区域。不同于转瞬即逝的时尚文化，创意文化代表着能够经受时代检验的前卫潮流，往往具有科技感和"新"人文气息，却又不拘泥于具体、固定的形式。它满足了人们的猎奇心理，不断激发人们的创造性想法，并且在与创意人群紧密互动中共同发展。一方面，创意人群通过消费创意文化（包括服务与空间产品等）获得身份认同和创作灵感；另一方面，创意人群又作为创意文化的缔造者，持续参与创意文化的演进过程。

创意文化氛围的形成不仅仅依托于自发、新颖的文化活动，更需要政府在城市空间建设和管理方面的主动设计和动态变革。随着中国居民消费水平的日益提升，为了迎合精英阶层消费空间的文化转向，许多市场资本较早地投入创意体验空间的营造，然而在纯粹的商业利益驱动下，许多批量化、低成本的文化空间在短暂流行之后就丧失了创意价值。可见，市场对于创意体验空间的营建有其天然的局限性。塑造共享性的创意体验空间，就是要通过丰富的空间规划设计手段，以开放共享的公共空间为主要媒介，将城市空间的建设实践作为重要的文化艺术创作过程，动态持续地提升城市创意文化品位。创意体验空间的塑造重在形成体现地方特色的文化符号，并不断提升大众的空间文化品位和文化创造力；统筹大型标志性公共空间和融入日常生活的社区创意"微"空间建设，将公共空间塑造为不断创造新文化、激发新创意、激活新业态、孵化新项目的创意综合体，提供广泛覆盖、丰富多元、系统链接、充分交往的空间体验。同时，积极促成城市空间建设实践与文化展示、城市形象展示等大事件的结合，积极运用和融合移动互联网、VR等虚拟空间体验方式，持续营造城市空间的时尚热点。

五、面向创新发展需求的国土空间规划体系适应性变革

当前，中国的空间规划体系正面临着改革开放以来最为剧烈的重构，随着国家机构改革方案的出台以及相关政策文件的发布，全新的国土空间规划体系已初步建立，这是提升空间规划价值和效用的重要契机。尽管国土空间规划体系的顶层设计和整体架构已基本明确，但是编制、实施与监管的具体办法仍然有待于实践的检验，仍需要在社会经济发展诉求的动态适应中、在中央—地方政府治理的互动磨合中持续完善。

（一）治理目标：创新发展与生态文明的统一

国土空间规划体系诞生，是为了适应中国特色社会主义进入新时代、社会主要矛盾发生全局性变化、面向生态文明建设要求、经济由高速增长转向高质量发展等一系列复杂的社会经济环境变化，作为各类空间规划的集大成者，更加全面地响应社会经济发展的多元诉求是国土空间规划的时代责任和应有作为。在推进国土空间规划的系列实践中（编制、实施、监管等），应该充分意识到生态保护与经济发展、生态文明与创新发展的辩证统一关系，不可偏废。中共十九大报告早已清晰指出，发展是解决我国一切问题的基础和关键。生态文明建设无疑是可持续发展的重要保障，生态保护也是为了实现美好生活及高质量发展。生态保护与空间开发的局部矛盾，往往能够在创新发展的过程中、在技术方法的进步中得到更好的化解。相反地，过度僵化、为保护而保护的保守意识，却极有可能将保护与发展置于不可兼顾的对立面，导致国土空间规划丧失其在社会经济发展中的战略性价值和关键性作用，阻滞国家生态文明建设和高质量发展的进程，甚至导致机构改革的制度成本付之东流。因此，国土空间规划的实践应该贯彻创新发展与生态文明的统一目标，创新空间供给、利用与管制的方式，积极释放空间的生产力和创造力，建构"空间规划—创新发展—生态保护"的良性互动关系，以形成富有创新竞争力和可持续发展的国土空间格局。

（二）治理方式：国家意志与地方智慧的统筹

国土空间规划体系的建立是促进国家治理体系和治理能力现代化的必然要求，也是重新理顺各级政府空间治理权责关系的过程。在创新发展的目标之下，在应对创新型经济的不确定性和巨大挑战之中，国土空间规划体系尤其要注重国家意志与地方智慧的统筹，实现上下联动。一方面，国土空间规划体系应该充分保障国家意志自上而下的有序传导和高效落实，通过战略要求、约束性指标、底

线管控等刚柔并济的方式，倒逼地方政府破除路径依赖，约束地方政府在空间资源利用方面的盲目冲动；另一方面，国土空间规划体系需要激活地方创新活力，尊重和鼓励地方政府贡献发展智慧。中央政府拥有更加全面的价值判断和更加理性的战略选择，地方政府则拥有更强的发展敏感性和创新应变能力。国家意志的实现离不开地方政府在空间资源配置上的主动作为和积极尝试，应该允许地方政府在试错中吸取教训，在谨慎探索中总结经验。因此，国土空间规划体系不应简单被作为一种自上而下的约束性管制体系，而更应塑造成各级政府各司其职、各有侧重、高效耦合的互动治理系统。

六、结论

　　空间规划作为政府重要的空间治理手段，从来不是孤立、僵化的管制工具，而是积极调节社会经济发展的公共政策。从增长到创新，不仅意味着经济驱动力的根本转变，也必将带来空间规划思维、方法和工作重点的系统嬗变。在创新型经济的目标导向下，空间规划需要重新理解经济与空间的互动逻辑，重塑超越增长的规划思维：适应于产业空间的易变特性，在空间利用的管控方式上确立超越规范的柔性思维；适应于创新网络的多维邻近性，在产业集群的组织方式上确立超越集聚的链接思维；适应于创意人群流动的生活指向性，在城市的营建方式上确立超越生产的家园思维。应对创新型经济，空间规划应明确如下重点：以柔性管控激活创新空间，强化管控标准、管控对象、管控过程的柔性化设计；以创新网络链接创新集群，植入需求驱动的创新链接点，营造开放联动的创新融合圈；以创意生活集聚创意人才，建构包容的住房供给方式，塑造共享型的创意体验空间。在国土空间规划体系开启建构并持续完善的时代背景中，应注重规划体系的创新适应性：在治理目标上强调创新发展与生态文明的统一，在治理方式上强调国家意志与地方智慧的统筹。总之，要通过国土空间规划体系的完善，支持创新型经济的建构，推动国家实现高质量发展。

　　（撰稿人：张京祥，南京大学建筑与城市规划学院教授，南京大学空间规划研究中心主任，中国城市规划学会常务理事；何鹤鸣，南京大学建筑与城市规划学院博士研究生，南京大学城市规划设计研究院战略研究室副主任）

　　注：摘自《城市规划》，2013（08）：18-25，参考文献见原文。

任务导向的国土空间规划思考

——关于实现生态文明的理论与路径辨析

导语：《中共中央 国务院关于建立国土空间规划体系并监督实施的若干意见》明确了国土空间规划体系的基本框架，标志着我国规划工作的重心由问题导向的"多规合一"转向任务导向的"国土空间规划体系"的建立和完善。为实现建设生态文明的总目标，国土空间规划体系的主要任务可分为两大方向，一是落实对"山水林田湖草"自然生态系统的保护与修复；二是解决好"城镇村"的建设与治理问题，后者是实现生态文明的关键。在这一过程中，市县和乡镇级规划将成为整个规划体系实质上的重心。本文从实现生态文明的理论与路径入手，探讨了生态文明的空间表达本质，以及国土空间规划在实现生态文明目标的过程中所应承担的任务和相应的规划技术手段。

一、引言

2019 年 5 月颁布的《中共中央 国务院关于建立国土空间规划体系并监督实施的若干意见》（中发〔2019〕18 号文件，以下简称《若干意见》）明确了国土空间规划的目标要求、体系框架、实施与监管以及保障措施等。国土空间规划体系的任务与基本框架初步确立。这一文件的出台标志着我国未来与空间相关的规划工作重心开始由以问题导向的"多规合一"正式转向任务（目标）导向的"国土空间规划"体系构建。早在 2015 年 9 月中共中央国务院印发的《生态文明体制改革总体方案》（以下简称《总体方案》）中就率先提出了保障国家生态安全、推动人与自然和谐发展，并建立国土空间开发保护制度及空间规划体系。由此可见，国土空间规划是未来推进我国"生态文明"建设的重要工具。

虽然《若干意见》确定了国土空间规划"多级三类"的整体框架，明确了实现生态文明的总体目标，当前各地也在积极筹备国土空间规划的编制，但是，国土空间规划所涵盖的空间范围广、内容多，世界上并无任何一个国家或地区有过类似的实践。另一方面，虽然"可持续发展""生态城市"等生态文明相关概念和理念早已有之，但关于生态文明的定义尚未形成广泛的共识。国土空间规划如何完成实现生态文明的任务？实现这一任务的路径是什么？尚存辨析的空间。

因此，本文将国土空间规划视作实现生态文明的重要手段，探求生态文明在空间表达上的本质，梳理国土空间规划在实现生态文明目标的过程中所应承担的任务。

二、相关概念、实践及研究进展

（一）"多规合一"

"多规合一"（又称"三规合一"或称"多规融合"）缘起于不同的行政管理部门分别编制"规划"（或"计划"）且相互之间存在一定矛盾和冲突的"多规并存"现象。胡序威、王磊等对"三规"发展的历史阶段以及相互关系的演变历史进行了较为全面的回顾和总结。针对"多规并存"的问题，王向东等（2012）认为部门规划经过多年的发展，形成了各自庞大繁复的体系，陷入难以协调的局面；沈迟认为，诸多规划的发展目标、编制审批主体、实施监管主体、法律效力各不相同，规划之间的矛盾由来已久。各规划的技术性内容，例如规划年限、用地分类、统计指标、基础数据、坐标体系、测算方法等多有不同，协调起来难度较大。

20世纪90年代，地方及中央政府就开始尝试各种"多规合一"方案，以解决"多规并存"的问题。1996年，深圳市城市总体规划探索了城市规划与土地利用总体规划的衔接与全域覆盖，管理机构方面成立了国土规划局。2004年，国家发改委在苏州、钦州、宁波等6个地市县进行"三规合一"试点工作，但由于缺乏体制保障，改革推进有限。2009年，广东省以广州、云浮、河源为试点，开展"三规合一"工作。赖寿华等（2013）认为，三地在技术、组织、机制上进行了创新性的尝试，在"多规融合"方面开展了深化探索。2014年9月，国家发改委、国土部、住建部、环境部四部委联合发文开展28个试点城市的"多规合一"工作，形成了三种方案并取得了一定的成果。谢英挺等（2015）、严金明等（2017）对试点工作的类型进行了总结。孙安军（2018）认为，虽然试点工作优缺点并存，但实际效果可能并不理想，主要是因为"还是把部门的东西看得比较重"。

（二）国土空间规划

2013年11月《中共中央关于全面深化改革若干重大问题的决定》中首次正式提出了建立空间规划体系，之后，2013年中央城镇化工作会议、2015年的《总体方案》等重要场合和文件又多次提到了构建空间规划的设想。在此背景下，2017年1月，中共中央办公厅、国务院办公厅印发了《省级空间规划试点方案》，试点范围包括海南、宁夏等9个省份。一时间，关于国土空间规划体系的构建也成为学术界讨论的热点。例如：杨荫凯（2014）提出了包括顶层级、中间层、基础层的"三层多级"规划体系；许景权等（2017）建议削减规划数量，以主体功能区为基础，"构建全国统一、相互衔接、分级管理的空间规划体系"统领其他专项规划、部门政策、实施性方案或行动计划；严金明等（2017）提出了"1＋X"国土空间规划体系建议用；林坚等（2018）设想构建"一总四专、五级三类"的国土空间规划体系；赵民（2018）将当前国土空间规划的顶层设计总结为两种方案，一种是"1替代N"的整合型，难度较大，另一种是"1加N"的包容型，增加了协调问题。

上述研究更多聚焦于国土空间规划本身，而对其与承担任务之间关系的论述相对较少。伴随着《若干意见》的出台，建立国土空间规划体系的工作进入到国家强力推进和落实实施的阶段。按照《若干意见》提出的任务和总体框架，国土空间规划将成为落实国土空间开发保护政策的重要载体和实现生态文明等更高层次目标的重要工具。

（三）文明与生态文明

"文明"这一概念是法国在18世纪相对于"野蛮状态"提出的，但却是一个因时因地因人而不同的非常宽泛的概念。西方的历史学家如汤因比（Arnold Joseph Toynbee）、布罗代尔（Fernand Braudel，2017）等有过专门的论述。布罗代尔认为"文明"至少是一个双义词，既表示道德价值又表示物质价值，即包含通常所说的"物质"（生产力的提高）和"精神"（摆脱野蛮）两个层面。

"生态文明"是汉语语境下的特有词汇。早期研究出现在20世纪80年代后期，2013年之后文献数量陡增，从学科上来看，多出现在环境、经济、农业等学科。众多学者对生态文明的理解也不尽相同，例如：刘俊伟（1998）、徐春（2010）论述了生态文明的定义，王续琨（2008）、张明国（2008）、张云飞（2006）、徐春（2010）等分别讨论了生态文明的本质、地位和作用等。上述研究认为：生态文明是人类已有文明中最高阶的形态，生态文明并非取代以往的文明，而是延续其他文明的一种新文明，并贯穿所有社会形态和文明形态的一种基本结构。在规划专业领域，沈清基（2013）也认为，生态文明是人类迄今最高级、最智慧的文明形态，目标是建立人与人、人与自然、人与社会的共生秩序，寻求生态平衡，实现经济、社会、自然环境、人的可持续发展。

虽然生态文明的概念在国外偶有提及，但并没有形成与之完全对应的研究领域，更多是从人与自然和谐共生方面所进行的思考，进而发展出可持续发展、生态经济、低碳经济、绿色经济、生态城市等理论，如格里格斯（Griggs）等（2013）、让德隆（Gendron，2014）、罗斯兰（Roseland，1997）等。

综上，迄今人类文明形态的发展已经历了渔猎（原始）、农业、工业和生态四个不同的文明阶段（形态）。前三个阶段主要体现为物质文明，表现在由于生产力和技术水平的提高，人类对自然环境的征服以及资源的开发利用能力上的进步，即"生存能力的提高"。而生态文明则主要表现在精神层面，形成了文明演进过程中的转折点。生态文明较之于其他的文明形态具有显著的包容性，主要表现为人类对自身行为的克制、主动选择发展道路以及有节制地使用自然资源，换言之，"有能力做但选择不做"，与可持续发展（sustainable development）理论的内涵具有相似性。

三、国土空间规划与生态文明

（一）国土空间规划的核心任务

2015年颁布的《总体方案》提出了"六大理念""六大原则"和"八项制度"，在"八项制度"中包含了"建立国土空间开发保护制度"和"建立空间规划体系"，形成了推进生态文明建设—实施国土空间开发保护政策—编制国土空间规划这一从宏观目标到政策手段，再到具体实施工具的完整施政架构。国土空间规划成为落实国土空间开发保护政策，实现生态文明的重要手段和工具。生态文明建设成为国土空间规划的核心任务。

（二）生态文明的路径选择

按照上述对生态文明的理解，实现生态文明的现实路径大致有三条：①降低地球生态环境的负担，即减少人口；②改变过度耗费资源的生活方式，即节制生活；③减少人类活动对生态系统的影响，即低生态影响。由于减少人口涉及人类伦理道德的问题，而节制生活则牵扯到个体选择自由的问题，因此无法大规模有效地施行。所以最为现实的路径只能是低生态影响，即在不明显降低生活质量的前提下，尽量减少人类活动对生态系统的扰动和影响。

在以工业化为基础的城市化时代，实现低生态影响的理论与实践模式有两种：一种是以生态城市为代表的"现代城市批判主义"，认为以大工业生产为代表的现代城市问题严重，需彻底改造。其理论流派颇多，例如：生态城市（eco-city）、低碳城市（low-carbon city）、景观都市主义（landscape urbanism）、生态都市主义（ecological urbanism）、"反规划"等。以"生态都市主义"为例，虽未形成广泛共识，但其中某些描述，例如"鉴于迫近的生态危机，生态都市主义将保证它能够超越任何生态环境"可以被看作是其宣言。此外，有关生态城市的论著和规划设计案例也颇多，典型案例如阿联酋的马斯达（Masdar）和中国上海的东滩。但"现代城市批判主义"的理论和实践普遍存在两个致命弱点，一是相对于对现代城市的尖锐批判，缺少能够真正解决所批判问题的替代方案；二是所提供的以自然力量来实现所谓生态目标的解决方案，均以付出更多的空间占用和效率为代价，实际上对生态系统的影响更大。

实现低生态影响的第二种模式是"城市—生态辩证观"，代表性论著有《城市的胜利》(Triumph of the City)和《大国大城》等。格莱泽（Glaeser，2012）认为，住在城市的摩天大楼里才是最环保的生活方式，停止对田园生活的浪漫幻想，回归理性环保主义的观念。如果你真心热爱自然，就远离瓦尔登湖，到拥挤的市中心去定居。在那里，人们的公寓面积小、家庭规模小、空间距离近、驾车机会少，碳排放量要远远低于农村或郊区。陆铭（2016）在《大国大城》一书中也结合中国的实际状况表达了以发展大城市解决人地矛盾的类似观点。

值得一提的是，《城市的胜利》特意提到了中国，认为随着中印两国的逐步富裕，将会面临一种对全球生活产生重大影响的选择。大量人群是迁往以汽车为基础的远郊或乡村，还是坚守在对环境更加友好、人口密度较高的城市？这两个国家的城市化模式可能会成为 21 世纪最为重大的环境问题。事实上，以较小的土地占用代价，快速推进工业化和城市化是我国改革开放以来最值得骄傲的成就。虽然出现了各种"城市问题"，城市建设用地也在不断蚕食耕地等相对"自然"的空间，但是以占国土面积 1.5％左右的城市建设用地，承载了近 60％的人口，创造了 90％左右的 GDP 这一事实是客观存在的，也是足以引以为豪的。

因此，解决好"人"的问题，建设紧凑的高质量的人类聚居区，给自然生态系统留出更多的空间，是实现生态文明的优选路径。

（三）国土空间规划的多任务特征

讨论生态文明必须以我国的现实状况为前提条件。当前的中国国情主要体现在：①人口众多且短时期内不会大幅度减少；②城市化尚处中期，还需要继续发展；③迄今为止的相对紧凑的城市建设模式虽然也存在某些问题，但总体上较为成功。因此，面向未来，采用以较高密度的城镇空间容纳更多的城镇人口，形成紧凑的城镇形态并留给生态系统更多空间的模式是中国国情下实现生态文明的唯一现实路径。而实现这一路径的关键还在于解决"人"的问题，即聚居区的建设在便捷舒适、环境良好和较大规模、紧凑空间之间取得平衡。当然，较高密度的城镇空间和较大的城市规模必然会带来一系列的城市问题，并使得城市问题的复杂程度进一步提高。

可以理解，国土空间规划即为迎接这一挑战而诞生，对国土空间中的生态空间实施强有力的保护，对城镇等建设空间进行合理高效的安排，构成了国土空间规划为实现生态文明的两大任务方向。国土空间规划一方面要实现对"山水林田湖草"生态格局的保护，但另一方面也必须解决好"城镇村"的问题，并在这两大任务之间构筑平衡。事实上，对"山水林田湖草"生态空间的保护，虽然有"生态修复"等积极行为，但更多地体现为一种相对被动和消极的管制行为，即"不能做什么"（负面清单）；而解决"城镇村"的问题将更加复杂、困难，不但需要明确不能做什么，还要主动地提出要"做什么"。另外，从空间维度上来看，生态空间的保护基本上属于"二维"的，而针对开发建设活动的规划必定涉及"三维"空间。

四、体现生态文明的规划技术

（一）国土空间规划的任务特征与技术表达

《若干意见》明确了我国未来国土空间规划体系是由"多级三类"的多项规划所构成的，并进一步将不同层级的国土空间总体规划的编制重点定义为战略性（国家级）、协调性（省级）和实施性（市县及乡镇级）。在这一体系中，不同层级与不同类型的规划在实现体系整体所担负的两大任务时有所侧重。因此，针对不同层级与类型规划所承担的任务，采用不同的规划技术就成为实现任务目标的关键。首先，规划所要完成的任务目标决定了规划技术的类型，例如"政策表达""空间管制"以及"建设规划"等；其次，特定规划均有相对应的空间尺度以及适用的规划技术，从而形成了适用于特定规划的技术对应关系（表1）。

不同层级国土空间规划任务特征一览　　　　　　　　　表1

空间尺度	政策表达	空间管制				建设规划	
		全域管制		开发管制		跨区域建设项目规划	域内建设项目规划
		指标	图斑	指标	图斑		
全国规划							
省级规划							
市县（全域）规划							
建设用地规划							
乡镇（全域）规划							
建设用地规划							

注：深色表示主要承担对应的任务，浅色表示部分承担，空白表示基本不承担。全域管制指对相应区域内的所有开发与保护活动进行全覆盖式的管制，开发管制指针对建设用地中开发行为的管制。

全国、省域及跨省的区域性国土空间规划的核心任务是关于国土空间开发与保护的政策性表达，侧重于战略性（概念性）内容。在这一空间尺度上，国土资源的统计与评价以及开发与保护政策在空间上的落实是规划技术需要表达的重点和所需达到的精度。空间边界虽然在技术上可以做到具体划定，即"落地"，但更适合采用较大规模的空间单元与示意性的表达方式。规划对象范围内国土空间的大部分或绝大部分属于作为保护对象的"生态"和"农业"地区。全国、省域及跨省的区域性基础设施建设规划应是相应空间层次专项规划的主要组成部分。在空间管制方面，除自然保护区边界等涉及图斑的特例外，更多体现为包括数值目标和政策内容在内的指标的自上而下分解与传递。

因此，全国及区域性国土空间规划的技术更加倾向战略性、政策性、指标性和示意性内容的表达，更加侧重对国土空间保护政策的体现，而较少直接涉及对"城镇村"开发的详细空间安排。

（二）市县及乡镇国土空间规划的技术特征

按照《若干意见》的要求，"市县和乡镇国土空间规划是本级政府对上级国土空间规划要求的细化落实，是对本行政区域开发保护作出的具体安排，侧重实施性。"因此，这一层级国土空间规划中的政策表达更多是对上级规划的"细化落实"，而不是任务的重点。

市县及乡镇国土空间规划的对象在空间上可以分为聚居区（"城镇村"）和非聚居区两大部分，分别对应"开发管制"和"全域管制"两种类型的规划技术。《若干意见》中提出的"生态、农业、城镇"功能空间及其对应的"生态保护红线、永久基本农田、城镇开发边界"，即"三区三线"属于"全域管制"的范畴。原"土地利用总体规划"的内容也多涉及这一范畴的规划技术。从国土空间规划实现生态文明的两大任务角度来看，"全域管制"所对应的是以保护为主兼顾开发与保护平衡的任务。因此，"三区三线"中最关键的就是划分聚居区与非聚居区的"城镇开发边界"。从规划技术上来说，"城镇开发边界"是一条刚性的边界还是具有一定的弹性，与其他地区之间及是否需要留有缓冲空间，都是值得进一步探讨的问题。同时，这一层级的规划将承接和落实上级规划的空间管制指标，并以图斑的形式予以落实。

另一方面，面向聚居区中开发建设活动的"开发管制"虽然受到来自"全域管制"所确定各项指标（主要是用地规模）的约束，但其核心是对"城镇村"内部的空间做出合理、高效、公平的安排，在实现生态文明的两大任务中主要承担解决好聚居区内部问题的任务。与"全域管制"的技术手段以用途管制为主不同，"开发管制"通常包含土地利用管制的三大要素，即：用途、强度和形态管制。由于"开发管制"通常面对"地块"规模的开发建设活动,空间上的详细程度也将与之对应。在原城乡规划体系中,无论是总体规划还是详细规划均具有解决好这类问题的能力和技术储备。

此外,市县及乡镇级的国土空间规划还包含大量域内与跨区域基础设施建设、生态修复等建设规划的内容。以道路交通规划为例,通常包含城镇内部交通体系规划以及对外交通和跨区域交通设施的规划。

综上所述,在实现生态文明目标的过程中,全国、省域及跨区域国土空间规划更倾向于承担保护导向的任务;而市县及乡镇国土空间规划则兼有保护导向和开发导向的双重任务。因此,后者需要更多、更加复杂的规划技术支撑。

五、实现生态文明的规划实施手段

(一) 国土空间规划任务的落实与反馈

国土空间规划体系作为实现生态文明目标的手段,在实现目标的过程中,面临着将总体任务通过不同的国土空间规划贯彻落实的问题,即不同的规划技术表达方式之间应如何相互分工合作,将总体任务进行分解、传导和落实。

如上所述,国家及省级国土空间规划更倾向于采用政策表达和"指标管制"的方式保护生态及农业用地,作为实现生态文明的路径;而市县及乡镇级的国土空间规划除了采用落实至图斑的用途管制手段,落实上位规划的国土空间保护要求外,还要考虑如何实现"城镇村"合理、高效和公平开发建设的问题。特别应该注意的是,在实现生态文明两大任务的语境下,开发建设活动也是,或者说更是实现生态文明的重要手段,而不是相反。因此,上位规划虽不直接涉及具体的开发建设活动,但对此需有清醒的认识以及制度和内容上的安排。

另一方面,在市场经济环境下,"城镇村"的开发建设活动更多地源自市场的选择。而市场经济通常具有不确定性的特征,需要采用与之相适应的规划工具进行应对,例如控制性详细规划等体现"开发管制"的规划工具,这类规划的目标是底线管控,是对"市场失灵"的改善和纠偏,而不是取而代之。

虽然以体现国土资源保护为主的自上而下的"政策表达"与应对自下而上经济利益导向的开发诉求的"开发管制"都是构成实现生态文明总体目标的重要路径,但由于各自所承担任务方向的不同,当二者在市县及乡镇层级的国土空间规划平台相交汇时,仍有可能因此而产生一定程度的冲突和矛盾。因此,有理由相信,市县及乡镇级的国土空间规划面临的矛盾和冲突最为明显,需要相应采用的规划技术也最为丰富。

（二）国土空间规划的实施手段

具体将国土空间规划的内容变为现实的手段无外乎是依靠公共投资的"设施建设"和面对改变空间使用状态行为的"空间管制"。前者是指以政府主导的公共投资为主的基础设施、公共服务设施的建设和生态修复项目（亦可视作"绿色基础设施"的组成部分）等。其不以营利为主要目的，按照国土空间规划体系中的建设规划（多属"专项规划"），使用公共投资为社会提供不可或缺的公共产品。通常"建设规划"亦会对区域发展和"城镇村"的开发建设活动起到引导作用。

"空间管制"则对国土空间的用途等实施统一的管制，是一种"公权力"干预市场的行为。政府依照"全域管制"及"开发管制"的规划内容，分别实施对生态用地和农田的用途管制，以及对"城镇村"的用途、强度和形态的多维管制，并对各种改变空间使用状态的行为施行统一的"规划许可"。《若干意见》中提出的按照"城镇开发边界"内外的划分，对建设活动区分使用"详细规划＋规划许可"及在此基础上并行使用"约束指标＋分区准入"的管制方式，可以看作是对"开发管制"和"全域管制"两种"空间管制"行为的具体体现。

生态文明的总目标最终需要依靠政府，尤其是市县及乡镇一级政府通过以上两种方式来实现。

六、讨论：国土空间规划任务的展望

《若干意见》构建了我国国土空间规划的整体框架和主要实施路径，为未来国土空间规划的发展与完善打下了坚实的基础。基于本文以上的分析和论述，对我国国土空间规划的基本特征和未来所面临的主要任务作如下总结：

（1）我国的国土空间规划体系具有开创性。无论是涵盖的空间层次与范围，还是所涉及的内容以及相应规划技术的丰富程度都是前所未有的，不但国内没有先例，在国外也找不到与之完全对应的案例。因此，从整体架构的提出到最终体系的成熟，需要大量的实践和理论探讨，是一个长期的过程。

（2）实现生态文明是国土空间规划的核心任务。从辩证的角度看待实现生态文明的路径，就会发现其关键是降低人类活动对自然生态系统的影响。把人类的开发建设活动尽可能地控制在一个较小的空间范围——"城镇村"内是完成这一任务的关键。因此，国土空间规划对自然资源的保护，如"双评估""三线划定"等是这一路径的开端，接下来要使"城镇村"本身成为一个合理、紧凑、高效和公平的空间，一个适合人类生存的空间，一个令人"乐不思蜀"的空间。

（3）市县级国土空间规划是整个体系的重心所在。虽然国土空间规划体系的设计是将国家有关国土空间开发与保护的政策自上而下一以贯之，但从规划技术的角度来看，整个体系的重心却落在市县层级上。理由有三，一是自上而下的保护导向的政策与自下而上的利益导向的开发诉求在此碰撞；二是市县级国土空间规划包含了政策表达、空间管制和建设规划所有类别的技术；三是市县级国土空间规划需面对大量日常性规划许可工作。该层级规划不但要承上启下处理政府内部的关系，更要处理大量政府与社会的关系。

（4）我国原有的国土空间相关规划管理模式成绩斐然，值得肯定。虽然存在着"多规并存"、生态环境恶化、大城市问题凸显等问题，但改革开放40年来，我国以占国土面积约1.5％的城乡建设用地，容纳了近60％的人口，创造了90％左右的GDP。这说明这种规划管理模式有其适用性和合理性，未来的改革与完善应建立在这一基础之上。

（5）充分利用已有的规划技术储备。过去40年我国经历了城市化快速发展阶段，也遇到了城市化不同阶段的典型问题，伴随这一过程逐步形成了应对这一局面，解决各种问题的规划技术与管理制度。发达国家中的相应规划技术或多或少地被介绍到中国，并部分被采用。应该说我们已经具有了较为丰厚，可以应对各类问题的规划技术储备。无论是政策表达，还是空间管制，抑或建设规划，均有较成熟的解决方案。未来在不排斥新的技术引进和开发的前提下，更多的工作是将这些规划技术遗产充分整合到新的国土空间规划体系之中。

（撰稿人：谭纵波，清华大学建筑学院城市规划系教授，中国城市规划学会理事；龚子路，清华大学建筑学院城市规划系在读博士研究生）

注：摘自《城市规划》，2019（09）：61-68，参考文献见原文。

绿色城市更新：新时代城市
发展的重要方向

导语：城市更新是一个永恒的议题，并在国家发展阶段有其特定的历史任务。在新时代生态文明建设的背景下，绿色城市更新必将成为城市发展的重要方向。本文通过发现绿色城市更新的时代价值，分析我国绿色城市更新在"点""线""面"上的既往探索及现实挑战，结合绿色城市更新的国际动向，提出"十四五"时期有关绿色城市更新的若干建议。包括：①绿色城市更新规划先行；②建设绿色基础设施网络；③探索绿色零碳社区更新；④创新绿色城市更新机制，探索增存挂钩"绿色折抵"、绿色全生命周期管理等新路径。

一、引言

城市更新是一个永恒的话题，与城市发展的历史演进相伴相随。我国城市更新追溯到新中国成立初期开始的旧城改造，在计划经济时代，实质是以解决城市职工住房问题为主开展的旧城区填空补实和住宅修建活动。改革开放以来，工业化城镇化的快速推进，城市用地得以快速增长，得益于城镇土地有偿使用制度，以激发土地区位价值的旧区重建也有所开展。而今，受资源环境约束、耕地保护政策、生态文明建设等因素影响，外延扩张式的城市发展模式难以为继，我国总体上迈入城市存量更新时代。在此背景下，2015年党的十八届五中全会将"绿色发展"列为五大发展理念之一，绿色城市更新成为新时代国家城市发展的重要议题。

所谓"绿色城市更新"，就是指区别于传统的高耗能、高污染、高排放、大拆大建式的模式，按照"以人为本"思想，以城市生态环境优化为前提，以绿色低碳社区建设为主要单元，以基础设施的绿色化改造为重要环节，推进资源环境、经济社会、居民生活协调发展的成本集约、功能复合、生态友好的城市更新模式。本文将聚焦"绿色城市更新"这一议题，从国内实践研判和国际经验借鉴的角度，分别予以分析，进而提出面向"十四五"的若干建议。

二、绿色城市更新的中国探索

（一）绿色城市更新的既往实践

1．"点"——城市绿色微更新

《北京城市总体规划（2016 年—2035 年）》要求"老城不能再拆""建成区留白增绿"，城市绿色微更新相应提出，在部分大城市得以推行。城市绿色微更新是通过引进先进的生态营造技术，采用社区农业和家庭园艺等手段，绿化城市的"碎片化"空间，是一种"点"式更新。它强调提升小微空间的功能综合性，提高空间改造的公众参与度，从而修复城市的"点"状空间，达到修补城市肌理的效果。较具代表性的项目包括北京大栅栏历史文化街区的茶儿胡同 12 号院、上海民生码头更新改造。后者尊重原有地形地貌，结合黄浦江滨河步道的建设，完善上海绿地规划系统的结构布局，并将现有各类资源融入景观设计，避免不必要的重复建设，实现资源的合理利用。

2．"线"——基础设施绿色更新

我国老旧城区的基础设施建设存在设施数量不足、建设标准低、利用管理粗放等问题，亟待更新。2018 年 10 月，国务院办公厅发布的《关于保持基础设施领域补短板力度的指导意见》中明确："要保持基础设施领域补短板力度，进一步完善基础设施和公共服务，提升基础设施供给质量。"城市基础设施的绿色更新不仅包括对市政公用工程设施和公共生活服务设施的更新，更强调对基础设施的绿色化改造。为此，我国目前普遍实施以建设海绵城市为目标的水生态基础设施更新以及城市地下综合管廊建设，从而建立起沟通各类基础设施的绿色网络，有效改善城市整体的生态环境和安全保障能力。

3．"面"——低碳社区更新

社区作为城市人口的集聚场所，是城市碳排放的主要来源。据统计，我国城市总建筑能耗的 50％以上均源自社区内的居住建筑。因此，低碳社区更新成为破解能源短缺及能耗过高问题的重要抓手。2014 年 3 月，国家发改委发布《关于开展低碳社区试点工作的通知》，提出在全国开展 1000 个低碳社区试点的目标，明确低碳社区试点建设的主要内容包括：以低碳理念统领社区建设全过程、培育低碳文化和低碳生活方式、探索推行低碳化运营管理模式、推广节能建筑和绿色建筑、建设高效低碳的基础设施以及营造优美宜居的社区环境 6 个方面。基于此，北京市发布《低碳社区评价技术导则》，并明确了低碳社区的基本概念。

（二）绿色城市更新的主要挑战

1. 绿色理念下的整体统筹不足

一直以来，针对绿色城市更新，我国缺少整体性的空间规划和全局性的战略引导，致使实施中产生较多的资源消耗与利益博弈，城市景观破碎化、生态效益低下等问题未能得到根本解决。当前，只有深圳等少数发展水平较高的城市将绿色发展理念融入城市更新规划中。深圳针对绿色城市更新创新性地提出了整体性统筹优化设想，明确要在城市更新过程中全面落实"绿水青山就是金山银山"的理念，将城市更新与城市"双修"相结合，促进城市生产、生活、生态空间有机融合，并提出具体实施措施。

2. 基础设施绿色化改造不充分

在供给侧结构性改革的背景下，基础设施建设作为重要经济领域之一，已得到普遍重视。例如，广州市在2017年斥资一千多亿元用于建设面向未来的交通基础设施；深圳市针对拆除重建类的城市更新项目要求将不少于15%的土地优先用于落实城市基础设施等。但是，当前绝大多数城市的主要着眼点为扩大有效供给和调整经济结构，主要侧重交通基础设施的升级提速，而非对交通运输、邮电通信、能源供给等各类基础设施的绿色化改造。根本上，我国城市基础设施绿色更新的困境在于资金不足，尚未建立起政府财政投入为主、社会资本参与为辅的多元化投融资机制，导致各方对基础设施绿色更新的动力不足。

3. 低碳社区更新的体系不完备

我国低碳社区更新已从理念引入发展至技术选择阶段，更新目标也在节能减排的基础上拓展为对绿色、智能、可持续的追求。但总体而言，我国的低碳社区建设仍处于试点探索阶段，存在一系列问题亟待解决：一是当前低碳社区的更新理念仍停留在绿色环保层面，忽视了将社区作为单个复杂系统进行多层次、成体系的综合改善；二是政府在低碳社区更新方面存在部分职能缺失的问题，例如，政策和法律法规不完善、低碳社区建设的评估和激励机制缺乏、低碳技术研发的投入不足、低碳经济宣传不到位；三是在低碳社区更新中，社区居民普遍缺乏对绿色低碳的认知和关注，如何真正调动居民的积极性是社区更新由"被动"变"主动"的关键所在。

三、绿色城市更新的国际动向

（一）整体性规划为绿色更新提供战略引导

国际上开展城市更新较早、经验较丰富的国家大多将"绿色"、生态环境优化美化纳入城市整体规划中。以新加坡为例，从"花园城市"发展为"花园中的城市"，主要依托于以绿色更新为战略目标的"概念规划"和"总体规划"，遵循"将城市建设在绿色随处可见的森林景观之中""建立生机勃勃的城市生态系统""增强市民对高品质的城市社区环境获得感和归属感"三项治理准则。类似地，澳大利亚的悉尼绿色广场更新也遵循整体规划原则。在规划阶段，将可持续发展作为核心理念，提出名为"城市发展框架"的整体战略，并在空间布局、交通设施、生态环境等各个方面设定更新的宏观目标，构建全方位的区域绿色更新体系，为后期实施起到统筹和协调作用。

（二）城市绿色网络系统构建成为更新重点

目前，一些进入精细化城市管理的国家或地区已不满足于"点"状或小范围"面"上的绿色更新，而是在基础设施更新的基础上，尝试构建贯穿整个城市的一体化绿色网络系统。目前开展较为成熟的是绿色雨水基础设施系统的构建，以美国的"费城绿色城市计划"和新加坡的"ABC水计划"最具代表性。前者提出雨水管理工具体系，其构成要素包括草地、小径和自行车道、湿地、城市农业、社区花园、透水地表以及可再生资源，核心是通过各种可持续方式减少排入市政管道的雨水，并实现对雨水的渗透、蒸发、回收和再利用的全程管理。后者的建设内容主要包括：在建筑的绿色更新中，设计绿色屋顶、垂直绿化、空中花园、水平地面绿化等，使得雨水经绿色屋顶过滤后可用于灌溉；在排水干道的绿色更新中，拆除原有的水泥设施，建设植被浅沟、生态净化群落等，利用植被增加地表水分涵养；在集水区的更新中，建设雨水花园、生物滞留池、人工湿地等用于净化、延缓、蓄积雨水的生态基础设施。

（三）零碳社区建设是绿色城市更新新趋势

20世纪60年代以来，发达国家陆续将零碳发展作为应对气候变化的终极目标，并涌现出一些低碳社区建设的成功案例。例如，美国西瓦诺社区遵循分区制、社区建设准则及其绿色建筑标准，大大降低社区的能源消耗；瑞典哈马比社区基于生态共生系统，有效连接供水、废物处理、能源以及交通运输等各个子系统；德国弗班社区一方面倡导公众参与和协同治理，另一方面给社区规划留足弹性，如结合居民出行规律预留自行车道和电车轨道等。

绿色城市更新的新动向是零碳社区建设。譬如，英国的贝丁顿零碳社区，一方面，它通过在建筑物屋顶和朝阳墙壁上安装太阳能光伏电板实现太阳能发电；另一方面，利用废旧木料和树木修剪下的树枝等作为燃料发电，大幅减少水电消耗。这些可再生能源除了为社区内居民生活服务外，还能向国家电网供应多余的电力。贝丁顿零碳社区的试验，在一定意义上实现了"零碳"向"负碳"的发展，即通过可再生能源输出，减少社区外化石能源的消耗，从而促进社区外的低碳发展。

四、展望"十四五"：绿色城市更新的若干建议

（一）绿色城市更新规划先行

在开展绿色城市更新时，应确保规划的统筹引领作用，注重以"点"带"面"、以"线"带"面"、以"小面"带"大面"，制定全方位、多层次的战略布局。做到：①城市政府负责编制绿色城市更新规划，与国土空间规划做好有效衔接；②拓展城市更新范围，不但关注已划入传统更新范围内的用地，还要关注直接影响城市品质提升、生态价值提高的各类"线"性空间，如城市重要景观廊道、生态廊道等；③由问题导向式再开发转向目标导向式更新，由资金平衡式再开发转向环境友好型更新，由单"点"再开发转向"点""线""面"协同更新。

（二）建设绿色基础设施网络

首先，建立健全基础设施绿色更新的政策法规体系，完善相应工作的规划管理与建设实施机制；其次，对城市已建成的基础设施及其周边用地进行充分的绿色化改造，如在道路及其周边区域进行绿化更新，并与河流水系廊道相连，打造层次分明的一体化蓝绿生态网络体系。此外，建立交通运输、邮电通信、能源供给等各类基础设施网络的绿色评价体系，定期监测并评价城市生态环境状况，将评价结果作为绿色城市更新规划修编决策前及实施后评估的重要依据。

（三）探索绿色零碳社区更新

在大力推进绿色低碳社区更新建设的同时，积极探索绿色零碳社区更新，主要内容包括：

一是更新目标。既要实现碳减排目标，提升社区环境友好程度以及居民生活质量满意度，还应探索城市与社区等不同尺度下的绿色更新机制及相互间影响，为自然资源、交通运输、建设管理等各部门设立有关更新工作的目标提供科学依据与理论参考。

二是规划设计。提出适应不同资源环境禀赋及发展诉求的绿色零碳社区的建设思路与方法。如在太阳能、风能、地热资源丰富的地区，应重点考虑新资源开发与利用；在水资源匮乏的地区，有必要设计水资源循环供给系统等。

三是技术方法。重点探索：①建立功能复合的新型社区，减少对外部的依

赖，促进社区内部的可持续发展；②推广建筑绿色更新，制定绿色建筑标准；③倡导低碳交通，营造绿色出行的友好环境；④充分利用新能源和可再生能源，降低传统能源消耗；⑤加强水资源利用，如建造透水铺装、雨水花园、景观蓄水池等；⑥实施垃圾分类回收利用，设立社区旧物交换站等。

（四）创新绿色城市更新机制

绿色城市更新的工作离不开制度创新、制度建设，应在以下方面发力：

第一，探索增存挂钩"绿色折抵"机制。按照城市绿色空间总量不减少、质量有提高的原则，探索建立城市生态用地的增存挂钩式"绿色折抵"机制。具体而言，在国土空间规划编制阶段，允许将经存量建设用地开发改造而新增加的城市内部绿地或其他生态用地视同为城市外围地区的农林用地（绿色空间），明确为存量开发增绿指标，同时划定可能占用农林用地（绿色空间）的建设区域，允许将指标与建设区域相挂钩；在国土空间规划实施计划管理的阶段，允许将存量开发增绿指标用于占用林地（或者占用耕地）的占补平衡。

第二，探索绿色全生命周期管理制度。确立全程绿色化更新的思路，按照绿色城市更新规划要求，在项目招商、落地、供地、开工、竣工、投产的全程实施监督各项生态指标与环境状况的落实情况，让每一宗土地、每一分资源、每一个环节都能发挥最大生态效益，同时建立科学高效、程序严密、灵活有度的更新决策机制，确保决策的多主体、多尺度特征。

第三，探索多元化投融资机制。采取政府公共投资渠道，鼓励社会融资等多渠道资金筹集，建立和完善政府引导、企业推进的多元化投入机制。根据绿色城市更新相关指标的考核标准，通过制定优惠政策、设立专项基金等激励方式，拓宽绿色更新的融资渠道，吸引更多社会主体、社会资金加入到绿色城市更新中来。

（撰稿人：林坚，博士，北京大学城市与环境学院城市与区域规划系主任、教授、博士生导师，北京大学城市规划设计中心负责人，国土规划与开发国土资源部重点实验室副主任，中国城市规划学会城乡规划实施学术委员会副主任委员；叶子君，北京大学城市与环境学院城市与区域规划系博士研究生）

注：摘自《城市规划》，2019（11）：9-12，参考文献见原文。

城市文化空间及其规划研究进展与展望

导语：城市文化空间承载城市文化精神，是城市空间的重要组成部分，也是人类学、社会学、人文地理、文化地理、文化学与城乡规划学的交叉研究领域。本文基于国内外文献的梳理，结合历史的维度，分析了城市文化空间的概念与内涵差异，总结了国内外研究规划方法的进展和局限。研究发现，城乡规划学领域内城市文化空间的定义和分类方式多元，需要厘清文化空间的内涵和外延；城市文化空间规划缺少定量和实证研究，呼吁新数据和新方法，亟待建构城市文化空间的规划理论与方法。就新时代城市文化空间规划，提出应注重在文化空间内涵上围绕居民福祉，挖掘城市文化精神，明确城市文化空间的价值内涵与谱系构成，拒绝泛文化空间；运用多学科交叉挖掘城市文化空间格局的历史生成，识别空间分布特征，总结布局模式；方法上定性与定量相结合，多元动态大数据以及相应的空间分析方法支撑，与其他规划相协同，建立健全城市文化空间的保障机制。

一、引言

城市文化空间具有承载城市精神、化育和凝聚人心的重要作用，是塑造城市特色、彰显城市文化的关键要素。国外的文化空间研究文献一般使用 culture space 或 cultural space，我国基本沿用这一概念。从工业文明之后的城市发展来看，城市文化也成为全球化过程中的竞争力，城市文化战略成为不少城市的发展战略，城市文化空间作为城市文化战略的重要支撑而逐渐被重视。然而在城乡规划领域，中国文化空间的研究还比较薄弱，对于历史还不够重视，在现行规划体系中还未给予应有的重视。在中华民族伟大复兴和全球化背景下，亟待建构中国城市文化空间的规划方法。

面向中国城市文化空间的"未来"，要传承中国"本来"基因，借鉴西方"外来"先进经验，本文从国内和国外、历史与当下两个维度，分别对城市文化空间和城市文化空间规划方法两方面进行回顾、对比和总结，重点围绕厘清概念起源及其内涵，总结分布规律、布局模式、规划应对等规划理论与方法方面的差异。在此基础上提出未来中国城市文化空间的研究方向。为建构文化空间规划理论提供基础和支撑。这对在全球化的背景下和国际化的视野中，彰显和传承中华文明，创新发展城市文化空间，探索建构符合我国国情的文化空间理论框架，具有重要的学术价值，对指导城市文化空间规划和建设具有重要的现实意义。

二、城市文化空间的概念及内涵差异

文化是理解城市的重要维度。但文化的定义广泛且复杂，城市作为一种文化现象和文化景观，从城乡规划领域来看，城市文化侧重于城市的人居环境建设和发展（武廷海，张敏，等，2008）。城市文化空间与文化有关，中外对城市文化空间的理解也有很大差异。中国具有优秀的城市规划传统，因此，厘清中国城市文化空间的概念有必要从中国城市规划传统中的"人文空间"和西方"文化空间"概念的提出、发展和引入出发，比较中外城市文化空间的内涵差异，有助于明确中国城市文化空间的所指。

（一）西方"城市文化空间"的提出与发展

1. 工业革命、第二次世界大战、全球化不同发展阶段的城市文化空间

西方"文化"一词 culture 源于希腊词汇 colere，有"居住、养育、尊敬"之意。文化空间（cultural space）源于人类学。

工业革命之后，历史建筑遭到破坏，1933 年，国际建协首次在《雅典宪章》中提出保护"有价值的建筑与地区"。第二次世界大战后，文化遗产的概念从历史建筑走向周边环境整体保护，文化遗产的保护也从简单的物质环境保护走向保护与再利用。从 1943 年的《历史建筑周边环境法》，到 1962 年的《马尔罗法》，逐步提出城市"保护区"制度。1964 年通过的《威尼斯宪章》，提出了文物古迹保护的基本概念、基本原则与方法。1972 年的《世界遗产公约》明确了文化、自然、文化与自然双遗产三种类型，1992 年和 1994 年又分别将文化景观和非物质文化遗产列入文化遗产。工业化、全球化带来的城市同质化，使文化危机浮现。L. Mumford（1938）从社会性的角度批判了工业化发展时期的城市文化的同质化。20 世纪 60 年代后，欧美国家的城市文化休闲娱乐产业快速发展，催生了博物馆、文创中心、艺术家聚集地等一批新城市文化空间类型。20 世纪 70 年代，地理学空间转向，"文化空间"成为文化地理学的重要研究方向。随着西方发达国家经济制造业转型和创意经济兴起，城市内部出现碎片化、两极分化，将文化作为城市永续发展的重要方面。20 世纪 80～90 年代，欧美城市普遍采用文化驱动的城市再生战略（L. Kong，2009），通过城市文化振兴城市经济和社区发展。1985 年，欧洲在雅典提出了"欧洲文化计划"，并选出欧洲文化之都，目的在于唤起欧洲的多民族、多地域共同体的文化性，将文化空间看成是国家、民族教育和欧洲一体化的主要内容（M. Sassatelli，2008）。英国 1988 年提出的

《城市行动》（Action for Cities）将艺术纳入文化的范畴。1998年联合国教科文组织颁布的《宣布人类口头和非物质文化遗产代表作条例》将非物质文化遗产明确分为"文化表现形式"和"文化空间"，其中定义"文化空间"是"一个可以集中举行流行和传统文化活动的场所，或一段通常定期举行特定活动的时间"，是"人们集会、分享、交流社会实践与思想的物质或象征空间"（W. V. Zanten，2002）。

21世纪，艺术催生了城市文化的空间生产，文化规划兴起，很多社区委托制定文化计划，为文化地区制定措施和发展政策（A. Markusen，等，2010）。美国也将文化在区域经济部门中的作用和影响放在了优先位置，考虑其对城市经济、就业和产出的影响。2013年在伊斯坦布尔会议报告中指出了文化空间的活力受到经济、社会等多方面的威胁（K. Oakley，2015）。2016年联合国教科文组织发表的《文化·城市未来》（Culture：Urban Future）中提出要全方面将文化考量纳入到城市战略之中。

2. 强调空间的价值和意义，文化空间具有物质、社会和感知多重属性

文化空间是文化作用于空间上的产物。M. Foucault（1970）将文化空间视为"多层次历时性的积淀（the sedimentation of layers over time）"。L. Y. Lai 等（2013）阐明了文化空间就是奉献一个地方的意义。F. Bianchini（1993）将文化空间看成是一种文化实体（culture entities），是人们交流、分享的地方，以及与身份和生活方式相关的地方。

"人""活动"和"场所"是形成城市文化空间的三要素（R. Benedict，1934）。F. Ferdous 等（2008）指出文化空间是连接"人—空间—文化"的重要物质载体，文化空间指的是与人的活动、行为或感知、空间原型和特征相关的城市空间，强调文化感知性以及与人们的生活方式的关联。文化空间是集体现象和公共空间的集合进行各种各样的活动。文化空间也被解释为与人们的行为和行为相联系的心理空间。文化空间既关注人，也关注环境，强调集体记忆和空间的历史分层，通过文化活动反映个人的行为模式与感知，不同的文化活动界定了文化空间的类型、格局、环境特征以及相关人群，其不仅是物质空间，也是个体或者集体对文化的空间价值感知的混合体。L. Y. Lai 等（2013）认为文化空间的组成部分包含物质属性、社会属性和感知属性，其中物理属性包含街道空间格局、空间特征、建筑形态、标识体系等，社会属性重点是在空间内开展的社会文化活动，感知属性是对文化空间内的活动、记忆的感知；并认为文化空间的价值主要由其物理属性的价值决定。A. C. Pratt（2014）则认为文化空间的重要性取决于空间的价值和空间的意义，指出英国文化空间的价值主要是受市场、非市场、精英和民众四方面的影响。

3. 文化空间内涵的多样性与分类的模糊性

文化空间的内涵是动态变化的，其分类往往具有模糊性和主观性，因此文化空间需要不断评估，进而进行动态调整。人口的增长、全球化、新技术社会治理创造了新的文化形式，文化的广度从传统的古典文化，延伸到了创意产业、旅游、消费等领域（A. C. Pratt，2014）。R. N. S. Clair 等（2008）指出文化空间是时间的沉淀理论，提出"文化沉淀"理论（sedimentation theory of culture），认为文化空间是过去、现在和未来的共同体，尊重新旧空间的层次与融合，尊重多元共存与混合，其结构就是时间在空间上的层叠关系。L. Kong（2009）将文化空间分为纪念性和日常性两类，其中文化空间地位的重要性与其在空间上的位置存在某种必然关系，重要空间居于城市的核心位置。A. C. Pratt（2014）将城市文化空间分为遗产、去工业化和创意产业三种类型。

国外实践对文化空间的定义也不尽相同（表1）。加拿大文化空间基金（Canada Cultural Space Fund）定义文化空间是"一个能够使加拿大人聚集在一起体验艺术以及与遗产相关的活动的物理空间"。华盛顿文化空间的创造与城市的发展相联系，重视文化活动的展开，文化的表达与体验，文化设施的服务，建构文化生态系统。因此，西方文化空间一方面重视文化的多样性，既有文化遗产，又有公共艺术；另一方面重视文化发展的综合效益，兼顾经济与社会效益，关注弱势群体，强调各方利益之间的平衡。

国外城市文化空间定义与空间构成　　　　　　　　　　　表1

城市	定义	文化空间构成		资料来源
温哥华	艺术和文化被创造、保存、呈现和体验的地方	内容	创作/生产、展示、住宅（艺术家的住宅和生活/工作工作室）、多功能、办公室/附属空间	文化设施优先计划2008—2023（Cultural Facilities Priorities Plan）
		使用方式	全时间使用（音乐、舞蹈、喜剧、博物馆）、临时性（社区聚会、临时表演）、兼容使用（社区与工作空间）	
西雅图	所有以展示或支持艺术家及其艺术为主要目的的空间	展示空间、生产空间、艺术供应、培训和教育空间、生活/工作空间以及艺术支持组织和文化遗产组织的空间		关于创造、激活和保存的30个点子（30 Ideas for the Creation, Activation & Preservation）
华盛顿DC	创造者和消费者聚集在一起的社会、非正式和正式场所			华盛顿DC文化规划（DC Cultural Plan）

城市	定义	文化空间构成		资料来源
旧金山	艺术家空间或艺术空间,艺术创作、表演或展览的任何空间	工作室、排练厅、剧院、音乐厅、展览空间、生活/工作空间、画廊、博物馆以及教育和行政设施		文化空间保留研究:加强多伦多市中心核心的创意经济(King-Spadina Cultural Spaces Retention Study: Strengthening the Creative Economy in Toronto's Downtown Core)
多伦多	提供和支持创造性的艺术活动和文化遗产的庆祝活动	表演空间	现场剧场、音乐场地、电影院、艺术画廊等博物馆	
		艺术、设计、电影、广播、录音、舞蹈、音乐排练等演播室		
		文化活动的多用途空间	公园、广场和街道、酒吧、咖啡馆和俱乐部、社区中心、图书馆和礼拜场所等	
		多元文化社区空间	文化中心、民族和新来者会议场所	
		艺术家的住宅和生活/工作工作室		
		为艺术及文化机构提供的艺术教育设施及办公空间		

(二) 中国"城市文化空间"的传统启示、内涵与分类

1. 中国城市规划传统的启示

中国城市强调其精神文化意义的存在,重视人文空间的建设是中国传统城市规划区别于西方并自成一格的重要特征。城市人文空间建设以精神文化价值为导向,源于人们对于城市的精神价值追求,人文空间是"人心所寄"之所,承载着人心凝聚和道德化育的作用(王树声,高元,等,2019)。纵观人文空间的共性和地方独创性,其内涵随着时间的变化不断拓展,既有继承,也有创造,总体上可细分为文治、文教、文思、文敬等类型。这些空间作为古代城市地图表达的重要元素,在城市物质空间中所占比重较大,在空间选址和布局中,往往处于山水环境的关键位置。

2. 注重实体物理文化空间,空间活动社会性和空间感情的感知性

在20世纪90年代中国就开始了与城市文化相关的研究,城乡规划领域内的前辈提出的城市文化、城市文态、城市文化环境等为城市文化空间的发展和研究奠定了重要基础。郑孝燮(1994)提出"城市文态环境",强调城市建设的物质

性和精神性的统一。吴良镛（1996）认为广义的城市文化包含文化的指导和社会知识系统，狭义的城市文化包括城市建筑文化环境的缔造以及文化事业设施的建设等城市文化环境。张锦秋（2005）提出城市文化环境构成的要素主要有标志性建筑、城市文化设施、街区、风景名胜和城市整体特征。21世纪中国城市文化空间的研究逐渐成为学术热点。

物质性是城市文化空间的重要特征，但并不代表城市文化空间就等同于城市公共空间。陈虹（2006）认为文化空间是"人的特定活动方式的空间和共同的文化氛围"，兼具空间性、时间性、文化性。向云驹（2008）从保护的角度详细介绍了我国文化空间的资源状况和保护原则。李星明、朱媛媛等（2015）认为文化空间是人们在一定的区域或环境中，经过长期的生产与生活实践活动所形成或构建的、在当今仍然具有生活和生产功能或性质的物理和意义空间或场所。

3. 城市文化空间的类型划分方式多样，空间主体多元化

我国城市文化空间类型的划分标准不一（表2），除了物质性之外，还包含空间承载的活动内容，如2005年《国家级非物质文化遗产代表作申报评定暂行办法》中明确文化空间是指展示场所，还有文化活动。另外，城市文化空间关注文化设施，如2016年《中华人民共和国公共服务保障法》提出了"公共文化设施"的具体内容。

国内城市文化空间分类依据与分类方式　　　　　　　　　　　　表2

分类依据	分类方式	来源
城市文化的物质文化层面的体现	城市居民、文化活动以及文化场所	王承旭（2006）
时间维度＋内容多元	城市传统文化的历史空间、城市现实文化的多元化实时空间和城市未来文化的伸展空间等三维向度构成	陈宇光（2008）
空间载体类型	展示性空间、传承性空间、创新性空间等	常延聚（2006）
文化外延	文化产业、文化服务设施、文化遗产、文化消费空间	杨启（2016）
遗存＋价值＋非物质	所有历史遗存，具有保护和传承价值的人类文化活动	伍乐平，张晓萍（2016）
强调其物理属性、社会属性和时间属性	物质文化遗产、公共文化设施、文化经营场所、文化产业空间	王琛芳（2017）
价值优先＋功能＋多维度	文化精神标识、纪念、宗教场所、文化遗产、文化设施和文化产业六类"文地"	王树声（2018）

在城乡规划领域，对于城市文化空间的分类方式主要有四类：一是按照功

能、内容谱系，即按照构成和内容组成要素来划分；二是按照时间，划分为历史、现代等；三是按照空间特征进行划分，包含空间层次（宏观、中观、微观）、点线面要素（节点、街区/廊道、文化园/区）等；四是以价值为导向，按照价值高低排序。除此之外，还有混合方式。

尽管城市文化空间定义模糊，标准不一，但伍乐平、张晓萍（2016）明确指出应反对"泛文化空间"，不应将一切文化现象都看成是文化空间。王树声（2018）提出"文地"，主要是以价值为导向，指承载精神文化价值、凝聚城市情感记忆和服务居民文化生活的文化用地。

三、城市文化空间规划的研究进展

（一）国外文化空间规划研究进展

哈维最先提出文化规划的概念，并运用在社区建设之中（H. S. Perloff，1979）。随着西方城市经济转型，城市文化产业兴起推动了文化导向的规划方法的探索和建立。经过 40 余年的规划发展，主要呈现出以下特征。

1. 从重视"物质"形态的保护到挖掘"文化"内涵，逐渐走向文化复兴，最终走向城市品牌营销

国外城市文化空间的规划实践主要包含三个方面：一是对历史文化遗产进行研究和保护，在城市建设和规划中将文化特色和城市传统文化融入城市空间。二是城市复兴，文化空间的内容也涉及历史空间的保护、现有空间的维护和新的空间的创造，复兴强调文化空间在旧城更新中的战略引领作用和经济作用，城市文化设施建设呈现混合的功能利用，H. R. Snedcof（1985）提出了复合使用的文化设施。三是在全球化过程中的城市营销，包含策划文化活动，发展旅游。2018年"东亚文化之都"的活动中，申办规划不仅要求城市规划文化设施建构布局，而且要利用城市空间展开文化活动。因此，城市土地的再开发利用、建筑使用、基础设施及税收政策都是城市文化空间建设关注的重点内容。

2. 规划目标强调综合效益，将文化与社会、经济、政治相结合

文化空间规划的核心是公平与效率，目标是将城市文化与社会、经济等多元利益发展相协调，重视文化设施与文化产业、文化产业与经济的关系。重视社会公平，避免文化精英倾向，强调多元利益主体的参与，尤其是非营利组织等多元化的公众参与方式。J. H. Steward（2006）提出的文化生态学（cultural ecology）主张研究文化与人、社会、自然、经济等多种因素的交互机制。A. C. Pratt（2014）强调资助文化的方式：从国家转变为第三部门和私人作用；文化对社会生活的影响：从"特殊"到"普通"，文化更加普遍；对经济生活的影响：文化

供应的商业方面的显著增长及其对文化价值的影响；文化表达的多样性：从以前被认为是低文化的非正式活动中纳入世界其他地方的文化表达；文化的传递：通过一系列新技术，在时间和地点上，允许越来越多的文化参与和选择机会。

为此，国外成立了相应的机构进行保障。英国成立了创意经济联盟，加拿大成立了文化空间基金（CCSF），目的是改善艺术与遗产相关的创作、展示、保护与展览，对文化空间的合格标准、评估流程与评估标准、融资以及可行性多个方面提出了相应的要求和操作流程。温哥华、西雅图和旧金山已经采取措施推广文化空间，通过赠款计划、定向拓展、市属使用，服务于文化目的的财产和对新文化空间的激励发展。多伦多成立了涉及建筑、城市规划、文化、工程等多个部门联合的文化工作小组。美国的文化事务则散布在多个委员会之中，文化规划包含在分区规划之中。

3. 文化空间规划应该传递使用者感知其意义和价值，强调空间的可识别性和可想象性

欧洲的"欧洲文化之城"（European City of Culture）目的在于培养和发掘欧洲城市的"文化"特性（M. Sassatelli，2008）。F. Ferdous 等（2008）认为文化空间规划的核心是如何利用我们的认知价值和规范来感知空间的存在和精神意义。人类在不同尺度上，能否被感知到空间的意义才是最重要的。他将文化空间的规划看成是一个编码的过程，人的感知就是解码，如果不能共享或者理解代码，那设计表达就是无效的，强调人与环境之间的交互作用。其中感知组件主要与具体的场所环境、时间记忆、人的认知、空间的可识别性和可想象性等方面相关。

4. 城市文化空间的技术方法与规划实例

城市文化空间技术方法不断创新，西雅图通过文化空间进行热点分析，提取其分布格局。文化空间布局的研究要区分对待共生型和竞争型文化空间。A. Markusen 等（2010）强调了文化区和文化旅游导向两种文化策略，并且对文化区的布局原则，探讨了分散和聚类布局的关系，分散布局有利于公平性使用，政府则倾向于文化区的集中建设，发挥规模效应。

温哥华2008～2013年文化设施规划（Cultural Facilities Plan）为解决文化需求与空间供给之间的矛盾，将城市中拥有的和可以出租的文化空间进行了规划和安排，并开展了文化空间地图项目（Cultural Spaces Mapping Project），统计文化空间的具体类型。加拿大文化设施规划中重视文化空间在视觉、文学、艺术、文化价值等方面的表达，强调多种功能，提倡连续的艺术活动，关心社区的能力、特征和目标，认为不同层级的文化设施应该呈金字塔式的规律分布。奥克兰2016艺术文化空间保护与创造策略（Strategies for Protecting and Creating

Arts & Culture Space in Oakland）的文化空间规划重视永久性、公平性和文化保护，其中永久性是提供永久的文化空间；公平性是最大限度地满足多元类型的文化空间，并且谋求综合利益最大化；文化保护指的是保护文化和遗产空间。

（二）国内城市文化空间规划研究进展

1. 规划主体从"文化遗产保护"发展到"文化设施"再到"文化空间"

地理学领域的研究包含空间几何的拓扑研究以及空间与权力、象征之间的关系，探讨空间与文化之间的关系（伍乐平，张晓萍，2016）。传统城乡规划领域以历史文化遗产和文化设施为主，强调文化的空间化。自 21 世纪初，学者们开始探索建构文化规划。黄鹤（2004）较早地展开了文化规划的相关研究，从文化规划发展目标、流程、基本方法和规划类型、空间实践和支撑体系等方面初步构建了文化规划的体系方法。王承旭（2006）关注城市文化及其层次、城市文化空间的概念、城市文化空间三要素及形成机制、城市文化空间的四种尺度、城市文化空间的需求层次五方面内容。李祎等（2007）提出了城市文化研究框架。朱文一（1992）运用符号学理论和方法，探索城市空间的文化内涵。黄瓴（2010）提出城市空间文化规划是城市空间文化结构理论及其解析与评价方法在城市规划与设计中得以应用的有效途径。刘合林（2010）从文化城市的内涵、构成框架、类型与特征、评价指标四个方面进行理论建构；从文化城市的理论逻辑出发，提出了构建文化城市的发展战略，并关注其带来的空间、经济和社会效应。刘扬、徐泽（2013）在梳理城市文化战略、各类文化规划以及文化空间要素之间的内在联系的基础上，提出城市文化空间规划的基本技术框架。

2. 定量化的研究趋势

文化地理学的研究和城市物质空间的定量方法，促进了城市文化空间的定量化研究。黄瓴（2010）提出城市规划应该避免轻视城市文化的倾向，对城市空间文化价值进行适度量化研究。侯兵、黄震方等（2011）从物质、时间和区域的三重视角，提出了资源利用、整合路径和评价指标。王琛芳（2017）提出衡量城市文化空间结构的主要指标包含城市文化密度、城市文化空间布局和城市文化空间形态。

3. 规划体系变革中的文化底线

近几年来，应对规划转型，城市文化空间的探索多有创新，对未来空间规划体系的内容和用地分类有借鉴价值。《上海市城市总体规划（2017—2035 年）》中将文化保护控制线与生态保护红线、永久基本农田保护红线、城市开发边界作为城市建设和布局的控制线，其中文化保护控制线是"为保障文化发展，针对历史文化遗产、自然（文化）景观和重大文化体育设施集聚区，逐级分类划定"。

申立、陆巍等（2016）在上海文化空间编制中建构了"多元需求解读—远景目标设定—逐层分解目标—空间支撑体系"的基本范式，提出宏观上构建战略文化区域结构布局，中观上文化设施布局，微观上公共空间文化氛围营造。李炎、王佳（2017）提出城市文化规划应该调适"城市形态多样性与城市顶层设计、公共文化设施建设与城市文化空间、地方文化生活与网络文化空间、地方历史文化遗存与城市新区文化、城市经济转型与文化创意产业"的关系。王树声（2018）从"文化精神定位、文地要素构成、山水人文空间格局设计、文地规模确定、文地规划层次等方面构建了文地系统规划的基本理论框架"。

四、研究评述与展望

（一）研究评述

1. 多学科对城市文化空间研究广泛，但城乡规划学领域城市文化空间的定义和分类方式多元，需要厘清文化空间的内涵和外延

城市文化空间的研究集中在人类学和社会学等多个学科领域。城乡规划学领域研究薄弱，可借鉴其他学科，或者是从空间的特征着手分类。由于中外文化的差异性，城市文化空间的定义有所不同，但二者又具有相似性，即城市文化空间的精神价值和意义是最为根本的。国外城市文化空间强调其动态性，随着文化内涵的动态发展而有所区别，也具有明显的阶段性，强调物质、精神和社会属性的统一，尤其重视城市文化空间的文化意义的感知和传递。国内学者关注城市文化空间的物质属性较多，强调核心象征性、精神承载性、意义与符号、交流与传播等方面。另外，中国传统的人文空间内涵对城市文化空间的构成有重要的借鉴价值，但关注不够。从城市空间建设的角度来看，厘清城市文化空间的内涵和外延是首要问题。城市文化空间的划分标准，既要有谱系思维，由不同的类型构成，也要有时间的维度。同时可以明确，以价值为导向的城市文化空间应该是其内涵，但具体的价值包括什么？是未来亟需研究的。文化空间的外延，可以从设施拓展至文化产业空间。

2. 亟待建构城市文化空间的规划理论与方法，城市文化空间规划缺少定量和实证研究，呼吁新数据、新方法

国外城市文化空间规划多是针对文化设施、城市文化营销及城市遗产保护，国内城市文化空间规划主要集中在历史文化保护、文化设施层面及城市文化战略，涉及文化设施空间分布的合理性、城市特色空间的空间设计等其他空间分布特征，但是对人本身、对于文化空间能否有效传递和表达、对使用者能否有效感知文化内涵这些本质问题关注不多。另外，对城市文化空间规划与现行规划体系

的衔接、在规划体系中的地位以及相应的法律保障等方面研究不足。文化空间的研究多聚焦于抽象思辨，实证研究与定量研究不足，对于生成机制与地理信息技术和跨学科的运用研究不多，我国目前的定量研究通常以静态数据为主，动态的数据、大数据、手机信令等的结合不足。

（二）新时代中国城市文化空间规划的研究重点

新时代赋予城市规划新的要求，当前中国城市肩负着生态文明建设和文化传承的历史使命，以及人民对高质量生活的不断追求，城市不仅要"看得见山，望得见水"，而且要"记得住乡愁"，城市文化空间的建设目的就是通过物质空间的营建实现这一目标。为实现这一目标，亟需在中国本土城市规划优秀传统的基础上，结合国外先进经验，围绕"谱系构成—空间格局—技术与机制支撑"，建构符合我国现实国情和人民需要的城市文化空间及其规划的理论与方法。

1. 围绕提升居民福祉，挖掘城市文化精神，明确城市文化空间的价值内涵与谱系构成，拒绝泛文化空间

中国城市文化空间既要自上而下弘扬和传承中华优秀文化，又要自下而上满足居民精神文化所需。城市文化空间是城市的灵魂，并且每一座城市都有属于自己的文化空间构成，不能简单照搬和套用其他城市。城市文化空间除了功能物质属性之外，最重要的是其价值属性，不能简单将城市文化空间与城市公共空间、城市遗产物质遗存、城市文化旅游、文化地产混为一谈，城市文化空间建设要避免经济化、符号化、娱乐化。在全球化和技术革新的发展背景下，应该挖掘每一座城市的精神文化和城市文化的内涵，将"城市精神文化空间化"，通过物质空间的规划和建设承载城市精神，提升居民福祉。因此，城市文化空间的判断标准和分类依据就是面临的首要科学问题，这是城市文化空间规划的基础。每座城市应该建立自己的城市文化空间构成要素与谱系数据库。城市文化空间应避免精英主义和泛文化空间，城市文化空间的构成要素要凝聚居民的集体记忆，具有崇高性和共识性，不能将文化泛泛而谈，必须要落到具体的空间中。在城市精神文化与文化空间的匹配基础上，对现状的城市文化空间的构成、空间位置和空间规模进行调整。

2. 多学科交叉挖掘城市文化空间格局的历史生成，识别空间分布特征，总结布局模式

城市文化空间是时间在空间上的沉淀，那些能够代表城市文化精神的城市文化空间往往是城市经过历代传承至今的，因此在明确城市文化空间谱系的前提下，首先要从历史的维度，运用历史学、地理学、文化学、考古学和城乡规划学等交叉综合研究的方法，分析城市规划和建设史，挖掘城市文化空间现状格局形

成的历史因素，识别城市文化空间中的关键要素及其与山水形胜和其他功能空间的关系，总结历史山水人文空间格局。其次，从系统性的角度，在整体层面和不同类型等方面对城市文化空间格局总体特征进行分析，包含空间的可达性、集中度、聚类等。关注城市文化空间结构在城市总体构架中的骨架作用，从城市文化空间格局与城市空间、山水格局的耦合关系，判断城市文化空间格局对于城市空间特色的引领性。最后，在继承和创新历史城市文化空间格局的基础上，探索城市整体艺术骨架，对整体空间布局模式提供支撑，对城市中的关键节点、地段、廊道和地区进行有效控制和规划指引。

3. 定性与定量相结合，以多元动态大数据以及相应的空间分析方法为支撑，与其他规划相协同，建立健全城市文化空间的保障机制

城市文化空间事关国家文化传承与居民福祉，在规划体系中要明确其重要性，为坚守文化底线，建议将城市文化空间规划纳入空间规划体系，从内容、组织、技术编制框架和政策的角度与其他类型的专题规划相协同。城市文化空间需要建立技术保障，主要是创新规划技术方法，城市文化空间在借鉴城市规划的基础之上，切实关注居民对文化空间的诉求和满意度，从手机信令、调研访谈、POI兴趣点等多种形式丰富数据源。运用心理感知、GIS等空间分析手段，建构城市文化空间数据库，运用定量的方式展开聚类热点分析、交通可达性分析等来识别空间格局，从动态的方法和时间地理学的方法，加强文化空间的"流"作用与机制。此外，还应对城市文化空间进行实时监测、评估和预警，建立保障机制。

（撰稿人：高元，西安建筑科技大学建筑学院博士后；王树声，西安建筑科技大学建筑学院教授、博导；张琳捷，西安建筑科技大学建筑学院博士研究生，助理工程师）

注：摘自《城市规划学刊》，2019（06）：43-49，参考文献见原文。

包容共享、显隐互鉴、宜居可期

——城市活力的历史图景和当代营造

导语：中国城市正在进入一个高质量发展的历史新阶段，城市活力成为人们普遍关注的重要话题。本文辨析了城市活力的概念内涵，较为系统地回溯了城市活力的历史成因和来源，分析了国际相关学者对于活力的专业理解，重点论述了城市显性活力、隐性活力的特点和当代呈现方式，城市活力营造的五种途径，以及数字化城市设计在当代城市活力营造中的重要作用。最后提出今天的城市正呈现两大发展走向，即，正在从多维空间城市走向泛维数字城市和从集体意志的城市走向个体泛在的城市。

一、中国城市建设和发展新趋势

简要归纳梳理，笔者认为当下中国城市建设和发展有三方面趋势值得关注：

趋势一：党的十九大明确了中国特色社会主义新时代社会主要矛盾的新定位，2019年中国城市规划年会针对"广大人民群众日益增长的美好生活需要与不平衡不充分的发展之间的矛盾"探寻"活力城乡，美好人居"的新愿景，正当其时。

趋势二：由城市、农村、林业、草原、海洋、环境分治到城乡统筹、资源一体、统合不同类型资源和尺度层级的生态文明时代国土空间规划。中央乡村振兴战略将乡村分为四类，第一次提到城乡融合的乡村类型，城市近郊农村也可以拥有城市服务功能，同时要求城市反哺乡村，提升乡村振兴能力，要完善农村土地利用方式，破解城乡二元结构和制度隔阂。

趋势三：城镇化进程进入"下半场"。就城市而言，城市规划和城市设计正在由对城市发展的宏观空间增长性的制度设计，包括政策制定、空间治理、管理方式，转向内涵品质提升、增量存量结合并逐渐以存量为主的城市环境营造和精细化管理的主题。

城市活力在此背景下变成一个十分重要和具体的命题。

二、城市活力的历史图景

(一) 城市活力的来源

城市活力首先来自人的活动，包容共享是其最重要的特点。根据笔者的简要概括和总结，城市活力主要来源于以下四个方面：

第一，源于市井生活活动，如购物、交往、闲聊、娱乐等。

第二，源于享有共同愿景的人群，通常是熟人社会圈层内部自洽的，彼此具有类似甚至共同经历的社会人群，例如，一直在一个单位或生活区工作和生活从而拥有共同的集体记忆，退休或爱好相近的同一类人群，信众的朝圣礼佛活动，临时建构共享认同的集体旅游、运动等。

第三，源于人与自然的互惠共处，例如四月赏樱、十月赏菊、京城八景、观赏日出日落等。

第四，源于文化习俗和传统以及特定的节庆事件。

(二) 城市活力的概念内涵及其真实呈现

城市活力对于人作为一种群体性生物种群的生存发展具有必要性。历史地看，城市活力是城市健康成长、持续激发社会演进正向动能的本源之一，可以划分为狭义的活力和广义的活力：

狭义的活力即可直观认知到的人际交流互动、城市生活活动；

广义的活力包括创新创业激励、经济制度、人才政策，以及对于异质元素的包容度、成规模建制并年龄级差合理的知识创新人群等。

总体来讲，活力与人们对自身家园或者"第二家园"人居环境和生活场所的认同密切相关，城市是否有活力已经成为城市竞争力比较的重要尺度。

大多数城市活力均来自步行为主的日常生活，人们常讲的"上街"，除了功能性目的，其实也是一种下意识地渴求社会交往和生活的行为心理所致。与休闲、购物、交往等相关的市井活动具有明显的功能复合多样性。传统的步行历史街区最易促成市民活动和活力的产生，人际交往是城市公共空间作为场所载体的品质所在。生活所形成的空间意象、逸闻趣事和场所氛围既是人类行为的一种图景呈现，也渗透着社区精神的记忆。市井生活及其场所载体的丰富多样是维系地方传统活力的必要条件。从哈尔滨中央大街等案例可以看出，市井生活及其场所载体的丰富多样是维系地方传统活力的必要条件，且具有无等级、无特定地点、无特定针对性的特点。

同时，由于一些特定的规划制度的安排，城市也会产生活力。如教会回迁罗马，重新规划了罗马城市空间结构，带动了文艺复兴时期罗马城市的改造建设。规划设计将城市主要标志物经由宽阔和笔直的道路连接起来，该放射性道路系统使得朝圣人群可以在罗马七座大教堂之间方便地流动，同时，由于道路交叉形成了新的城市公共空间，交叉点设置有方尖碑或纪念性立柱，则成为人们寻路的方位地标。

中国古代的市井生活图景十分丰富。大约从宋代开始，中国商品经济开始萌芽发展，社会富庶，包括中秋等习俗都是在这一时期发轫兴盛，诗情画意的城市活力逐渐萌生，如古代章回小说经常描绘的"京城看灯、茶棚献艺"等。如今，很多的市井生活已经升华成地域文化、习俗和传统。

工业革命的到来标志着现代都市文明的滥觞，前工业社会的"礼俗社会"或"熟人社会"遭遇现代性的发展挑战。19世纪的城市形象曾被德国哲学家瓦尔特·本雅明（Walter Benjamin，1892—1940）描绘成是由急速增加且不可预知的各种人群居住其中的迷宫。现代城市规划学科的诞生与对这种现象进行拨乱反正的社会需求密切相关。在早期工业化时期，理性和秩序成为最重要的关键词。《雅典宪章》（1933）主张城市规划应该强调流动循环所支撑的功能分区，城市街道一度被认为是"交通机器"而不是生活的社会载体。

在现代城市讲功能、讲效率、讲公平和将人群抽象归类认识的背景下，个体化可选择的人的生活，及其城市活力承载的空间场所随着现代化进程逐渐呈现出颓败的趋势。现在谈留住"乡愁"，不是单指乡村场景是否有传承或者美丽与否，同样意指城镇市井生活的日益缺失和社会异质性问题。因此，笔者认为，缺乏公共空间和多样性生活同样是今天城市特色危机产生的重要原因。

（三）学术界关于城市活力的专业理解和思考

对于城市活力的专业关注由来已久。欧洲针对战后重建割裂城镇历史联系的问题，认识到历史文化实证不仅仅靠文物建筑，而且要有活态的历史街区。法国1962年颁布《马尔罗法》，第一次用立法方式保障历史街区保护。

伯克、齐美尔、雅各布斯、佐金、怀特、扬盖尔、麦考尔于20世纪60年代初倡导的社区规划、"倡导性规划"和"公众参与"等，主要是为了克服工业化时期的规划常常武断处置复杂问题的弊病，进而强调应该尊重自下而上的社区作用，听取因信息不对称而焦虑不安的公众意见和倾诉。

其中，乔治·齐美尔（George Simmel）强调了陌生人在现代城市文化体验中的作用。这些"陌生人"既不像传统的游荡者一样从一座城市迁移到另一座城市，也不像在很多紧凑关联的社区那样不少人留下来，经过社会化成为熟人。城市中的陌生人能够停留在现代城市中是因为他们保持匿名，创造与异化成为城市现代性不可分割的一体两面。

简·雅各布斯（Jane Jacobs）则认为，城市多元化是城市生命力、活泼和安全之源。城市最基本的特征是人的活动。人的活动总是沿着线进行的，城市中街道担负着特别重要的任务，是城市中最富有活力的"器官"，也是最主要的公共场所。

威廉·怀特（William H. Whyte）用"公共空间"这个带有物权意味的名词概括街头巷尾，并系统开展了对城市中那些小广场、小公园、小嬉戏场和无以计数的零星空间的社会行为研究。他认为"亲切宜人"是最需要遵循的设计准则。

桑内特（Richard Sennett）证明了公共交往并非天生就会，而是一个习得的过程。他将现代都市文明的出现视为对封建关系的替代，认为封建关系基于人与人之间的顺从和义务，而现代文明则是需要通过积极的试验、学习、实践和培养而形成的复杂关系。如上海实行的垃圾分类就是上海市民需要重新习得的生活习惯。这种非社会先天具有的情形，扰动了社会生活原来的空间关系。在互联网时代，物理距离不再是活力产生的必要条件，万水千山之外的人却可能亲密无间。这种不确定性使得现代城市充满了生存的张力和无限的魅力。

社会学家佐金在《裸城——原真性城市场所的死与生》一书中则谈到，21世纪初，纽约好像失去了灵魂。漫步纽约，街道、社区和公共空间都在升级改造，一个又一个街区失去了小尺度和地域特色的标识，取而代之的是鸡尾酒吧、咖啡店、时装店等，并产生了同质化的结果。这种由资本、政府、媒体和消费者品位所形成的合力共同推升了一种普遍性的、粉饰过的城市更新，即通常所说的"绅士化"（gentrification）。

三、显隐互鉴：城市活力的当代呈现

那么城市活力究竟应该如何呈现呢？

笔者认为，城市活力可以分为显性和隐性两个不同的方面。显性活力，或者说具象的活力，是指人们可以直接感知和观察到的活力，如大量存在于城市街道、广场、公园、公共建筑外部空间中的人群活动，包括各种广泛存在于中国、墨西哥、印度、秘鲁等中等收入的发展中国家的"非正式性"（informality）经济活动，如小店铺、小作坊、街头摊贩、临时性观演等。

显性的城市活力历史上大多建构在一定的社会圈层内，并主要与前述四大来源——市井生活活动、拥有共享愿景的人群、人与自然的互惠共处、文化习俗传统和节庆事件相关。今天的显性活力还可以包括美国社会学家欧登伯格（Ray Oldenburg，2006）所提出的居所、工作场所之外的"第三空间"，如城市的酒吧、咖啡店、博物馆、图书馆、公园等公共空间。在中国，则还可延伸到茶室、书店、轻食乃至棋牌室等。

应该看到，隐性活力正在数字化、网络化、万物互联的时代悄然兴起，催生了城市活力新形态。各类数字化、可开放搜索信息的电子地图、移动数字通信装备、各种公共电子信息屏幕及数字艺术影像正在对传统的通过人际交流、分享信息、建立全息亲密关系的方式产生"颠覆性"影响，甚至影响了过去常常由影视、文学作品描述的人际邂逅的感情体验和经历。

正如墨尔本大学麦夸尔（Scott McQuire）教授在《地理媒介：网络化城市与公共空间的未来》一书中讲到的，数字网络媒介与城市地理元素的深度融合，将越来越多的传统媒体转化为"地理媒介"，"地理媒介"深刻改变了城市和媒介的结合以及二者对于公共生活的含义。数字媒介既帮助人们从"地点"中解放出来，又成为如今地点制造的重要形式。他认为，网络化的城市公共空间需要充分"留白"，与"智慧城市"理念不同，城市在规划设计过程中要有意识地对不完整性、市民的自发性和不确定性的涌现有所保留和鼓励。麦夸尔认为，在 21 世纪，人们需要在探索新的习得的交往技能过程中，创造出新的关联，并将现实中孤立的不同层次重新连接起来，化为城市创造力和生命力。因此，如何实现和想象城市的数字化和公共空间的网络化就决定了我们将成为怎样的人。

数字化转型正在深刻改变我们的日常认知和社会现实。通过地理空间既有形式和边界划定等塑造日常生活的方式需要重新调整，城市公共空间作为城市交往和沟通实践节点的功能正在被新的逻辑全面地改造。正如麦夸尔所说，"地点"并未消失，相反，许多特定的场合和实践正从时间和空间维度中被重新"打开"，并且被新媒体带来的信息记录、归档、分析和获取能力所重构。

事实上，今天的城市早已跨越"熟人社会"，尽管分层、分群、分社区的"亚社群"依然存在，但总体进入了"开放、包容、共享"的城市社会。因此，思考城市活力全新的观念和建构方式非常重要。活力仍然由人所起，但是这种活力与人在一个物理空间的"在场"或者"不在场"都可能有关，甚至同时相关。麻省理工学院米切尔教授曾经在 1995 年提出"比特之城"的概念，认为信息互联的数字城市将要代替砖石物理建构的城市，但到 2005 年他又改变看法，认为二者也可以并存交织。简单说，未来的城市公共空间除了经典的审美和功能属性，考虑怀特所说的"阳光、可坐性、亲切宜人"以及扬·盖尔关注的必要性和选择性的公众环境行为外，还必须有信息基础设施的支撑。有了信息基础设施，单一的城市空间场所就可能成为全球互联互通中的一个节点，除了日常生活、交流和互助外，互动式学习、知识生产和各种创新都可能产生在这个节点。匿名或者分散的户外公共空间也同样会成为城市中积极的活力要素。

基于以上观点，笔者认为当代城市活力培育和营造需要做到"显隐互鉴"。营造"显隐互鉴"的城市活力需要做到三个适宜：

第一是适时。城市的不同历史背景阶段和状况下呈现的活力不同，历史城市是日积月累发展起来的，是熟人社会、较小圈层化的人群，亲身经验的分享交流比较多。但最近规划兴建的雄安新区则不同，雄安新区的城市活力愿景应该建立在来自不同地域的新一代创业者的生活习惯、情感交流和家园感的共同缔造上。深圳是一个新移民最多、最具创新能力、平均年龄最小的一座城市，在这里的人比较少怀旧，不迷信权威，他们心目中共同拥有的是一片未来的蓝海。在海南，由于温润的气候条件，北方老年人移居、定期居住已成为那些城市的重要人口构成，因此，与城市活力营造提升相关的公共空间、公园绿地空间等就不仅与本地人相关，也和这些新的城市移民相关。

第二是适群。一个场所应该根据所在地点、可达性和毗邻城市功能等有相对主导的适用人群，包括具有共同生理特征、共同生活特征的人群等，这样易于形成有特色的城市活力。

第三是适度。把握不同阶层、不同年龄、不同文化传统、不同生活背景的合理融合，兼顾狭义活力和广义活力。有人将纽约称之为大熔炉（Melting Pot），意指纽约这座城市可以兼顾不同特质的文化、不同背景的人的和睦相处。

城市活力营造应当建立在对于创新城市的功能特征、成长特征的把握的基础上，应当基于对创业人群与创新机构的全生命周期的研究，探讨城市活动对空间的需求，以及成长和发展的需求。由此笔者团队在我国某城市新区设计竞赛提案中构建了创新之树，并提供类型、活力的接口，将其与传统路网尺度、便捷的混合交通系统，以及促进交往的布局融合在一起，最后构建了富有高度创新和生活活力的全生命周期创新城市的空间组织模式，进而融入城市成长的场景当中（图1）。

四、宜居可期：城市活力的当代营造

笔者曾经概括过活力营造的五种城市设计途径，亦即，第一，宜小（尺度）、宜慢（生活节奏）、步行化，关注"小微环境"和个人尺度；第二，杂而不乱，喧而不闹，动静相宜；第三，关注自发、自愿、自主、自为的城市活力，理解和包容城市的非正规性，有利于存量更新中社区参与和活力培育；第四，以他者身份留意、观察城市活动和景观，人看人也是一种活力提升途径，例如看热闹、看表演、探新猎奇这样的百姓行为，从古至今都是城乡空间中的真实存在，城市各种传统集市、城市节庆、乡土民俗活动都是人们所喜爱的社会生活，其高度和谐、分享、互动的社会参与正是城乡活力所在，也是地域独特的"名片"；第五，营造场所感，使城市活力获得质量并持之久远。通常，场所感建立在物理世界和人类社会演进的确定性和连续性的基础上，诚如挪威建筑理论家诺·舒尔茨

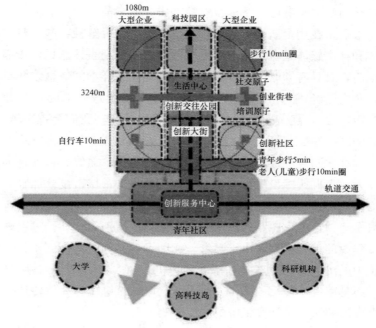

1080m
大型企业　科技园区　大型企业
步行10min圈
3240m
生活中心
社交原子
创业街巷
创新交往公园
培训原子
创新大街
自行车10min
创新社区
青年步行5min
老人(儿童)步行10min圈
创新服务中心
轨道交通
青年社区
大学
科研机构
高科技岛

图1　某新区创新社区空间结构示意

（N. Schulz）所说，建筑师的任务就是创造有意味的场所（meaningful place），帮助人们栖居。如果事物变化太快了，历史就变得难以定形。因此，人们为了发展自身，发展他们的社会生活和变化，就需要一种相对稳定的场所体系。

2013年中央城镇化工作会议提出"望得见山，看得见水，记得住乡愁"。这种"乡愁"通常与当代人的高度流动性有关，通常随着空间的远近、时间的长短及其场景的演变而引发主体不同梯度的乡愁情感变化。除此之外，中国人的乡愁还有着独特的文化背景，历史上的"告老还乡""解甲归田"，直到每年的春节"还乡潮"，都与农耕社会忠孝思想乃至儒家、道家哲学有关。

但是，当下数字化时代的城市活力呈现和空间形态建构方式正在悄然发生变化。以"万物皆数"为标志的"算法时代"浪潮扑面而来，正在深刻改变人类社会发展的方向和进化路径。进入21世纪，城市已经成为世界上大多数人的工作场所和生活家园，中国则在2011年改变了"以农立国"的城乡人口格局。以使用位置信息的智能手机、城市各种LED信息显示屏等为代表的网络数字媒介正在深刻影响人们的城市生活、工作、交通和游憩方式。"手机一族"正在重新建构他们的生活世界和社会关系，"即时性"取代了历史上的"历时性"。各种App所带来的碎片化、片段式的"浏览式阅读"和多感体验，及其所带来的即时性、跳跃性、多选性、远程在场与传统城市空间中的面对面的具身交流活力明显不同，今天的城市活力营造已经不能没有数字媒介的参与。

当前，人们正在用全新的方式更加精确地测量和理解社会和自身。人们通过各种自媒体和社交媒体平台对城市各种现象和发展预期表达意见，传递个体的感受和价值取向，且具有即时性、多维度、多样化和大样本的信息数据属性。

因此，我们已经进入一个全新的个体释放和能量迸发的时代，即"个体泛在"的"微粒社会"。随着感知现实的精确度不断提升，我们将越来越被单体化，乃至从过去的"黑箱"逐渐变成"白箱"，过去规划设计面对的是"大颗粒度"人群，每个人都在归类中被集体认知，如阶层、身份、血缘、职业、地域、年龄等，但在今天，人群所标设的平均值越来越没有意义，城市设计面临"个体即主体"的空前挑战。

对无数个体"自由意愿"通过多源数据采集、识别和认知，可以转化为城市设计和城市建设的重要依据和决策参考，亦即具有某种主体性。于是，历史上城市自由生长中的决策个体重新找到了新的契机。"以人为本"不是居高临下的层级性传达，而是需要一种无数个体"自下而上"的意愿能够有效传达，并转化为真正的城市规划和城市设计实施中的"以人为本"。

与历史上致力于营造确定性和可预知、连续性的空间场所不同，数字化城市设计所关注的是具有可量化定格、过程开放、允许实时修改且可与规划管理整体联动的设计成果，其成果通过设置一定的合理值域区间（冗余度）、质性变化的临界阈值，使得场所营造的成果更加真实、适变而趋于准确，符合城市空间形态导控这样的复杂系统。

例如，笔者团队在芜湖总体城市设计中通过采用手机信令大数据、百度搜索热度、业态分布（POI）等分析方法，获得了城市建成区与人的活动圈的关系、城市空间的整体认知意象等传统城市设计无法真实完成的设计基础信息。如果再加上常规的访谈、田野调查和专家系统的介入，城市设计（规划）就有了新的建立在"活力"之上的城市逻辑支撑，精准导向的城市设计和城市空间优化改善就有了重要依据（图2～图5）。

五、结论和思考：走向显隐活力共构的宜居城市

（一）在观念上重新认识中国城乡发展与活力营造的科学内涵，正确把握城市发展建设决策主体介入的度和实效性，淡化"自上而下"的简单"赋予"

应该淡化利益格局、上下结合，致力于营造"百姓满意、专家认同、领导接受"的城乡活力场所。真正体现城市发展建设的"以人民为中心"的理念。

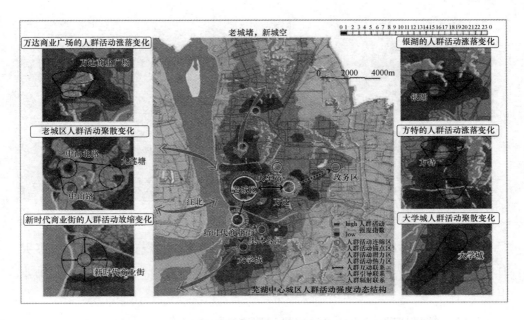

图 2　芜湖手机信令大数据分析

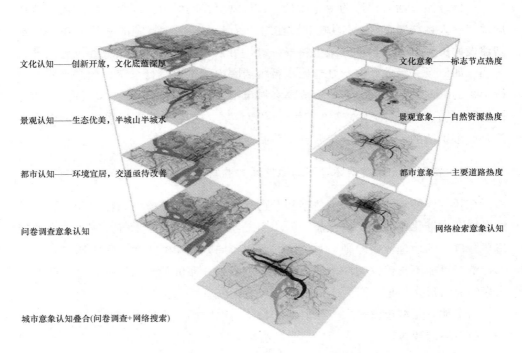

图 3　百度词频大数据和现场调研叠合的芜湖公众景观认知意象

图4　芜湖总体城市设计概念草图　　　　图5　芜湖总体城市设计效果

城市发展和建设要真正"以人为本"，要让人们主观能动地参与城市发展并有"获得感"。今天，在"人人互联"和"万物互联"的新一代互联网发展前景下，"个体即主体"已经成为可能。

（二）把握好显性活力营造的当代规划设计途径

把握好城市活力营造的专业途径。在规划可控的城市空间领域范围内，建构局地"熟人社会"。如大量的城市居住组团及周边地区、特定的基于职住平衡规划建设的员工宿舍区、部分城中村等，设计可根据社区生活公共服务设施或开放空间（如广场、绿地、滨水）建构步行生活圈内的城市慢行系统。如基于服务步行半径的绿地公共空间分布，形成众多城市组团群落或具有高度共享特点的"亚社区"。具有"开放的艺术实践"性质的双年展、艺术季等事件也同样可以重新打开城市生活的审美维度，提升城市公共空间的体验质量。

（三）特别关注新数据环境下的隐性活力的营造

在新一代移动互联网、大数据和万物互联的新数据环境下，需要关注更具城市发展活力催化作用的"信息流"的作用。今天的网购、外卖等改变了"金角银边草肚皮"的地理区位原则，对传统的商业布局方式和模式产生重大影响，人们选择消费可能不再仅仅关注便捷，而是取决于用户评价乃至网红推荐，这些对于未来的城市形态架构、空间布局模式、环境设施支撑均会产生巨大影响。

历史地看，城市就是人类聚居的产物，街道广场一直是人流和信息汇聚的中心。虽然高层建筑增加了人流和信息的叠合度，但城市规模和尺度还是有流量边界的，而今天这种信息传播汇聚已经不完全是地理尺度上的了。在今天和未来，多中心和"泛中心化"的城市可能会呈现出普遍的意义。

城市可能会由很多具有多元、动态、非永久性物理中心建构特点的人流聚集界域或地区所构成，包括：城市中一个一个升级后的传统商业热点地区（如增加夜市）及分布更为广泛的、线上线下结合和人群类别分享的咖啡店、健身房、网红专卖店这样的"信息流量"的汇聚点等。当今的城市活力与"网红"形象的中心性临时建构还和流行时尚元素相关，有些激发城市活力的"网红打卡"场所恰恰是网络传媒为主要信息渠道的新产物，它们并不与可达性和区位价值直接相关（图6）。

图6　北京"春风习习"图书馆

隐性活力营造不再完全取决于特定的空间场所和物理边界，而是与新一代数字时代"原住民"的行为特点有关，他们热切拥抱未来，勇于探索新知，并不断在日常行动中习得与陌生人交往的能力，从而建构出一个更加具有开放和包容性的现代社会，而与此相关的就是现今城市和未来城市的"隐性活力"营造。

在传统城市空间交往功能逐渐衰微，并变成主要是中老年人聚集活动场所（聊天、广场舞、打牌等）的情况下，健身休闲和建立在移动IP线上终端交往基础上的人际沟通、商业购物和社交活动，将会是城市和建筑设计师需要在营造城市公共空间环境时特别关注的。

当然，绝大多数情况下，世界的变化总体还是渐进的。我们不需要推倒重来，不需要"运动式""倒计时"地推进和打造，只需要对变化进行一些优化、完善就好。

总体来看，笔者认为，未来城市发展正在从多维空间城市走向泛维数字城市，从"集体意志"的城市走向"个体泛在"的城市。泛维数字城市意味着个体的泛在、非具身主体的泛在及虚拟和实体活力场所互动的泛在。信息主导的城市基础设施，包括信息传输率（网络速度）和信道容量（带宽）与城市活力发生了奇妙的穿越式握手。

数字科技发展正在深刻改变人类的生产模式、社会交往和生活方式。城市中曾经的垂直性层级构造正在消解。同时性、扁平化、离散型和非层级化的社会结构正在呈现。一个由物理和时间维度所定义的城市空间正孕育着一场具有某种颠覆性的"涅槃和再生",一个"从多维城市到泛维城市"的城市演进过程正在发生,一个"个体泛在""个体即主体"的社会正在到来。

城市活力应该具有一定的"灰度"。活力场所营造应该是一种介于正统主流价值认为应该管束与活力产生主体个性驰骋之间的一种公共产品的供给。对于参与和分享的社会人群,需要将交往和交流变得自由自在,并让多数人感到舒适惬意,并通过闲暇休憩、生活交往和思想激发碰撞产生正向推动社会进步的动能。

今天,我们迫切需要重新认识"显性活力"和"隐性活力"共构的未来宜居城市。而与此同时,城市规划、城市设计及具有城市意识的建筑设计仍将在其中继续发挥关键性的作用。

(撰稿人:王建国,中国工程院院士,中国城市规划学会副理事长,东南大学建筑学院教授)

注:摘自《城市规划》,2019(12):09-16,参考文献见原文。

城市生活圈规划：从研究到实践

导语：城市规划正在向以人为本、重视人的生活质量的方向转型。城市生活圈规划因其从居民个体日常生活出发的特性而愈发受到学术界和规划实践界的关注，被认为是能够实现上述转型目标的有效方式。通过梳理现有城市生活圈和生活圈规划的研究与应用实践，本文认为在愈发得到重视、取得一系列成果的同时，城市生活圈规划仍然面临诸多挑战：①生活圈规划的概念界定、范围划定、内涵确定和职能体系划分有了一定共识但仍然模糊；②数据收集和管理的内容和方法不明确；③规划方法和技术路径仍未建立；④实施模式和制度保障需要多方面协作实现。总之，生活圈规划亟待通过一次完整、全面且具有科学依据的实践案例确立一整套规划流程与方法，为未来推广生活圈规划提供坚实基础。

一、引言

在新型城镇化战略实施、社区人群的异质性增大和居民对设施服务需求升级等一系列背景下，过去"以物为本""见物不见人"的城市发展观得到反思，转向以人为本的城市发展观。城市规划相应地从重城市经济（生产）空间建设转向以居民空间为导向的规划，从只关注"物"转向重视"人"的规划，从只关注数量规模增加转向重视内涵质量提升的规划，以及从只有空间转向时空一体化的规划。在以人为本、重视人的需求的背景下，以居民日常生活作为对象、结合物质空间规划和社会规划的生活圈规划将是未来城市规划转型的落脚点，对于实现公共资源的均等、精准化配置，有效应对居民差异化需求，以及实现居民参与的自下而上式规划具有极大的意义。

以和居民日常生活最接近的社区规划为例：城市居住区规划是目前城市规划中社区层面的法定规划，也是最常采用的规划方式。过去，居住区规划从设施供给视角出发，采取"千人指标""服务半径"等单一的规划方法，快速获得新建社区的设施种类与配置规模。在城镇化发展初期，此类居住区规划具有全覆盖、操作性强、空间蓝图的特点，适应城市快速扩张需求；但是在城市扩张放缓、城市规划从"增量扩张"到"存量优化"、城镇化从注重数量到关注质量的背景下，以将人的特征差异抹掉的千人指标，作为核心的居住区规划显然不能满足未来发展的需要，现有研究也指出了居住区规划"一次性""静态性""自足性"及忽略个体需求的缺点。与之相对，从居民设施需求出发的社区生活圈规划更切合城镇化的发展趋势。社区生活圈规划从居民在社区周边的日常活动出发，以时空行为揭示的居民需求为核心，是因地制宜的、参与式的规划。因此，住房和城乡建设部发布的新版《城市居住区规划设计标准》GB 50180—2018 中将"15 分钟生活圈居住区""10 分钟生活圈居住区"和"5 分钟生活圈居住区"作为居住区规划和设施配置的核心对象。

事实上，近年来不少城市已经在尝试规划"15 分钟步行生活圈"，即社区生活圈。比如广州市提出新版城市规划将构建"城市级—地区级—片区级—组团级"4 级公共服务中心体系，打造 15 分钟优质社区生活圈；长沙市在《"一圈两场三道"两年行动规划》中提出规划建设 33 个 15 分钟生活圈；济南市提出打造老城市、新规划区和新城区 3 种标准生活圈，划定 110 个街道级生活圈；厦门市在新版总规"厦门 2035"中提出打造 15 分钟生活圈；上海市也是在新版总规"上海 2035"中提出优化社区生活、就业和出行环境，社区公共服务设施 15min 步行可达覆盖率达到 99％，全面覆盖 15 分钟社区生活圈的目标。

国内学界较早便对生活圈的内涵、组成、划定和功能等方面展开研究。近年来，"日常生活圈"的概念更是得到重视，被用于建成环境评价、公共设施配置、城市地区系统划分及识别等方面的研究中。比如柴彦威提出我国的单位制度形成了以单位为基础的城市生活圈体系，并对国外生活圈研究和实践进行了介绍，对生活圈在国内城市规划中的理论、生活圈界定方法、生活圈体系构建以及生活圈在公共服务设施空间优化中的应用进行了探索。除此之外，生活圈概念和基本思想还被应用到城市人居环境宜人性评价、城市体系界定和结构划分，以及城乡公共服务和公共设施配置的研究中。特殊类型的生活圈比如防灾生活圈、日常体育生活圈也得到了相关领域学者的关注。生活圈规划的内涵还得到了进一步扩展，刘云刚认为生活圈为城乡治理提供了空间基础，生活圈的构建有利于发挥城乡管治中各个主体的作用；吴秋晴也认为生活圈将作为未来规划转型重点的社区规划的研究载体，可以实现公共资源的精准和均等配置。

虽然生活圈不论在学术研究还是在规划应用实践上都愈发得到重视，但是对于生活圈的内涵、体系、划定方式，以及规划中如何与公共服务设施配置相结合、后期如何落地等方面仍未形成统一的规范。除此之外，部分关于生活圈的研究，特别是其中的早期研究，以及大部分的生活圈规划虽然采用了生活圈的概念，但是只是沿用了传统规划中设施配置的基本思想，对于生活圈规划以人为核心、以人的日常活动为出发点的特点把握不足。因此，本文将梳理目前城市生活圈规划的研究和实践中存在的问题与挑战，并结合现有经验提出解决路径以及未来展望。

二、城市生活圈规划的挑战

（一）概念界定与范围问题

城市生活圈规划，顾名思义，是对城市生活圈的规定和计划，因此对于城市生活圈概念的界定应该从对生活圈概念的界定出发。国内很多学者在研究中都对生活圈进行了界定，比如袁家冬等认为日常生活圈指的是城市居民的各种日常活动所涉及的空间范围，是一个城市的实质性城市化区域，也是一种功能性的城市地域系统。孙德芳等认为生活圈是在某一特定地域的社会系统内，人们为了满足生存、发展与交往的需要，从居住地到工作、教育、医疗等生产、生活服务提供地以及其他居民点之间移动的行为轨迹，在空间上反映为圈层形态，具有方向性与相邻领域的重叠性等属性特征。刘云刚等指出生活圈是居民实际生活涉及的区域，也是中心地区和周边地区之间根据自我发展意志、缔结协议形成的圈域。程蓉则具体到社区层面，认为社区生活圈是指居民以家为中心，居民一日开展包括购物、休闲、通勤（学）、社会交往等各种活动所构成的行为和空间范围。《城市居住区规划设计标准》GB 50180—2018 将生活圈居住区定义为"满足居民物质与生活文化需求为原则划分的居住区范围"。总的来说，不同作者对生活圈的认识基本上是一致的，即"维持日常生活而发生的诸多活动所构成的空间范围"。

但是在将这个概念运用到城市生活圈规划中时，便会形成挑战。传统"规划"二字的对象通常是物质空间，比如平面布局、设施配置等；但是"生活圈规划"的对象是居民日常生活空间，更确切地说，是居民的行为空间，显然这不等同于物质空间，因为每个个体的行为叠加于其中。另一方面，行为和空间是紧密结合、相互作用的，并且，"人本"的城市规划应该重新回到人，而不是仍然关注物质空间，直接以人的城市生活作为规划对象、强调人的中心作用才是城市生活圈规划概念的重点。因此，城市生活圈规划指的是以整体的"人"为核心，以人的城市生活作为规划对象，以引导人朝向理想生活为规划目标，以分析差异化个体需求为核心的非规定性的、引导性的社会合作行动式的规划。

除了对生活圈和生活圈规划概念的界定外，生活圈范围的划定也是目前规划的难点之一。从生活圈的概念出发，生活圈范围的划定是以家为基础的居民日常生活的空间范围，即以居民每天从家出发、再回到家的所有行为的空间可达范围作为基础。与此同时，城市的快速扩张、区域化与城市职能外溢使得居民日常活动空间不限于城市内部，都市区、城市群的社会经济功能与生活空间也形成了紧密的联系。因此，除了在城市内部的日常生活圈外，还有在都市区范围的日常通勤圈与在城市群（不同城市之间）的扩展生活圈，反映了生活圈范围的多尺度特征（图1）。虽然从概念上可以比较明确地划定生活圈的范围，从城市体系与生活圈的紧密联系也可以基本判断生活圈的不同尺度，但是在具体的规划实践中需要的是在实体空间上的明确划分。目前，《城市居住区规划设计标准》GB 50180—2018虽然强调了生活圈概念的重要性，但是在标准中未涉及如何划定生活圈范围的问题；现有社区生活圈规划尝试也只是将过去居住组团、街道边界或者以居住区为中心的若干距离缓冲区作为生活圈范围，这都与生活圈以人为本、以居民行为需求为本的原则不太符合。因此，生活圈范围的划定也是生活圈规划从研究走向实践所面临的重要挑战之一。

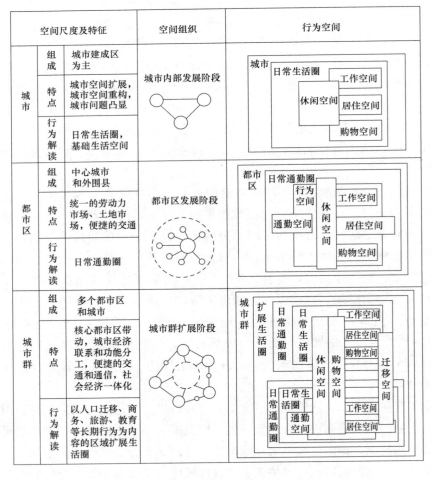

图1 "城市—都市区—城市群"生活圈体系

(二) 内涵界定与职能问题

城市生活圈规划的内涵不应只是关于物质空间的硬环境的规划，还应该包含社会空间等软环境的规划。事实上，国内已经有学者意识到生活圈规划的内涵区别于传统规划。刘云刚等指出生活圈规划包含了城乡治理的规划，其有利于协调应对治理过程中各个主体的利益诉求；吴秋晴也认为社区生活圈规划包含了目前愈发重视的社区规划，以生活圈作为切入点更能反映居住空间的社会属性，精准对接居民需求，搭建实施性的社区动态更新机制。与当下物质空间规划相比，生活圈规划的问题导向意识没变，但是涵盖的内容更多、涉及的学科更广，在对个体、家庭、组织、社区等多个层面主体的行为、需求、偏好、评价进行调查和综合分析的基础上，提出针对问题的建议，而后多主体协商实施。不过这仍然不是一个对生活圈规划内涵的正面描述，因此内涵与边界仍然需要探讨。

城市生活圈职能的规划需要回到对生活圈职能的理解。生活圈是居民日常活动所构成的空间范围，由于居民有多样化的日常需求，因此日常活动满足何种需求、活动发生的周期以及持续时间、活动发生地离家远近这3个要素构成了日常生活体系。与此对应，生活圈体系也包括职能划分、时间划分与空间划分。表1提炼并总结了现有文献中对生活圈体系的划分，可以看到，活动的种类和基本特征与生活圈的职能、时间和空间划分是一一对应的。总的来说，如果暂时不考虑外出城市的活动，那么城市生活圈一般来说可以分为3类：①满足居民日常基本活动需求的社区生活圈，涉及的活动频率高发、持续时间较短，仅围绕居住小区及周边展开；②包含居民通勤及工作的通勤生活圈，通常以1日为尺度，空间上除了居住地及附近外还包括工作地及附近区域；③满足居民偶发性活动的扩展生活圈，活动通常在周末开展，因此以1周为尺度，并以都市区为生活圈的空间范围。

城市生活圈体系的职能划分、时间划分与空间划分　　　　　　表1

作者及年份	生活圈体系
柴彦威 1996	职能划分：满足日常基本生活需求的基础生活圈；通勤、通学构成的低级生活圈；区级行政管理和满足高级活动需求的高级生活圈 时间划分：15分钟生活圈；30分钟生活圈；1日生活圈 空间划分：单位生活圈；同质单位集合构成的生活圈；以市辖区为基础的生活圈
柴彦威，等 2015	职能划分：满足居民的最基本的需求的社区生活圈；满足购物、休闲等略高级生活需求的基础生活圈；包含通勤行为的通勤生活圈，以居民偶发行为为基础，满足高等级休闲购物活动需求的扩展生活圈；与邻近城市进行通勤、休闲活动的协同生活圈 时间划分：15分钟生活圈；1日生活圈；1周生活圈；1月甚至更长时间的生活圈 空间划分：社区（居住小区）生活圈；居住组团生活圈；包括工作地的生活圈；都市区生活圈；城市群生活圈

作者及年份	生活圈体系
熊薇,等 2010	职能划分:满足日常活动基本需求的基本生活圈;参与城市范围的活动,满足更高水平生活需求的城市生活圈 时间划分:15分钟生活圈;1日生活圈 空间划分:社区生活圈;城市生活圈
袁家冬,等 2005	职能划分:满足居民最基本生活需求的基本生活圈;满足居民就业、游憩等需求的基础生活圈;满足居民偶发性需求的机会生活圈 时间划分:15分钟生活圈;1日生活圈;1周生活圈 空间划分:社区生活圈;城市及外围城乡结合部生活圈;城市及近郊生活圈
孙德芳,等 2012	职能划分:包含幼儿园、诊所等低等级公共服务的初级生活圈;包含小学教育等中等水平公共服务的基础生活圈;包含中学、医疗等较高等级公共服务的基本生活圈;包含县级行政职能和高等级公共服务的日常生活圈 时间划分:15分钟步行生活圈;15分钟自行车出行生活圈;30分钟公共汽车出行生活圈;1日生活圈 空间划分:基层居民点半径800m范围;基层居民点半径1.8km范围;基层居民点半径15km范围;县城生活圈

不仅如此,生活圈体系的划分与生活圈规划紧密关联。例如,柴彦威等将城市生活圈划分为5个圈层:①居住小区附近及周边,活动发生频次最多、满足基本需求的社区生活圈;②由若干个社区生活圈及共用的公共服务设施构成的基本生活圈;③以1日为时间尺度,包括工作地及周边设施,满足通勤及上下班过程中的各类活动需求的通勤生活圈;④以1周为时间尺度,以整个都市区为空间范围,以居民偶发性行为为主构成的扩展生活圈;⑤在快速交通以及信息技术的发展下形成的、满足居民在城市群内进行休闲游憩活动的协同生活圈,其发生周期较1周更长。

与之对应,城市生活圈规划也有5个层次,每个层次都为居民在该圈层内发生的活动以及相关的需求服务。城市社区生活圈规划致力于在社区内及社区周边步行可达范围内满足不同类型社区中不同社会属性的人群日常生活的需求,比如购物、餐饮、就医、小孩上学等,并致力于提升居民对于社区的归属感和满意度;基础生活圈规划则要考察社区之间共享的基础设施和公共服务设施能否满足高于社区生活圈的活动需求,以及可达性如何;通勤生活圈规划在改善职住联系、减少过剩通勤的同时,也要关注工作地的设施配置可否满足通勤者的需求;扩展生活圈规划则将致力于改善都市区内各类活动中心(娱乐中心、购物中心、体育中心、休闲游憩中心等)的品质以及时空可达性,让城市居民均等、优质地享受不同类型、不同等级的市级中心服务。

目前,各市纷纷提出的"15分钟生活圈规划"主要指的是第一个层次,即社区生活圈规划，这一方面是社区生活圈范围比较小，涉及的活动等级不高、类型较为相似，相对好处理，也是其他生活圈规划的基础；另一方面，社区生活圈与每个居民息息相关，其改善可以有效提高居民生活幸福感。近期关于社区生活圈规划的研究与实践包括从居民个体角度，发现不同居民行为特征不同，对生活圈内的设施配置、公共服务的需求不同，这是居住区规划所忽略的，也是生活圈规划实践未来面对的挑战。

需要注意的是，城市生活圈体系的划分是以行为作为基础的，因此在规划实践中具体的时间和空间的划分标准是相对的、具有弹性的、根据社区和人群特性而变的。目前很多研究和规划实践仍然采用简单的时间距离方法，将以社区为中心的15分钟步行可达范围作为社区生活圈边界，这实际上是对于生活圈概念的错误解读——既然生活圈是居民日常生活构成的空间范围，那应该包含了居民感知、精确的空间限制等信息，因此其范围不应该是所有社区统一标准。生活圈应该、也必须从居民行为数据和精确的位置数据中获得，而且划分的界限应该是弹性的区带，不是固定的线。另一方面，目前对城市居民日常生活的模式预设中更多是从有工作的青壮年个体角度考虑的，虽然这可能是城市中占比较多的人群，但是未来生活圈规划应该更多考虑城市弱势群体、边缘群体的需求。

（三）数据收集和管理问题

城市生活圈规划因其以个人活动出发、自下而上的特性，需要更多数据来支撑规划实践。具体来说，除了传统规划中所需要的现状数据（房屋、道路交通、基础设施、POI、人口等）以及现有规划图纸、文本（总体规划、交通规划、控制性详细规划、专项规划、经济发展规划等）外，还需要大量的由居民个体产生的数据，比如位置数据，包括手机信令、社交平台签到、出行App、GPS调查数据，以及居民活动日志调查数据、网络舆情数据等。

这些由居民个体产生的数据在生活圈规划中发挥着重要作用。按照生活圈范围划定的规则，即居民每天从家出发、再回到家的所有行为的空间可达范围，现状生活圈的划定依赖于精确的居民位置数据（目前来看，比较可靠的只有GPS调查数据），如果需要区分不同职能的生活圈，还需要活动日志作为辅助支撑；规划公众参与也可以从居民对于周边设施的评价分析中得以实现。

对于传统规划中同样需要的现状数据，生活圈规划提出了更高的要求。以公共设施为例，除了分布位置外，生活圈规划还需要设施的开放时间，以便在时间维度上对设施可达性进行评价，真正做到时空资源的均等、精准配置。

总的来说，以人为本、从日常生活出发的生活圈规划需要大量的个体位置数据、行为数据和评价数据，这些数据不仅量大，来源也较为分散。因此如何整合不同数据来源渠道，便捷、有效、低成本地收集这些数据，是生活圈规划面临的重要挑战。另一方面，由于数据量大，而且关乎个体信息，如何安全地储存和管理这些数据也是生活圈规划所要解决的重要问题。

（四）规划方法和技术问题

城市生活圈规划的方法和技术路径是目前生活圈规划所遇到的核心挑战，因为这直接涉及理论研究向应用成果的转化。目前由于实践的规划较少，各个案例各执一词，尚未形成明确且统一的规划路径，同时，在规划过程中所运用到的技术方法仍在摸索和发展中。

笼统来说，城市生活圈规划涉及生活圈的识别及界定、现状生活圈问题的识别和评估，在结合因人群、社区而异的需求后，形成理想生活圈与时空行为，进而在客观物质空间以及社会空间两个角度实现居民日常生活的改善等多个流程（图2）。在不同的应用对象下流程会有进一步细化。

以城市社区生活圈公共服务设施优化为例：

首先，通过居民日常活动的GPS数据与活动日志数据，分析不同社区和人群的时空活动特征与对公共服务设施的需求，并将调查社区的特征以及社区内

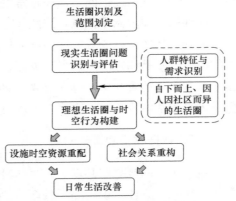

图2　城市生活圈规划的概念流程

人群的特征与上述时空活动的基本模式、需求进行映射，构建"社区—行为谱系"与"人群—行为谱系"（图3）。事实上，构建的两个谱系也是对传统"千人指标"的调整，从供给视角转向需求视角，充分考虑社区和人群特征的差异性。

其次，由于能够获取居民GPS数据以及活动日志数据的社区有限，因此利用上述两个谱系与全市的社区人口数据结合（比如普查数据），生成分人群、分社区对不同公共服务设施的时空需求。由于过去在"千人指标"的指导下，社区设施配置只与预设的人口规模有关，因此将人群和社区特征差异加入后，与过去配置设施量进行对比，便可以得到社区设施配置的调整量（图3）。

最后，界定社区生活圈范围和体系，解决设施优化调整的分级落地问题。依据社区自足性和社区共享性的特征，在居民行为制约条件下，构建集中度和共享度两个概念。由于部分设施可以在不同社区之间共享，因此共享度概念的设置体现了生活圈边界弹性的特点，是对刚性行政边界的突破。进一步，结合居民的

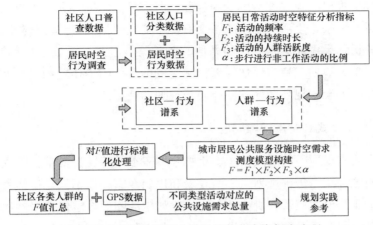

图3 城市社区生活圈公共设施优化方案提出流程

GPS 数据，选取步行方式前往的非工作活动空间，自下而上划分社区生活圈的 3 个层次，即社区自足性的生活圈、居民出行能力制约下的生活圈、社区共享性的生活圈。

社区自足性的生活圈与社区（小区）边界基本吻合，提供住宅类项目必备的基础性设施，以及部分低等级的社区级设施；居民出行能力制约下的生活圈主要配置社区级的配套设施以及低等级的街区级配套设施；社区共享性的生活圈是多个社区共享空间，配置街区级的设施，还包括部分城市层面、街区级以上的设施（图4）。根据上述社区设施配置调整量的低配、中配和高配方案，对公共服务设施优化方案进行空间上的分级落地。

总的来说，城市生活圈规划涉及现状生活圈划定与评价、基于居民需求和意

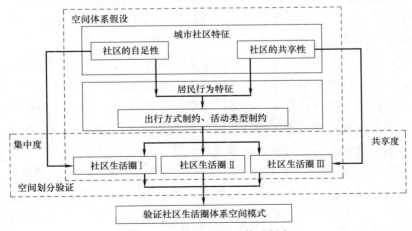

图4 城市社区生活圈体系划定

愿的理想模式提出、规划方案生成等过程，但是具体的细节和技术方法仍然需要细化和商讨。未来，生活圈规划的各个流程，包括数据采集与分析处理、行为模型构建、分析结果可视化、居民和其他利益相关方参与、设施规模预测与调整、规划政策决策、规划实施与评估等都将制定成标准化的操作规则，涉及的技术也将打包形成一整套的规划辅助软件，便于规划者使用。

（五）实施模式和制度保障问题

城市生活圈规划因其以人为本、重视个体需求的特性，要求自下而上和自上而下方式的结合。与传统规划主要由政府和规划专家决策不同，生活圈规划还需要居民、企业、地方非营利机构的参与，比如生活圈的界定依赖于对居民日常活动的调查以及相关企业数据的提供，设施优化需要分析居民的行为特征以及居民提出的主观需求，社会环境的建设更是需要地方机构和居民的共同参与，否则只能是纸上谈兵。因此，生活圈规划注定是一个多主体协商，实现共同管治目的的规划，这也意味着在实施模式和相关保障制度上面临挑战、需要创新。

生活圈规划要求多主体参与，而生活圈的特性也暗含了多主体合作的基础。事实上，通过规划构建合理有效的日常生活圈有利于发挥城乡管治中各主体的积极作用，化解我国目前城乡一体化建设中公共服务设施供给不足的问题，因此生活圈规划也是一个实现城乡多主体共同管治的规划。

具体来说，在生活圈规划中根据居民行为特征划定生活圈体系，体系内不同生活圈层对应着不同的公共服务资源的配给与需求。不同层次的生活圈构成了若干个多元合作的平台，由市场、社会和国家（政府）在不同圈层中分别依照现状资源情况以及居民的需求，订立公共资源配置联合协议。协议对外公开、定时修正，发布主体部门直接对居民负责，投资建设权力部分交由市场，社会力量也参与其中，共同实现治理模式的转变。

但是，实现多元主体协商制定并落实生活圈规划的目标仍任重道远。部分城市政府、学者和民间组织已经初步意识到生活圈规划的重要性，但是体制机制与管理机构职能等方面显著滞后，容易出现多头管理演变为无人管理的局面。以政府为例，生活圈规划涉及不同行政单元（居委会级、街道级、市区级）、不同部门（除了目前针对物质空间规划所涉及的住建、自然资源等部门外，还有城管、工商、卫生等），需要一个全新体制有效协调各部门的诉求，消化居民差异性的需求。目前正在探索中的社区规划师制度、社区治理和社区规划实践也强调了多元主体参与、自下而上的实施路径，生活圈规划可以吸收这些探索的经验，在此基础上更好发展。

三、城市生活圈规划的未来展望

城市生活圈规划不论是在学术界还是在实践领域，都正引起越来越多的关注与尝试，同时也是在城市规划向以人为本转变过程中的重要实现手段。但是通过梳理目前的研究与实践可以发现，城市生活圈规划仍然在概念、范围、内涵、职能、数据、技术路线、实施模式和保障制度等方面存在诸多挑战。

目前来看，以大量的时空行为研究作为基础的生活圈规划在概念、范围、内涵和职能等方面，学术界已经有了比较一致的观点。但是，如何将学术研究知识转化为应用实践，并推动现有规划实现转型发展，是当下生活圈规划面临的核心问题。另一方面，生活圈规划还应该加强时间维度的研究与政策引导。目前居住区规划主要考虑的是设施的空间布局，对设施的时间资源、时间运营状况以及与需求者居民的时间利用之间的匹配情况很少涉及，生活圈规划应该研究设施的时间资源与时空可达性，特别是应该对信息化技术广泛应用后的设施的时空使用方式给予充分的考虑。

最后，笔者提出，应对目前生活圈规划所面临的挑战的最好方式是将对生活圈和生活圈规划的现有研究、尝试经验真正落实到一座城市的规划实践中来。通过"选取一座城市、完成一次规划、确立一套流程、形成一份标准"，从根本上确定城市生活圈规划的地位与操作经验，便于未来在更多的城市中推广。

（撰稿人：柴彦威，博士，北京大学城市与环境学院教授、博士生导师；李春江，北京大学城市与环境学院硕士研究生）

注：摘自《城市规划》，2019（05）：09-16，参考文献见原文。

社区共治视角下公共空间
更新的现实困境与路径

导语： 针对当前社区公共空间更新面临的多重困境，本文从权力结构、更新模式和公共精神三方面解析其原因，提出以共治为导向的社区公共空间创新型更新路径：在权力组织层面，根据社区类型及发展阶段，构建扁平化、动态化的权力结构；在更新模式上，建立以包容性、渐进式发展为常态的更新机制；在实施手段上，可尝试将大型改造工程"化整为零"地转化为居民可参与的小型更新项目。

一、引言

伴随我国城市居民生活水平的不断提高，传统社区的公共空间无论在数量上还是功能上都难以满足居民多样化的诉求。社区公共空间是社区生活品质和活力的核心要素，如何顺应趋势、更新求变，是当下社区建设发展的重要任务。近年来，越来越多的社区以公共空间为抓手推动城市更新，或由政府主导，或由居民自发进行，或借助市场力量改造，但是由于思维、制度与方法等方面的偏差，反而在一定程度上破坏了社区公共空间的原生秩序，导致社区公共空间的加速退化。有学者发现，由于市场力与社区发展需求错位，某些针对社区公共空间的渐进式微更新实际上是一种蚕食，长远来看将对社区发展造成不利影响；在商品经济的诱导下，内城传统街道社区公共空间中的社会交往场所开始被商业空间取代，面临公共空间庸俗化的困境。

党的十九大提出"加强和创新社会治理，打造共建共治共享的社会格局"。作为构建高质量公共服务体系的重要一环，社区公共空间优化更新需要创新思路。尤其是在当今社会治理朝向多元化主体发展的趋势下，如何将"共治"理念引入社区公共空间更新体系中，补足目前主体单一这个短板，将有助于推动社区公共空间更新朝活力、宜居、可持续的方向行进。

本文从我国社区公共空间更新在内外力推动下普遍面临的困境入手，从权力结构、更新模式和公共精神三个方面剖析造成这些困境的成因，结合上海近年来社区更新项目中多方共治的实践探索，总结提出共治视角下社区公共空间更新的若干创新路径。

二、我国社区公共空间更新的现实困境

(一) 社区公共空间的界定不明

在我国，"社区"概念是经过了较长一段时间的演进在近些年才逐步形成的。计划经济时期，大部分城市居民的日常生活局限在高墙围起的单位大院内，院内的公共空间分布随意，且经常被各种建筑侵占，与真正意义的公共空间有一定差距。随后，伴随工人新村的建设，出现了"公共活动场地"的概念，但这一时期的公共空间受经济条件制约，大多被设计成绿地或功能单一的场所。市场经济时期，居住小区注重内部公共空间的品质，但其设计逻辑带有明显的商业化倾向，往往"见绿不见人"，重视觉效果轻社会功能。与之相对比的是，里弄、里坊等传统居住型街区没有统一规划所谓的"公共空间"，但长期以来居民依据自身需求对街巷空间进行自发改造，居民与空间的频繁互动赋予其多样性的社会功能，使之成为具有活力和吸引力的"公共空间"。

社区公共空间的界定不明，影响了对其公共性的把握，对什么是好的社区公共空间也缺乏共识。在城市更新的大背景下，社区公共空间在内外力推动下也发生着变化，暴露出一些普遍存在的更新困境。

(二) 居民自发更新合理性的争议

按照法国哲学家亨利·列斐伏尔的"空间生产"概念，空间是社会的产物，是一个社会生产的过程，它不仅是一个静态的产品，也是一个社会关系的重组与社会秩序实践性的建构过程。一方面，社区公共空间是社区活动的容器，与居民日常生活息息相关；另一方面，社区居民的活动又反过来重新定义了社区公共空间，后者处于一种不断被再定义的过程，社区居民是空间的生产者。

近年来，一些城市的小区居民自发将公共绿地改造为菜地的报道屡见报端。对此"毁绿种菜"现象，管理者通常将原因归结为公共监管不到位，"一家管不住、家家管不住"，并将其作为"不文明行为"甚至是"违法行为"进行清理，但管理者的"除菜还绿"行动却未得到居民的支持，"违法行为"屡禁不止。在管理者与居民之间的拉锯战中，居民自发改造的意愿及诉求并没有得到理解和关注。

在现行的城市规划管理制度下，我国城市的建设用地均有明确的功能使用。社区公共空间对应的用地也一样。为了确保公共空间的合理使用和活动秩序，社区形成公约并委托物业管理单位实施运营管理。根据《中华人民共和国物权法》和《中华人民共和国民法通则》，居住小区内若改变公共用地的形态和用途，应

由业主们共同决定，单个业主无权擅自分配使用。但是，这一社区自治的制度设计并没有得到社区产权人的积极回应，个体业主普遍对参与社区管理缺乏兴趣。在一些社区，代表业主集体权益的"业委会"虽然成立了，但与个体业主之间的关系松散，形同虚设，并未形成有效的"委托—代理"关系；在另一些社区，则由于业主参与度低，"业委会"久悬未立，甚至出现物业管理机构阻扰"业委会"成立的现象。总的来讲，居民在管理上更加信任政府，而在服务上则更依赖物业。在居民自治组织缺失的情况下，居民和政府间缺乏沟通协商的中间层，政府因不理解居民自发的多元化诉求而往往采取简单的管制行为。

同样是居民自发改造社区公共用地用途的"种菜"行为，上海一些社区的居民在专家社团的帮助和引导下，组织起来共同参与社区公共空间和绿地整治，引入了包含"可食地景"理念的"都市农园"，这一行动不仅得到管理者的支持，还得到了社区居民的普遍欢迎，小农园也被誉为"开心农场"。由此可见，自下而上的内生式更新并不意味着居民个体可以为所欲为，居民自发更新的合理性尤为重要。

（三）市场推动更新的得与失

除少数项目由政府投入外，推动城市更新最主要的外部力量是市场。如何平衡城市公共空间的公共性与城市现代化发展的经济性是市场推动城市更新的一道难题。处理不好的话，由外部力量推动的城市更新将以经济价值最大化为目标，表现为以低洼地段改造为目标的"空间置换"运动和以房地产为驱动力的"空间谋利"行为，城市更新的直接利益相关者——城市居民处于弱势地位，最终导致一系列社会问题。

上海永康路的城市更新就是一个备受争议的例子。永康路前身为马路菜场，2011年由运营商主导的城市更新，把沿街菜场改造为酒吧餐饮场所，整条街逐渐发展为国内外年轻人的深夜聚集地，夜间经营对当地居民作息产生了极大的干扰。虽然，在这一更新过程中专门成立了"路委会"协调各方矛盾，但其作用十分有限。在本地居民的强烈反对下，政府最终拆除了酒吧街。但不少人认为，永康路的吸引力和特色形成是很不容易的，简单的清理非常可惜，上海就此少了一个城市特色要素。

在我国快速的城市发展过程中，追赶式的现代化将许多历时性的社会任务变成了共时性的压力。面对社区公共空间纷繁复杂的问题，介入更新的外部力量寻求的解决方案是"毕其功于一役"，短时间内以公共空间的彻底变化来一次性解决所有问题。表面上看，这样的处理方法是高效的，但这一突变带来的副作用是多年构建起来的社会公共秩序被打乱。社区公共空间更新的逻辑不再包容所有的使用者。正如麦克·罗斯汀（Michael Rustin）所指出的："我们必须假设每一种场所驱赶和排斥着不想要的参与者，同时又在吸引它所想要的客户群。"

社区公共空间的更新模式应包容更多自发的、渐次的更新，而不是以上帝视角进行整顿式改造，抹杀一切看似无序的自发性改造行为。社区公共空间更新需要吸收包容性发展的观念，使经济增长与居民生活的改善及社会意识的培育同时进行。因为在这种群体性、在地性的演进过程中，社区居民能够基于共同利益而联合起来，对推动更新的外部力量产生制约，两股力量的平衡与互补才能使社区公共空间的发展不会偏离正轨。

三、社区公共空间更新困境的成因分析

（一）社区治理体系中自上而下的垂直结构依旧强势

社区公共空间更新的路径和成效与社区的治理结构密切相关，良好的治理结构应当有利于治理方的行为动机与使用方的实际需求形成呼应关系。然而，在我国社区治理体系的演变过程中，自上而下的垂直结构长期处于主导地位。在我国古代城市中，受集权主义、礼仪法度的影响，城市管理呈现为立法、司法、行政为一家的高度集权化的结构，体现在城市居住区管理中，"官—民"的上下关系非常明显。进入现代社会，我国居住区管理体制经历了从"单位制"到"街居制"再到"社区制"的演变，管理方法也从"管制"走向"治理"，但政府在社区多主体治理体系中的主导地位依旧明显，本应作为社区自治组织的居委会，其实际角色更接近于政府的基层部门（表1）

我国城市居住区管理体制演变及特征 表1

时代	时期	管理体制	特征
古代	先秦时期	闾里制	以"里"为单位划分居住单元,建立从上至下贯通的地方行政体系,实现国家对基层社会的控制
	秦汉及隋唐	里坊制	对居民实行严格宵禁制度,将其生活限制在特定区域（坊）内,实行时间和空间上的双重制约
	宋元	厢坊制	形成坊、厢、府州县多级行政体制,以街道地段为单位的城市管理取代小区式封闭型强制管理
	明代	里甲制	由州县官任命的里长和甲首作为里甲的长官管理人口,限制人民自由,使其生活在封闭的受监视的空间内
	清代	保甲制	以保甲为目,以牌头、甲长、保长乃至各级地方官吏为纲,组织居民互相监督,实际运行困难,百姓不堪其扰
近代	民国时期	保甲制	作为法律上的地方自治团体,保甲组织完全成为国家基层行政机关,地方自治名存实亡

时代	时期	管理体制	特征
现代	中华人民共和国成立至改革开放	单位制	国家采用社会控制、资源分配和社会整合的组织化形式,承担着政治控制、专业分工和生活保障等多种功能
	中华人民共和国成立至20世纪末期	街居制	名义上是以"街道办事处"和"居民委员会"为权力机构的群众自治的管理制度,但实际运行上二者仍为政府的职能部门
	20世纪末期至今	社区制	权力主体多元化,包含业主居民、业主委员会、居委会和物业服务公司等,但依旧存在政府干预过强、居民参与共治机制尚未形成、第三方组织数量和种类欠缺等问题

从我国城市住区管理体制的演变及特征不难看出,无论是传统的住区管制,还是现代的社区管理,自上而下政府主导的垂直结构在社区治理中一直保持着绝对的主导地位。一方面,严格的层级制度和事无巨细的全面管理使得政府机构不堪重负、积重难返;另一方面,社区居民也养成了对政府的过度依赖,长期习惯于被动接受的角色而缺少参与共同治理的热情,社区公共空间更新等待听命于官方的项目介入。这种状况阻碍了社区共治的发展,也延缓了社区空间更新的进程。

(二) 空间谋利的短期行为与社区长远的发展需求错位

在城市更新背景下,城市发展从增量导向的城市新地块建设转向存量导向的建成空间再生产。在政府约束缺位的情况下,市场固有的"空间谋利"行为往往使得城市空间的再生产演变成为资本剥夺空间剩余价值的工具。市场行为的"空间谋利"本身无可厚非,因为经济增长也是城市发展的重要任务。重点在于这一行为不能脱离社会监督和约束,经济增长不能以损害社会、环境等居民权利为代价。

政府监管城市更新项目面临的一个重要挑战是市场的短期行为。我们常常看到一些"成功"的城市更新项目经过3~5年的喧嚣和热闹之后,随着市场操作方的获利离场而再度陷入困境。出于对公共政策长期性和稳定性的担忧,我国的市场"空间谋利"行为更加注重短期利益,往往采用急功近利的方式推动城市更新,以求在短时间内获得投资回报,对更新项目品质的持久性和更新项目的长期绩效缺少考虑,短期行为的突变式更新往往扼杀了城市街区自发演替的多种可能性。

社区公共空间的更新与本地居民的长期利益诉求息息相关。政府引入市场机制的时候,应当选择那些社会责任声誉良好的企业,把市场行为的赢利点和社区更新的长期性结合起来,同时尽可能地保持相关公共政策的长期稳定,为企业的长期投入提供政策保证。此外，推动社区治理结构的转变，形成对市场行为的公共监督，政府、企业和居民共同推动形成长远发展的持续更新机制。

（三）社区公共精神衰退导致社区公共空间归属感的迷失

管理体制的单一与市场行为的短视并非社区公共空间更新困境的全部原因。在市场化改革和现代化进程中，社区本身呈现碎片化的发展走向，而社区公共精神也面临着日益消解与式微的困境。城市中心区逐渐被大型购物中心、高级房地产项目所占据，成为炫耀性消费的空间，普通市民的城市生活空间被日益边缘化。原本以社区内部公共空间为载体的社区活动或被转移到社区外的消费场所，或依靠网络社交媒体完成，社区居民相互之间的交往无论是在频度还是强度上都较以往大为降低。同时，受经济利益的驱动，公共交往的活动中居民的行动动机更多地指向利己而非利他，导致社区失去了原有的高度一致性和规范性，而作为居民日常交往空间载体的社区公共空间在此转变中失去了居民情感纽带的作用，居民对社区公共空间的归属感日渐迷失。社区公共精神衰退导致了内生更新动力的严重不足，是造成社区公共空间更新困境的根本原因之一。

四、上海社区公共空间更新的共治探索

上海分别于 2015 年、2016 年启动了城市更新试点工作和城市更新四大行动计划。同期编制并于 2017 年底得到批复的《上海市城市总体规划（2017—2035年)》明确将针对存量空间的城市更新作为上海未来发展的主导模式。

上海的更新试点和实验非常注重体制机制的创新，大范围地普及社区规划师制度，注重社区共治和公共参与。早在 2007 年，上海市政府出台的《关于完善社区服务促进社区建设的实施意见》就强调"要探索建立社区委员会等社区共治平台，形成社区成员共同治理的利益协调机制"。2017 年召开的中共上海市第十一次代表大会明确提出："充分发挥社区委员会共治功能；政府支持、社区协同、各方参与、居民携手，解决群众关心的居住条件、社区环境、公共活动、物业管理、公用设施和便民服务等问题，增进市民对所在社区的认同感和满意度。"上海多个街道和社区的公共空间更新探索，在权力组织、更新模式与实施手段等方面取得了较好的创新性成果。

（一）福山路跑道花园改造更新

上海福山路跑道花园项目位于浦东新区陆家嘴地区。该地区机动车交通本位的道路规划建设使得步行空间品质长期被忽视，人行空间被机动车道挤占、公共

活动场所缺乏。2016 年末，为提升现有社区街道空间质量、促进居民社会交往，依托浦东新区城市更新的"缤纷社区计划"，新区的社会组织"陆家嘴社区公益基金会"发起了福山路跑道花园项目。在政府部门和本地商家等多方支持下，在多次与专业规划师和社区居民沟通、听取意见的基础上完成了方案设计，并最终在福山路与商城路交叉口的街角修建起一座小型跑道花园，为各年龄段的居民提供运动、游戏和休憩的空间，走出了街道作为社区公共空间品质低下、缺乏活力的困境。

作为由社区组织主导的公共空间改造行动，福山路跑道花园改造更新的创新之处在于，多个参与主体在项目的全过程中通过反复讨论和磋商，权力得到较好的平衡，形成了较为扁平化的合作机制。作为政府代表的陆家嘴街道，一方面落实上海《15 分钟社区生活圈规划导则》，为项目提供公共监管和规划指引；另一方面也为项目提供政策制度保障和一定的资金支持。作为社区组织方的"陆家嘴社区公益基金会"，负责汇集居民、商家和专业人士的意见，并与政府沟通，制定改造方案、跟进项目实施。此外，社会媒体、当地商户等的参与，都以不同方式对项目的成功落地起到了推进作用。福山路跑道花园改造更新通过强调多元的分散主体达成扁平化的合作网络，自上而下落实人本理念、自下而上集结社会力量，多元主体发挥所长并有所作为，在良性互动中实现社区公共空间质量的改善。

（二）静安区"美丽家园"社区空间更新

始于 2015 年的上海静安区老旧社区"美丽家园"更新行动，是在上海城市转型、有机更新价值倡导下，针对社区层面的一项代表性的空间共治实践创新。该行动在"安全维护、交通组织、环境提升、建筑修缮"四个更新目标的引领下，强调更新工作的分层推进、分步推广，基于居民需求紧迫度、施工难度、街道近期工作安排和资金预算，将目标分解成渐进式的行动计划。2018～2020 年静安区"美丽家园"三年计划包括完善共享停车机制、推行住宅小区公共区域清洁维护标准等针对公共空间的更新行动。该行动通过"化整为零"地将大目标转化为小项目，既能充分聚集资金和精力，尽早解决当下社区空间较为紧迫的问题，又能保证各个更新项目都符合社区发展的长远目标。

此外，静安区"美丽家园"社区空间更新以增强社区成员共同意识和社区归属感为动机，注重方案制定过程中居民的深度参与。在方案制定的初步阶段，通过居民访谈、座谈会和入户调研等方式，了解居民对社区公共空间的实际需求，并由规划师组织居委会、业委会、物业之间相互沟通协调，达成草案的共识；在方案编制阶段，面向居民举办汇报会，并由专业规划师负责讲解规划方案，使居民能够始终跟进并监督项目进展；在方案公示阶段，通过建立民主投票表决机制，更新项目草案需三分之二以上居民表决通过后，才可以正式上报政府立项。在更新行动的每个环节，赋予居民充分的知情权和决策权，在一定程度上培养了居民参与决策社区事务的能力，长远来看，为未来社区形成居民自组织力量及推动社区更新打下了一定基础。

（三）"创智农园"社区花园微更新

上海杨浦区五角场街道创智天地片区的"创智农园"，是上海社区花园空间微更新的成功案例之一。社区花园是社区民众共建共享、进行园艺活动的场地，其特点是在不改变现有绿地空间属性的前提下，通过提升社区公众的参与感，促进社区营造。"创智农园"所在地块原本是社区一处闲置地块，2016年经过五角场街道、当地开发商瑞安集团及社会组织"四叶草堂"合力更新后，转变为集农作物耕种、儿童农业教育、社区跳蚤市场等多种活动和功能于一体的社区公共空间，目前已经成为当地社区最具活力的社会场所。

该更新的创新之处在于，在社区花园的营造过程中联合了社会组织、周边高校师生及社区居民，从社区企业设计师创作墙面涂鸦到高校师生及社区居民参与建造，再到各类单位或个人打造迷你花园，以及后期运营过程中居民参与维护、开展公益志愿项目、举办社区跳蚤市场与农夫市集等活动，极大提高了社区公共空间更新中居民的参与度和感受度，突破了在精英决策商业运作大环境下，民众大多数情况只能被动接受和使用公共空间的情况，居民在深入参与施工过程及后期运营中强化了社区的归属感，建立了与社区公共空间的情感纽带，并潜移默化地培育了自身的公众精神。

五、共治理念下的社区公共空间更新

（一）权力共享：治理结构的扁平化与动态化

在社区制的发展背景下，社区多元权力主体的协同与嵌入，避免了单一主体推动的更新项目造成的功能脱离实际需求、空间资源浪费的问题，多主体的权力共享机制能够在一定程度上保证更新过程的公平性和成果的包容性。社区空间更新和社区治理结构调整是相辅相成的，加强社区多主体治理结构的研究也是社区更新实践的紧迫需求。从既有的项目实践看，以下两种治理结构的变化对社区的有序和有机更新是积极的。

1. 治理结构的扁平化

随着城市基层管理体制的改革，近年来社区空间治理结构"垂直化"的特征开始弱化，居民的社区意识开始被唤醒。但是，由于在城市规划中缺乏独立的法律法规条例对公众参与行和实施的过程及结果进行有效的保障，政府"包办"、社区居民"象征性"参与的社区公共空间更新仍旧是主流，而第三方组织参与的协作性更新模式仍处在实验阶段，尚未建立起有效的机制保障更新过程的合理合法性。扁平化治理结构的推进需要政府继续通过"简政放权"进行扶持培育，通过政策引导和资金支持的方式，促进社区的自组织发展和自主性建设；借助网络技术与社交媒体，更广泛地集中各权力主体的意见和力量；针对不同类型社区的特征和需求，建立与之相应的扁平化更新模式，如在市中心人口结构复杂的成熟社区建立基于多元主体监督的合作更新模式，在以外来务工人口为主的社区采用"社区—企业"共建的更新模式，在以本地农村人口为主的远郊农村社区推广乡贤能人主导的更新模式。

2. 治理结构的动态化

随着社区治理的深化，社区权力主体结构变得日益复杂，社区权力秩序逐渐表现出弥散意义上的流变性。而社区本身也是一个不断"生长"的系统，处于不同生长阶段的社区对公共生活空间的需求差异很大，从基础功能设施的补足到空间使用满意度的提升，再到品质特色的打造，需要基于不同阶段的更新目标对各个主体的权力秩序进行调整。例如，处于物质功能阶段的社区需要依靠政府力量补足基础功能设施；使用满意度阶段则依靠居民主体提出公共空间优化建议，依靠居委会筹措资金、发起改造，提升公共空间使用的满意度；品质优化阶段更需要居民、社区内部社团或外部组织形成议事组织，商议社区公共空间特色营造策略，进一步优化公共活动空间系统及其功能，构建完整的公共活动空间体系，提升社区活力。

（二）发展共谋：民政企合作的渐进式更新

当下我国社区更新项目大多着重空间环境的改善，但应认识到更新的根本目的是增强居民能够凭自身能力实现理想生活状态的"可行能力"，即当未来社区环境条件不适应居民新的需求时，居民有能力自主联系各类社会资源共同发起改造。而社区公共空间更新之所以能够汇集居民力量，是因为在解决与居民日常生活直接相关的公共事务领域，居民对切身利益的关心程度和集体智慧往往大于政府官员及管理精英。当下我国的社区公共空间或者受"政绩工程"影响，或者受市场利润制约，大多趋向周期短、收效快的突变式、片段化的更新项目，居民和社会组织在快节奏的变化中力量得不到集结，"可行能力"的培养难以实现。共治导向下的社区公共空间更新倡导渐进式发展，将社区发展的长期目标转化为分步骤的、适合多方参与的小型任务，注重依靠更新项目孕育居民、社会组织参与谋划社区发展的能力，最终形成社区议事团体、社区公约来保障这一更新机制能够常态化发挥作用，实现社区的自我修补、自我完善。正如简·雅各布斯所说，社区要通过"多方面的、逐渐的、经常的、有条不紊的变化"，来保证自身"拥有适应变化、更新自己、保持自己的吸引力和提供便利之处的能力"。

在这一方面，国外城市的更新实践提供了值得借鉴学习的丰富经验。例如，东京谷中区的社区营造就是一个分成六阶段的居民、政府、企业紧密合作的渐进过程（表2）。从最初当地居民创办地方杂志、发掘当地文化特色，到其后居民联合周边高校建立"谷中学校"，培育居民自发推动社区空间创新的意识和能力，再到最后当地社区建设纲领的出台，提出了保护和促进当地文化的五个基本原则，并成立永久的社区营造委员会解决未来社区发展的问题，形成居民、政府、企业三方良性沟通机制，最终促成居民信任并越发积极参与的良性循环。

谷中区社区营造过程   **表2**

阶段		事件	内 容	魅力再生产的体现
阶段一	评价	创办地方杂志、创造地方节日	创办地方杂志《谷中·根津·千驮木》（谷根千工房），发掘当地自然、历史、人文资源，颂扬当地有价值的文化资产、历史遗迹	形成初步文化共识
阶段二	行动	建立谷中学校	对地方历史文化资源的再发现，进行环境调查，举办艺术手工展	重塑街区邻里关系
阶段三	定位及建设	老旧建筑、空置房屋的活化与再利用	对地区内老旧空置房屋进行再利用，综合整治沿街店铺，使新店铺得以加入，促进老字号商业的再生，社区活动与展览进一步丰富	物质空间与精神文化协同复兴
阶段四	参与主体多元化	活用共享型空间	基于历史性建筑物的保全活动，由NPO为核心带动政府、企业、当地居民、高校师生共同参与，促进地域文化生活，高效合理发挥空间价值，彰显街区魅力	构建魅力再生产多元主体参与网络
阶段五	地方愿景共享	形成社会公约与共识	形成地域共生型公约提案，对地区的形象及礼仪文明、社区相处进行规定，市民活动的组织化	保留了地方生活方式的有序性与原真性
阶段六	可持续与传承	建立教育工坊	针对社区儿童及青少年，对地方文化及社区氛围的传承与教育	形成传承机制，实现魅力再生产的可持续性

（三）营造共参：建立居民与社区公共空间的情感纽带

扬·盖尔说过，人对于城市的感知"首先是生活，然后是空间，再次是建筑"。一个高品质的社区公共空间并非一定要通过大拆大建才能实现。应当认识到，社区公共空间的价值在于其提供的由人共同存在而产生及可能产生的公共交往行为，这是维系不同层次社会关系的重要纽带。社区公共空间归属感的遗失，在很大程度上是因为居民固有的社会活动外向转移到商业综合体、大型娱乐场所等公共设施，居民与社区公共空间的互动关系和情感联系被切断，而社区公共空间更新则是重建这种情感纽带的良好机会。社区通过实施一些小型的、有趣的空间更新项目，尝试邀请居民及其他社会团体与专业人士共同参与营造和后期运营，提升人与空间的互动强度。事实证明，由政府或市场主导的大型工程由于公众参与度低，居民感受度不高。往往是居民在建设过程中有参与的小型项目，居民在参与过程中彼此培养感情，并将这种情感注入他们的劳动成果中，使得公共空间具有更强的精神联系。

在社区空间更新的施工过程和后期运营、维护中，允许居民、社会团体与专业人士在一定框架内直接参与，不仅能够节省更新成本、提升空间使用效率，更重要的是，多种主体在共同营造过程中彼此建立情感联系，提高了居民对公共空间的归属感，社区精神得到培育。而这一路径正契合了联合国对社区发展的定义：通过人民自己的努力与政府当局合作，以改善社区的经济、社会和文化环境，把社区纳入国家生活中，从而为推动国家进步做出贡献。

六、结语

随着城市从量化发展步入品质化提升、城市管理模式从政府管制走向多方治理，未来的城市发展机制将更加注重多主体、多领域的融合。应对这一发展动向的转变，政府或市场主导的大型更新项目可能还受到众多因素的制约，难以在短时间内找到符合时代需求的解决路径，而社区公共空间更新则可以作为这一新型更新和治理模式的较为理想的"试验区"，社区更新实践的路径探索具有深刻的启发意义。

同时应当注意到，在权力结构、更新模式和公共精神三个方面的转变过程中，对规划师的专业知识和技能也有了新的要求，需要更为深入地从社会学、管理学等学科视角考虑空间更新。而规划师自身的角色也从以往解决技术问题的"技术专家"转变为充当多方协调的"组织者"，在承担城市物质空间的筹划、设计及管理任务的同时，还应当自觉地介入社会领域，充当社会角色。规划师在社区公共空间共治更新的路径探索中，也面临着自身职业角色的新挑战。

（撰稿人：卓健，同济大学城市规划系教授、博士生导师、副系主任，上海同济城市规划设计研究院城市更新规划研究中心主任；孙源铎，同济大学城市规划系硕士研究生）

注：摘自《规划师》，2019（03）：05-10，参考文献见原文。

粤港澳大湾区城市群规划的
历史、特征与展望

导语：粤港澳大湾区并非典型的地理概念上的"湾区"，而是在本区所特有的多元制度和不断向河口聚集的城市群形态的影响下，逐渐被认同为湾区。在城市群的形成过程中，政府编制了多次区域规划以应对不同时期的挑战，粤港澳地区的区域规划展现出范围由局部到整体、编制层级由低到高的演变历程。粤港澳所特有的"一国两制三法域"不但对城市群的空间形态产生影响，也对城市群规划发生影响。广东省属地的珠三角区域规划具有问题推动和政府主导的特征，并出现了规划侧重点随着区域转型而变化和规划过程自上而下与自下而上相结合的趋势。而大珠三角城市群规划（研究）则体现了愿景推动和有限规划的特点，展望未来，粤港澳大湾区在多元制度和多核心体系的交织作用下，城市群规划"愿景推动、有限规划"的特征依然会保持，但同时，随着城市群走向湾区时代，越来越多的内容会纳入跨界协调的范畴，"有限规划"的范围将逐步扩大，在这种背景下，三地共识的营建机制显得十分重要。

一、引言

在全球化和世界贸易体系的推动下，全球数个以大型远洋港口为依托的海湾地区，逐渐形成了以巨大的都市连绵地带为载体的经济集聚区域，成为全球经济网络的重要节点。粤港澳大湾区被认为是正在崛起的全球第四大湾区。大湾区作为多个城市的集合体，城市群规划是实现区域增长管理的重要手段。本文将对粤港澳大湾区的成长过程中的曾经编制的区域性空间规划进行全面回顾，以把握粤港澳大湾区城市群空间规划演变的脉络和特征。

二、粤港澳大湾区作为一个变化的地理概念

2015年国务院授权发布的《推动共建丝绸之路经济带和21世纪海上丝绸之路的愿景与行动》，是"粤港澳大湾区"的概念首次出现在了国家层面的文件上。"湾区"的称呼之于旧金山湾区和东京湾区，既是一个经济地理的概念，也是一个自然地理的概念。然而，粤港澳大湾区的情况却有所不同，由于自然地理的变

化，这里在 1947 年后已被认知为三角洲，是制度界面的作用和城市群向出海门地区的聚集才使得湾区作为经济地理的概念逐步形成。

（一）海陆界面的变迁

《联合国海洋法公约》将"海湾"定义为："明显的水曲，其凹入程度和曲口宽度的比例，使其有被陆地环抱的水域，而不仅为海岸的弯曲"（United Nations，1983）。典型的海湾通常自然相对稳定，然而，粤港澳湾区却处于中国第二大河珠江水系的入海口，珠江水系带来的大量物质在河口进行交换，因此，珠江口的水陆界面变化活跃，岸线变化显著。如广州南沙的万顷沙，正是清代的"乌珠大洋"在百年来淤积而成，推进速度高达平均每年 125m（曾昭璇，1993）。

珠江入海口的岸线形态随着时间的推移产生变化（图 1），使得人们对珠江口的地理认知也在不断地发展变化（赵焕庭，2018），1915 年，瑞典工程师柯维廉在实地考察之后提出广州至澳门一带的平原曾是海湾，后被西、北和东江的泥沙堆积为三角洲，并为之取名为"广州三角洲"（柯维廉，1916）。1930 年间瑞士籍地质学家、中山大学地质系主任哈安姆教授等在考察了广州附近的地质后称"珠江口无三角洲存在"（哈安姆，等，1930）。1947 年，吴尚时、曾昭璇发表总结性论文《珠江三角洲》并提出"珠江三角洲溺谷生成学说"，才确立了"珠江三角洲"的地理地位（吴尚时，曾昭璇，1947）。"珠江三角洲"作为共识性的称呼仅有不到百年的历史，在 2006 年，开始出现用"大珠江三角洲"的称号来称呼包括港澳的珠江三角洲地区。

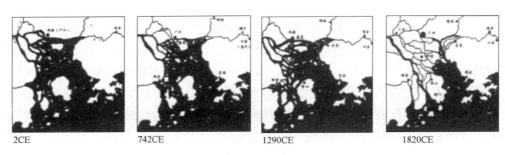

| 2CE | 742CE | 1290CE | 1820CE |

图 1　珠江三角洲成陆过程（公元 2 年、742 年、1290 年、1820 年）

（二）多元制度界面的作用

珠江口地区海上贸易历史悠久，在唐代的广州与阿拉伯地区就有频繁的贸易往来。明嘉靖三十二年（1553 年），葡萄牙人租借澳门，架起了珠三角与欧洲的贸易通道；清乾隆二十二年（1757 年），清朝实施广州"一口通商"，广州和澳门，成为中国对外贸易中两个重要的城市；清道光二十二年（1842年），香港被割让予英国，珠三角地区出现了多元的政治制度格局。

澳门被葡萄牙租用后，加快了珠三角商品经济发展。到清初，以广州、澳门两大城市为枢纽，由东西向的肇庆—广州—石龙—惠州与南北向的广州—顺德—香山—澳门构成"T"形经济地理网络（李绮云，2004）。鸦片战争以后，香港取代澳门地位，成为与广州并立的另一大经济中心，东岸城镇逐步崛起。珠三角历史上形成的制度界面，在对外开放进程中成为推动社会经济和城市发展的重要因素。1980年，深圳、珠海两个经济特区相继在制度边界成立，珠三角依托香港国际金融和航运中心的独特功能，成长为具有世界影响力的制造业基地。香港、澳门回归后，粤港澳大湾区城市群依然是处于不同政治经济体制下的集合体。"一国两制"下三地政治制度、法律体系和行政体系都有差异，且分属三个不同的关税区。

根据卫星影像解译数据，改革开放初期珠三角城乡建设用地总量 1570km^2，2017年已达到约 9373km^2，40年间增加了近5倍。从各时段珠三角建设用地的增长分布来看，增长出现了明显的港、澳，特别是香港的制度边界的指向性。

随着建设用地不断扩展，珠三角城镇群的形态由原来中部聚集逐步向南连绵，环绕珠江口湾区形成"马蹄形"的分布，从香港到广州及澳门到广州所形成的城市连绵地带总规模近万平方公里，这种在功能上分工明显，在形态上连绵（马向明，陈洋，2017）的环状沿海大都市带的形成，使珠三角地区在经济地理意义上出现了"湾区"的"形"。

根据英国"全球化与世界城市研究小组"（GaWC）的研究，自2000年起，"香港便在全球城市排名中长居α级，而广州和深圳两个城市在全球城市网络中的地位也不断加强。2018年，广州上升到了α级，深圳也进入到排名第55位的高位（GaWC，2018）。广州、深圳作为珠三角核心城市在GaWC排名中的迅速提升，不仅意味着城市自身与全球经济网络融合程度的加深，更体现了其所在城市区域在全球网络中地位的提升（程遥，赵民，2018）。

回顾历史，珠三角地区的自然地理是一直在变化的，这个地区的地理称呼经历了由粤江平原到珠江三角洲的变化。澳门、香港的制度界面形成后，地区的社会经济活动由以三角洲平原为主的农业经济转向环绕海岸带的海洋经济，于是逐步衍生出珠三角作为"湾区"的概念。因此，粤港澳大湾区并不是一个自然地理的概念，它是个经济地理，更是个政治地理的概念。"一国两制"所形成的制度界面，对区域发展发挥着十分重要的作用，这是世界其他湾区所不曾见到过的。规划管理与法律制度密切相关，由于香港实行的是英美法系，而澳门和广东属大陆法系，粤港澳间的三个法域存在着两大法系，"一国两制三法域"所形成的三地间的相对独立性和差异性，对作为区域管理工具的城市群空间规划也产生了重要影响。

三、珠三角城市群的发育与区域空间规划的开启

19 世纪末，霍华德的"田园城市"模型开启了从区域着手解决大城市问题的思想，随后克里斯泰勒的"中心地"理论进一步启发了人们对一个区域中城市之间的相互作用和关系的思考。二战之后，新的交通技术应用和产业分工促进了城市之间的联动，区域性的规划探索及各类城市群的研究在世界各地出现。澳门、香港自开埠起就与广州关系密切，珠三角是一个典型的多中心带动发展的区域，三个中心城市有自身的腹地，相互间相互影响。因此，在大都市带连绵区的形成过程中，政府多次从区域规划的层面对城市群的发展做出协调管理。

（一）珠三角：外向型产业塑造的城市连绵区

历史上珠三角的城镇是沿水系分布的，改革开放以来，平坦的台地和公路建设为工业化发展提供了良好的条件，20 世纪 90 年代后全球资本进一步扩张，推动珠三角东西两岸城镇不断拓展、连绵，仅不到 40 年便形成了今日所见的产业分布和城镇连绵区形态，呈现出跨行政边界的空间一体化，城与乡、工业与农业活动高度混杂（魏立华，阎小培，2004），20 世纪 80 年代，加拿大学者麦基（T. G. Mc-Gee）将这种普遍存在于东亚、东南亚地区的混杂空间形态称为"De-sakota"，并指出这一形态的形成是由于城市间相互作用的力量大于城市与周边地区相互作用的力量所致（史育龙，1998）。然而，珠三角空间演变的实际机制与此并不完全相符，城市中心地区与城市辖区边缘地区的外向型产业园区之间的相互作用是导致城乡空间混杂的重要推动因素（图 2）。

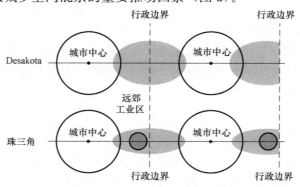

图 2　Desakota 与珠三角城乡混杂动力模式差异

改革开放以来珠三角城镇空间的成长过程，受到市场和行政两股力量的综合作用。一方面，乡镇企业的蓬勃兴起和自20世纪80年代开始的国际产业转移构成了推动城镇空间增长的市场驱动力；另一方面，官方划定的经济特区、经济技术开发区以及大量的产业园区则是国际产业导入的最重要的承载地，由此导致珠三角城市连绵区形成机制的独特性。相比于美国城市机动化水平提升推动郊区化而触发城市带，或日本东京都市圈轨道交通引导下的企业外迁而形成城市连绵带（Ginsburg，1991），珠三角巨型城市区域形成与此不同，其最重要的推动因素并非来自城市内部，而是主要来自珠三角长期依赖的外源型经济（图3）。外源型经济的特征是不但企业的投资、技术来自外部，产品的市场也是以外销为主，企业对外部的连接性十分关注，因此这类产业园区通常选址于对外交通便利区域。改革开放后我国开始实行"市带县"的行政模式，这让城市政府能够在市域范围来统筹布局工业园区。

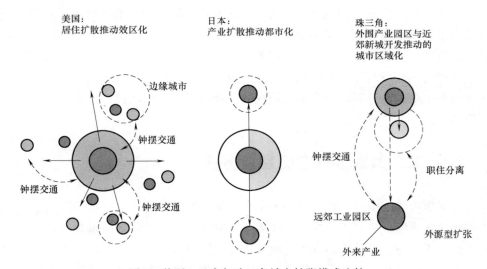

图3　美国、日本与珠三角城市扩张模式比较

于是，无论是20世纪90年代的经开区，还是2000年以来的各类综合性产业园区，都往往被置于城市辖区边缘，以便于对外交通和获得连片的土地。如广州位于黄埔的经开区、惠州的大亚湾工业园区等。另一方面，在有利于原有设施的利用和土地出让的考虑下，政府通常在靠近中心城区的近郊区位规划新城建设。由此，在城市外围远郊区域涌现的工业园区，与位于近郊的居住新城在空间上拉开差距，形成了一种生产空间与生活空间分离的"园城分置"现象。

"园城分置"带来了工业园区开发的便利性，为外向型工业的发展提供了充足的空间和巨大的灵活性，加速了珠三角工业化的进程。但是，"园城分置"现象也引发一系列城市与区域问题。首先，由于园与城的相互脱离，导致产业配套水平低，城与工业园区之间产生大量的潮汐交通；其次，园与城的长距离分离，园区对各类服务的需求导致园与城之间的交通干道成为"马路经济"的场所，城乡混杂局面出现，城市蔓延的现象迅速成为区域性问题，对沿线自然生态环境造成极大冲击。自20世纪80年代末起，珠三角9市纷纷在远离城区的"良好区位"设立起至少一个的各类大型对外工业园区，随后建设快速道路连接市区与园区，这种"园城分置"的开发方式，使得城市间的开敞地带被迅速填补，在城市中心区外缘形成大量的非城非乡的半城市化地区。

（二）以城镇体系规划为代表的区域空间规划开启

为了适应"市带县"行政模式的管理需求以及珠三角城镇化快速发展的形势，1989年广东省建设委员会组织编制了《珠三角城镇体系规划（1991—2010年)》，期望通过区域性的城镇体系规划应对城镇化带来的机遇和挑战。规划围绕经济发展和城镇的培育，提出重点培育广佛、深圳、珠海等10个城镇群的空间构想，并对区域性重大基础设施、旅游服务网点作出了布局安排。由于当时珠江三角洲经济区还没有建立，因此，规划的范围是珠三角的自然地理范畴。这是珠三角历史上第一个针对城镇化的区域性空间规划，珠三角城镇群规划的历史由此开启。

四、珠三角城市群空间规划历程

随着城市化的推进，珠三角加上香港、澳门所组成的"大珠三角"地区，逐步形成与全球经济联系密切的城市区域，并对区域管理提出新的挑战。首先，是迫切需要建立适应城镇化趋势的区域性基础设施网络；其次，是阻止快速工业化导致的耕地流失和环境恶化；第三，是缓解财政分权背景下城市间恶性竞争与市场分割现象（银温泉，等，2001）。为应对以上各种问题，广东省政府从1994年开始，在珠三角开展了两次综合性的区域发展规划（1994，2008）和一次以城市群为目的的空间规划（2004），并在2006年与香港、澳门特区政府合作，开始推动大珠三角城市群协调发展的三地联合规划行动。

（一）珠三角城市群三次空间规划回顾

1. 1994年《珠江三角洲经济区城镇群规划》
1992年邓小平视察南方，提出广东要用20年赶上亚洲"四小龙"。为此，需要破解的困局就是粗放发展所导致的耕地流失、环境污染扩散以及各自为政的

"诸侯经济"等问题。1994 年，广东省正式设立"珠三角经济区"，并立即启动《珠三角经济区现代化规划》，以期通过整合优化内部资源，提升竞争力，应对外部挑战。该规划由省委、省政府直接推动，跳出了部门规划范畴，统筹协调力度空前。

《珠江三角洲经济区城镇群规划》（广东省建设委员会，1996）作为配套专项规划之一，在继承城镇体系规划技术方法和吸收国外经验基础上，开创性地完成了国内第一个城市群规划。规划看到了珠三角城市发展与港澳的紧密关系，指出"香港与深圳一起构成了目前珠三角城市发展的另外一个极核"；认识到了改革开放后新出现的中心区＋市域的"地域性城市"对城市布局带来的问题，规划以"团体冠军"为目标（房庆方，等，1997），规划所提出的"三大都市区"空间组织模式和"都会区、市镇密集区、开敞区、生态敏感区"四类空间开发控制模式，成为后来各区域规划普遍采用的政策管制分区思想的雏形。值得注意的是，当时深圳被列为"副核心城市"，到 1998 年就被省委确立为与广州同等地位的珠三角双核心之一。

2. 2004 年《珠江三角洲城镇群协调发展规划（2004—2020 年）》

随着越来越多的外资进入中国以中国市场为目的，珠三角国内市场腹地狭小、城乡建设水平不高成为进一步吸引外资的制约。2004 年，广东省委、省政府决定与建设部共同组织编制《珠江三角洲城镇群协调发展规划（2004—2020 年）》，成为我国第一个部省合作的区域规划。规划首次提出将珠三角建设成为"世界级城镇群"的目标，关注珠三角的腹地建设问题和重视泛珠三角的协同发展，并基于"网络型空间结构"提出打造"脊梁"强化珠三角核心竞争力（图 4）。

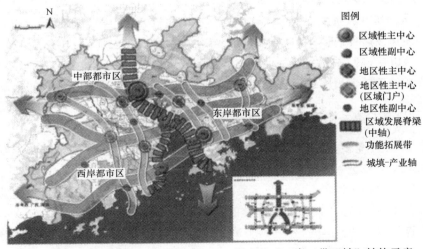

图 4 《珠江三角洲城镇群协调发展规划》提出的"一脊三带五轴"结构示意

　　此次规划的重大特色,一是提出了九类政策区,实施区域空间管治,尤其注重对区域生态结构与生态节点的控制和管治引导,实现区域发展机会的公平,这为区域绿地、绿道的规划建设奠定了基础;二是将区域规划法定化,广东省人大于2006年通过了《珠江三角洲城镇群协调发展规划实施条例》;三是注重行动引导,提出八个行动计划,其中"发展湾区计划"首次提出"湾区"概念,包括珠海主城区、横琴、唐家,广州南沙,东莞虎门、长安和深圳的沙井—松岗、前海—保安,是一个环珠江口的"小湾区"。

　　3. 2008年《珠江三角洲地区改革发展规划纲要(2008—2020年)》

　　2007年,随着中国出口退税率的下调、人民币升值和随后的世界金融海啸的冲击,珠三角的发展遇到前所未有的挑战。2008年,广东省委、省政府联合国家发改委编制了《珠江三角洲地区改革发展规划纲要(2008—2020年)》(以下简称《纲要》),由国务院于2008年12月,即改革开放30周年的重要历史节点上正式颁布。在国际金融危机的影响与尚未解决的结构性矛盾交织在一起的背景下,《纲要》指出珠三角传统发展模式难以持续、城乡和区域发展仍不平衡和社会事业发展相对滞后三大核心问题并存,提出珠三角要推进与港澳紧密合作,共同打造亚太地区最具活力和国际竞争力的城市群,形成粤港澳三地分工合作、优势互补、全球最具核心竞争力的大都市圈之一和亚太地区重要的创新中心和成果转化基地,并将加快推进珠三角区域经济一体化作为解决发展不平衡问题的重要举措。

　　为指导区域经济一体化工作,广东省政府于2009年组织编制了珠三角基础设施、产业布局、基本公共服务、城乡规划和环境保护五个领域的"一体化规划",期望通过多领域的推动,加快各城市行政区之间的融合,缩小区域差异和城乡差异。其中《城乡规划一体化规划》提出通过强化广州、深圳的双中心地位引领一体化发展的总体策略,同时以差异化策略实现三大都市区的一体化:广佛肇都市区以广佛同城化为核心梯度发展;深莞惠都市区以深圳为核心,以发展廊道为依托的点轴发展格局;珠中江都市区将形成多中心均衡分布的空间格局。

(二)粤港澳三地联合区域发展研究和行动计划

　　1. 2006年粤港澳三地政府首次联合开展《大珠江三角洲城镇群协调发展规划研究》

　　基于对"共建世界上最繁荣、最具活力的经济中心之一"的愿景下建立"更紧密合作关系"的共同愿望,经国务院港澳办和粤港澳三地政府同意,三地城市规划主管部门于2006年合作开展了策略性区域规划研究——《大珠江三角洲城镇群协调发展规划研究》(广东省城乡规划设计研究院资料室,2009)。粤港澳之间的合作由来已久，如19世纪末20世纪初，港英政府与清政府共建九广铁路、后来的粤港澳供水工程合作等，而联合开展规划研究则是历史上的首次。

本次研究希望把过去由市场主导的"非制度性"合作推向政府和市场双轮推动的"制度性"合作。研究聚焦于具有"跨界"合作意义的领域，以空间结构优化、跨界交通合作和区域生态环境保护为核心研究内容，试图从这三方面作为实现大珠江城市群发展目标而提供空间合作的策略选择，为粤港澳三地政府制定区域合作及跨界政策的参考。在空间优化策略中，研究特别重视环珠江口湾区和核心城市的作用，建议三地要共同研究"环珠江口湾区"的未来发展策略。这是三地政府合作的规划文件中首次提出"湾区"概念，范围比2004版珠三角城市群协调发展规划提的湾区范围有所扩大，涵盖环珠江口的港、深、莞、穗、中、珠、澳7座城市。

对于核心城市的功能组合与合作，研究提出三大都市区各有特色：同城化的广佛都市区、国际化的港深都市区和特色化的澳珠都市区。同时，研究基于大珠江三角洲"一国两制"的特点，对三地协调机制进行了充分探讨，提出了构建多层级责权明晰、多元主体互动的协调机制。

2. 2010年《环珠江口宜居湾区建设重点行动计划》

随着环珠江口的横琴、南沙和前海相继成为各市的重点开发平台，"环珠江口湾区"的合作逐步进入粤港澳三地政府的决策议程。2009年2月，粤港澳三地政府在香港举行第一次共同推进实施《纲要》联络协调会，达成了合作开展《环珠江口宜居湾区建设重点行动计划》（以下简称《行动计划》）的共识。2010年4月，广东省住房和城乡建设厅、香港规划署和澳门运输工务司联合组织编制《行动计划》，涵盖范围包括广州、深圳、东莞、中山的部分区域及珠海全域（5市所辖的19个区）和香港、澳门两个特别行政区全境。

《行动计划》从现状评估出发，界定存在的环境、公共服务、休闲空间等六大问题；在此基础上，提出了三类十项行动计划，其中，第一类是需粤港澳三地进行协调合作的区域性行动，如"绿网"行动和"区域公交网"行动；第二类是三地城市在共同目标下按各自情况开展的地区性行动，如"特色公共空间"行动、"步行城市"行动等；第三类是粤港澳三地跨界合作建议，如"便捷通关"行动和"跨界环保合作"行动。

《行动计划》编制工作历时4年，除了听取三地政府部门和专家的意见外，还进行了两轮公众咨询活动。最终成果经粤港澳三地政府按各自程序审议后于2014年底完成，标志着粤港澳空间规划合作从"策略性规划协调研究"走向"面向实施的行动计划"，并表达了三地对环珠江口湾区的共同重视。这个"共识"成为国家相关港澳政策的落脚点，"湾区"也逐步成为国家层面的议题。在这个过程中，湾区的范围也由 2004 版《珠三角城市群协调发展规划》的"小湾区"，到《环珠江口宜居湾区建设重点行动计划》中包括 7 座城市的"中湾区"，最后在国家文件中扩展到包括港、澳和珠三角经济区 9 座城市共 11 座城市的"大湾区"。

五、粤港澳大湾区城市群规划的特征与未来展望

（一）粤港澳大湾区城市群规划的特征

珠三角自 20 世纪 80 年代经济增长带动城市发展进入快车道后，广东省政府就一直通过区域规划来加强区域协调。以 1989 年的珠三角城镇体系规划为启蒙，后续开展了一系列综合性区域规划及珠三角绿道网、广深科技创新走廊规划等专项规划，也与港、澳两地政府先后共同开展了两次区域规划行动。时间的跨度让我们能够从过去历版规划中的变与不变中，进一步识别粤港澳大湾区城市群区域规划所表现出的特征和趋势。

1. 珠三角城市群规划的两个特征

（1）问题推动

珠三角自设立经济区后分别于 1994 年、2004 年和 2008 年编制了三次城镇群与区域空间规划。这三次规划的共同点是都编制于珠三角发展的转折时期，针对珠三角不同发展阶段面临的问题和形势，从区域层面去寻求城市发展问题的解决方案（表1）。

珠三角各版规划面临的问题与对策一览　　　　表 1

规划	面临问题	发展愿景	主要策略
1994 版规划	用地失控，环境恶化；基础设施建设各自为政	建设现代化城市群	点轴开发；三大都市区；四种用地模式
2004 版规划	市场腹地狭小；城乡混杂；建设质量不高	世界级制造业基地和充满生机活力的城镇群	密切泛珠和东南亚联系；建设"脊梁"增强区域核心竞争力；实行区域政策分区
2008 版规划	原有模式难以为继；区域和城乡发展不平衡	与港澳共建有国际竞争力的城市群	与港澳密切合作；建设自主创新高地；加强经济区一体化

（2）政府主导

珠三角历次区域规划无论是从规划的组织方式、决策过程，还是从规划编制的参与者和规划的实施者来看，基本上都是政府主导。特别是到了第三次（2008版）规划，为了便于规划的组织实施，规划的范围由原来珠三角经济区的范围调

整为完全与珠三角 9 市的行政辖区范围一致。

从规划的实施方式来看（表 2），1994 版规划是通过省直部门对各地市上报的规划和项目审批来实现区域规划的意图；自此之后的区域规划，通常都包括省级领导小组协调监督、省级主管部门评估考核、市际联席会议协商推进等多层级行政统筹（赖寿华，等，2015）。2004 版规划完成后进行了专门针对实施的规划条例立法（《珠江三角洲城镇群协调发展规划实施条例》），2008 版规划则是采用省政府对省直部门和各市政府的行政考核的方式来推进。从实施效果来看，采用行政考核方式的 2008 版规划实施力度最大。

珠三角各版规划的组织编制和实施方式一览　　　　　　　　　表 2

规划	组织编制	编制者	实施方式	实施成效
1994 版规划	广东省政府	省直相关部门	政府审批	*
2004 版规划	建设部、广东省政府	技术单位	规划条例	* *
2008 版纲要	国家发改委、广东省政府	国家发改委	行政考核	* * * *

注：* 表示实施成效的高低。

2. 珠三角城市群规划的两个趋势

（1）侧重点随着区域转型发生变化

基于外源型经济特征，为城市经济发展提供有效的区域基础设施网络和产业开发的场所，是 1994 版和 2004 版区域规划的重要内容，规划具有"为增长而规划"（Wu，2015）的特征。但从 2008 版规划开始，内部发展的不平衡开始成为规划的首要议题。到了 2010 年，省政府把建设珠三角绿道网与轨道网作为提升区域竞争力的两个抓手，而绿道网是生态、景观和市民的使用相统一的综合功能线性景观廊道，并不是传统的面向生产的基础设施。将景观作为介入城市的媒介，要放在工业城市持续转型的背景下来理解（查尔斯，2011）。珠三角作为全球制造业基地的功能在转型，而转型的过程对珠三角区域规划的内容在产生影响，规划在过去以"硬"内容为主之中出现了"软"内容。2017 年，广东省政府推动的"广深科技创新走廊规划"更为明显地诠释了这种变化：规划不仅仅关注走廊沿线的交通和空间供给，而且，花了更多的篇幅着眼于创新要素的聚集和创新生态的培育（广东省政府，2018）。

（2）出现自上而下与自下而上相结合

珠三角区域规划由省政府等上级部门来组织编制，通常是自上而下的过程。2008 版规划开创的另一个先例是，层级高的政府只颁布纲要规划，后面由省直部门来编制实施性规划，这种分两步走的方式证明更能够结合实际，对后面的规划实施更有帮助。这种模式同样应用于 2010 年的绿道网规划建设中：在规划编

193

制阶段，省级层面确定布线方向，各市各自定线，再由省综合成网，上下联动，帮助地方政府实现了在整体框架下对本地资源与特色的整合；在规划实施阶段，省政府通过技术指引和现场督导、通报进度的方式来推进工作，各市负责建设实施。这种上下结合的方式提高了地方政府和社会的认知水平，在实施过程中形成了富有生命力的地方知识。在省政府推动的绿道三年行动和考核结束后，珠三角各市的绿道建设并没有停止，还出现社会组织进行绿道活动策划（刘铮，2017）。

3. 大珠三角城市群空间规划（研究）的特点

大珠三角地区开展的区域规划（研究）实践次数仅两次，由此尚不足以归纳出这个地区区域规划的经验模式。不过从仅有的两次实践及其实施成效来看，与其他区域规划相比，还是可以初步发现一些不同点。

（1）愿景推动

大珠三角已进行的两次区域规划（研究），都是在有一个明确愿景的前提下开展。"2006版规划研究"基于"共建世界上最繁荣、最具活力的经济中心之一"的愿景和三地建立"更紧密合作关系"的共识；而"2010版行动计划"则是三地在通过环珠江口湾区的合作"共建优质生活圈"的共同愿景下开展的。从香港城市发展进程来看，在2007年完成编制的《香港2030规划远景与策略》报告中（香港特别行政区，2007），香港明确提出了"亚洲国际都会"的长期愿景，对标类似纽约和伦敦同样重要的地位。在该报告的第五章之中也明确指出，香港要在国际竞争中占优离不开整个区域的经济综合实力，形成一个多核心的城市群体，这与2008版《纲要》中提到的"打造亚太地区最具活力和国际竞争力的城市群"的总体愿景是高度一致的。

（2）有限规划

区域规划涉及的内容十分广泛，与城市群发展相关的要素更是包罗万象。粤港澳三方是在"一国两制"的框架下各自独立运行的，作为三地首个联合区域规划的研究项目，《大珠江三角洲城镇群协调发展规划研究》十分慎重而恰当地界定了研究的内容：聚焦于具有"跨界"合作意义的领域，这种限定在一定范围的"有限规划"模式，是在共同愿景之下对与三方关系密切的要素进行研究并提出建议。此后的《环珠江口宜居湾区建设重点行动计划》更是紧扣宜居湾区这一主题展开，这保证了关键事项能够有前瞻性的安排，又避免了对各自事务做出过细的介入。

由于历史的原因，粤港澳三地的三个法域分属大陆法系和英美法系。近代中国大量移植大陆法系国家的法律最终成为大陆法系国家；澳门法律受葡萄牙法的影响采用了大陆法系（曾金莲，2017）；而香港在被英国占领后采用了英美法系，回归后，原来的法律制度被保留，香港成为中国唯一的采用英美法系的一个区域（王立民，2017）。区域规划作为政府管理的政策，规划编制的过程就是"立法"

的过程。由于两大法系存在明显差异，如大陆法系的传统是实体法，重视法律的制定与修订，而英美法系则重视程序法（赵迪，等，2015），使得三地对规划的过程和成果有明显的不同要求。如 2006 年开展的大珠三角规划研究，由周一星教授领衔组成了编制组，成立了由三地著名专家学者组成的庞大的顾问团，规划研究的每个阶段都听取顾问团的意见。在研究成果形成后的征求意见阶段，粤、澳方面侧重关注研究结论的合理性，香港方面则十分关注成果产生的程序，甚至有人对成果的内容并不关注，喊出不要"被规划"的口号。三地对研究成果反应的差异充分体现了不同法系之下三地的不同。在这种背景下，把跨区规划保持在最有限的领域是三地恰当的选择。

（二）粤港澳大湾区城市群空间规划的展望

2019 年 2 月，国务院公布了《粤港澳大湾区发展规划纲要》，纲要对未来大湾区的发展提出了五个定位，这些定位的实现，需要空间规划的展开作为支撑。因此，可以预料，更多的跨境规划将在今后展开。如前所述，与纽约湾区、旧金山湾区和东京湾区相比，粤港澳大湾区城市群最大的特殊性正在于"一国两制三法域"下的制度多元性和多极的中心体系。

大湾区可被视为一个多重行政架构的跨境区域（杨春，2008），广东与港澳为同级的政府机构，在具体事务中难免出现城市之间各自为政和"跨境保护主义"（沈建法，2002），导致区域重大基础设施规划协调的困难，如港珠澳大桥的选址建设的波折（杨春，2008）。这是由于三地间不同行政体制、不同法律司法体系、不同参与主体、不同发展理念、不同利益诉求，都会对跨界事务的协调造成影响（刘云刚，等，2018）。

在很长的历史时期，珠三角都是广州引领的单中心体系，随着澳门、香港的相继介入，珠三角逐步往多中心的体系转化。《粤港澳大湾区发展规划纲要》指出，未来的大湾区是港、澳、穗、深四极带动的中心体系（图 5）。城市中心体系是一个区域发展的引擎，它对区域基础设施供给和区域治理都会产生深刻的影响。

因此，在制度界面和四极带动的中心体系的交织作用下，粤港澳大湾区城市群的区域治理将会比世界任何其他湾区都更为复杂。涵盖粤港澳三地的区域空间规划，依然会展现出"愿景引领、有限规划"的特征。但另一方面，随着粤港澳城市群走向湾区时代，越来越多的内容会纳入到跨界协调的范畴里，"有限规划"的范围将逐步扩大。

首先，保护区域性的自然生态本底如大气、海洋、动物保护将成为共同议题。如于 1990 年成立的"粤港环境保护小组"在 2000 年升级为"粤港持续发展与环保合作小组"，目前已经在河底淤泥整治与应对海上垃圾等若干跨境生态环

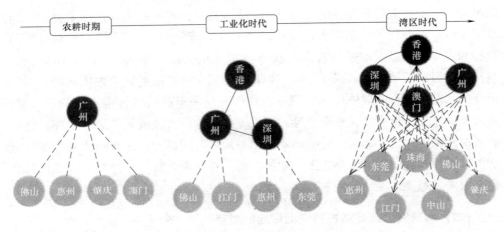

图5　粤港澳湾区中心体系的动态变化性

境议题开展合作与研究（香港环境保护署，2018）。在气候变化的背景下，随着湾区各城市向环珠江口聚集，追求更高质量的区域生态安全与环境品质无疑是三地的愿景与共识。

其次，湾区多核中心体系的张力将会引发更多的跨界议题。回顾历史，改革开放后大珠三角由"港主穗副"向"多核多中心"的演变过程，正是区域关系由简明的"核心—边缘"关系走向复杂化的过程。在这个过程中，粤港跨界事务的协调范畴也由交通事务向生态环境和空间优化范畴扩展。可以预料，在粤港澳共建世界级大湾区的愿景下，随着区域高/快速交通建设的推进，香港、深圳、广州和澳门四个核心城市之间的功能互动将极大提升，势必促使更多议题进入区域协同的范畴。

区域交通组织方式的改变是基于城市间的合作功能的演替，香港与珠三角传统的"前店后厂"的模式正在发生深刻的变化（徐江，2008），科技创新合作（创科香港基金会，2017）、生产性服务业合作（钟韵，闫小培，2006）等新型港珠合作模式持续推动着区域空间的优化。从1999年开始，香港规划署开展的《北往南来》研究，对香港与珠三角地区间的跨境交通进行追踪（香港规划署，1999—2017）。香港特区政府也多次委托学术团体对大珠三角的区域铁路、内河航运、机场航空等策略性议题展开研究，提出了若干基于香港本地发展需求的区域交通网络优化建议。

科技创新成为新时期两地发展的空间规划的共同聚焦点。2015年编制完成的《香港2030+：跨越2030的规划远景与策略》旗帜鲜明地提出通过创新科技提升城市的竞争力（HKSAR，2015）。2017年广东省发布《广深科技创新走廊规划》，也提出了联动深圳—东莞—广州的科技创新资源，建设廊带状的全球创新策源地（广东省人民政府，2018）。《粤港澳大湾区发展规划纲要》更进一步提出推进"广州—深圳—香港—澳门"科技创新走廊建设，建设国际科技创新中心。2018年香港特区施政报告提出积极在落马洲河套地区发展"深港创新及科技园"，推进"明日大屿愿景"，加强香港与珠三角城市的创新优势互补（香港特别行政区，2018）。因此可以预料，在此共同愿景下，促进广深港澳四个区域中心在交通设施互通、创新要素流动和城市宜居协作等支撑湾区国际科创中心的关键议题会被纳入区域协同的范畴。

六、结语

从自然地理的角度来看，粤港澳地区在数百年前也许是个典型的"湾区"，随着海陆界面的变化，百年前已被认为是个河口三角洲。但是，在本区特有的制度界面和不断变化的城市群形态的共同作用下，逐渐衍生出了"湾区"的认知。

为应对不同时期的问题与挑战，广东省政府组织编制了多次区域性空间规划。城市群空间规划的触角于2006年扩大到包括港澳的"大珠三角"。大珠三角规划（研究）作为粤港澳合作从"非制度性"向"制度性"安排的先行探索，已展现出跨境城市群规划与一般城市群规划的显著不同点。

《粤港澳大湾区发展规划纲要》愿景的实现，需要空间规划的展开作为支撑。因此，可以预料，更多的跨境规划将逐步展开。粤港澳大湾区在多元制度和多核心体系的交织作用下，区域治理将会比世界其他湾区更为复杂。一方面，在"一国两制三法域"的环境下，涵盖粤港澳三地的区域空间规划，依然会展现出"愿景推动、有限规划"的特征，另一方面，随着粤港澳城市群走向湾区时代，越来越多的内容将纳入到跨界协调的范畴里，"有限规划"的范围将逐步扩大。

在这种背景下，三地间共识的营造十分关键。考察当前深受认同的"湾区"这一概念的发育过程，便是一个三地共识逐步形成的过程。因此，为了在更多的跨境议题上达成共识，有必要在粤港澳大湾区设立联合常设机构，如粤港澳大湾区城市协会，由这个常设机构来组织智库对湾区发展面临的问题和挑战进行研究、讨论，逐步营造出对某些问题的区域共识，进而推动政府开展正式的区域研究或规划。

（撰稿人：马向明，教授级高级工程师，广东省城乡规划设计研究院总规划师；陈洋，高级工程师，广东省城乡规划设计研究院政策研究中心主任；黎智枫，广东省城乡规划设计研究院工程师）

注：摘自《城市规划学刊》，2019（06）：15-24，参考文献见原文。

等级化与网络化：长三角经济
地理变迁趋势研究

导语：当前新经济发展的背景下，长三角地区正在经历经济地理的变迁。借鉴全球城市理论与网络城市理论，基于工商总局的企业大数据以及人口统计资料，运用价值区段、关联网络、人口流动的分层城镇化等分析方法，本文从等级化与网络化两个维度，对长三角地区经济地理变迁的发展趋势进行实证研究，分析其功能等级与关联网络、人口规模与流动网络的演变特征，进而探索长三角巨型城市地区多中心、网络化的主要特征与城市体系再集聚与再分散的未来趋势。并提出有的城市随着新经济的发展而崛起，有的城市在被边缘化，城市的起落关键是要融入区域关联网络。

一、引言

随着经济全球化的深度发展，关于世界城市（world city）、全球城市（global city）的研究逐渐成为西方城市与区域空间研究的热点。全球化和信息化加速了世界新的城市等级体系形成，城市经济不再停留于国家经济体系一个范畴，而是跨越国家、打破垂直界限、链接全球运行的若干自然、经济和机构的网络。

美国学者弗里德曼在 20 世纪 80 年代中期提出了"世界城市假说（the world city hypothesis）"（J. Friedmann，2010），同时期美国学者萨森在其出版的《全球城市：纽约、伦敦、东京》一书中提出了"全球城市（global city）概念"，认为由金融业和生产性服务业发展而导致的全球化界定了全球城市网络（Sassen，1991）。在此基础上，泰勒与他的全球化与世界城市研究小组（the Globalization and World City Research Group，GaWC）提出了世界城市体系研究的"网络方法（network approach）"（Taylor，2002）。全球城市理论的提出之后，一些城市的发展目标争相提出全球城市的相关目标，上海"2035 规划"提出建设"卓越的全球城市"，日本东京提出建设"世界最好城市"，大伦敦空间发展战略（2011）提出伦敦的发展愿景为"独占全球城市之首，达到最高的环保标准和生活品质"，这意味着城市的等级化之争日益激烈，城市都希望在新的全球城市体系中有一席之地。

在城市等级化之争的过程中，城市也越来越受城市之间相互关联的城市网络所影响，卡斯特尔认为全球化是社会关系在空间延伸上的产物，同时也是社会空间再层级与再重构的过程（M.Castells，1996）。全球化使传统的"场所空间"逐渐被"流动空间"所取代，封闭的城市功能关系逐步被多向的、网络化的关系所取代（Brenner，1998；Jessop，1996）。城市网络关系的重要性会导致城市的等级关系发生变化而带来新的重构，等级化与网络化成为新的城市体系和经济地理变化的两种力量，网络化会带来城市体系的再层级化，同时等级化也会影响城市在功能网络中的地位与作用。

城市体系的网络化与等级化在经济地理上的一个变化是城市区域（city region）、巨型城市区域（megacity region）的崛起。2004年，彼得·霍尔与考蒂·佩因以欧洲8个城市区域为研究对象，提出21世纪出现的新城市形式——多中心网络（polynet）的巨型城市区域，并认为其形成机制是两种力量的重新结合：一是网络化的力量，受到全球化和价值链分工影响，流动性扩大，联系性加强；二是等级化的力量，遵循新"中心地理论"，高等级的功能通过再集聚与再等级化的过程形成所谓的全球城市（Peter Hall，2015；Peter Hall，Kathy Pain，1988）。

借鉴全球城市与网络城市的相关理论，聚焦城市体系的等级化与网络化两个维度的变动趋势，对长三角地区经济地理空间重构的趋势进行实证研究，有助于理解和把握长三角城市体系的发展和经济地理的变迁。除了特别说明之外，本文所指的长三角包括上海市、江苏省、浙江省和安徽省三省一市的全部范围，包括41个地级市。

二、等级化：长三角价值区段与分层城镇化分析

城市的等级化趋势是城市体系研究的重点，城市的等级主要表现为功能等级和规模等级两种维度，全球城市和网络城市的研究使城市的功能等级越来越取代城市规模等级，成为城市能级的重要标志。研究城市功能等级有许多的研究方法，唐子来在长三角地区15个城市比较中采用价值区段的方法进行了分析（唐子来，等，2010），本文在此基础上，延伸到长三角地区41个城市进行价值区段的研究，以判断城市在等级化体系中的等级与价值区段，城市的价值区段主要按照生产性服务业、技术密集型制造业、资金密集型制造业、劳动密集型制造业，以及其他类型产业进行分类研究。此外，也对长三角的人口规模等级采用位序—规模和分层城镇化的研究方法进行了相应的研究，以判断城市人口规模是否也存在进一步等级化的趋势。

（一）基于价值区段的功能等级研究

功能等级的研究主要依据城市的各类产业所占比重偏离区域同产业占比平均值的标准差倍数确定城市的价值区段，如下式所示，其中，V_α^i 表示 α 城市 i 产业的价值区段特征值；T_α^i 表示 i 产业增加值占 α 城市全产业增加值的比重；$\overline{q_l}$ 表示区域同产业占比的平均值；σ_i 表示区域同产业占比的标准差。

$$V_\alpha^i = \frac{T_\alpha^i - \overline{q_l}}{\sigma_i}$$

按照不同的价值区段，可以将城市主导产业类型分为：生产型服务业、技术密集型制造业、资金密集型制造业、劳动密集型制造业和其他产业（包括一般制造业、生活性服务业、农业）。比较 2000 年与 2015 年长三角范围内不同城市的价值区段类型（图1，图2），判断不同价值区段的城市的演变特征，基于这些分析方法，我们可以得出以下一些判断。

图1　2000年长三角不同城市的价值区段分层示意

生产性服务业城市的比较：生产性服务业主导的城市一般在价值区段的顶端，2000 年只有上海和南京两个城市，2015 年，生产性服务业主导的城市包含了上海、南京、杭州三个城市，这些城市明显处于价值链的高端，这表明在等级化顶端城市出现了变化，南京和杭州在长三角的再层级化过程中上升为顶端的城市之一。GaWC 最新发布的《世界城市名册 2018》中也同样证明了这种层级的变化，上海处于 Alpha＋的位置，明显高于其他城市，杭州超越南京处于 Beta＋的位置，南京处于 Beta 的位置。价值链顶端的城市，呈现了明显的中心城市和门户城市的作用，也强化了对资本的控制能力和服务能力。在新一轮城市总体规划中，上海定位为追求"卓越的全球城市"，增加了科技创新中心职能，南京强

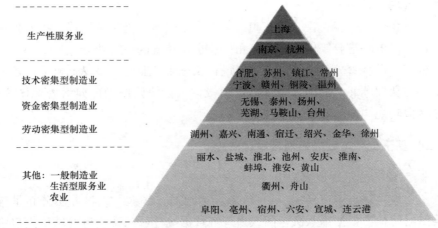

生产性服务业

技术密集型制造业

资金密集型制造业

劳动密集型制造业

其他：一般制造业
生活型服务业
农业

上海

南京、杭州

合肥、苏州、镇江、常州
宁波、赣州、铜陵、温州

无锡、泰州、扬州、
芜湖、马鞍山、台州

湖州、嘉兴、南通、宿迁、绍兴、金华、徐州

丽水、盐城、淮北、池州、安庆、淮南、
蚌埠、淮安、黄山

衢州、舟山

阜阳、亳州、宿州、六安、宣城、连云港

图 2　2015 年长三角不同城市的价值区段分层示意

调建设"创新名城"，杭州强调新经济再集聚，突出数字产业化、产业数字化与城市数字化"三化"融合。

技术密集型城市的比较：长三角的城市中，比较 2000 年与 2015 年价值区段可以看出，处于技术密集型产业主导的城市在 2000 年只有合肥、苏州、镇江、常州、宁波的基础上，增加了 2 个城市，铜陵和温州，城市数量的增加也反映了技术密集型产业在长三角的扩散态势。技术密集型产业城市的代表城市为苏州和合肥，苏州"十三五"规划的发展目标中强调"打造具有全球影响力的产业科技创新高地"和"打造具有国际竞争力的先进制造业基地"。合肥强调产业的发展方向围绕传统产业智能化、"卡脖子"技术国产化、重点产业集群化、现代服务业高端化。

资本密集型产业城市的比较：资本密集型产业一般主要集聚在石化、钢铁、临港工业等产业类型，对比来看，城市数量没有明显的变化，2000 年为无锡、泰州、马鞍山、淮北、泰州、温州 6 个城市，2015 仍然为 6 个城市，即无锡、泰州、扬州、芜湖、马鞍山和台州。两个基准年的对比可以看出，淮北降级为劳动密集型城市，温州向上升一级为技术密集型产业，而扬州和台州则从劳动密集型城市升级为资本密集型产业城市，总体来说，资本密集型产业还是聚焦在沿着长江的城市和沿海的城市。

劳动密集型产业城市的比较：从长三角来看，2000 年以劳动密集型为主导的城市为 6 个，2015 年增加了 2 个城市，宿迁和徐州；劳动力密集型制造业呈现向苏北、皖北扩散的趋势。

一般制造业、生活性服务业与农业主导城市的比较：从长三角来看，这一价值区段上的城市基本都分布在长三角的外围地区。这也表明长三角还是存在明显的核心—外围的关系。

从长三角产业分工来说，长三角已经形成了明显的高价值区段、中价值区段和低价值区段的垂直分工体系，长三角产业也从传统的"行业分工"走向了"价值区段分工"的垂直分工体系。总体来说，长三角产业分工呈现低价值区段向外围扩散，主要向苏北、浙西、皖江地区扩散，中价值区段功能向潜力地区集中，高价值区段功能向核心地区集聚的态势。

（二）基于位序与分层的规模等级研究

1. 长三角的位序—规模结构

长三角地区三省一市 2015 年人口总量达到 2.2 亿人，人口分层分布呈现出相对均衡的特征。根据第六次全国人口普查数据统计，三省一市的城市人口中有31％集聚在直辖市、省会城市与计划单列市；31％的人口集聚在一般地级市；38％的人口分布在县级市与建制镇。随着近年来上海等超大城市人口规模增长的放缓，第二梯队的城市集聚效应增强，长三角城市群城市体系将呈现更加均衡的发展态势。

从位序—规模结构看，长三角主要城市的规模呈现相对平缓的特征。将长三角与京津冀前 15～20 位城市进行对比发现，长三角的城市位序—人口规模结构曲线更加平滑，而京津冀更加陡峭，反映了长三角大中小城市更为协调发展的态势（图 3）。

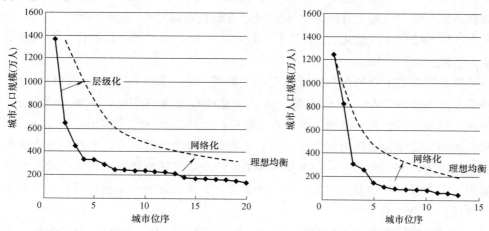

图 3　2015 年长三角（左）与京津冀（右）城市位序—城市人口规模的比较

这一发展态势很好地印证了全球化背景下等级化与网络化两种力量对城市体系的双重作用影响。具体而言，在等级化作用下，城市体系等级性更强，城市首位度高，更趋于单中心；城市间联系通常是一对多、单向的（one-way）。而在网络化作用下，城市体系更协调，城市首位度较低，更趋于多中心，且城镇间的联系通常是更均衡、双向的（two-way）（Peter Hall，Kathy Pain，2006）。长三角相对平滑的曲线反映了长三角人口规模结构的多中心、网络化特征，而且从长三角人口流动的分层城镇化特征来看，长三角呈现更加明显的多中心和网络化趋势。

陆铭认为人口和经济的进一步集聚是大国大城的重要发展路径，而且认为上海、杭州和南京在长三角的人口规模的集聚度不如广州和深圳在珠三角的集聚度，这也反映了长三角要素的自由流动存在一定的障碍（陆铭，2017）。从本文的研究来看，长三角更加平顺的规模—位序结构反映了长三角更加网络化的特征，而且城市人口增长的变量也反映了这一趋势，人口规模的集聚更多的是"两端"增长的特征，人口既流向大城市，也流向以县城为主体的中小城市，人口流动是经济理性和社会理性相结合后的一种选择，经济理性鼓励人们流向收入更高、选择更多的大城市，社会理性激励人们流向社会关系更多、文化认同感更强的中小城市，从而使人口的等级化特征呈现更加平顺的趋势，至少在长三角地区反映了这一特征（郑德高，等，2017）。

2. 长三角分层城镇化的总体特征

从区域经济地理来看，长三角地区近几年的人口增长还是非常明显的，对人口集聚的吸引能力也不断增强。2000~2005年，年均增长165万人；2005~2010年，年均增长259万人；2010~2015年，年均增长103万人；2015~2017年，年均增长上升到143万人。可见，人口流向长三角地区没有呈现明显的转折点，近几年人口增长还有上升的趋势。

从人口集聚方向看，呈现较为明显的两端增长特征，即向大城市和县城进一步集聚的特征。人口向大城市流动一定程度上发挥了人口集聚的规模效应，在大城市拥有更好的公共服务设施、找工作能有更高的匹配度，因此能吸引更多的人流向大城市。但是在人口流动和城镇化的过程中，由于各种因素的限制，包括严格的户籍管理制度，在子女上学与医疗保障方面有更高的门槛，以及文化习惯的影响等，一些人也倾向于向县城集聚，实现就近就地的城镇化，在长三角就具有这样的特征。

依据三省一市的数据可以看出，江浙皖三省都体现出人口向大城市和县城流动的趋势。虽然有些经济学家强烈批判，但"用脚投票"的结果就是如此，一部分人流向大城市，一部分人流向周边的县城。不同的是，江浙两省由于城镇化水平较高，县城人口规模较大，人口呈现出向特大城市和20万~50万人的县城流动的趋势。而安徽省由于城镇化发展程度相对滞后，县城规模相对较小，人口呈现出向大城市和20万人以下县城流动的趋势。在长三角，人口流动并没有完全呈现大城市主导，而是表现为 W 形格局，大城市、一定规模的县城以及镇是中国分层城镇化的主体。

3. 长三角分省城镇化特征及其演变

（1）江苏省：U 形格局转向 W 形格局

2000 年，江苏省人口多集聚在大城市和普通建制镇，呈 U 形格局。2000～2010 年，江苏省的分层集聚呈现向大城市和部分发展较好的县城流动的特征，大城市和县城人口增长显著，成为江苏省城镇化的主要载体。大城市人口占比从 21％上升到 34.7％，Ⅰ 型小城市（主要是县城）从 8.6％上升到 18.6％；中等城市略有增长，从 11.5％上升到 13.1％；Ⅱ 型小城市和建制镇比重有所下降。尽管建制镇人口比例有所下降，但建制镇人口总量依然比较大，占比仍维持在 30％的水平（图 4）。江苏省城镇化格局从 2000 年的 U 形格局，转向了 W 形格局，

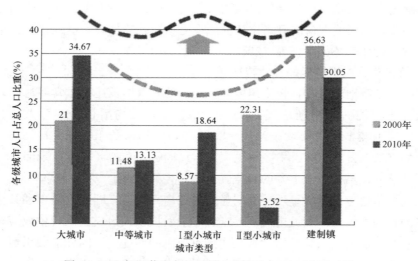

图 4　2010 年江苏省各级城镇人口占比与 2000 年的变化

（2）浙江省：强化的 W 形格局

与江苏省相似，浙江省在 2000 年之前大城市和建制镇人口集聚已经较为明显，而 20 万～50 万人的小城市人口集聚占比明显高于江苏省。2000～2010 年，大城市、20 万～50 万人的 Ⅰ 型小城市成为浙江省城镇化的主要载体。对比 2000 年和 2010 年全省各级城市城镇人口占全省的比重变化，大城市从 2000 年的 22.5％上升到 2009 年的 30.3％，而人口在 20 万～50 万人的 Ⅰ 型小城市上升幅度最大，从 2000 年的 14.1％上升到 2010 年的 23.7％；中等城市、Ⅱ 型小城市和建制镇的城镇人口比重有所下降。由此可见，浙江城镇人口集聚仍然呈现向大

城市、向部分发展较好的县城以及建制镇集中的趋势。尽管建制镇占总城镇人口的比例下降明显，但从人口总量来看，仍然是浙江省城镇化的主要空间（图5）。

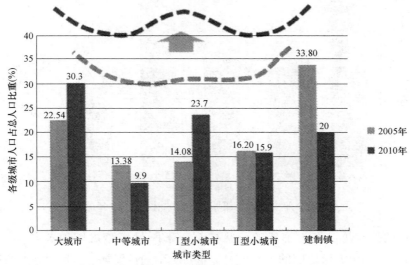

图5　2010年浙江省各级城镇人口占比与2000年的变化

（3）安徽省：相对均衡的发展格局

与江苏省和浙江省相比，安徽省城镇化发展格局是更为稳定的态势。对比2000年和2010年全省各级城市城镇人口占比变化，安徽省的大中小城市的城镇人口都在增长，与浙江省和江苏省类似的是大城市是城镇化增长的集中地，从2000年的25％上升到2009年的26％；与江浙不同的是，Ⅱ型小城市城镇人口在全省的比重上升明显，从2000年的22％上升到2009年的27％；中等城市、Ⅰ型小城市和建制镇的城镇人口比重有所下降。安徽城镇人口尽管也呈现了向大城市、向县城集中的趋势，但各层次所占比例差距并不显著，变化也较为稳定。这与安徽省整体经济发展相对较慢相关，大城市并没有显现出类似江苏和浙江比较强的吸引力，中小城市也承担了城镇化的重要任务，总体尚处于一种相对低水平的均衡状态（图6）。

三、网络化：长三角经济发展的关联网络分析

目前关于长三角区域经济联系的相关研究中，多借用 GaWC 的研究方法，采用总部—分支机构的研究方法，通过计算企业之间的关联度来测量城市之间的关联度（唐子来，赵渺希，2010；唐子来，李涛，2014；朱查松，等，2014；赵渺希，等，2015）。本研究也采用类似的方法，鉴于数据的可获得性，采用城市

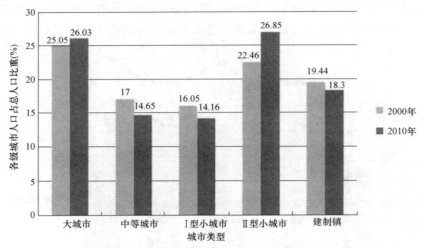

图 6　2010 年安徽省各级城镇人口占比与 2000 年的变化

之间企业的投资数量作为主要的分析数据，来测量城市之间的关联度（陈阳，等，2016）。两个城市之间的关联度是 i 市对 j 市的投资加上 j 市对 i 市的投资总和，结合长三角的 41 个城市，依托国家工商总局企业注册信息集成的龙信大数据平台，获取 2005 年与 2015 年两个时间截面进行分析和标准化处理，计算每个城市的总关联度（表 1），关联度的高低表征各个城市在长三角网络中的层级。

2005 年与 2015 年长三角各城市总关联度一览　　　　　　　　　表 1

总关联层级	城市（总关联度）	
	2005 年	2015 年
一级节点（W 关联度）	上海（100）	上海（100）
二级节点（中高关联度）	南京（55）、杭州（48）、苏州（38）	南京（62）、杭州（56）、苏州（42）、宁波（36）
三级节点（中关联度）	宁波（28）、无锡（26）、常州（23）、南通（20）、绍兴（12）、合肥（12）、扬州（11）、镇江（10）、台州（10）	无锡（27）、合肥（26）、常州（21）、南通（18）、台州（16）、嘉兴（13）、温州（13）、绍兴（12）、湖州（11）
四级节点（中低关联度）	嘉兴（9）、芜湖（9）、湖州（8）、温州（7）、泰州（7）、盐城（6）、连云港（5）、徐州（5）	金华（9）、泰州（9）、扬州（9）、芜湖（9）、镇江（8）、淮安（6）、马鞍山（6）、盐城（6）、舟山（5）、徐州（5）、淮安（5）、连云港（5）、蚌埠（5）
五级节点（低关联度）	蚌埠（4）、金华（4）、舟山（3）、淮南（3）、滁州（3）、铜陵（3）、安庆（3）、六安（3）、丽水（3）、马鞍山（2）、衢州（2）、宿迁（2）、淮北（2）、宿州（1）、亳州（1）、阜阳（1）、池州（1）、宣城（1）、黄山（1）	宿迁（4）、滁州（4）、淮北（3）、淮南（3）、六安（3）、安庆（3）、铜陵（3）、衢州（2）、丽水（2）、宿州（1）、阜阳（1）、亳州（1）、池州（1）、黄山（1）

（一）长三角全产业链关联网络特征

基于 2015 年长三角企业大数据所做的长三角全产业链分析，可以得出以下结论：城市与城市的关联度主要分为四个层级，第一层级上海与苏州的联系为最高，说明这两个城市已经进入同城化的状态，相互联系最为紧密；第二层级主要为 5 对城市，上海与南京、上海与杭州、上海与宁波、杭州与宁波以及南京与苏州；表明上海、南京、杭州、宁波、苏州构成了长三角最紧密关联的 5 个城市，也形成了沪宁廊道、沪杭廊道以及杭州—宁波发展走廊，所谓"之"字形的发展格局更加明显。

第三层级的几对城市主要为上海与无锡、南京与无锡、杭州与金华、上海与南通、南京与南通、南京与扬州、杭州与温州、上海与合肥、南京与淮安、杭州与湖州、南京与镇江、南京与盐城、杭州与嘉兴、杭州与绍兴、南京与常州等。这表明合肥、无锡、南通等城市已经建立与上海、南京、杭州、苏州之间的紧密关联，形成了城市体系的第二梯队，也表明"之"字形廊道已经进一步扩散，形成了网络状的经济联系。

第四层级的几对城市主要为杭州与台州、上海与温州、上海与台州、南京与连云港、上海与嘉兴、南京与宿迁、合肥与六安等。这表明长三角大部分城市已经进入四级关联网络中，从关联网络可以看出，安徽的大部分城市还只是与省会城市合肥关联，合肥与南京的关联程度并不高，合肥更多的是和上海发生关联，安徽还没有全面融入长三角。

与 2005 年全产业链关联网络相比，可以看出如下一些变化：

（1）相比 2005 年城市的关联网络，2015 年城市关联网络中城市之间的联系更加广泛与更加紧密，长三角已经形成了多中心、网络化的巨型城市地区。一方面，城市关联网络的范围从核心区逐渐扩展到外围，特别是皖江地区、浙南地区，已纳入较为紧密的网络关联范围；另一方面，城市之间的联系强度正在普遍增强，特别是核心城市上海、南京、杭州、宁波、苏州 5 个城市之间的联系增强，其辐射和带动作用更加明显，体现出长三角城市经济一体化程度的加深。

（2）城市的总关联度也反映了城市的等级化特征。长三角 41 个城市形成明显的等级化格局。根据关联度的高低关系，可以识别各城市在城市体系中的等级：总关联度最高的上海无疑是长三角地区的核心城市，中高关联度的城市在 2005 年杭州、南京、苏州 3 个城市的基础上增加了宁波，且与上海的总关联度差距在缩小。中关联度 2005 年和 2015 年都为 9 个城市，包括无锡、合肥、常州、南通等，从变化来看，合肥、湖州、温州等城市在网络中的能级提高。同时中低关联度城市个数增加，也表明了长三角网络化扩展趋势。

(二) 长三角生产性服务业、制造业与新经济关联网络

本次全产业谱系的分析主要包含了生产性服务业、制造业和新经济产业三大类，这是不同于传统的只是以生产性服务业为关联核心的分析方法，生产性服务业的分析方法更适合分析全球城市网络，同时这一分析方法也令纽约、伦敦处于全球城市网络的顶端，符合西方中心主义的研究思路。

但是在中国，两个现象值得关注，第一，中国还处在城镇化和工业化快速发展时期，除了生产性服务业，制造业在长三角更处于一种网络化、区域化与价值链分工的发展阶段，特别是"生产在安徽，总部在上海"（注：长三角核心与外围的比较常见的一种模式）的发展模式比较典型（郑德高，2011）；第二，以生产性服务业为主要测度全球城市网络的理论来源于萨森的"全球城市"理论，以及 GaWC 的"全球城市网络"，其基本出发点更多的是以纽约、伦敦为代表的经济发展模式。近年来，硅谷在全球城市网络中的崛起，无法在全球城市网络中得到明显体现。在长三角，杭州新经济的崛起在网络中地位也没有能明显体现出来，因此本次研究结合长三角的发展阶段和新经济的发展特点，在生产性服务业网络的基础上，补充了制造业网络，重点增加了长三角的新经济网络，这也是对全球城市理论在中国应用的一种补充。

1. 生产性服务业关联网络分析

生产性服务业关联与全产业的关联网络具有较强的相似性，这也验证了全球城市网络选取生产性服务业作为主要关联代表的验证。在长三角处于第一关联层级的是上海与苏州；第二层级的是上海与南京、上海与杭州；处于第三层级的是南京与苏州、杭州与宁波、上海与无锡、上海与宁波、南京与无锡；处于第四层级的是杭州与金华、南京与南通、杭州与温州、南京与扬州、南京与淮安、南京与盐城、南京与泰州、南京与镇江、上海与合肥、上海与南通、杭州与湖州、杭州与嘉兴、杭州与绍兴、南京与徐州、南京与常州、杭州与台州、上海与常州；剩下与苏北、皖北等外围地区的关联度处于第 5 层级。

2. 制造业关联网络分析

制造业关联度的分析显示了"生产在安徽，总部在上海"的总体特征，上海在制造业方面的控制力处于绝对的中心地位，形成了以上海为中心的放射状的格局。具体而言，处于第一关联的是上海与苏州；处于第二关联的是上海与南京、上海与台州、上海与宁波、上海与无锡；处于第三关联层级是上海与杭州、上海与南通、杭州与宁波、上海与温州、上海与嘉兴、南京与苏州、上海与常州、上海与合肥、南京与无锡；处于第四层级的是杭州与湖州、上海与镇江、杭州与温州、上海与台州、合肥与淮安、无锡与苏州等。

3. 新经济关联网络分析

关于新经济的概念最早起源于美国。《商业周刊》在 1996 年提出在经济全球化背景下，信息技术（IT）革命以及由信息技术革命带动的，以高新科技产业为龙头的经济（Pete，2000）。在城市中，很多城市提出了自己的新经济产业发展目标，比如杭州提出未来新经济产业主要为"1＋6"，包括信息经济产业、文化创意产业、金融产业、旅游休闲产业、健康产业、时尚产业以及高端装备产业（聂献忠，2016）。第一财经研究院和复旦大学在 2017 年发布的《中国城市和产业创新力报告》中提出了七类新经济行业：节能与环保业、新一代信息技术和信息服务产业、生物医药产业、高端装备制造产业、新能源产业、新材料产业，新能源汽车产业。

本文以七类新经济行业作为基本的分类标准，对长三角新经济的关联度进行了分析，发现这与生产性服务业的关联度有很大不同，反映出浙江新经济的兴起，与上海形成环杭州湾创新区。具体而言，处于关联度第一等级的是杭州与宁波、上海与杭州；处于第二等级的是上海与苏州、上海与南京、杭州与温州、杭州与金华、上海与宁波；处于第三等级的是杭州与嘉兴、上海与无锡、上海与合肥、合肥与富阳、杭州与湖州、杭州与绍兴、杭州与台州；处于第四等级是合肥与安庆、合肥与六安、合肥与滁州、杭州与衢州等。

通过对长三角关联的分析可见，在不同的业态上长三角关联度呈现不同的格局。以生产性服务业来看，上海龙头地位突出，同时南京、杭州、合肥的省内关联突出。上海—南京—杭州形成较强的关联网络，合肥的关联度相对较弱。从制造业关联度来看，上海处于绝对核心地位，其控制力与影响力地位突出。从新经济关联来看，杭州地位崛起，基本形成杭州和上海的双中心格局。总体来看，上海以卓越的全球城市为发展目标，其地位突出，杭州作为新经济的发展代表，迅速崛起，不同业态的关联网络在未来总体格局中还存在变动的发展态势。新经济在全球关联网络中的地位和作用越来越突出，这也是对关联网络进一步发展的一种修正或补充。

（三）长三角人口流动网络的分析

长三角是一个人口流动比较多的地区。2015 年，长三角流动人口约 5162 万人，其中从长三角外流入的人口约 1987 万，占总流动人口的 39%；长三角跨省流动的人口约 1082 万，占 21%；省内跨县流动的人口约 1039 万，占 20%；县内流动的人口约 1054 万，占总流动人口的 20%。

在这四类流动人口中，相比 2010 年，从长三角外跨省流入的人口增加了约 130 万，在长三角区域内跨省流动的人口增加了 50 万，省内跨县流动的人口减少了 180 万,县内流动人口增加了 320 万。

长三角地区大量的跨省和跨市流动人口主要在长三角地区内部流动,这是一种越来越强的人口流动的区域化现象。王桂新也得出了类似的结论,通过对苏浙沪的研究发现,长三角地区跨省相互流动在逐步增强,形成以上海、南京、杭州为代表的人口高流入的中心城市,迁入规模强度较高,同时在长三角内部形成了活跃的内部流动,从而构建了人口自由流动、相对一体化发展的城市群(王桂新,等,2006;王桂新,等,2013)。

对比长三角 2000 年和 2015 年人口流入与流出情况可知,人口流入地区明显增多,人口流向的多中心格局已经显现。人口主要流向区域内核心城市,人口流入型地区从 2000 年的 19 个减少为 2015 年的 16 个城市,主要流向了上海、南京、杭州、苏州、无锡、常州、宁波、温州,以及安徽的合肥、马鞍山等城市。而人口流出型地区还有所扩大。苏北和苏中的城市全面转为流出型地区,安徽仅有合肥和马鞍山保持人口净流入。

此外,本文结合各省人口统计年鉴的流入与流出人口来源的数据,以及每个城市的外来人口的总量数据,对长三角每个城市的人口流动网络进行了模拟,得出 2000 年和 2015 年长三角地级市人口流动关系(图 7),可以看出,2015 年长三角的人口流动呈现出截然不同于 2000 年时的空间格局,2000 年人口流动主要流向上海,呈现上海单中心的格局,2015 年人口流动显示更加多中心和网络化

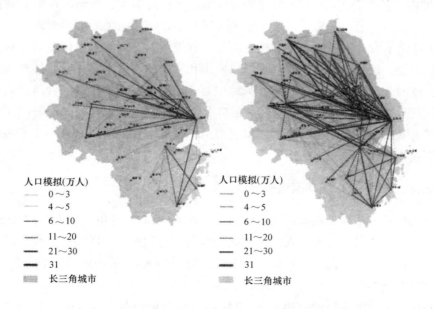

图 7　2000 年与 2015 年长三角地级市间流动人口流向示意图

的格局。上海、南京、杭州、苏州、宁波等城市成为吸引人口的中心，但总体来说，安徽的人口流动与上海、南京、杭州、合肥的关系更加密切，江苏的人口流动与上海以及省内南京、苏州的联系紧密。浙江的人口流动数量少，且呈现相对的独立性，杭州成为这一轮吸引人口流入的中心。

四、小结

全球城市理论强调全球城市对世界城市体系的控制力和影响力，网络城市理论强调城市之间的功能联系超越地理邻近成为城市发展的重要动力。前者对经济地理的影响表现为城市的等级化趋势越来越明显，等级化所导致的塔尖城市越来越成为参与国际竞争的关键性城市；后者强调城市之间的功能联系越来越重要，网络化与多中心化是区域经济地理变化的新趋势。等级化与网络化力量共同对长三角地区的经济地理重塑产生重要影响。

长三角城市等级化一方面是城市功能的等级化，在全球城市网络的作用下，长三角城市呈现"金字塔"形的功能等级结构，上海定位为卓越的全球城市，代表中国参与国际竞争。杭州与南京作为生产性服务业主导的 Beta 级的全球城市，在全球与区域网络中发挥重要作用。加上以苏州与合肥为代表的技术密集型城市，以无锡、芜湖为代表的资本密集型城市，以及以绍兴、南通为代表的劳动密集型城市，长三角的产业分工已经从平行的"行业分工"体系，走向了垂直的"价值链"分工体系。这个分工体系也深刻影响了长三角的每一个城市，每一个城市也都在积极转型，寻找更高的价值链分工。另一方面，城市人口的等级化并不明显，总体呈现的是 W 形格局，不仅大城市在进一步吸引人口，20 万～50 万人口规模的县城和建制镇在城镇化过程中也发挥了重要作用。

长三角城市网络化，重点以新经济、生产性服务业与制造业构建的全产业链建构了长三角城市之间的总关联，使长三角成为更加网络化的地区。一方面，关联网络的覆盖面已经辐射到皖北、苏北和浙南地区；另一方面，上海、杭州、南京、苏州等中心城市之间的网络密度更加密集，相互差距逐渐缩小，城市体系的顶端城市也是相互关联网络密切的城市。新经济关联网络体系中，杭州已经崛起，与上海形成双中心的格局。人口流动网络体系中，人口流入地区主要集中在几个中心城市，且人口流动规模在增长；同时，人口从向上海单中心流动转变为向多个中心城市流动。

在等级化与网络化的共同作用下，长三角正在经历"再集聚—再分散"的变迁。再集聚，意味着顶端城市发挥着重要控制力和影响力，而且顶端城市之间的联系更加紧密，再集聚过程中有的城市随着新经济的发展而迅速崛起，有的城市缓慢转型，逐渐边缘。再分散，意味着原来一些边缘城市正积极融入长三角的网络体系中，解决边缘城市的发展困境就是要建立与核心城市便捷的联系（格莱泽，2012)，但关键是要与核心城市建立功能关联网络，共同构建区域价值链分工的新体系。

（撰稿人：郑德高，同济大学建筑与城市规划学院博士研究生，教授级高级规划师，中国城市规划设计研究院副院长）

注：摘自《城市规划学刊》，2019（04）：47-55，参考文献见原文。

加快构建城市总体规划实施体系的思考
——以北京为例

导语： 总体规划是城市治理体系和治理能力现代化的集中体现。但是总规实施中经常出现发展理念转变不到位、任务制定分解不清晰、规划实施路径不落地、政策机制配套不充分和跟踪监察预警不及时等问题，造成总规不管用、不好用。本研究以新版北京总规实施工作实践为例，结合下一步国土空间规划改革的具体措施，提出建立"加强组织领导抓部署、细化任务清单抓落实、完善规划体系抓布局、深化改革创新抓突破、开展城市体检抓监测"五步联动的城市总体规划实施体系，推动总体规划实施，明确了干什么、谁来干、干哪里、怎么干和看成效的全流程工作方式。

一、引言

城市总体规划是城市政府为确定城市的规模和发展方向，实现城市的经济和社会发展目标，合理利用城市土地，协调城市空间布局等所作的一定期限内的综合部署和具体安排。近年来，中央对城市发展高度重视。2014年2月，习近平总书记在北京视察时指出："城市规划在城市发展中起着重要引领作用，考察一个城市首先看规划，规划科学是最大的效益，规划失误是最大的浪费，规划折腾是最大的忌讳"。随着城市发展建设在国家治理体系和治理能力现代化建设中的作用日益凸显，城市总体规划（以下简称"总规"）已经成为城市政府在一定时期内的施政纲领、工作主线和政策集合。总规具有的战略性、全局性、统筹性和长期性，也决定了其全域、全主体、全要素、全过程的动态实施特征。

近两年，在空间规划治理体系转型的大背景下，北京城市总体规划和上海城市总体规划得到批复，进一步表明空间规划改革的进程中规划名称可能改变，但规划的作用和效能仍将继续发挥。就总规实施看规划的执行、落实，总规依然发挥着"转型指针、战略纲领、法定蓝图、协同平台"的重要作用。学界对于如何加强总规的权威性，如何让总规"更有用"，开展了大量的研讨，包括强调明晰政府事权、创新技术方法、构建分层管控体系、注重分类分区指导、建立动态编制体系、促进刚性管控和弹性调节、加强动态反馈、持续推进战略性节点地区的实施等。这些研究均从规划编制工作中寻求总体规划更有用、更管用的创新改革路径。然而，总规审批后如何确保"一张蓝图干到底"，则需要按照总规要求从组织实施和推进落地的视角深化工作。本文即试图从问题视角出发，以全面实施新版北京总规工作为例，探讨新时代总体规划实施体系的建设重点。

二、城市总体规划实施的主要问题

吴良镛先生曾指出，"一个规划的诞生，是另一方面问题的开始"。总规批复后，往往未到规划期限，城市发展内容就偏离了既定的工作目标，突破了既定的控制指标和空间坐标，造成总规实施工作难、问题多、效果差。从总规实施的视角看，主要有以下几方面的问题。

（一）发展理念转变不到位

总规是城市发展的中长期战略，但是城市政府缺乏对城市总规实施工作进行统筹安排，造成政府、市场、市民等各阶层社会主体对总体规划实施思想不统一，认识不全面，将总体规划的主导地位和刚性约束视作"墙上挂挂"，导致总体规划实施"停留在纸面上，流淌在公文里"。特别是在城市发展转型的大背景下，有些地方甚至"弄虚作假编花账"，通过虚报人口调增规模，不顾条件搞大建设、大开发，造成大量的"城市病"问题。

（二）任务制定分解不清晰

总规编制往往过度追求宏大目标、偏重技术过程、强调空间意向，缺乏将规划强制性内容转化成具体工作任务和政策工具，造成总规与城市发展的实际工作脱节，主责落实部门针对性不强，实施工作难分解、难落实、难考核。

（三）规划实施路径不落地

城市总规确定的空间体系是实现城市发展优化提升的重要空间平台。但是实施过程中，一到详细规划、专项规划的编制就变形走样，国民经济发展规划和土地利用规划与总规缺乏统筹，确定的发展指标和项目坐标在审批管理中没有按照总体规划确定的空间体系要求有序"落子"，造成工作在不同层级上的衔接性差，在不同时序上的延续性差。其结果是各区县各自为战，同质发展，造成发展遍地开花，城市空间面目全非。

（四）政策机制配套不到位

总规实施是城市治理并调整各方利益关系的过程，必须通过体制机制创新强化政策保障。但在规划实施过程中，常常会遇到"难啃的硬骨头"。特别是随着城市发展逐步进入存量和减量时代，传统扩张式的土地财政难以为继，处理不好，就容易出现争地、占绿、突破容积率现象，必须进行成本控制和资金平衡。这需要大量的体制机制创新来保障规划和实施的统筹。而一旦缺乏改革创新的动力，将导致规划实施屡屡碰壁，城市发展回到传统的模式当中，总规的法定效力难以得到充分发挥。

(五) 跟踪监察预警不及时

在总规实施工作中，由于缺乏刚性约束，城市开发主体拿到了发展指标，往往就忽视了全域统筹其他要素的发展和管控要求，或者采取各种方式"躲开监督"，造成具体建设项目中出现基础设施和公共服务设施不落实或者滞后等"吃了肉甩骨头"问题，实际建设与规划要求不符或私自改变规划用途等"挂羊头卖狗肉"问题，以及建筑占压红线、建筑超高、违法建设等"吃着碗里占着盆里"问题。其结果是留下大量的难题和症结，导致公共利益受损，总规实施停留在"最后一公里"。这些问题的出现，集中反映出总规的编制、实施和评估督查工作分离，造成规划实施监管不力、效果不透明、预警不及时。

这些问题使总规的严肃性和权威性受到挑战。究其原因，往往是总规实施中该"干什么"、该"谁来干"、该"怎么干"、该"干哪里"、该如何看成效不明确。这对总规实施工作改革创新提出了新要求。

三、北京实施总规的实践探索

2017 年 9 月，党中央、国务院在对《北京城市总体规划（2016 年—2035 年）》（以下简称《总体规划》，图 1）的批复中明确提出："坚决维护规划的严肃性和权威性。《总体规划》是北京市城市发展、建设、管理的基本依据，必须严格执行，任何部门和个人不得随意修改、违规变更。北京市委、市政府要坚持一张蓝图干到底，以钉钉子精神抓好规划的组织实施，明确建设重点和时序，抓紧深化编制有关专项规划、功能区规划、控制性详细规划，分解落实规划目标、指标和任务要求，切实发挥规划的战略引领和刚性管控作用。健全城乡规划、建设、管理法规，建立城市体检评估机制，完善规划公开制度，加强规划实施的监督考核问责。要调动各方面参与和监督规划实施的积极性、主动性和创造性。驻北京市的党政军单位要带头遵守《总体规划》，支持北京市工作，共同努力把首都规划好、建设好、管理好。首都规划建设委员会要发挥组织协调作用，加强对《总体规划》实施工作的监督检查。"为落实中央要求，保障总体规划按照既定的

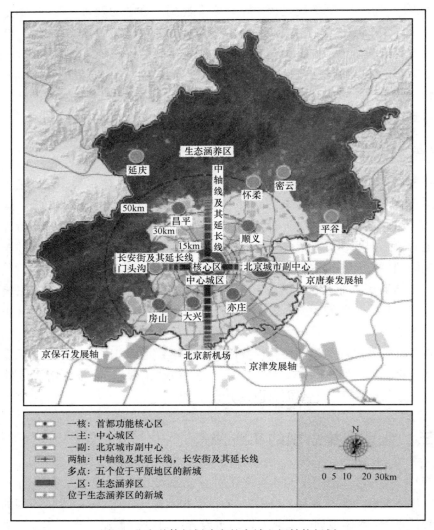

图 1　北京总体规划确定的市域空间结构规划

目标全面、精心、有序地实施，一年多以来，北京通过强化五步联动，在规划实施工作中构建起相对完整的总规实施体系。

（一）加强组织领导抓部署

1. 强化组织保障建设，统一思想，形成共识

总体规划的实施不仅需要纲领的指引，更需要通过周密部署、协调组织和组织领导以保障总规确定的工作落到实处。

一是周密部署。《北京市城市总体规划（2016 年—2035 年）》得到党中央、

国务院批复后，北京市随即召开总体规划实施动员和部署大会，对党中央和国务院的要求进行周密部署。随后，北京市委在召开的十二届三次、四次、五次全会中系统布置总体规划实施工作要求，并将精心组织实施城市总体规划作为全市三件大事之首，深入贯彻落实党中央、国务院批复精神，以钉钉子精神抓好规划组织实施。

二是注重协调。一方面，加强与在京中央单位的协调。针对北京市在京党政军机关多、中央事权集中的特点，特别注重发挥首都规划建设委员会的组织协调作用，通过这一委员会审议首都发展重大事项，更好地为中央党、政、军领导机关的工作服务，为国家的国际交往服务，为科技和教育发展服务。为此，在深化总规实施工作中，北京市进一步完善了首都规划建设委员会的会议保障机制、重大事项请示报告办理机制、专家咨询机制、督查督办机制、规划管理协调机制、调查研究机制，强化与在京中央国家机关和部队的沟通协作，使首都的各项建设按照总体规划有秩序地进行。另一方面，注重市级层面的系统性协调。针对一些市级层面涉及面广、难度大、需要大力改革创新的任务，北京市还成立了市委城市工作委员会，由市委市政府主要领导亲自挂帅，研究确定规划建设管理和城市治理方面的方针政策、工作计划和重点任务，研究审议重要的规划设计建设方案，指导推动和督促政策措施的组织落实，更好地发挥总体安排、统筹协调、整体推进和督促落实的作用。通过这一改革，改变了总规实施作为单一规划部门权责的惯性思维，加强了条块统筹专项协调，为进一步抓好城市规划建设管理和发展、构建现代化超大城市治理体系、保障各项任务按期完成创造了条件。

三是领导挂帅。按照市委市政府统一部署，全市各区、各部门主管领导亲自抓规划、落规划，确保总体规划落到实处。

2. 精心组织宣贯工作，营造上下齐心落实总规的浓厚氛围

一方面，把总体规划作为必修课，纳入北京市各级党校、行政学院培训内容。通过全市各级干部轮训，认真学习领会习近平总书记对北京重要讲话精神，各级干部形成共识，把思想和行动统一到习近平总书记对北京工作的重要指示上来，统一到贯彻落实党中央、国务院对北京城市总体规划批复精神上来。

另一方面，积极开展新闻宣传和舆论引导工作，实现形式多样、全面覆盖的宣传态势。首先，用丰富的新闻产品，通过新闻发布会、官方网站、网络社交平台等多种渠道发布权威信息，以公开课、动漫宣传片等方式，通俗易懂地对总规进行宣传解读。其次，在北京市规划展览馆开设规划成果展，使广大人民群众深入了解《总体规划》，积极参与和监督总体规划的实施。此外，还通过总体规划走进社区、农村和校园，增强市民特别是中小学生的规划知识教育、价值观和责任感教育，构建市民对总规的系统认知，建立共同观念，培育家园意识。通过全

方位的宣传引导，使总规成为每个市民心中未来城市发展的蓝图和共同遵守的共建共享行动指南，在全市范围内营造起共同落实总规的浓厚氛围。

（二）细化任务清单抓落实

针对传统总规实施工作中任务制定分解不清晰的问题，北京在推动规划实施时注重事前统筹部署、工作组织保障和事中督查问责相结合，强化任务的细化分解落实。

一是北京城市总体规划的实施特别注重加强事前统筹部署，细化分解总体规划目标任务，科学制定与部门事权相对应的实施工作方案。为实现这一要求，北京市委、市政府印发了《北京城市总体规划实施工作方案（2017年—2020年）》，从规划编制、重点功能区重大项目、专项工作、政策机制4个方面制定了102项重点工作任务，明确主责部门、提出工作时限，按要求有条理、有步骤地用规划、项目、行动和政策落实总规的具体目标。

二是设立总体规划实施工作专班，加强工作组织保障。北京在推动总体规划实施工作中将总规编制专班的工作经验移植到总规实施工作中，构建起"1个综合协调办公室＋8个专项工作组"的总规实施专班组织体系（图2），加强统筹，提高效率，集中统一负责指导和落实任务清单相关工作的开展。

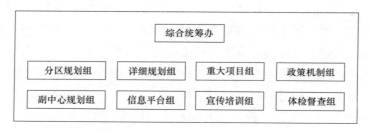

图2　北京总规实施专班"一办八组"工作组织体系

三是建立事中督查问责机制，保障各项任务切实落实。一方面，将推进实施总体规划重点任务情况列为北京全市各区、各有关部门年度绩效考评任务。另一方面，出台监督办法，将总规执行情况与各区、各部门及领导干部绩效考核挂钩，并与北京市审计监督工作相衔接，进一步强化监督问责，维护规划的严肃性和权威性。

（三）完善规划体系抓布局

1. 完善空间规划体系

北京市在新一轮总体规划编制中，建立起"纵向空间层级＋横向专项支撑"

的规划体系（图 3），通过两个方向上的交叉，保障总体规划目标和任务得到刚性传导和逐层落实。

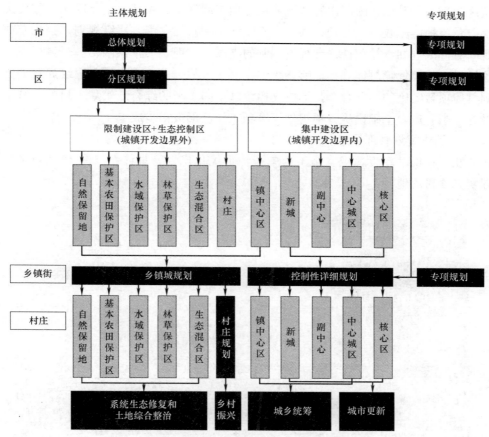

图 3　北京城市总体规划空间层级体系

纵向空间层级体系上，逐步建立由"总体规划、分区规划、详细规划"三层，"市、区、镇、村"四级的规划体系。首先，以"分区规划"编制为切入点，以区为主体，落实总体规划的目标、指标和刚性管控要素，推动各区探索减量集约发展的路径。目前，各区均已形成编制成果，并正在按程序上报市政府审批。其次，高质量推进核心区等控制性详细规划编制工作。目前，北京城市副中心控制性详细规划已经中央政治局常委会会议审议批准并正式执行。第三，促进城乡融合发展，积极推进绿隔地区和乡村规划编制。一方面，完善第一道绿色隔离地区城市化实施机制，另一方面，制定北京市镇（乡）域规划编制导则，稳妥推进特色小城镇建设，此外，还印发了北京市村庄规划导则，指导各相关区开展美丽乡村试点村庄规划编制工作。

横向专项支撑体系建设上，扩展专项规划的深度及广度。为落实总体规划要求，北京正在开展 36 项市级专项规划编制工作，并将专项规划扩展到规划编制实施管理的各阶段，编制内容从行业性专项扩展到重点领域、重点区域、重要类别以及各种实施政策、行动计划等，不断深化和修补完善各层级规划，强化专项规划对分区规划、控制性详细规划编制的支撑，实现"一张蓝图、一个数据库"。这样做一方面保障总体规划能够逐级细化落实，另一方面确保从各层级规划编制到具体项目实施的多规合一，形成支撑市域空间发展的综合政策集。目前，城市设计导则、市政基础设施专项规划等多项工作已形成初步成果。

2. 优化规划管理体系

北京在推动新版总规实施工作中还注重优化规划管理体系（图 4），确保规划实施项目落地。

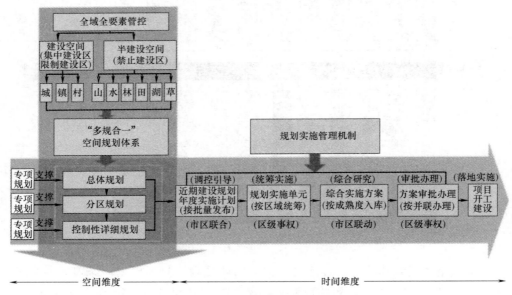

图 4　北京城市规划分级管理体系

在空间维度上，实现全域全要素管控。结合市规划自然资源委职能调整，推动城市总体规划编制和土地利用总体规划编制处室的职能整合，加强对建设空间和非建设空间的统筹。优化各层级业务衔接，有步骤地推动建设按照总规制定的目标分层落实。

在时间维度上，注重指标配给和项目审批流程的联动，形成市级层面统筹协调—区级层面快速办理的分级管理体系。首先，强化指标整合，统筹规划目标。市区联合按照近期建设规划和年度实施计划，有序开展供地指标和城乡建设用地指标的规划配置，加强对发展建设的调控引导。其次，区级层面按照规划实施单元进行综合统筹，实现指标整合，统筹规划目标。在此基础上，市区两级联动按照建设需求研究制定综合实施方案，按项目成熟度纳入项目库中。最后，整合规划审批和用地审批流程，提高审批效率，服务项目方案审批和项目开工建设。

（四）深化改革创新抓突破

为实现总规目标，必须通过深化改革突破传统的工作瓶颈，改革现有规划事权、提高审批效率、制定配套政策，为总规的实施创造条件。

一是要改革规划事权。北京市以"多规合一"为重点，建立部门协同联动平台，实现在一个平台、一张蓝图上统筹规划实施，更好地发挥市级综合部门的总体引领、综合管控和监督检查作用。同时改变以往市级"大包大揽"的工作方式，以简政放权为抓手，建立分级管理体系。如正在开展的分区规划、街区层面控规的编制不再由市级部门包揽，而是将权限下放给区级政府，通过赋予区级政府更大的规划实施自主权和更多的建设项目审批权来强化属地责任、促进权责一致，借此大幅精简政务服务事项，提高政府服务效能。

二是提高行政审批效率。北京市在推动总规实施工作中，注重紧紧围绕构建国务院提出的"一张蓝图、一个系统、一个窗口、一张表单、一套机制"的"五个一"要求，为实现以"一网通办"为目标，打造全流程审批系统，提升政务服务水平，优化营商环境。北京的规划管理工作在试点实施方案的基础上已出台多规合一、多图联审、竣工联合验收等52项相关配套政策，形成了一套相对完整的工程建设项目审批制度改革机制。其效果也十分显著，社会投资项目办理时限由208天减至45天以内，政府投资项目由239个工作日减至100个工作日以内。工作成效在国内22个城市营商环境试评价中综合排名第一。2018年11月8日，在工程建设项目审批制度改革试点工作推进会上，韩正副总理充分肯定了北京市的改革试点工作。

三是北京通过制定一系列政策来推动城市规划建设减量提质和转变建设开发模式，不断探索新型城市化的有效路径，创新存量更新提质增效的市场机制，逐步摆脱当前规划实施对增地、增规模的路径依赖，满足城市高质量发展的要求。例如：在聚焦减量发展领域，通过印发《北京市城乡建设用地供应减量挂钩工作实施意见》，统筹安排城乡建设用地供应与减量腾退的时序和数量。同时，制定了《建设项目使用性质正面和负面清单》，一方面推动疏解非首都功能，另一方面鼓励补齐地区配套短板、完善地区公共服务设施。在提质增效领域，制定加快科技创新构建高精尖经济结构"10+3"系列文件，印发《关于加快科技创新构建高精尖经济结构用地政策的意见》，实行弹性年期出让，控制和降低土地使用成本，促进高精尖产业落地。此外，还制定《北京市土地资源整理暂行办法》，注重探索转变传统的建设开发模式，统筹全市土地资源的利用和保护，节约集约和合理利用土地。在住房保障领域，制定了优化住房供应结构，完善利用集体土地建设租赁住房的相关政策，初步建立促进房地产市场平稳健康发展的基础制度和长效机制。在法律法规建设领域，通过修订《北京市城乡规划条例》，为减量提质和城乡规划建设领域的相关改革措施提供有效的法律保障。

（五）开展城市体检抓监测

为更好地了解城市运行情况，北京市在推动总规实施工作中创新了事后体检评估的"四步走"机制（图5），保障规划实施不走样。

图5　北京城市体检工作流程

一是建立城市体检制度。通过一年一体检、五年一评估，对总体规划的实施情况进行实时监测、定期评估、动态调整，参照体检评估结果对总体规划实施工作进行及时反馈和修正，确保总规确定的各项目标指标有序落实、落细、落地。

二是多种方式开展评估。在工作组织上，强调主观判断和客观感受相结合，开展部门自评＋第三方评估的方式对城市发展动态进行诊断。在工作方式上，既运用统计数据对总体规划确定的117项指标进行检查，也采用大数据对城市发展动态情况进行监测。最终形成"一张图＋一张表＋一清单＋一大数据库＋一满意度调查"的城市体检报告，将城市发展的动态反映出来，实现对城市运行的全要素、全过程系统掌握。

三是预警反馈，支撑决策。对城市发展的突出问题、核心变量和发展出现的不协调不充分问题进行预警，并通过重点分析和专报制度上报城市发展决策部门，支撑总体规划实施。

四是及时维护。通过规划、项目、行动、政策的动态调整，实现对总体规划的及时维护。

北京目前已经完成了《2017年度北京城市体检报告》，对照总体规划确定的发展指标进行了检测评估。下一步，在全市层面的体检评估基础上，还将要求各区自检，各部门自查，然后通过数据进行定期综合判断。

通过加强组织领导抓部署、分解任务清单抓落实、完善规划体系抓布局、深化改革创新抓突破、开展城市体检抓监测五个环节联动，北京市建立起事前统筹部署、事中督查问责、事后体检评估的工作机制，实现了总规发展目标与发展指标空间坐标的统筹、任务分工与绩效考核监督问责的统筹、实时监测与动态反馈及时修正的统筹，确保总规确定的各项要求有序落地。

四、构建城市总规实施体系的建议

北京总规实施的实践探索对下一步特大城市开展国土空间规划的编制和实施具有现实的借鉴意义。要发挥好总体规划在城市发展中的统领地位，必须明确"干什么""谁来干""干哪里""怎么干"和"看成效"的五方面重点（图6）。

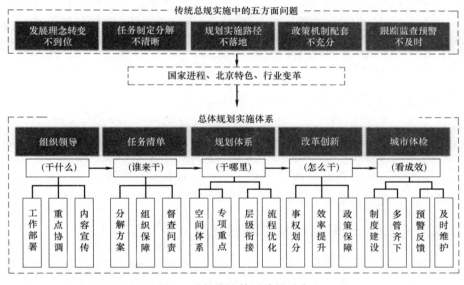

图 6　总规实施体系建设重点

（一）干什么：加强组织领导和宣传工作

总规是城市发展的行动指南，这要求城市政府扮演好"元治理"的角色，通过增强政府内部的思想统一，发挥政府对市场、市民的引导作用，帮助社会各界了解总体规划的主要精神、基本内容，使广大群众了解总体规划、遵守总体规划、参与规划实施，增强全社会维护总体规划的自觉性。

（二）谁来干：细化任务分解和工作保障

为了避免总规停留在纸面上，要将总体规划的近期工作进行科学分解，任务明确到部门和区县，并通过市级部门统筹实现对工作的具体指导。明确由谁来组织、由谁来参与、由谁来执行、由谁来落实，实现责任到区县、责任到部门、责任可追溯、权力可监督。

（三）干哪里：完善规划体系和管理体系

总规的实施落地是统筹好规划、建设、管理三大布局的过程。一方面，在规划编制实施工作中必须适应城市发展的转型需求，推动制定科学合理的规划层级，建立刚性传导有力、要素管控全面、多规统筹衔接的空间治理体系。另一方面，总规的有序实施必须围绕规划编制、实施策划、审批管理、监管评估的全流程，强化完善规划实施管理机制，为总体规划逐层逐级落实提供有力的制度保障。通过优化规划体系，明确空间上的治理转型方向，同时理顺与空间规划体系相对应的管理体系，提出流程上的改革重点，来实现全域管控、多规合一、纵横统筹、时空覆盖，保障总体规划目标和任务得到刚性传导和逐层落实。

（四）怎么干：深化改革创新提升服务效能

总规的实施机制是一系列改革的集合，必须通过深化改革突破传统的工作瓶颈，为总规的实施提供充分动能。一方面，城市政府必须改革现有规划事权，形成与工作责任相对应的事权体系。另一方面，不断提高审批效率，改善营商环境。此外，还需要通过制定配套政策，保障减量提质的规划目标落地。

（五）看成效：开展城市体检实现动态反馈

为保证总规实施见成效，必须建立科学的体检评估制度。通过监测城市运行，实现及时反馈预警和动态维护，提升对总规实施的全过程掌握。

五、总结

贯彻落实中央对城市工作的要求，推动城市总体规划的实施是新时期探索城市治理体系和治理能力现代化建设的重要抓手。在空间规划体制机制改革的大背景下，新版北京总规实施工作的实践探索对特大城市总规实施和未来国土空间规划落地具有现实的借鉴意义。

北京的实践经验表明，要发挥总体规划在城市发展中的统领作用，就需要在总体规划编制的基础上，重点围绕组织领导、任务清单、规划体系、改革创新和体检评估的五步联动构建总体规划实施体系。将总规干什么、谁来干、怎么干、重点在哪里、如何看成效等全流程工作予以明确。强化完善规划实施的管理机制，保障总规的多规统筹衔接、要素管控全面、刚性传导有力。

（撰稿人：石晓冬，北京市城市规划设计研究院副院长，首都区域空间规划研究北京市重点实验室副主任，教授级高级工程师，中国城市规划学会青年工作委员会副主任委员；王亮，博士，北京市城市规划设计研究院规划研究室高级工程师）

注：摘自《城市规划》，2019（06）：71-77，参考文献见原文。

科学与城的有机融合

——怀柔科学城的规划探索与思考

导语： 随着全球范围科技竞争日趋激烈，竞争焦点转向重大科学问题和颠覆性技术突破，科学城作为集中布局科研装置、集聚科学创新活动的一类空间载体，得到越来越广泛的关注。由于功能构成与建设机制相对特殊，当前关于科学城的概念内涵和发展特征仍缺乏统一认识，科学城规划的理论研究与技术支撑尚显不足。本文结合国内外科学城案例解读，探索辨析科学城的定义内涵，梳理出选址位置、功能布局、人员构成、培育运营等几方面特征，并总结科学城发展建设的积极成效与经验教训。以北京怀柔科学城为例，从促进科学与城有机融合的角度，探讨科学城规划编制的创新思路与规划响应，以期对科学城建设相关问题研究与规划实践有所裨益。

一、引言

国际竞争的实质是综合国力竞争，而综合国力的关键性要素在于经济力与科技力。经过改革开放40多年的不懈努力，我国已跃居世界第二大经济体，并在科技创新领域取得了举世瞩目的成就。但必须认识到，我国科技领域的短板问题依然突出，尤其是原始创新能力较发达国家仍有一定差距。为此，我国高度重视科学发展的战略意义，从中共十八大提出创新驱动发展战略，到《国家重大科技基础设施建设中长期规划（2012—2030年）》明确科技强国的"三步走"战略，以强化基础研究、布局重大科技基础设施、引领原创成果重大突破为目标的战略部署开始全面推进，致力于到21世纪中叶成为世界主要科学中心和创新高地。

随着国家重大科技基础设施在各地布局，围绕科学装置及其配套服务功能，以促进科学发展为目标的科学城建设方兴未艾，成为继开发区、高新区、大学城、科技园之后，又一类特定功能区域或城市类型。目前，我国投入运行和在建的重大科技基础设施已有20余个，上海、合肥、北京先后获批综合性国家科学中心建设方案，与之对应的上海张江科学城、合肥滨湖科学城和北京怀柔科学城也成为国内科学城建设的典型代表。此外，广州、成都、深圳等城市也相继提出了科学城建设计划（表1），科学城已然成为一种新的城市发展模式。

全国主要城市科学城建设情况一览　　　　　　表1

时间	名称	城市	依托条件	发展定位
2009 年	未来科学城	北京	央企研发中心	全球领先技术创新高地、协同创新先行区、创新创业示范城
2011 年	中关村科学城	北京	顶尖科教资源	原始创新策源地和自主创新主阵地
2016 年	张江科学城	上海	上海张江综合性国家科学中心	全球影响力科技创新中心核心承载区
2016 年	怀柔科学城	北京	北京怀柔综合性国家科学中心	世界级原始创新承载区
2017 年	滨湖科学城	合肥	合肥综合性国家科学中心	国家实验室和科学中心的重要载体和集中展示窗口
2018 年	武汉科学城	武汉	重大科学设施及高校资源	建设综合性国家科学中心
2018 年	重庆科学城	重庆	高校资源	西部创新资源集聚地
2019 年	南沙科学城	广州	重大科技基础设施和创新平台	粤港澳大湾区前沿基础研究和高技术创新重要载体

同时，应对科技与经济社会不断融合渗透，大科学装置目标与功能日趋多元化，特别是在科技回归都市、深度城市化等发展趋势下，传统"科学研究综合体""技术产业新城"等模式创新活力低、服务配套差等问题不断显现，亟待进一步总结经验，厘清科学城规划建设技术要点。

二、科学城的定义与特征

（一）科学城概念辨析

科学城的概念最早源于 20 世纪 40 年代苏联西伯利亚科学城，作为科学研究院所集聚区，其建设目的是通过集中科研机构，促进科学研究。此后，顺应全球科技研发竞速浪潮，各国开始兴建科学城，有关科学城概念也得到广泛讨论和发展。陈益升提出科学城作为科研机构和高等学校集结地，主要从事基础研究和应用研究，并通过技术开发对企业产生辐射效应。Castells 和 Hall 认为科学城是科学研究综合体，其根本目的是实现科教资源集聚而产生协同效应。彭劲松定义科学城是专门设置前沿基础科学研究和高等教育机构的一种特殊区域。陈志认为科学城是从基础研究设施到创新型城市连续升级发展而来，核心要义是发挥大科学设施群协同效应。

与科学城相类似的概念还包括科技园、创新城区等，尽管几类区域的建设初衷都是强化一类功能在空间地域上集中布局并发挥集聚效应，但在特征与内涵上仍有一定差别（表2）。本文认为，科学城是推动人类科学发展、体现国家科研能力、集聚区域创新要素的重要空间载体，是以布局重大科技基础设施集群、集聚科学创新资源要素为特征，生活配套服务功能完备的综合型城市（图1）。

科技园、大学城、创新城区及科学城概念辨析　　　　表2

项目	科技园	大学城	创新城区	科学城
主要功能	以应用研究为主,实现创新成果的经济产出	以综合教学为主,提供必要生活服务保障	以应用创新为主,提供高效、活力城市服务保障	以基础研究和应用研究为主,具有城市高品质综合服务功能
主要目标	实现技术与产业的融合,带动区域经济发展	实现知识传播和创新,实现高校间创新协同	强化创新产业,凝聚高层次人才,提升城市创新活力氛围,刺激城市经济增长	实现国家基础研究突破发展
依托条件	产业研发机构、高新技术企业	科研设施、孵化平台	科研机构、孵化器、科技服务企业	国家重大科技基础设施、交叉研究平台

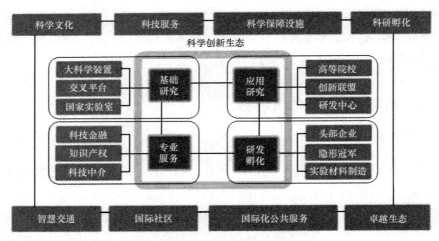

图1　科学城功能构成

（二）科学城的发展特征

1. 选址落位强调充沛的空间资源和成熟的科研环境

由于科研设施构成复杂、体系庞大，需要相对充足的土地资源，而科研设施运行环境要求高，需要保持静谧的环境，避免城市活动造成的外部干扰。因此，科学城选址往往与城市中心区保持一定距离（20～50km），形成与主城区相对独立的新城（表3）。此外，另一类科学城选址位于高等院校和科研院所的集中区域，旨在通过整合科学创新要素资源，形成创新增长极，例如日本关西科学城、北京中关村科学城，随着城市的蔓延扩张，此类科学城逐渐融入主城区，甚至成为新的城市中心区。在区域城市发展方面，科学城承担了特大城市整合优化科技创新功能布局的重要作用，通过科学城建设实现从单中心转向多中心网络化布局的转变。

主要科学城距城市中心距离 表3

名称		城市中心区	距城市中心区的直线距离（km）
中国	张江科学城	上海	11
	怀柔科学城	北京	50
	光明科学城	深圳	35
俄罗斯	西伯利亚科学城	新西伯利亚	20
法国	萨克雷科学城	巴黎	20
	格勒诺布尔科学城	里昂	80
日本	筑波科学城	东京	50
韩国	大德科学城	世宗	20

2. 空间布局以科研装置集中区为核心

顺应科研设施地域集聚、学科关联特征，要求在一定空间范围内集聚更多科研主体，使科研活动保持较高强度，实现协同创新效应，科学类用地在城市用地功能结构占据绝对主导，占比往往接近或超过50%。例如，日本筑波科学城教研区包括城市中心区、居住区和教育研究区三个部分，其中教育研究区用地占比达到54%；韩国大德科学城科研机构用地占比达到47%（图2）。

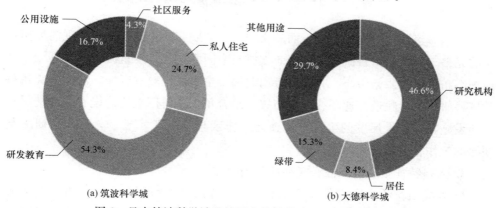

图2 日本筑波科学城及韩国大德科学城土地使用功能结构

在功能布局方面，适应现代科学发展交叉、分化和融合特征，构建以大科学装置为中心的科研设施集群，并集中布局在 $2 \sim 3km^2$ 范围内，形成足够的科研强度。德国尤利希研究中心在物理与计算科学两个核心领域集聚了超级计算机、托卡马克实验装置等科技基础设施，并在此基础上布局顶尖研究中心，形成相互协作的产学研创新生态系统。法国格勒诺布尔科学城发挥大科学装置集聚优势，以欧洲同步辐射光源（ESRF）为核心，围绕微电子科技、生物技术和新能源等领域布局一系列基础研究平台、企业研发中心，实现各创新主体之间更加紧密的空间联系（图3）。

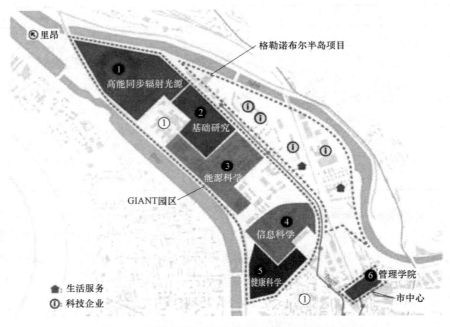

图3　法国格勒诺布尔科学城创新功能空间布局

科学城建设核心在于科学，而品质则在于"城"的功能配置，体现为城市功能的完整丰富以及对科研功能的高效支撑与空间匹配。日本筑波科学城在城市几何中心布局综合服务中心，有效服务南北两个主要研发教育区域。法国萨克雷科学城科研用地沿轨道交通环线分散布置，结合每个科研用地均建设有完整的居住生活设施，并以大尺度的生态空间连通工作区与生活区（图4），保障科研人员便捷的工作、生活与休闲需求。

3. 人口特征呈现高知性、流动性与国际化

科学城创新活力和持续影响力的保持，需要广泛的国际合作和人才交流活动，吸引大量来自全球的访问学者、学术交流人员等，人口构成表现出较

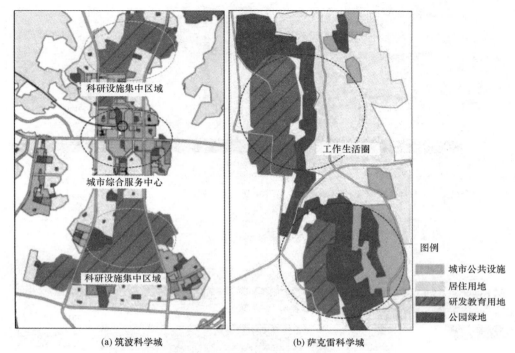

(a) 筑波科学城   (b) 萨克雷科学城

图 4   筑波科学城及萨克雷科学城用地结构示意图

强的年轻化、高知性、流动性和国际化。例如，美国国家实验室作为典型的科研设施集中区域，流动科研人员是正式员工的近两倍，其公共服务保障也更强调高品质和国际化特征，适应不同国籍、文化、信仰背景的科研人才服务需求。

4. 运营管理需要持续性资金投入和漫长的培育迭代

基础研究具有基础性、体系性、累积性和衍生性特点，所诞生的科学发现与产业之间需要经历不同技术就绪水平（technology readiness level）才能支撑所在区域的经济增长（图 5），其发展建设往往需要政府大规模的资金投入以及繁杂的协调组织和管理能力。

同时，重大科技基础设施是探索未知世界、发现自然规律的大型复杂科学研究系统，是国家创新体系的中坚力量，资金投入高，建设周期长，根据基础设施建设、创新链成长以及运营管理等方面的发展变化，科学城建设可分为四个阶段：起步期、成熟期、转型期、提升期（图 6），从起步建设到完成转型发展通常需要 20～30 年的时间，并与区域整体经济发展和城市大事件带动紧密相关。

在科研设施使用周期方面，随着科学发展和科研技术不断突破，科研设施必

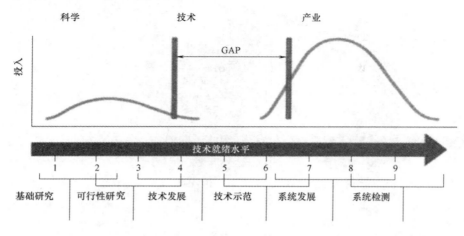

图 5　技术就绪水平示意

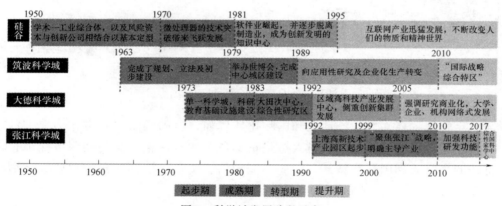

图 6　科学城发展阶段示意

须进行更新迭代、持续升级。例如，在物质、材料、生命等领域广泛运用的同步辐射光源设施，从第一代光源诞生至如今第四代光源产生，平均每20年就面临一轮迭代（表4），需要为科研装置升级留足空间，也要求城市配套服务功能建设时序与科学装置建设周期相互协调。

同步辐射光源发展历程　　　　　　　　　　　　　　　　　表 4

光源	建成时间	代表实验装置
第一代光源	1947 年	通用电气公司实验室同步加速器
第二代光源	1968 年	美国坦塔罗斯同步加速器
第三代光源	1994 年	欧洲同步辐射光源（ESRF）
第四代光源	2009 年	美国国家加速器实验室（SLAC）

三、科学城规划建设经验总结

（一）科学城建设的积极成效——引领创新驱动发展

作为促进原始创新发展的空间载体，科学城积极发挥了集聚科教资源、引领基础科学研究突破发展的重要作用，为所在地区和国家建立了高能级人力资源优势，提升了科技创新能力和国际影响力。韩国大德科学城在建设之初以研究型大学和科研机构为主体，随着科研活动日益强化，逐步布置研发中心、风险投资等创新要素，科学链条从基础研究发端不断延伸至高新技术制造，影响扩大至整个区域，最终形成产学研住一体的创新活力城区（Daedeok Innopolis）（图7）。

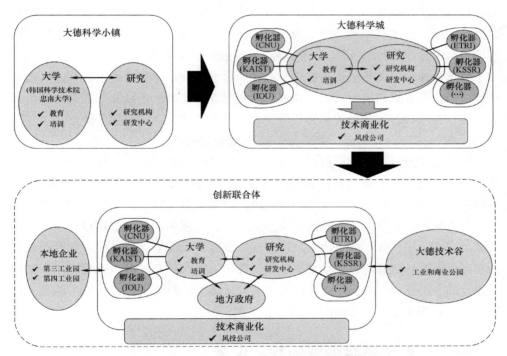

图7　Daedeok Innopolis 发展历程和功能结构图

（二）科学城发展面临的问题与挑战——服务支撑薄弱、弹性应对不足

1. 配套服务能力不足，城市缺乏活力

在科学城发展前期，由于选址远离城市中心区，城市服务使用主体从规模到构成不能充分支撑大规模的公共服务设施，短期内难以积累成熟完善的配套服务

体系。而相对滞后的服务保障能力成为掣肘科学城发展活力的影响因素，进而降低区域吸引力与竞争力。例如，硅谷地区由于城市公共服务资源的相对薄弱，面临着来自旧金山、纽约等中心城市的挑战，后者在创新应用平台、科技服务资源、生活场景等方面提供了无与伦比的优势和资源。

在城市经营管理方面，由于高度依赖政府投资，采用政府垂直管理，创新转化相对薄弱，与城市经济发展关联度低，科学城建设在消耗土地资源的同时，并未直接促进地方经济发展和城市服务品质提升，往往容易激化与地方政府的矛盾。

2. 交通基础设施支撑不足，产生"科学孤岛"问题

日本筑波科学城在建设初期因急于建立一个独立于东京的科学新城，按照职住均衡的理念，引导科研人员能在科学城扎根生活，未及时配套建设快速铁路系统。而科研工作高频率的学术活动往来对快速交通出行需求强烈，在轨道交通缺乏的状态下，筑波科学城一度成为"科学孤岛"，非但没有形成预想的职住关系，反而提高了小车出行的比例，进而导致交通拥堵和交通事故等一系列城市问题。对于科学城而言，尤其是远离城市中心区的科学新城，尽管鼓励引导职住平衡的做法，但也要客观认识到科学城高度国际化、开放化对于便捷公共交通体系的需求特点，在引导合理通勤关系和保障高效科学交流活动之间找到平衡点。

3. 发展弹性应对不足，阻碍科学城长远持续发展

科研装置是科学城建设的重中之重，科学城建设初期往往大规模兴建科学装置，快速形成相对完备的装置集群，但过快的设施建设导致城市土地大量投放，在缺乏科学引导的状态下，空间资源被迅速占满，进而导致两种结果：一类是城市范围不断扩大，寻求邻近地区补充土地资源，虽然满足了装置建设，但也造成了城市空间无序扩张。另一类是城市土地资源匮乏，无法满足科研装置升级或者新增建设需要，阻碍了科学城发展迭代。美国的三角研究园区在建设之初，采用了粗放的土地使用方式，一次性出让过多的土体给各科研主体，导致后续发展空间不足、腾挪余地匮乏等问题。

四、北京怀柔科学城的规划探索

（一）怀柔科学城建设背景

北京怀柔科学城位于北京北部生态涵养区，选址在怀柔、密云两区的山前平原地带，与北京中心城区距离约50km。怀柔科学城建设是落实新版城市总体规划战略定位，强化首都科技创新中心的重要战略举措，依托北京怀柔综合性国家科学中心目标建成与国家战略需要相匹配的世界级原始创新承载区，旨在提升我

国在基础前沿领域的源头创新能力和科技综合竞争力。

（二）怀柔科学城规划探索

基于国家战略的高点地位和地区创新资源内生动力，围绕科学、科学家、科学城，在功能体系、空间配置、设施支撑以及生态建设等方面提出响应科学城需求、彰显科学城特色的规划创新策略。

1. 构建促进原始创新的科学功能体系

以促进原始创新发展作为规划的出发点，以推动引领性创新成果和重大科研突破产生为目标，围绕物质、信息与智能、空间等科学方向，构建从基础研究、应用研究、科技成果转化到创新型产业的完整创新生态链条（图8），强调科学装置、大学、龙头企业等优势要素的枢纽平台作用，通过知识及信息的互动和共享，既保障基础研究的有效推进，同时引导科研转化与城市产业发展相互耦合，使科学发展成为城市建设的助推动力。

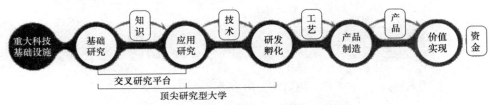

图8　怀柔科学城科学发展链条构成

着力强化大学的"活水源头"作用是怀柔科学城保持城市活力和提升科学发展水平的重要抓手，规划积极引入研究型大学、国际化顶尖研究学院等高校智力资源，保证科学研究人才资源的同时，也为城市发展注入持续的创新活力。

2. 保护卓越生态环境品质，塑造宜人的城市空间尺度

怀柔科学城生态本底优越，规划范围内蓝绿空间占比达到60%，规划突出强调良好的生态环境对城市发展的带动作用，前瞻性运用国土空间规划思维，将非建设空间作为重要的功能组成纳入总体结构框架，推动山水林田湖草生命共同体整体治理。针对规划范围内大范围的农林地区，提出保农田、营密林、净水网、创景观、增效益五大设计策略，在田园中植入科学与人文艺术功能，提升生态环境品质的同时为非建设空间注入更加丰富的活力要素。

友好的城市空间尺度与氛围是城市魅力重塑的关键因素，怀柔科学城注重开放性对于城市活力的巨大推动作用，避免传统"科研大院"产生的城市封闭感，提出尺度宜人的开放街区设计方案，基于功能需求特征，弹性加密街坊道路，使路网密度大于$12km/km^2$。同时，提高空间功能的复合性，通过合理用地功能配

比，为科学研究和其他社会活动提供多元化的场所空间，为人与人的交流创造更多可能性。

3. 为科研人群提供高品质、国际化的城市服务保障

聚焦科研人群国际化、年轻化的特征以及科研工作持续专注、活跃交流的需求，规划以高品质工作生活为中心，构建国际一流的科研生活环境及创新创业平台，通过打造高品质生活环境、舒适的科研环境以及国际化价值输出环境，提升城市的艺术氛围，实现园区、校区、社区的服务开放共享。同时，提升城市工作生活的融合度和便捷度，构建步行可达的15分钟工作生活圈（图9），实现步行15分钟时间就能享受到便捷的社区生活服务，还能快速到达科研装置、学术中心、商务中心等工作场所。

图 9　怀柔科学城 15 分钟生活工作圈规划示意图

4. 留足弹性，构建与科学共同生长的城市

充分应对科学发展的不确定性，在借鉴国际经验、梳理资源本底基础上，建立用地类型弹性转化机制，提出科学类用地的功能构成和总体占比，在保障用地

总比例前提下，科学类用地可以按需灵活转化为科研用地、高等院校用地和多功能用地，保障科学功能的实现，并在规划集中建设区范围内划出一定比例的战略留白区，严格管控土地投放时序，为科学城的长远发展留出空间。

五、结语

科学城建设是我国城镇化进程推进过程与国家科技发展进程的历史性交叠，承担了实现国家原始创新突破以及区域创新驱动发展的双重职能。作为一类具有特殊功能的城市类型，科学城建设目标是形成完整的科学链条体系、集聚高层次科研人员群体，但城市作为一类复杂的巨系统，其建设本身便充满问题与挑战，科学城建设更加值得深入探讨与研究。本文以科学城为研究对象，正是基于科学城广泛建设的时代背景，从明晰科学城的定义、把握科学城的特征入手，以案例研究为依托，多方面探讨科学城规划建设的要点，旨在推动科学与城、科学与人更好地融合，在以科技创新为发展动力的新时期，使科学城成为城市高质量发展的一类典范。科学城建设方兴未艾，有关科学城规划建设的经验积累与思考创新仍需要进一步集思广益。

（撰稿人：朱东，硕士，北京市城市规划设计研究院城市规划师；杨春，硕士，北京市城市规划设计研究院规划师；张朝晖，硕士，教授级高级工程师，注册城市规划师，北京市城市规划设计研究院主任工程师，北京市城市规划学会理事）

注：摘自《城市发展研究》，2020（01）：04-11，参考文献见原文。

城市设计整体性管理实施方法建构

——以天津实践为例

导语： 在揭示城市设计对我国下一阶段规划建设的重要性以及对前一阶段城市设计实践问题总结的基础上，基于天津实践总结，系统建构了"城市设计整体性管理方法体系"与"城市设计整体性实施方法体系"，形成了全要素、全过程对城市设计管理实施方法体系的建构，同时基于两大方法体系研究提出"城市设计整体性理论框架"，对城市规划、城市设计理论探索提出了进一步研究的方向。

一、引言

改革开放以来，我国经历了世界历史上规模最大、速度最快的城镇化进程，取得了举世瞩目的成就。面对城市规划的新征程，2017年《城市设计管理办法》出台，旨在通过城市设计进一步提高城市建设水平。但从近期实践来看，我国规划设计理论通过40余年与国际经验交流和自身发展创新已经取得长足进展，近期也完成了大量优秀城市设计成果，但在实施过程中依旧难以整体落地，造成巨大的规划浪费，其原因在于适用于我国体制的规划管理实施理论还在起步阶段，已经成为制约城市设计实践的"木桶短板"。

基于国内外理论总结，城市设计的作用是在城市长期发展中持续辅助管理决策，不断研究、优化城市功能；在规划日常实施管控中科学辅助审批和决策参与；在具体项目实施中协调利益主体，整合专业、专项、技术的空间落位。因此城市设计是贯穿城市规划全系统、全过程，实现二维静态规划到三维动态管控的重要方法。对比我国与西方国家实践经验，以美国、德国、英国为例，其城市设计实践优势在于具备相对健全的法律、法规体系与完善的管理体制、机制；劣势在于失控的社会参与使大量技术成果在利益博弈中遗失且耗费大量的时间与经济成本。我国具有保障规划实施的体制优势，城市设计也具有促进规划管理的技术优势，但二者的优越性在实践中却没有得到充分发挥，其原因在于缺少适用于我国体制的高效、专业、科学的规划管理方法。在新时期体制机制改革的背景下，本文将城市设计管理与规划并举，城市设计实施与具体项目落实结合，在部门工作重点中明确内容范畴，结合实践进行有效创新。基于天津实践应用进行系统提炼，建立城市设计整体性管理实施方法体系，进一步创建理论框架，旨在完善具有我国特色的城市设计管理实施理论并满足实践的迫切需要。

二、理论梳理

J·Barnet 曾提出城市设计并非设计建筑，城市设计控制的运作过程重在管理。国外大量的理论与实践文献研究表明，以政府管理职能为中心将城市设计作为管理技术辅助加以运用，在实践中已得到充分发展。相关理论研究可梳理归结为城市设计管理运作过程研究、设计管理标准与政策导则的研究、设计管理的公众参与研究等多个方面。西方规划界逐渐意识到单纯以"设计"为目的的城市设计缺乏管理控制思想，往往难以付诸实践，同时城市设计也需要对经济因素、社会因素、环境因素等多种因素进行考量，于是城市设计由关注"结果"向关注"过程"转变。

我国城市设计理论体系的研究一直是城市规划与设计理论研究的热点与重点。以 1978 年国务院召开第三次全国城市工作会议为标志，我国系统开展了城市规划建设工作，仅仅两年后，1980 年 10 月国家建委召开的 1949 年以来的第一次全国城市规划工作会议便首次提出"要使不同的城市各具特色"的要求，为"城市设计"理论后期发展作出国家层面的要求和指示。其后 1983 年，陈占祥首次将"Urban Design"翻译为"城市设计"，并系统介绍了城市设计工作内容，作为我国城市设计理论的起点。1987 年，吴良镛提出"广义建筑学"概念，认为城市设计综合了建筑、规划和景观三门学科的内容。1990 年代，王建国（1991）专著《现代城市设计理论和方法》一书，首次对现代城市设计进行系统论述；田宝江（1996）、卢济威（1997）、金广君（1998）就城市设计与经济、社会因素结合方法提出初步管理程序构想。随后，庄宇（2000）等人对城市设计的保障机制，如何建立城市设计制度进行进一步研究。2010 年前后，我国城市设计理论研究在深度和广度两方面有了更为积极的拓展，包括技术革新和制度设计关系与相互促进研究（王世福，2013），政府管理机制的研究（马武定，2002；陈振羽，朱子瑜，2009；章飙，杨俊宴，2010），国外前沿理论思想研究（唐子来，等，2002）。

通过理论梳理得出，虽然对城市设计认识已经形成共识，即城市设计是城市形态与风貌控制的技术手段，需要通过全系统、全过程的管理方法进行落实。而现有城市设计管理理论仍然存在两方面问题：一是"非整体性"问题。规划具有全局性和整体性，局部相加并不简单地等同于整体，通过城市设计环节进行全局性、整体性的谋划和落实尤为重要；二是"非系统性"问题。规划具有关联性和持续性，通过城市设计环节可增强规划要素之间的有机联系，在不断演变的历史进程中焕发生命力。

基于国内外城市设计理论研究的局限性和片面性，借用社会学、经济学、管理学等交叉学科经验。国外社会学者迪尔凯姆（Émile Durkheim）首先提出"整体性"理论，后期美国规划学者南艾琳（NanElin）于2006年提出"整体城市主义"理论，并基于此提出"优质城市主义理论"，通过实证方法对规划的整体性理论进行进一步探索。南艾琳对于整体理论的研究以实证为基础，在"规则"总结的基础上提出实践方法，对规划学科发展具有指导意义。但基于实证研究和制度分析的整体性理论是一种"地缘性"理论，具有社会、经济、文化背景的局限性，我国理论与实践并不能嫁接应用。我国学者王红扬（2016）提出规划中的"整体主义"思想，并对"规划的整体性""整体效应最优的局部干预"等问题进行探讨，归纳出整体性的"本体论—方法论—认识论"等基本概念，但该研究仅停留在哲学探讨层面，还没有形成系统的理论体系和实践方法体系。

基于以上研究分析，统筹规划、建设、管理，形成"全要素、全过程"的城市设计整体性管理理论及实施方法，推进城市设计有效实施，是我国城市规划建设理论与实践发展需要解决的关键性问题。本文研究汲取南艾琳以实证研究促进理论提炼这一具有实践性的研究方法，打破原有理论单一性、片面性瓶颈，基于天津大量实践的验证与校核，全面、系统地构建了"城市设计整体性管理实施方法体系"，进而完成了"城市设计整体性理论框架"构建，形成了适用于我国实践的全面、完整的城市设计整体性管理实施理论方法。

三、方法体系构成与实践探索验证

（一）方法体系构成

基于理论梳理与实践总结构建城市设计整体性管理实施方法体系，其七大系统包括"法定行政许可系统、指挥组织系统、总体控制系统、编制逻辑系统、实施目标系统、技术集成系统、实施评估系统"，系统之间环环相扣，层层衔接，共同支撑城市设计整体性管理全过程。其中，"法定行政许可系统"是城市设计管理和实施的最高纲领和根本依据，现有系统对现行城市设计运行起到规范作用，同时根据城市设计实践发展的需要与经验总结必须同步创新此系统相关内容，才能为城市设计下一阶段实践优化起到根本作用。在本文总结论述的七大系统中，"法定行政许可系统"起到顶层保障作用，对以管理者和管理平台构成的"指挥组织系统"进行指导，同时基于管理工作实践积累，管理者逆向对法律、法规、行政方法不断完善创新。由"法"与"人"构成的两大系统对基于城市整体结构与风貌构成的"总体控制系统"，适应不同城市不同阶段发展需要的城市设计"编制逻辑系统"与针对项目组织实施的"实施目标系统""技术集成系统"进行管控，同时通过管控过程有效要素提炼对"指挥组织系统""法定行政许可系统"进行二次优化，针对六项内容以"实施评估系统"进行阶段性、过程性的系统评估，对体系进行动态更新与优化（图1）。同时，七大系统内容应对城市设计长期、长效管理和针对具体重大项目实施又具有各自作用重点。"法定行政许可系统"是系统运行的根本保障，"指挥组织系统"是城市设计日常管理和重点项目实施的管控方法，"总体控制系统""编制逻辑系统"是长效管控的内容方法，长期、长效管理作为具体项目的运行基础贯穿到项目实施中，同时叠加"指挥组织系统"中对于重点项目的运行、决策效能与实施方法中的"实施目标系统""技术集成系统"的共同作用，促使重大项目实施既体现了长期、长效管理成果，同时也有效检验了重点项目实施时期城市设计的集中有效把控。基于该方法框架，对天津城市设计管理实施工作展开为期十余年的实践研究。

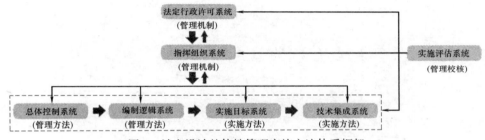

图1　城市设计整体性管理实施方法体系框架

（二）实践探索验证

1. 基于城市设计整体性管理实施的城市大型公共设施建设

以天津文化中心为例，项目启动之初以"规划项目指挥部"协调，"政府总规划师"对项目实施进行全面、全程把控。天津文化中心项目占地面积约 1km²，地上地下总建筑面积 100 万 m²，包括天津图书馆、天津博物馆、天津美术馆、天津大剧院、天津银河购物中心、阳光乐园等建筑和配套实施八大工程，总投资约 140 亿元。12 个国家的 40 余家设计单位参与竞标，最终组织 4 国 12 家设计单位历时 4 年完成规划、设计、建设。由城市设计作为项目管控实施组织方法，使多个大型文化建筑和配套工程，地上地下空间统一规划设计、同步实施，完成近百项专项设计并全部有效实施，解决了我国城市重要大型项目规划设计难以协调统一的难点问题。

天津文化中心项目初期即对政府、社会与市场多主体进行利益平衡，确立"人民性与公共性"的城市价值目标。实施过程中多家设计单位通过城市设计管控，形成"空间最优"的空间目标共识，完整贯彻了"系统连续的开放空间""文化主导的文脉空间""和而不同的建筑空间""生态智慧的绿色空间""高度复合的地下空间"等空间建设目标。在技术层面，以"专业技术集成"为导向，实现了交通集散体系与景观布局、地下空间的充分结合，地铁出入口与场馆设计的充分衔接，地下空间防灾疏散空间与室外景观开放空间的结合利用。以"最优技术集成"为导向，实现了清洁能源、海绵城市、绿色交通、绿色建筑、净化系统等最优生态技术集成。天津文化中心项目采用"整体性技术集成体系"，在功能定位、环境整体品质、建筑品质、照明效果、数字化管理以及公共服务功能等方面建立了108项最优指标比对体系，在城市设计与实施过程中为每个场馆选择最优主导指标。文化中心项目通过最优目标与最优技术紧密结合实现最优效果（图2）。

图 2 天津文化中心项目城市设计效果图（上）与实景（下，2019年6月摄）对比

2. 基于城市设计整体性管理实施的历史文化街区保护

历史文化街区极具保护价值，但往往面临物质遗存不完整、文化传承易灭失、环境设施严重落后等问题。基于城市设计整体性管理实施方法，在指导实践

过程中以天津五大道历史风貌保护区、意式风情区、解放北路历史街区保护工程项目为例，通过"风貌特色，城市文脉，空间格局"三个层面指导整体实施建设，把控建设成果。

天津五大道历史风貌保护区：该地区是天津市规模最大、留存最完整的历史文化街区，以本研究方法为引导，成功实现了历史文化街区保护实施过程中的稳定性、贯通性和完整性，完整保留原有"建筑类型""街廊肌理""街道与街巷"格局（图3）。该区域首次完成2514栋建筑三维数字模型，为全方位、立体化、精细化的规划管理提供强有力的技术支持。该内容已被全面纳入《五大道历史文化街区保护规划》，有效提升了历史街区保护与管理水平。

图3　天津五大道历史街区实景（2018年10月摄）

解放北路历史街区：该项目以"原貌保护，品质提升，活力营造"为"最优综合目标"，完成了以保护修缮为主的综合改造提升。提升改造街道长度1.8km，改造区域36hm^2。按照不同等级完整保护了区域内特有的哥特式、罗马式、日耳曼式等西洋建筑风格，打造富有活力的百年金融老街。

意式风情区：该项目以"延续肌理，意式风貌，现代活力"为"最优综合目标"，保留了 14 个街坊原有建筑的空间尺度，实现了原有肌理的整体延续，形成了独具特色的"意式风貌"风情区。

3. 基于城市设计整体性管理实施的重大项目整体性有机更新

针对城市更新尤其是重大项目整体性更新过程中，规划往往受困于生态环境的营造与维护、历史文脉的传承与延续、多个利益主体的平衡与协调等复杂的现实问题，很难做到经济、社会、生态、环境的全面协调，难以实现整体性实施。基于对城市重大更新项目效果整体性把控目标，以"指挥组织系统"总体协调，高质量建设完成了天津重大城市规划项目。

新八大里地区原为 20 世纪 50 年代遗留下来的天津老工业基地，更新项目地上总建筑面积 200 万 m^2，地下总建筑面积 100 万 m^2，由 12 家建设单位，同步实施 26 个开发地块与 5 项基础设施配套工程，涉及 11 项专业。以"综合最优"为目标导向，实现了按照城市设计方案整体一次性实施开发，体现了城市设计整体性管理实施方法的效力（图 4）。

图 4　天津新八大里地区城市设计效果图（上）
与实景（下，2019 年 6 月摄）对比

天津新八大里地区更新项目利用"线上"城市综合信息平台技术与"线下"指挥部（指挥组织系统）共同对项目进行全面管理。促使城市设计、一控规两导则、市政能源、交通、业态策划、地下空间、生态、景观等 10 个专项规划同步编制，城市设计在城市规划指导下明确定位，统筹城市设计对各专项规划与技术的集成与校核。例如针对同步实施的 $100m^2$ 地下空间，利用城市综合信息平台，制定地下空间设计导则，保证地下空间衔接准确、功能顺畅、建设同步、标准一致，实现了地上、地下空间整体性实施效果。

四、城市设计整体性管理实施方法

基于天津十余年的城市设计管理实施实践，完成了"城市设计整体性管理实施方法体系"的全面研究扩展。针对"法定行政许可系统、指挥组织系统、总体控制系统、编制逻辑系统、实施目标系统、技术集成系统、实施评估系统"七大系统框架进行内容延伸创新，其中"法定行政许可系统、指挥组织系统、总体控制系统、编制逻辑系统、实施评估系统"为管理方法体系，"实施目标系统、技术集成系统"构成实施方法体系（图5）。

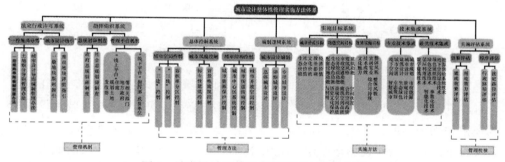

图5　城市设计整体性管理实施方法体系图

（一）管理方法体系

"城市设计整体性管理方法体系"由"法定行政许可系统、指挥组织系统、总体控制系统、编制逻辑系统、实施评估系统"五部分构成，是城市设计日常管理控制的基础。

1. 法定行政许可系统

"法定行政许可系统"是确保城市设计依法依规运行的保障体系。以"控制性详细规划"为依托进行法定规划与行政手段的结合创新是长期有效管理的保障，天津出台"一控规两导则"管理方法正是以此为目标，运用城市设计结合法定规划实现城市建设长期运行的高水平保障。对于近期实施重点项目，需要更为精细的管理方法，因此天津出台"城市设计指引"管理办法，对重点项目实施实现高质量的有效引导。

"一控规"即控制性详细规划，"两导则"即城市设计导则和土地细分导则。城市设计导则在空间层面对控制性详细规划进行落位，土地细分导则在布局层面对控制性详细规划进行细化，通过"一控规两导则"管理措施将城市设计与控制性详细规划相结合，进一步实现城市设计法定化。"一控规两导则"实现了城市通则管理的法定化转换，为城市设计科学、高效管理奠定了基础（图6）。

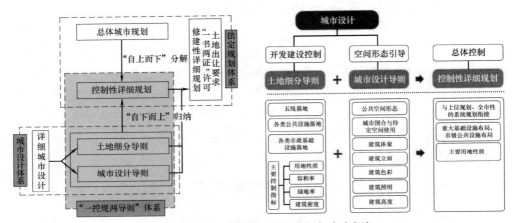

图6 "一控规两导则"体系分析与内容框架

"城市设计指引"是近期实施地块层面的详细城市设计管理方法，是在城市设计导则基础上，更具有针对性、落地性的技术成果和管理依据。"城市设计指引"由规划与土地行政主管部门联合发文，是土地出让中与规划条件并置的要件，虽不纳入国有建设用地使用权出让合同，但具有行政约束力。政府通过"城市设计指引"向开发企业明确城市规划管控要求，是出让地块编制规划设计方案的重要参考。形成了"土地出让条件"法定刚性约束、"城市设计指引"弹性引导管控的双重创新管理手段。新八大里城市设计的有效实施有赖于"城市设计指引"的管控效能（图7）。

2. 指挥组织系统

"指挥组织系统"包含两方面内容，一是"总规划师制度"，基于国内外实践经验总结提出政府总规划师与社会总规划师具有不同工作框架、内容与协调主体。本研究认为"政府总规划师"由具有较高专业技能的高级行政管理人员担任，负责确保行政决策和技术决定高度统一，规划设计实施效果最好，天津大量重点项目由政府总规划师团队进行总体协调管控，达到了城市设计实施效果最

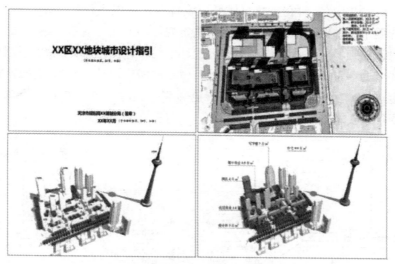

图7　天津某地块城市设计指引示意

优。"社会总规划师"作为社会第三方技术力量对行政管理进行有效支撑，弥补行政管理人员技术水平的不足。二是"管理平台机制"，依据我国行政管理层级与专业部门建立线上与线下"管理平台"，"线上管理平台"指以日常管理工作为目标的分部门共同工作平台，在部门分工的基础上建立长效管控；"线下管理平台"指以重点项目管控为核心的"指挥部"（借用天津重点项目管理模式中的部门称谓）管理平台，在"指挥部"平台中多部门协同工作，实现集中、扁平化管理与高效决策。在重大项目规划建设过程中，通过"指挥部"集中管理，明确职责范围与工作组织方法，统筹土地整理、拆迁与出让，协调各方利益主体，组织前期规划设计，把控工程实施建设，促进公众参与等工作。通过"线下管理平台"的精细化管理实现重点项目的高水平决策、高效率管理与高质量建设。

3. 总体控制系统

"总体控制系统"通过全面、持续的城市设计研究对城市总体要素进行系统把控，主要指城市空间控制、城市结构控制和城市风貌控制三方面。城市空间控制重在对城市空间整体形态的"三边（河流边、公园边、历史街区边）""三线（道路红线、绿线、建筑退线）""容积率分区"等内容进行控制。城市结构控制重在对城市资源、城市中心区、城市空间格局、街区路网系统等进行把控。在把握城市建筑风貌方面以"标志性建筑"与"背景性建筑"进行分类管控，针对重点地区标志性建筑，采用国际方案征集、专家评审、政府决策等方式确定建筑方案，针对背景性建筑采用导则化管理。

4. 编制逻辑系统

"编制逻辑系统"研究建立总体城市设计、详细城市设计、专项城市设计三个层面的城市设计编制体系，并使之与法定规划环节——对应，纳入法定规划体系。同时，详细城市设计细化为对应控规环节的"重点地区详细城市设计"和对应实施环节的"重点地块详细城市设计"。"专项城市设计"对城市天际线、地下空间、生态保护、历史遗产保护、城市色彩等问题进行单一要素重点深入研究，落实专项规划要求（图8）。

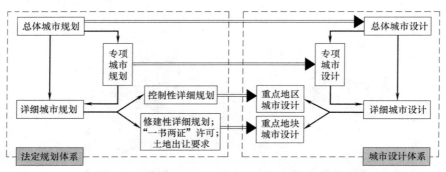

图8　法定规划编制体系与天津城市设计编制体系关系图

5. 实施评估系统

"实施评估系统"是七大系统的最后一个环节，也是跟踪城市设计实施效果的必要环节。其"程序评估"与"效果评估"依据"建设与管理两端着力"目标对城市设计实施全过程采取靶向评估方法。程序评估依据实施程序、要素对法定和行政路径建立综合指标评估系统，效果评估依据评价因素提取、专家综合打分、风貌因子分析等方法对用地效力和建成效果进行评估。通过动态实施评估对城市设计整体性实施度进行实时评价，提升整体性实施水平。

（二）实施方法体系

在长期、长效的"管理方法体系"上叠加"实施方法体系"，"城市设计整体性实施方法体系"由"实施目标体系"和"技术集成体系"两部分构成，是重大城市设计项目管理实施的核心方法（图9）。以实施目标体系为导向，技术集成体系为载体，对城市价值、功能与空间、效果实现的目标进行充分提炼形成"最优目标"，对各专业技术和先进技术进行反复比对，高度集成形成"最优技术"，从而形成"最优实施"。

1. 城市设计整体性实施目标体系

长期以来，重大城市设计项目在实施过程中由于建设时间长、涉及专业广、实施难点多，极易模糊目标焦点，导致最优整体性效果难以实现。本研究提出适

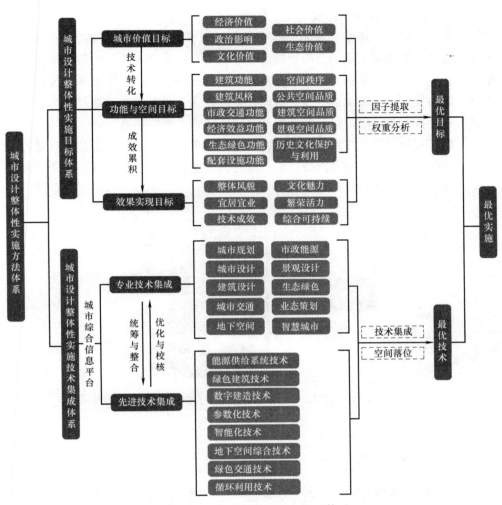

图9　城市设计整体性实施方法体系

用于拟实施项目不同实施阶段的三类目标体系。拟实施项目在启动阶段建立"城市价值目标"，提炼经济、政治、文化、社会、生态等相关价值因子；在规划设计阶段建立"功能与空间目标"，提炼相关设计因子；在实施阶段建立"效果实现目标"，提炼建成效果与建成影响相关因子，通过因子提取、权重分析确定"最优目标"。以此作为决策依据，贯穿项目实施全过程，保障城市设计实施效果与实施目标不脱钩，城市设计成果有效落地。天津文化中心项目"空间最优"目标，五大道地区"风貌特色，城市文脉，空间格局"最优目标等都是基于项目自身特色，于项目初期建立目标体系，以此作为管理工作统筹的目标核心，凝聚众多专业团队力量，实现城市设计项目尤其是重大项目科学、有序的整体实施。

2. 城市设计整体性实施技术集成体系

城市设计整体性实施技术集成体系是保障城市设计整体性实施的关键环节。技术集成体系解决了大量项目由于缺乏专业协调及技术整合导致的各专业优势不整合，新型技术力量不强，整体优势发挥不理想等问题。技术集成体系包括城市规划、城市设计、城市交通、地下空间、市政设施、景观生态、智慧城市、业态策划等专业技术的集成，以及新型能源、绿色建筑、数字建造、地下空间、绿色交通、循环利用等最优技术的集成。同时，利用本项目城市综合信息平台对各项技术进行筛选、整合、空间落位、集合运行，实现各项不同领域技术之间的协调匹配，确保整体技术呈现最优化运行效果（图10）。

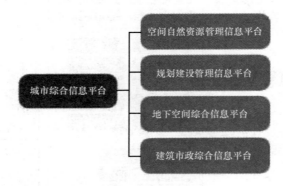

图 10　城市设计整体性实施技术集成内容与城市综合信息平台体系

五、理论总结

基于"城市设计整体性管理方法体系"与"城市设计整体性实施方法体系"的建构，本研究进一步系统总结理论并通过实践提炼，打破了既有城市设计的"线性逻辑"，构建了城市设计整体性"网状逻辑"理论框架（图11）。其中，包括政府、社会、市场、空间多要素调节的"目标系统"；基于城市规划与城市设计持续性校核、深化、动态性结合的"方法系统"；基于文化保护、有机更新、新区建设等我国现代化城市建设类型的"内容系统"；基于城市规划、城市设计、建筑设计、地下空间、景观设计、道路交通设计、市政系统设计、生态技术、智慧技术等各专项的"专业系统"；基于规划编制、规划许可、规划实施全过程、全要素整合协调的"管理系统"。基于五大系统理论，整合全球性因素、地域性因素、专业性因素等影响因子构建的理论框架是管理方法体系与实施方法体系进一步完整、优化的系统理论指导。

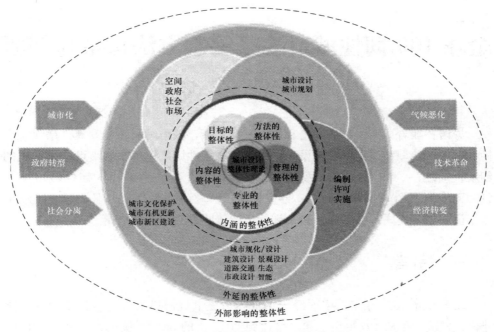

图 11 城市设计整体性理论框架图

我国城市化发展到新一阶段，对城市建设质量提出了更高的要求，城市设计是必要的技术手段和管理方法。对于我国既有城市规划体系而言，城市设计贯穿其编制、管理、实施全过程，是城市建设高精度、高效率管控的科学方法。本研究通过长期、大量的城市设计工作的实践总结，对基于我国体制优势的城市设计管理实施提出整体性方法理论，以期推动城市规划、城市设计的科学化发展。

致谢：李威、杨夫军两位同志对于本论文的撰写提供了重要的支持和帮助，在此致谢。

（撰稿人：沈磊，博士，国家一级注册建筑师，国家注册规划师，天津大学建筑学院教授、博士生导师，北京建筑大学北京未来城市设计高精尖创新中心教授、博士生导师；张玮，天津大学博士研究生，中国生态城市研究院总师办常务副主任；马尚敏，天津大学博士研究生，中国生态城市研究院有限公司顾问，天津市建筑设计研究院有限公司高级工程师）

注：摘自《城市发展研究》，2019（10）：28-36，参考文献见原文。

全球 100 韧性城市战略编制方法探索与创新
——以四川省德阳市为例

导语：随着城市面临的冲击和压力日益复杂，城市亟需转型发展。增强城市韧性是城市转型和新型城市建设的重要方向，韧性城市建设是城市可持续发展的创新模式之一。本文以四川德阳市为例，系统介绍了全球 100 韧性城市项目（100RC）的韧性城市定义特性、分析框架、战略编制方法及工具，并在 100RC 体制机制创新模式基础上提出未来韧性城市研究方法亟需本土化。

一、引言

改革开放 40 多年来，中国经历了世界历史上规模最大、速度最快的城镇化进程。城镇化率从 1978 年的 20％增长到 2017 年的 58％，城镇人口从 1.7 亿增加到 7.9 亿。根据世界城镇化发展普遍规律，我国仍处于 30％～70％快速发展区间，预计到 2030 年我国城镇化水平有可能达到 70％，城镇人口总数将超过 10 亿。随着城市人口的增长，对土地空间、住房、就业、基础设施、教育和医疗的需求急剧增加，加之受到全球化和气候变化的影响，城市所面临的问题和风险也在增加，如产业集聚和人口集聚不同步、土地利用粗放，城市环境污染，交通拥堵，自然文化遗产保护不力，基础设施和公共服务滞后，气候变化带来的高温、干旱和暴雨等极端天气频发等。这些问题已经严重影响了城市居民的福祉，也给全球环境的可持续性带来前所未有的挑战。城市迫切需要寻找一条可持续发展的道路，可持续发展是城市转型发展和新型城市建设的重要目标。

为了进一步推动全球可持续发展，2015 年联合国发布了《2030 年可持续发展议程》，包括 17 项可持续发展目标，其中第 11 项目标专门针对城市可持续发展，提出了建设包容、安全、有韧性的城市及人类住区。2016 年 10 月，第三次联合国人居大会进一步将"韧性城市"作为《新城市议程》的创新内容。世界银行和宜可城等国际机构也提出了建设韧性城市的框架和思路。韧性城市已经成为城市可持续发展的创新模式之一。

2013 年，洛克菲勒基金会启动了全球 100 韧性城市项目（100 Resilient City Project，以下简称 100RC），在全球选择 100 个城市进行探索实践。国家发改委城市和小城镇改革发展中心（以下简称 CCUD）作为 100RC 的战略合作伙伴，负责中国试点城市韧性城市战略编制的全程跟踪及技术指导，四川省德阳市就是项目城市之一。

100RC 以相同的理论与方法指导 100 个城市的实践，并在实践中不断修正方法和工具。CCUD 指导的项目案例显示，100RC 的理论方法与工具对我国城市编制韧性城市战略具有一定的借鉴意义，故撰文与大家分享讨论。

二、韧性城市的定义及特性

（一）韧性城市定义

100RC 韧性城市建设首先立足城市所面临的急性冲击和慢性压力。急性冲击指对城市造成危险的突发性剧烈事件，如飓风、洪水、高温热浪、火灾、危险品事故、龙卷风、基础设施或建筑物崩塌等。慢性压力是指长期以来或者日复一日动摇城市结构，影响城市可持续发展的因素，如缺乏负担得起的住房、失业率高、贫困、基础设施老化或不足、水或空气污染、海平面上升和海岸侵蚀、宏观经济形势萧条等。所以韧性城市战略的第一个创新点是以分析城市所面临的冲击和压力为出发点，从问题导向分析城市。韧性城市的核心特点是充分认识城市可能面临的冲击和压力，分析带来的负面影响，通过制定合理规划、建设和管理措施，促进城市整体功能的可持续性，提高城市应对冲击和压力，并从中恢复更新和增长的能力。

100RC 将城市韧性定义为城市中的个人、社区、机构、企业和系统在各种慢性压力和急性冲击之下存活、恢复适应和持续发展的能力。城市韧性越强，城市应对各种挑战与危机的能力越强，城市的可持续性越强。

（二）韧性城市的特性

城市需要能够衡量自身应对特定冲击和压力的水平，制定积极的综合措施应对挑战，提升应对效果，在长期或短期内改善城市状况，保障城市居民的利益，实现可持续发展。100RC 实践启示，韧性城市应具有反思力、随机应变性、稳健性、冗余性、灵活性、包容性和综合性七大特性。

（1）反思力和随机应变性。反思力指城市应该经常进行反思，吸取以往的教训，总结各国城市的好经验、好做法。随机应变性是指城市能根据自身的具体情况调整修改城市建设标准和规则，科学指导今后的城市决策。

（2）稳健、冗余和灵活性。稳健性要求制定明确严格的规划编制和管理流程，采用定量和定性分析方法，指导城市因地制宜制定韧性发展战略，确保城市能够应对各类挑战。冗余是指城市管理者有意识地准备数量充足的设施和资源，应对突发性事件所导致的短缺，冗余还意味着多样性，即预备多种方式满足既定需求。灵活性要求城市积极引进新技术、新理念和有益经验，当形势变化或危机突发时，城市可以采用可替代的策略应对危机。

（3）包容性和综合性。包容性强调城市应广泛征求公众意见，听取最容易受到冲击和压力影响的利益相关方意见，确保战略措施对应多个利益相关方和部门的韧性需求。综合性要求城市各相关主体应协同合作，注重城市资源分享，确保韧性措施之间的相互支持，应对多领域冲击和危机，促进城市可持续发展。

三、韧性城市定性分析框架

为了帮助城市提升韧性，首先要对城市的韧性水平进行评估。在洛克菲勒基金会的资助下，2012年奥雅纳公司通过文献对比、案例研究和利益相关方访谈，构建了100RC韧性城市定性分析框架（简称100RC韧性框架）。100RC韧性框架以全球149个城市的案例为基础，根据其层次、范围和相互关联性，提出了4个维度，即健康及福祉、经济及社会、基础设施及环境、领导力及策略，并具体化为12个主因子和50个次级因子，试图全面反映城市应对各类冲击和压力的水平和能力（图1）。

100RC韧性框架提供了一个理解城市复杂性及城市韧性驱动因子的视角。通过韧性框架，各个城市能够评估自身的韧性水平，识别主要的薄弱领域，设计行动和项目，提升城市韧性。城市韧性框架同时还是一个对比分析的平台，各个城市用统一的框架和指标衡量城市韧性，使得各个城市能够分享知识和经验。

（一）维度Ⅰ：健康及福祉

维度Ⅰ包括满足基本的生存需求、支持民生和就业、保障公共卫生服务三个主因子。

满足基本的生存需求，要求城市为居民提供高效、公平和包容性的房屋，安全、稳健和包容性的能源和水，安全和负担得起的食物。

支持民生和就业，要求为失业者提供具有包容性的劳动力政策支持和基准水平的社会保障，根据就业市场需求提供相关培训，并在遭遇冲击后提供具有包容性的政策保障和劳动者权利，提供具有持续、灵活、创新及包容性的营商环境，促进本地企业发展与创新，在遭遇冲击后提供具有包容性的资金获取机制，以及灵活的救助措施。

保障公共卫生服务，要求城市具有基础性的保健服务，同时具有适当的医疗能力（包括设施和人力资源）与处理突发事件的能力，面对突发性事件有灵活的

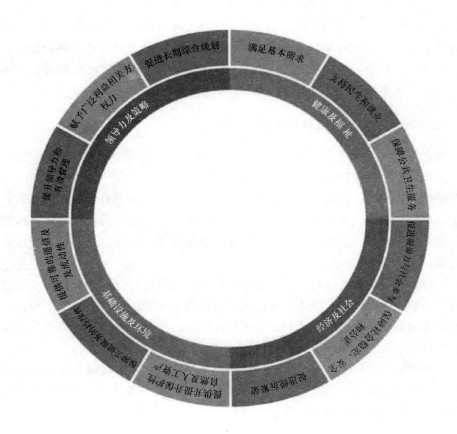

图 1　100RC 韧性框架示意图

应对措施和管理措施。

（二）维度Ⅱ：经济及社会

维度Ⅱ包括促进凝聚力与社区参与，保障社会稳定、安全和公正，促进经济繁荣三个主因子。

促进凝聚力与社区参与，要求城市具有包容性的社会管理和结构（包括家庭和社区），通过梳理地方认知和文化，促进人们的社区归属感和城市认同感，同时积极开展公众参与，让城市内更多的民间团体（社区）参与城市发展和治理。

保障社会稳定、安全和公正，要求城市通过各项措施和制度威慑犯罪行为，防止腐败，提升政府公信力，创造安全可靠的城市环境，并建立强大、包容、透明的体系和法律保障措施。

促进经济繁荣，要求城市建设有竞争力的、灵活的、多元化的地方经济，通过制定持续性的产业规划保障经济发展，实现城市财政收入多元化，保证城市在遭遇冲击和压力时有充足的资金保障城市运转。城市自身经济社会环境良好，可以获得多元、充足的内部投资，积极参与区域经济分工，在更广泛的经济体系中建立更强大和集聚的经济联系。

（三）维度Ⅲ：基础设施及环境

维度Ⅲ包括提供并提升保护性自然资产及人工资产，保障关键业务的连续性，提供可靠的通信和交通设施三个主因子。

提供并提升保护性自然资产及人工资产，要求城市制定有效的保护自然资源和生态环境的政策，实施强有力的措施，保障电力、通信等关键性基础设施的安全，基础设施能提供多样性的资产和服务，满足交通、能源、水和垃圾处理等应急需求。

保障关键业务的连续性，要求城市制定应急与恢复计划，强大且集成的资产监控、维护和更新计划，洪水、暴雨风险管理机制，确保突发事件发生时，关键基础设施储备充足，能够多元和灵活地应对危机。生态系统和环境资产的管理和修复要具有全面性、适应性和灵活性。

提供可靠的通信和交通设施，包括提供多模式、相互衔接的交通网络，多元化城市公共交通设施，与其他城市和区域构建交通和物流连接，有稳健、多元、包容性的通信网络和应急信息系统。

（四）维度Ⅳ：领导力及策略

维度Ⅳ包括提升领导力及有效管理，赋权广泛的利益相关方，促进长远和整体规划三个主因子。

提升领导力及有效管理，要求城市利益相关方参与城市决策，增进城市内部的包容性和建设性合作，中央、省、地方之间进行有效沟通与合作，城市政府的决策透明、包容、具有整体性，并可以灵活、有效地处置应急情况。

赋权广泛的利益相关方，要求增强公众参与的普及性，增强公众的风险意识，让利益相关方参与韧性城市的建设，综合监控潜在危险，保证及时、可靠、包容性的警报发布，对于当地政府和公民之间的沟通与协调机制要兼顾包容性、综合性和透明性，增进城市内部和城市之间的知识分享。

促进长远和整体规划，要求城市战略和规划的相关数据定期更新，指标要定期监测，根据发展需求定期更新城市发展规划内容，并根据实际风险制定相关的建筑标准。

四、韧性城市定量分析工具

100RC 不仅为试点城市提供定性诊断分析支持，还研发了定量分析工具。100RC 定量分析工具改进了传统战略规划编制过程中定性分析多、行动措施针对性不强的问题。定量分析工具在提高战略科学性和措施精准性方面发挥了积极的作用。一方面，基于 100RC 韧性框架，将公众参与意见、城市现有行动方案进行定量化分析和可视化表达，为韧性城市战略重点任务制定提供科学的参考依据；另一方面，坚持韧性特性和实现多元目标的原则，对城市行动措施、方案进行筛选，确保行动方案的精准性和可操作性。本文以德阳市为例介绍 100RC 定量分析工具及其应用。

（一）城市韧性认知分析工具

城市韧性认知分析工具的核心是以 100RC 韧性框架为基础，将利益相关方对城市发展的评价和建议进行定量化分析和表达。工具包括输入和输出两个部分，输入部分要求对利益相关方的意见进行简要描述，根据 100RC 韧性框架所列出的因素进行分类统计，明确利益相关方所提问题归属于哪一类主因子和次级因子，并将所提问题按关注度和满意度分为三个级别：运行良好、良好但需要加强、有待提高。运行良好，表示公众认可度高，不需要改进；良好但需要加强，表示公众认为需要进一步改进；有待提高，表示公众不满意或不了解，急需改进或加强与公众的信息沟通。输出结果将明确显示出利益相关方所关注的城市韧性问题，并体现出对城市韧性问题的评价和要求。

韧性城市战略编制重视公众意见的征集和分析。韧性战略编制过程中，需要广泛征求政府部门、社会团体、企业和居民代表的意见，根据利益相关方类型，设计不同征求意见方式，如德阳组织召开参与式韧性研讨会、实地走访、焦点小组讨论、问卷调研、电话采访等，以 100RC 韧性框架为核心，搜集利益相关方对城市韧性的诉求和意见。

根据项目要求，德阳收集整理了 140 位利益相关方对城市韧性的意见，如图 2 所示，最关注的 10 项韧性因素分别为：环境政策、应急能力和协调、关键基础设施、当地经济、广泛经济联系、本地企业发展和创新、策略和计划、多利益相关方协调、关键服务的应急计划及政府协调。

水污染及空气污染是关注度最高也是广泛利益相关方认为德阳最迫切要解决的韧性问题。德阳应急和协调能力也是各利益相关方比较关注的韧性因素，这与

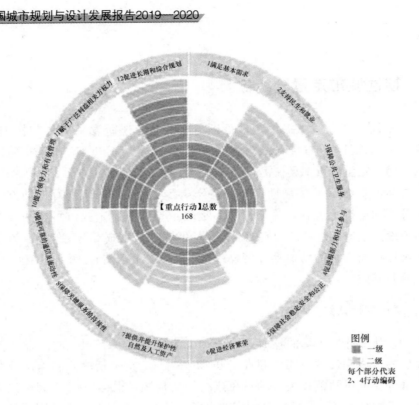

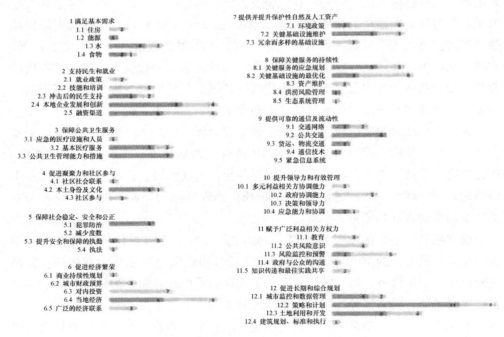

图2　德阳利益相关方韧性认知分析结果

德阳处于地震带，长期受地震影响有关。德阳有比较完善的应急规划及演练，公众对此评价较高。由于德阳长期受到宏观经济萧条及产业转型等慢性压力，当地经济、与其他省市经济联系以及本地企业发展和创新也备受公众关注。

政府、企业、学者及社区代表等四类代表在参与式韧性研讨会中所关注的韧性因素各有不同。其中，政府相关人员最关注德阳提升领导力和有效管理，即政府协调、决策和领导力、应急协调和多利益相关方协调的韧性程度。公共卫生、经济繁荣和提供并提升保护性自然及人工资产也是政府人员认为下一步需重点加强的韧性领域。企业最关注关键基础设施维护、环境政策和德阳本地企业发展创新及融资领域等韧性因素。社区代表及社会组织代表相对于其他利益相关方，关注的韧性领域更为全面，作为与德阳市民直接接触最多的团体，他们更为关注赋予广泛利益相关方权力。

城市韧性认知分析工具将参与式讨论的结果以简洁明了的方式展示，方便规划编制者和城市参与者梳理城市的韧性优劣势，进而聚焦关键问题。

（二）城市韧性行动分析工具

城市韧性行动工具用于分析目前城市政策、规划、措施的执行情况，以及与韧性城市建设之间的对应关系，分析城市规划改革措施的成效，进而识别韧性战略应重点关注的驱动因子。工具将城市制定和正在执行的战略、规划、行动方案和工程项目进行汇总，对所有城市行动的级别、执行情况，如何在韧性行动中推进等情况进行梳理，并将各类行动方案与城市韧性框架的驱动因子相关联，关联程度分为三类：直接相关，不直接相关和不适用。城市韧性行动分析工具通过计算机将提供如下两方面评估结果：一方面，显示出特定行动对城市韧性建设的影响，具体表现为城市行动与驱动因子对应关系，以及这些驱动因子对城市韧性建设的意义与作用；另一方面，显示出城市行动与驱动因子的关联次数和频率，如果驱动因子出现频率低，次数不多，说明目前的城市行动对这部分因素考虑不足。

2017 年 8 月，CCUD 与德阳市联合课题组整理录入了德阳市规划局、投促局、发改局、林业局、国土局、金融局、水利局、环保局、防震减灾局、扶贫办等 26 个部门的 168 项政策、规划、项目及措施。通过 100RC 韧性框架的 12 个因子对德阳目前开展政策和规划进行了梳理。如图 3 所示，德阳既有韧性政策规划主要集中于以下几个韧性驱动因子：策略和计划、本地企业发展和创新、融资渠道、当地经济、环境政策、关键基础设施维护及优化、关键服务的应急计划、土地利用和开发、水、公共卫生管理措施。这些政策主要是德阳本地的政策规划及措施，同时也纳入了部分四川省内颁布实施并对德阳韧性有影响的区域规划。

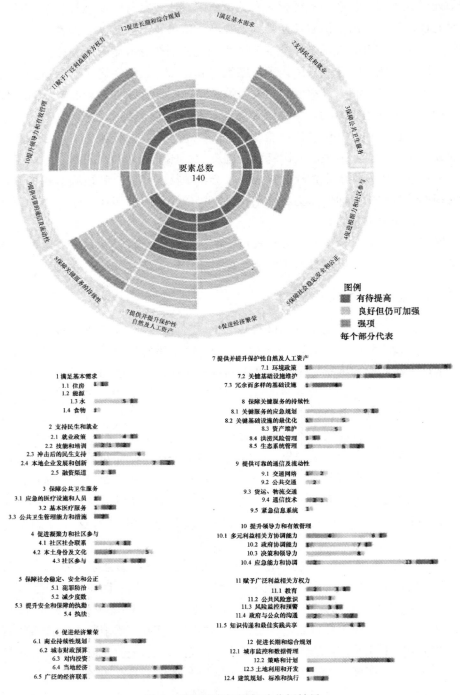

图 3　德阳城市韧性行动分析结果

对于利益相关方最为关注的环境、应急和基础设施领域韧性因子，德阳市已出台《德阳市城镇污水处理设施建设三年推进方案》《全域综合交通路网规划》《德阳市基础设施建设扶贫专项方案》等规划及行动。此类韧性行动及措施数量也较多。

德阳市出台了关于地震应急、本地企业发展和创新、融资渠道、当地经济、环境政策、关键基础设施维护及优化等领域的相关措施和规划。就政策行动的关联性而言，民生与就业和促进经济繁荣之间的相互关联性最强，最关注的是促进经济繁荣领域的韧性因子。德阳长期规划关注最多的是涉及民生和就业及保证关键服务的持续性两个方面的韧性因子。赋予广泛利益相关方权力与提升领导力有效管理也显示了比较高的关注度。

通过对利益相关方韧性诉求、城市行动的韧性针对性以及二者的对比分析，德阳韧性城市初步战略（Primary Resilient Assesment，PRA）梳理出了德阳韧性战略应关注的四大重点领域：推动乡村振兴，通过供给侧结构改革建设和谐发展、城乡融合的德阳；以磷化工片区转型发展为抓手，促进经济繁荣，建设有竞争力的德阳；聚焦环保攻坚战，推动绿色环保，建设可持续的德阳；防震抗灾，打造安全宜居的德阳。

（三）项目优选分析工具

项目优选分析工具（Optimization Action Tool，OAT）用于对落实韧性城市发展战略提出的具体保障措施、行动方案和计划等进行评估优选，明确近期准备开展的行动措施，以定量化、可视化的分析方式对项目的韧性程度进行优先级排序，帮助城市实现资金和管理资源的精准化投入。

OAT 可以清晰地记录项目的执行时间、资金、所获得的支持等细化内容。OAT 首先对拟采取措施的基本情况进行汇总，包括项目简介、韧性筛选和韧性详情三部分。项目简介要求明确行动方案、项目名称、项目具体内容、资金保障、实施期限等基本内容；韧性筛选要求将具体行动措施与所要解决的城市韧性问题的对应性和有效性进行评估，如行动措施针对哪一个韧性问题，属于哪项驱动因子，体现了哪些韧性特质，解决的首要冲击和压力是什么；韧性详情要求对行动措施可带来的预期效益、受益人群、行业和地域范围，以及所应对的冲击和压力进行说明。通过对以上数据信息的综合分析，OAT 工具将行动措施长清单进一步筛选形成短名单，即城市韧性行动措施建议清单。如对德阳水环境治理方面建议的 26 项行动措施进行评估，筛选出了 15 项宜在近期实施的行动措施清单（图4）。

图 4　行动措施清单

五、韧性城市战略体制机制创新的保障

韧性城市建设工作具有创新性、综合性和参与性的特点，城市在应用韧性城市理论方法的过程中需要进行体制机制创新，才能确保韧性城市战略的质量和实施效果。

（一）建立了以首席韧性官（CRO）为纽带的参与式项目管理模式

城市需要指定或聘请具有较强协调能力的人士担任韧性城市建设项目的负责人，以创新的管理机制，建立权威的领导团队，带领城市实施韧性城市建设。全球 100RC 设立首席韧性官（Chief Resilient Officer，以下简称 CRO），具体职责包括三个方面：一是组织韧性城市战略编制并跟踪评估，充分发挥政府部门、社会团体、企业和社区代表的力量，组织韧性城市战略编制、跟踪和更新等工作。成立韧性城市项目办公室，对韧性城市项目工作人员及城市主要利益相关方进行培训，使各方对韧性城市战略制定流程、角色及职责形成清晰的认识。二是宣传韧性理念。由于韧性城市理念和思维属于新生事物，CRO 要定期接受 100RC 项目培训，并借助报纸、网络等媒体平台，在城市各个层面宣传、推广韧性理念，让韧性城市理念成为指导城市规划、建设的重要理念。三是提升韧性城市国际交流能力。CRO 通过参加 100RC 项目不定期举办的线上线下项目研讨会和经验分享会等活动，与全球试点城市、战略合作伙伴和平台伙伴就韧性城市战略编制、提高城市韧性策略方法等进行沟通，分享本市在韧性建设方面的经验，学习全球其他 100RC 城市的经验。

（二）搭建了帮助城市对接外部资源服务平台

城市可借助 100RC 平台有效利用各类咨询技术服务单位的公益作用，吸收

可为城市提供韧性建设的咨询、技术服务以及投融资服务的单位，包括企业、大学、非政府组织等加入韧性城市建设公共平台，100RC 平台具有技术服务功能，在战略编制阶段，可为试点城市提供技术分析方法和工具的培训、咨询服务，帮助试点城市更好地理解、运用工具和方法。100RC 平台具有沟通对接功能，为项目、技术和投融资落实对接渠道，在战略实施阶段，平台伙伴可根据城市韧性战略确定的重点领域，结合自身业务专长与试点城市进行对接，提供相应的技术咨询、资金和项目支持等服务。如德阳市在 100RC 平台上，与世界银行韧性城市项目进行了对接，向国外投融资机构推介了德阳市水环境治理项目，寻求融资支持。

（三）提供了旨在帮助城市进行韧性技术创新的战略指导

韧性城市建设过程中，需要专业团队为首席韧性官和地方政府提供战略建议和指导。100RC 建立了战略合作伙伴机制，一是协助城市进行项目管理和技术咨询。为试点城市提供咨询服务，协助试点城市编制韧性战。二是支持城市能力建设。对试点城市项目人员进行专项培训，包括改进项目执行效率的项目管理培训，组织韧性城市知识分享活动的技能培训。三是指导城市建立与战略伙伴、平台伙伴之间高效沟通、成功合作的机制。

六、启示

我国城市面临的可持续发展挑战日益严峻，韧性城市建设的理论和方法为促进我国城市可持续发展提供了创新思路，100RC 项目具有重视公众参与、项目管理规范化、分析定量化和可视化等优点，为我国韧性城市战略编制提供了有益借鉴。城市政府也日益认识到应急管理和风险管理的重要性，提出了建设韧性城市的目标和要求。如北京市组织相关单位开展了《北京韧性城市规划纲要研究》工作，《北京城市总体规划（2016 年—2035 年）》提出强化城市韧性，减缓和适应气候变化的要求。上海市城市总体规划"上海 2035"提出建设可持续的韧性生态之城的目标。《雄安新区规划纲要》提出要打造韧性安全的城市基础设施的要求。韧性城市研究之路刚刚起步，未来还需加强对韧性城市建设理论和方法本土化的探索。

一是探索制定符合我国国情的韧性框架。100RC 韧性城市驱动因子的分类方式和内涵表述与我国现有的城市分析文件、规划和政策要求存在差距，如经济社会维度下，本土身份及文化因子的表述含义太宽泛，不能很好地体现我国国情和目前的需求，如尚未在 100RC 韧性框架中体现农业转移人口市民化、外来人口融入城市等因素。

二是改进100RC分析工具在我国的适用性。100RC现有的分析工具对城市韧性行动和措施的界定要求与国内的分类方法不相吻合，如城市行动认知工具中，城市韧性行动和措施区分为一级、二级和三级，与我国目前省级、地市级、县级和乡镇级的分类体系不一致，难以全面反映我国城市的韧性行动和措施。未来，需进一步探索矫正完善工具，建立与我国现行体系相适应的韧性城市分析工具。

三是加强城市自身韧性团队的能力建设。韧性城市建设是一项长期的、持续的工程，需要公众持续不断地积极参与。地方政府应积极鼓励本地高校、科研团队及协会组织参与韧性城市发展战略的制定，保证公众参与的多样性，同时增强城市公众对韧性理念的认知理解，培养本地韧性城市建设力量，保障韧性城市战略落地实施。

致谢：感谢100RC、德阳市政府和四川省建筑职业技术学院的大力支持。

（撰稿人：邱爱军，国家发改委城市和小城镇改革发展中心副主任，研究员；白玮，国家发改委城市和小城镇改革发展中心副研究员；关婧，国家发改委城市和小城镇改革发展中心研究员）

注：摘自《城市发展研究》，2019（02）：38-44，参考文献见原文。

新时代城市治理的实践路径探索

——以江苏"美丽宜居城市建设试点"为例

导语： 住有宜居是人民美好生活的重要组成，也是全世界的共同追求。改革开放以来，我国城镇化取得了卓越成就，也累积了诸多"城市病"问题。中共十八大以来，国家高度重视以新发展理念推动城市建设发展方式转型和高质量发展，满足新时代人民群众对美好生活的向往。学界的研究重点也发生了转变，从关注城市治理的"规模供给"到"品质供给"，鼓励小规模渐进式有机更新，并更加重视个性化设计、特色化建设和精细化管理。在此背景下，江苏提出率先开展美丽宜居城市建设试点，并得到了住房和城乡建设部的积极支持。本文围绕江苏的率先探索实践，从"问题的提出—系统的谋划—工作的推动"的逻辑，介绍了从"我"做起推动城市建设发展方式转型、为高质量发展探路的初心，以及上下联动、改进工作、不断提高城市治理能力和提升城市治理水平的努力。

一、引言

改革开放以来，中国经历了世界历史上规模最大、速度最快的城镇化进程。从1978年到2018年，城镇化率由17.9%提高到59.6%，城镇常住人口从1.7亿增加到8.3亿。在这史无前例的城镇化进程中，中国不仅没有产生大多数发展中国家普遍面临的贫民窟问题，相反还抓住城镇化的机遇极大地提高了全社会总体居住水平；不仅解决了世界上最大规模人口的"住有所居"问题，还极大地提高了城市建设发展水平，改善了人居环境质量，走出了一条有中国特色的城市建设发展道路，彰显了中国特色社会主义制度的巨大优越性，也得到了联合国人居署等国际机构的高度认同。

同时也应看到，这种以土地、资源、环境为代价的快速城镇化产生了种种弊端，累积了诸多"城市病"问题。因此，中共十八大以来，中央先后召开城镇化工作会议和城市工作会议，要求"着力解决城市病等突出问题，不断提升城市环境质量、人民生活质量和城市竞争力，建设和谐宜居、富有活力、各具特色的现代化城市。"中共十九大报告更是做出了"新时代我国社会主要矛盾是人民日益增长的美好生活需要和不平衡不充分的发展之间的矛盾"的历史性论断。

正是在这样的背景下，江苏提出率先开展美丽宜居城市建设试点，得到了住房和城乡建设部的积极支持，明确要求江苏通过"一个先行先试、三个探索""为全面推进美丽宜居城市建设、建设没有'城市病'的城市提供可复制、可推广的经验"。试点工作得到了全省各地城市的积极回应，正在有条不紊地开展。

本文从新时代背景下推动城市建设发展方式转型和高质量发展切入展开讨论，围绕江苏美丽宜居城市建设试点的实践探索，从"问题的提出—系统的谋划—工作的推动"的逻辑，回答了"为什么做""怎样做好""如何推动地方实践"等关键问题，介绍了从"我"做起推动城市建设发展方式转型、为高质量发展探路的初心，以及上下联动、改进工作、不断提高城市治理能力和提升城市治理水平的努力，旨在抛砖引玉，希望引发更多的理论思考和实践创新。

二、问题的提出：推动转型和高质量发展的初心

江苏是中国改革开放以来发展最快的省份之一，也是中国快速城镇化的典型缩影。从 1978 年到 2018 年，江苏城镇化率从 13.7％迅速增长到 69.61％，成为中国百万人口以上大城市密度最高的省份。在快速城镇化进程中，江苏针对城镇密集、人口密集、经济密集的省情特点，积极探索城市建设发展和人居环境改善之道，形成了丰硕的阶段性成果：累计获得的联合国人居奖城市、中国人居环境奖城市和国家生态园林城市数量全国第一，并保有全国最多的国家历史文化名城和中国历史文化名镇。与中国城镇化快速发展阶段特征一致的是：江苏的城市也不同程度地存在快速城镇化进程中的发展粗放问题，以及发展相互不衔接、不配套、不协调问题。进入了城镇化持续稳定发展的后半程，江苏城市建设发展方式转型已势在必行。

但要改变经过改革开放多年摸索形成的思维惯式和发展方式远非易事，推动转型和高质量发展需要通过"全面深化改革"探索破题。在新时代以人民为中心的高质量发展阶段，迫切需要明确一个持续发力的方向和抓手，探索一条符合中国实际、适应省情需要的城市建设发展转型之路，寻找新时代提升城市治理能力和水平的实践路径。

（一）发展理念：从为增长而发展到"以人民为中心"发展

根据中国特色社会主义进入新时代我国主要矛盾的变化，中共十九大突出强调了"以人民为中心"的发展思想，凸显了新时代中国特色社会主义的鲜明价值取向。坚持以人民为中心，就是要围绕人民群众的切身感受去推动工作，这意味城市不仅是经济增长的中心，更是人民美好生活的家园。习近平总书记在中央城市工作会议上强调，人民群众对城市宜居生活的期待很高，要把创造优良人居环

境作为中心目标。这要求相应调整城市工作的重心和价值取向，即经济建设是发展手段而不是发展目的，发展目的是提升人民的获得感、幸福感、安全感。要把城市工作的重心从招商引资、速度增长转变到为人民建设更加美好的生活家园。

（二）发展方式：从城市外延式增长到城市内涵式提升

当前，中国城镇化正在从依靠土地和人口资源红利的规模外延扩张转向重视内涵提升、依靠创新发展和服务升级。城市治理的内容相应地从"规模供给"转向"品质供给"，从对城市发展的增量管理为主，转向增量存量并重并逐渐以存量优化为主，从支持大规模集中式建设为主，转向更加鼓励小规模渐进式有机更新，更加重视个性化设计、特色化建设和精细化管理。

这种转变，既是经济增长动力转换的结果，也是土地资源发展约束的结果。我国快速城镇化时期土地城镇化速度是人口城镇化的 1.85 倍，已高于 1～1.12 的国际衡量标准，传统外延粗放的增长方式已难以为继。另一方面，快速粗放发展过程中累积的"城市病"，也需要针对性地逐步解决。因此，需要围绕百姓关注的"急难愁盼"问题，探索城市存量空间优化和人居环境改善的现实路径。

（三）工作方法：从碎片化解决城市问题到推动城市系统治理

在以速度增长为导向的发展年代，不仅累积了诸多"城市病"，也形成了以快为取向的就事论事解决问题方法和碎片化思维惯性，习惯于孤立地解决单项诸如住房、交通、绿化、地下管线等问题。这种工作方法解决了短期、眼前矛盾，但从整体看、长远看，造成了社会资源的浪费，也是城市治理能力不足的表现，典型如"马路拉链"问题。

系统治理不仅是解决城市现实问题的需要，也是中共十九届四中全会明确的提高治理效能的首要途径。习近平总书记高度重视系统治理和系统思维，围绕全面深化改革，他曾经指出"要突出改革的系统性、整体性、协同性""要坚持系统地而不是零散地、普遍联系地而不是单一孤立地观察事物，提高解决我国改革发展基本问题的本领"；围绕城市工作，他强调指出要"统筹生产、生活、生态三大布局，提高城市发展的宜居性"。因此在针对城市问题推进源头治理的同时，强化系统治理、综合治理，不仅是推动转型和高质量发展的需要，也是落实中共十九届四中全会精神、提高城市治理能力的必然要求。

（四）实现路径：找寻新时代推动转型的综合抓手

按照国家和省委省政府部署，近年来江苏先后开展了一系列城乡建设专项行动，包括"城市环境综合整治 931 行动""村庄环境整治行动"，以及棚户区改造、保障房建设、老旧小区整治、建筑节能改造、黑臭水体整治、垃圾分类治理、易淹易涝片区改造、海绵城市建设、公园绿地建设等多个行动。这些针对百姓身边问题的专项行动，通过打"歼灭战"的方式取得了积极成效，也赢得了人民群众的支持和拥护。但由于专项工作多从条线思维出发，推动城市品质系统提升的综合集成效应不够。相对而言，内容比较综合的"城市环境综合整治931行动"和"村庄环境整治行动"社会效果更好，人民群众认同度也更高。尤其是2017年江苏在"村庄环境整治行动"基础上总结提升推出的"特色田园乡村建设行动"，社会反响综合最优，它以人民群众可观可感的工作实绩呈现出乡村振兴的现实模样，提升了人民群众的获得感、幸福感和安全感。

实践历程促使我们思考总结：思维系统性和工作联动性是提升城市治理绩效的重要方面，而在针对问题导向基础上的目标导向与结果导向相融合，能够推动形成1+1+1＞3的整体合力。从工作抓手角度，美丽宜居城市建设内容综合，紧紧围绕新时代人民日益增长的美好生活需要，具有解决"城市病"问题的目标导向和结果导向，这既体现了江苏城市建设发展转型的现实需要和内涵品质提升的阶段特点，也可以与已实施的"特色田园乡村建设行动"一起，共同构成推动江苏"城乡建设高质量"的有力双手。

三、系统的谋划：多方参与讨论达成共识

要推动城市建设发展转型和高质量发展，既要有长远的战略眼光，实现"高质量发展、高品质生活、高效能治理"的综合目标，又要能够契合当前实际，有助于基层推动务实行动。为此江苏开展了大量工作，认真研究，反复推敲，工作中注重"三个结合"，通过多方参与讨论，推动达成最大社会共识和专业共识。

（一）推敲酝酿：通过"三个结合"的共谋过程

一是基础研究和地方先行实践有机结合。一方面，在掌握国际城市发展规律和趋势、学习借鉴雄安新区等最新规划建设实践的基础上，研究提出发展思路和工作建议；另一方面，整合专项资金和相关资源，支持设区市和县市在城市街区尺度先行开展综合集成改善实践，为城市尺度的工作推开积累一手经验。

二是专家咨询和相关部门意见有机结合。在基础研究和地方实践的过程中，多次召开研讨会和专家会，邀请高校、研究机构以及国家级专业社团的专家学者，共同讨论中国城市建设发展转型的方向、举措、路径和切入。同时高度重视相关部门的意见和共识达成，过程中征求了多个省级相关部门的意见。专家和部门的中肯意见与积极建议推动了工作思路的完善。

三是上级要求和基层反馈的有机结合。一方面，深度跟踪地方的先行实践，不断发现问题、改进方案；另一方面，广泛听取各个实施主体和利益相关方的意见建议，包括市县政府、基层主管部门、街道与社区。同时，住房和城乡建设部站在国家行业主管部门的高度，十分重视和关心江苏的率先探索，全过程给予了指导。

通过上下、多维的三个结合，宜居城市的概念逐渐清晰并聚焦。从"住有所居"到"住有宜居"，住房已成为绝大多数城镇居民的最大宗家庭财产，聚焦改善百姓的居住环境，就是从人民群众最关心、最直接、最现实的利益问题出发。因此，推动宜居城市建设是住房和城乡建设部门立足本职工作践行"以人民为中心"发展思想的实践要求。

同时，宜居也是世界各国共同的追求。在城镇化发展的不同阶段，宜居的内涵在不断发展和丰富。从1976年到2016年，联合国人居署三次历史性人居会议主题从"解决基本住房问题"到"人人享有合适住房及住区可持续发展"，再到通过《新城市议程》达成了"人人共享城市"的国际共识。进入城镇化中后期，各国宜居建设的关注普遍从住房、住区拓展到更广域的城市范畴，并在对物质环境的改善上叠加了更多的人文关怀，努力推动城市可持续发展。因此，新时代的城市工作以宜居城市为切入点，符合国际上关于宜居内涵和外延不断丰富、多元包容的发展趋势，它涉及国家经济、政治、文化、社会、生态文明"五位一体"总体布局的各个方面，有助于推动"牵一发动全身"的转型发展。同时，江苏也有基础、有条件、有责任，按照中央的一系列要求，以此为切入点推动高质量发展，最终实现习近平总书记提出的"建设未来没有'城市病'的城区"目标。

（二）部省共识：美丽宜居城市建设试点的使命担当

对于江苏以宜居城市建设为切入点推动转型发展的系统谋划和先行探索，住房和城乡建设部予以了充分肯定和积极回应，认为其贯彻落实了新发展理念，集中反映了新时代中国高质量发展的要求，呼应了新时代人民群众的需求，这一工作还与贯彻落实习近平生态文明思想以及关于"美丽中国"重要论述紧密相连。在国家推动"美丽中国"的工作框架中，住房和城乡建设部负责推动美丽城市建设工作，因而希望江苏在全国率先开展"美丽宜居城市建设试点"。从江苏的实践工作看，"美丽宜居城市建设"的概念和内涵更加完整，体现了美好城市的形神兼备、内外兼修，也与住房和城乡建设部门围绕"住有所居"和城市建设等中心职能推动城市物质环境和空间品质提升，进而推动城市经济社会可持续发展的工作定位紧密关联。

省委省政府主要领导肯定了以"美丽宜居城市建设"和"特色田园乡村建设"联动推进落实"城乡建设高质量"发展的思路和谋划。省政府主要领导在住房建设厅调研时特别指出，"美丽宜居城市建设要把当前和长远结合好，贯彻好以人民为中心的发展思想，要将省政府民生实事的落地实践与美丽宜居城市建设的长远目标紧密衔接起来，要和老百姓结合得紧密，做得让老百姓有获得感"。

因此，"美丽宜居城市建设试点"融合了国家要求和地方努力，融合了"美丽中国"建设的城市实践和百姓"住有宜居"的新时代使命，也是江苏高质量发展和"强富美高新江苏"建设的重要组成和典型表达。

（三）系统思考："三居递进、四美与共、五城相宜"

江苏美丽宜居城市建设试点的谋划围绕着"美丽""宜居""城市"三个核心概念，在群众意见调查、基层实践总结、国内外比较研究，以及专家意见咨询和部门意见采纳的基础上，总结归纳提炼，形成了围绕"三居递进、四美与共、五城相宜"目标愿景展开的系统思考。

围绕"宜居"的"三居递进"，是指安全包容的安居体系、均好共享的适居服务、绿色优质的乐居环境。安全包容的安居体系，强调的是政府基本公共服务"普惠性、基础性、兜底性"责任，要构建"人人有房住"的住房保障体系，针对性补上新市民住房问题短板，让全体人民住有所居；均好共享的适居服务，强调的是以"完整社区"为努力方向，通过有机更新补齐公共服务设施短板，提供均好共享的社区服务；绿色优质的乐居环境，强调的是为城市居民打造品质卓越的绿色宜居环境，建设适用经济美观的绿色建筑，系统化推进海绵城市建设，倡导健康文明生活方式。

围绕"美丽"的"四美与共"，是指自然秀美、人文韵美、建设精美、生活和美。自然秀美，强调的是城市建设发展要尊重自然、顺应自然，推进生态园林城市建设，以园林绿地系统有机地串联城市，实现"让自然融入城市"，让百姓"看得见山、望得见水"；人文韵美，强调的是保护城市的历史文化记忆，保持城市的风貌特色，彰显城市的文化个性，让人们"记得住乡愁"，建设有历史记忆、地域特色、民族特点的美丽城市；建设精美，强调的是要以"一代人有一代人的使命"的责任意识，推动精益建造、数字建造、绿色建造、装配式建造等新型建造方式，致力推动"让今天的城市建设成为明天的文化景观"；生活和美，强调的是城市是人民安居乐业的生活空间，通过城市建设精致化、城市管理精细化、城市治理人性化，塑造有序并包容、宜居且宜业的生活环境，努力把城市建设成为人与人、人与自然和谐共处的美丽家园。

围绕"城市"的"五城相宜"，是指安全城市、包容城市、舒适城市、魅力城市和永续城市。安全城市强调的是城市要为居民生产生活提供安全的保障，能抵御或积极应对各种灾害，构建安防网络保证城市安全；包容城市强调的是城市居民都有各得其所的多元化生活环境，提高新市民的公共服务供给短板，营造全龄友好空间；舒适城市强调的是城市居民可以便捷享有完善和优质的各项服务，推进智慧城市建设，提升市政基础设施建设质量，建设公交优先和慢行友好城市；魅力城市强调的是城市形神兼备的吸引力，用滨水蓝道、生态绿道、慢行步道、特色街道串联整合城市的山水资源、历史地段和当代公共建筑，形成独特魅力的城市特色空间体系，并赋予时代文化活力，积极破解"千城一面"的状况；永续城市强调的是不仅要考虑当代人的需要，还要为未来子孙的发展留有空间，推进资源节约型、环境友好型社会建设，全面推广绿色建筑和绿色建造，支持绿色交通和海绵城市建设，以3R为目标加强垃圾分类治理和资源化利用，不断提升城市的可持续发展能力。

需要强调的是，"三居递进、四美与共、五城相宜"是有机联系、辩证统一的整体，是从不同角度的解读，三者相互交织、互相推动。"三居递进"强调的是老百姓的居住需求，是美丽宜居城市建设的工作原点。从"安居"到"适居"再到"乐居"，从住房到配套公共服务再到生活场所营造，努力为人民群众提供更舒适的居住条件，满足其由基本向高层次演进的居住追求；"四美与共"强调的是城市、人以及周边大自然是一个有机生命共同体，自然秀美、人文韵美、建设精美和生活和美是"美丽中国"在城市层面实践探索的"美美与共"的价值体现；"五城相宜"强调的是美丽宜居城市建设的综合愿景，"安全、包容、舒适、魅力、永续"五方面兼顾物质空间硬环境与经济社会人文软环境，符合人居环境科学和城市发展的世界共识，是国家"五位一体"总体布局在城市层面的具体落实。

四、工作的推动：地方多元探索的实践路径

在世界经历百年未有之大变局之际，中共十九届四中全会明确了"十三个坚持"以进一步发挥中国特色社会主义制度的治理优势，同时明确了要"满足人民对美好生活新期待"，"推动中国特色社会主义制度不断自我完善和发展"。在国家全面深化改革、推动转型升级、实现高质量发展的关键阶段，需要的不是观望和等待，而是脚踏实地的务实行动，地方有责任先行先试，甚至"滚雷"探路，这也是应对挑战、赢得主动先机的积极方式。

（一）实践的路径和逻辑

行动是最好的语言，实践是检验真理的唯一标准。再好的构想，需要通过实践的检验，通过实践的证实或证伪不断发展完善，也需要通过实践汲取群众智慧和基层创造性。

从认识论的角度，毛泽东同志深刻指出："实践、认识、再实践、再认识，这种形式，循环往复以至无穷，而实践和认识之每一循环的内容，都比较地进到了高一级的程度。"目前，推动城市建设发展方式转型和高质量发展尚在努力的起步阶段，很多构想需要通过地方多元实践探索改革的方式方法，很多构想需要大量丰富的基层实践发展完善并展现现实模样，只要提高了人民群众的实际获得感，就能不断增强对美丽宜居城市建设实践的信心和期盼。

从社会治理的角度，美丽宜居城市建设试点也是从人民群众最关心的身边居住环境入手，推动形成"人人有责、人人尽责、人人享有的社会治理共同体"的有效探索，是贯彻落实中共十九届四中全会决定"把尊重民意、汇集民智、凝聚民力、改善民生贯穿党治国理政全部过程之中"要求的积极实践。

（二）先行的前期实践探索

2016年，在全省各地老旧小区整治实践的基础上，针对老年化社会的群众要求，江苏印发了《关于开展适宜养老住区建设试点示范工作的通知》，推动70多个既有住区适老化改造试点和新建适老住区建设试点。2018年，为拓展宜居住区实践的内涵，提出推进并完成了120个"省级宜居示范居住区"建设，展现了通过有机更新实现存量改善、百姓安居宜居住区的现实模样；推动地方进一步深入研究，制定出台系统改善百姓宜居环境的规范性办法，如《苏州市宜居示范居住区评价办法》。

2019年，为延伸宜居建设实践的空间尺度，江苏开展了以城市街道围合的街区（block）为基本单元的"宜居街区"建设试点实践。街区包括住区和相邻的街道，以及紧密相关的生活设施和场所空间，例如步行可达的百货超市、绿地公园，临街的咖啡馆、书报亭等，是居民邻里交往最为密切的公共场所，它联系着住宅与城市公共空间，是"围墙内私有空间"和"围墙外公共空间"的融合，是市民城市生活的基本单元。希望通过内容综合的实践，探索打破"墙"界、创造共享融合社区单元的办法和路径；希望通过系统化的集成实践，探索"实施一块即成熟一块"的城市基本单元有机更新、综合提升品质的办法和路径，为下一步宜居城市建设以城市道路围合的单元网格化灵活推进积累经验（图1）。

（三）推动全省展开更加多元的实践

按照住房和城乡建设部2019年7月"关于在江苏省开展美丽宜居城市建设试点的函"的要求，经省政府同意，2019年11月，江苏省下发了"关于开展美丽宜居城市建设试点工作的通知"，推动全省各地开展更加多元的美丽宜居城市建设试点实践。

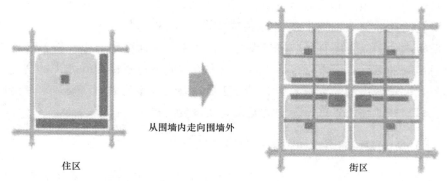

图 1 从宜居住区走向宜居街区

在具体试点实践项目的遴选上，一方面重视地方的多元探索和基层正在开展的城乡建设工作紧密相连；另一方面，要求试点实践必须明显高于常规项目，要同时体现问题导向、目标导向和结果导向，既针对性解决百姓反映强烈的"城市病"，又推动建设人民生活其中、更具幸福感的美丽宜居城市。因此，推动的是在常规专项工作基础上的"宜居城市＋实践"，如"绿色建筑＋""海绵城市＋""美丽宜居小城镇＋"等，强调的是从专业角度切入带动综合改善提升，探索集成提高城市宜居品质的方法和路径。

同时，为突出支持美丽宜居城市建设试点综合实践的价值导向，单独设置了"综合项目类"申报，明确鼓励在一定区域范围内，加强城市建设管理领域的目标综合、项目集成、资源整合，全方位提升人居环境，内容包括美丽宜居街区整体塑造和美丽宜居小城镇建设培育等。对于试点城市，明确要求"基础条件好、试点项目类型多的城市"方能申报，设区市试点城市需包含 5 个及以上专项项目、2 个及以上综合项目，试点县（市）需包含 3 个及以上专项项目、1 个及以上综合项目。试点城市应在组织实施试点项目的基础上，更加注重系统谋划、统筹推进美丽宜居城市建设工作，要探索美丽宜居城市建设方式方法，以城市体检工作为抓手，结合城市双修、城市更新、城市设计等工作，强化设计引领、创新设计方法提升和设计师支撑制度。试点城市还要探索建立美丽宜居城市建设标准体系，科学引导试点工作，不断提高城市建设水平，要探索美丽宜居城市建设长效机制，健全工作组织、资金引导、实施管理、公众参与、监督考核等政策制度，为建设试点工作持续推进提供保障。

美丽宜居城市建设试点申报工作得到了全省各地城市的积极响应，截至2019 年底，全省共有 228 个试点项目申报，其中专项类项目 159 项，综合类项目47 项，试点城市申报 20 个，实现了 13 个设区市的申报工作全覆盖。

特别需要指出的是，美丽宜居城市建设的试点实践，是从住房和城乡建设系统的转型思考出发，但要求不局限于系统内部，重视的是"系统治理、依法治理、综合治理、源头治理"的地方集成实践。从试点城市的地方政府申报情况看，反映出他们以美丽宜居城市建设为综合抓手，全面推动城市经济社会发展和竞争力提升的目标。如南京、扬州申报提出以空间特色塑造提升城市的文化、旅游形象，完善城市的综合服务功能；常熟提出以既有建筑的更新改造，盘活闲置资源，提速产业结构升级，为推动城市高质量发展提供支撑等。

（四）地方实践的跟踪和完善："改革在路上"

"美丽宜居城市建设试点"是一个改革破题、动态完善、不断提升的实践过程，未来美丽宜居建设试点经验和模式方法的形成，有待于江苏各地渐次深入的创新创造和发展完善。在自2020年起的未来3年工作中，江苏将围绕美丽宜居城市建设试点示范，加大资金、技术、政策等方面的支持力度，推动地方政府通过全面深化改革破题探路，同时支持集成实施试点示范项目，形成一定试点经验和试点形象进度，通过省政府现场推进会的方式进一步推动全省各地的更大力度的实践创新。

我们将用推进美丽宜居城市试点建设的工作初心和推动体制机制改革的初衷，检视、跟踪、思考地方多元实践的全过程，加强对试点城市、试点项目和试点地区的技术指导，根据地方深入实践的"试对"或"试错"结果，及时修改完善《江苏省美丽宜居城市建设指引》和《江苏省美丽宜居城市建设试点行动纲要》，通过"实践、认识、再实践、再认识"这样循环往复的过程，推动城市建设发展方式转型和高质量发展的实践渐次深入开展，以实际行动不断提高新时代人民群众的获得感、幸福感、安全感。

五、结语

本文讨论了江苏推动城市建设发展方式转型和高质量发展的初心和努力，旨在新形势背景下探索贯彻落实中共中央国务院《关于进一步加强城市规划建设管理工作的若干意见》的实践路径和综合抓手。也许思考问题角度不尽准确，工作推进方案不够完善，但我们的立足点是以实干行动具体落实习近平总书记提出的"只争朝夕，不负韶华"要求。

当年盛世大唐，杜甫在《茅屋为秋风所破歌》写下了"安得广厦千万间，大庇天下寒士俱欢颜，风雨不动安如山"的著名诗句，如今中国人千百年的居住梦想已经在今天的社会主义中国基本实现。在中华民族"两个一百年"目标的奋斗进程中，希望能够通过"美丽宜居城市建设试点"实践探索，推动实现"千年梦圆新时代，乐享美丽宜居新家园"的人居梦想升级版。同时通过和"特色田园乡村建设"行动的联动，扎实推动"守中华文化之根，塑造特色田园乡村；展神州时代风采，建设美丽宜居城市。以人民为中心，推动城乡融合，实干织就江苏城乡建设高质量发展'双面绣'的务实行动。"

致谢：在工作谋划和实践推动过程中，邢海峰、顾小平、范信芳、刘向东、郭宏定、梅耀林、崔曙平、杨俊宴等同志多有贡献，在此一并致谢。

（撰稿人：周岚，博士，研究员级高级规划师，江苏省住房和城乡建设厅厅长；施嘉泓，注册城市规划师，江苏省住房和城乡建设厅规划处处长，中国城市规划学会城乡规划实施学术委员会委员；丁志刚，研究员级高级城市规划师，江苏省城镇化和城乡规划研究中心主任）

注：摘自《城市发展研究》，2020（02）：01-07，参考文献见原文。

生态文明背景下的国土空间规划体系构建

导语： 国土空间规划体系构建是文明演替和时代变迁背景下的重大变革，要从生态文明时代要求的高度，从认识论、本体论、方法论三个方面深刻理解国土空间规划体系构建。在认识论方面，生态文明建设优先是国土空间规划体系构建的核心价值观，治理生态病是生态文明时代国土空间规划的核心作用，要善于从整体性、多样性、包容性等生态视角去分析、解决问题。在本体论方面，全面实现高水平治理是国土空间规划体系构建的根本依据，规划编制要深入浅出、发挥优势、补齐短板、突出特点，既不能沿用老思路，也不能套用新模板；规划审批要分级授权，管什么批什么，但不能批什么编什么；规划监管要精准有效，不是一味减少监管数量，而是看是否必要。在方法论方面，引领高质量发展和缔造高品质生活是国土空间规划的主要抓手，要强化以人为本的初心和手段，强化多维空间的感知与管控，树立生态优先的价值位序，强化环境导向的分析方法，创新促进要素流动的政策制度，力求建设人与自然和谐共生的美丽中国。

一、引言

2019年5月23日，《中共中央 国务院关于建立国土空间规划体系并监督实施的若干意见》（下文简称《若干意见》）正式公布，标志着国土空间规划体系顶层设计和"四梁八柱"基本形成（赵龙，2019）。国土空间规划体系是一个新生事物，必须要有足够的耐心逐渐成熟与进阶。机构合并为国土空间规划体系的构建奠定了基础（董祚继，2018），但体系的构建还需要思维方式转变和过往经验总结的有效结合，要做到水乳交融、知行合一，才能真正确保构建"全国统一、责权清晰、科学高效"的国土空间规划体系。

一些学者从不同的角度，对国土空间规划体系构建纷纷提出自己的创见，有的侧重于总体框架（伍江，2019），有的侧重于思维范式与价值取向（梁鹤年，2019），有的侧重于技术变革（赵燕菁，2019），有的侧重于区域—要素统筹（林坚，等，2019），有的侧重于用途管制机制（黄贤金，2019），等等。其中，孙施文等人从本源要义的角度，认为国土空间规划是推进生态文明建设的关键举措，是实现高质量发展和高品质生活的重要手段，是促进国家治理体系和治理能力现代化的必然要求（孙施文，张皓，2019），这为理解国土空间规划体系构建提供了良好的分析框架，本文拟作进一步的深入阐释。

二、认识论：生态文明建设优先是国土空间规划体系构建的核心价值观

一切行动从认识开始，怎么认识决定怎么行动。对于国土空间规划而言，认识论的核心必然是生态文明理念。十八大以来，以习近平同志为核心的党中央站在战略和全局的高度，将生态文明建设纳入中国特色社会主义事业的总体框架，为努力建设美丽中国、实现中华民族永续发展，指明了前进方向。在中共中央国务院《生态文明体制改革总体方案》中，国土空间规划作为一项重要的制度建设内容予以明确，在《若干意见》中也明确提出，国土空间规划"是加快形成绿色生产方式和生活方式、推进生态文明建设、建设美丽中国的关键举措"。可见，国土空间规划就是为践行生态文明建设提供空间保障，生态文明建设优先理应成为国土空间规划工作的核心价值观。

从工业文明时代步入生态文明时代，是世界发展的必然趋势。中国走生态文明之路，之所以必须更加积极主动，一方面源自全球自然资源环境的压力和中国作为国际大国的担当，如若中国像美国、澳大利亚一样发展，至少需要五个地球的能源和资源，这是地球无法承担的；另一方面源于中国自身的环境污染严重和生态系统退化，如果说杜甫笔下的古代战乱年代是"国破山河在，城春草木深"，那么当代和平年代却有"国在山河破，城兴草木凋"之虞。换言之，中国由于人均资源保有量有限，但又要实现人民对美好生活的向往，就既不能延续以往高消耗的"美国模式"，也不能采用高成本的逆城镇化模式，而只能采取兼具紧约束资源投入和可支付经济投入两大特征的可持续发展模式。因此，中国走生态文明的道路，从现实看源于内外双重压力，从长远看则关系人民福祉、关乎民族未来。

（一）治理生态病是生态文明时代国土空间规划的核心作用

对于国土空间规划的认识，不同的人身份不同、经历不同、目的不同，视角和观点不尽相同。第一种是外视角，一般为传统城乡规划人的思维，站在主体外面看，认为新的国土空间规划就是多规合一，核心是简化流程、消除多规矛盾，主要任务是对图斑，通过拼合叠加实现"多规合一图"。第二种是内视角，一般为传统土地规划人的思维，站在传统国土"简单、有效"的管理体系下，一味推崇简化，自上而下强化指标和空间控制线的约束传导，形式大于内容，并一以贯之。新时代下，两者均不可取，应用"全视角"来认识国土空间规划，正如自然

资源部总规划师庄少勤所言："生态文明的新时代是讨论规划逻辑的起点和基点，国土空间规划的理论、方法和实践应顺应新时代发展要求而优化"（庄少勤，2019）。

当今世界面临百年未有之大变局，规划同样也面临百年未有之大变局。核心并不是因为机构调整，而是因为进入新时代，文明形态发生了变化。现代城市规划出现在工业文明时代，核心是用来解决工业化、快速城市化带来的城市病，规划价值取向体现工业文明时代的价值取向。现在进入生态文明时代，从生态文明的视角看，自然生态系统、经济生态系统、社会生态系统及其复合生态系统都出了很多问题，所以才要修复生态系统，构建山水林田湖草生命共同体，才要修复自然经济社会复合生态系统，树立人类命运共同体。相应地，规划的核心作用是要治理生态病，而不仅仅是治理城市病。

（二）生态文明时代必须遵循的四大原则

一是生态系统不可分割。生态学研究生物和周围环境之间的相互关系，其中生物最早指的是个体，随着研究的深入，发现生物不是以个体而是以种群的方式存在，因此研究又扩展到种群和环境的关系，再深入发现应该是生物群落和环境的关系，再深入发现其实是一个生态系统，并且是一个复合系统，既有自然系统，又有社会、经济、文化等系统。

二是生态后果不分疆域。为什么习近平总书记提出人类命运共同体能引起共鸣，很大程度上因为生态问题是系统问题、区域问题，通俗而言，就是你不好了我也好不了，污染别人的同时也会污染自己，河北有雾霾北京也遭殃，苏州有污水上海也遭殃，全球气候变暖地球人民都遭殃，全球生态系统是一个完整的共同体。

三是生态产品不可或缺。不管是蓝天、白云、绿植，还是清新的空气和洁净的水体，对美好生活而言都缺一不可，并且逐渐变成稀缺品。

四是生物多样性弥足珍贵。多样性的背后蕴含极高的价值，其中：大自然中可直接拿来用的，称为直接价值，如大自然提供的建筑物料、日常食材等；因生物多样性带来的、蕴含在其内的用于解决现实问题的智慧与办法，称为间接价值，如植物中提炼的中草药可用来疗养身体。再比如大自然清馨、悠然的环境可治愈心理疾病，直接价值很大，间接价值更大，甚至还可能有尚未发现的潜在价值。生物多样性与气候和纬度有着密切的关系，随着寒带至热带递增。我国虽然地域面积广阔排名世界第三，但生物多样性仅排名第八位，排名第一的是巴西，因其亚马逊热带雨林里蕴含了极其丰富多样的生物基因。

（三）现代生态学的三大理论基础

现代生态学研究的是复合生态系统的结构和功能，主要有三个研究方向。

一是整体性理论。中国古代的宇宙观和自然观历来强调整体性，人法地、地法天、天法道、道法自然的思想，就源于中国人对大自然整体性的思考。现代生态学研究是由小到大，由生物个体到种群、群落、系统再到复合系统的整体性研究，这多少契合了中国的传统思维。整体性思维就是要从整体的视角，而不是分割的方式，去观察、分析、判断事物，这才是典型的生态思维。

二是生物多样性理论。要有多样性的概念，才有生命力与活力。比如，过去的国家主体功能区规划从相对单一的地理学的视角，对全国生态进行划区管控，得出的结果是北方有大面积的林带需要重点保护与管控，反而越到南方保护与管控力度越弱，这与生物多样性的价值背道而驰，不符合生物多样性分布的纬度梯度格局规律（即随着纬度降低，物种多样性增加）。因此，在生态文明视角下，如果没有建立起生物多样性的思维方式，则无法正确认知生态价值。

三是生态系统理论。动物与动物之间，生物与生物之间，都是既相互依存又相互竞争的，所谓"竞争互利"。城市亦是如此，既要竞争也要合作，过去损人利己的发展方式是反生态的思维，共赢发展才符合生态系统思维。因此，必须加强两种思维，一是系统思维，不能机械线性思维；二是整体思维，不能简单分割思维。比如过去研究城市重点关注建设用地，非建设用地关注较少，西溪湿地就提供了城市和生态酬，复合生态、居住、创新、文化交流等功能和谐共生的典范，是生态文明时代人民群众对美好生活追求的重要空间载体，西溪湿地也从一个纯自然生态空间，成为具有复合功能与独特魅力、人与自然和谐共生的新型城市空间。

（四）基于生态文明认识论视角构建国土空间规划体系的要点

从生态文明认识论的视角出发，未来国土空间规划体系的构建要明确以下两大要点：

第一，树立生态视角。生态视角是观察和理解现实的一把关键钥匙，要养成用生态视角看问题的习惯，提高用生态视角看问题的能力。当然，生态既包含自然生态，也包括经济生态、社会生态、文化生态、产业生态、创新生态甚至政治生态，只有建立了多元、整体的生态视角，才能更好地分析、研究和谋划城市。其实树立了生态视角，诸多事情就会豁然开朗：如工业文明时代我国提西部大开发，是因工业文明时期西部不如东部，沿海地区外向型经济占优，因此需要"以东带西"，以生产来推动西部发展，拓展国家开放发展格局。而当前生态文明时代、北方发展较为缓慢，就是因为其多样性缺乏，不仅是自然生态系统多样性缺乏（华北平原植物几乎都以杨树为主，物种相对匮乏），经济生态系统也较为单一（国有企业往往占据绝对主体，只有少量外资、合资与私营企业），甚至连文化生态也更加单调，造成经济活力不足，城市发展不可持续。

第二，树立生态价值观。要用生态文明的价值观替代工业文明的价值观，重构什么是好什么是差、什么应该什么不应该的价值体系。首先是多样性，不要单一化，单一会导致韧性不足，应对能力不强。城市多样性的涵盖面很广，不仅自然资源要多样，功能、产业、人群、空间、景观等都要多样。其次是包容性，有机包容讲究内在的关联与平衡，不能相互排斥，不能以大压小，要实现生态复合系统之间的平衡。如公共服务设施的布局，工业文明时代关注集聚和效率，传统规划将大量文化设施集中布局，提升服务能级；到了生态文明时代，更好的做法应该是将文化设施分散到社区中，让服务设施与社区形成有机融合的包容体，通过关联性提升社区的活力和设施使用的效率。当然还有诸多生态价值观下的关键词，诸如有机、平衡、分散、就近、韧性、复合、步行、适度、小微、体验、绿色、循环、开放、协作、友好、依存、连通、集群、网络等。以"就近"为例，看上去非常不起眼的两个字，却蕴含了深刻的生态学价值观：城乡要融合，城市发展和农业生产就近布局利于食品就近供应，更安全、更绿色，且能减少因远距离运输带来的不经济和碳排放等负面影响；污染物应就近、分散处理，利于提升城市的安全韧性，强化对外部变化的应对能力。

在生态文明价值观影响下，分析城市问题时，还应关注若干基本要点。第一，经济增长不等于经济发展，增长是跟过去比较，发展是看未来的潜力，参照物不同；第二，经济发展不等于城市发展，城市发展的内涵更为丰富，还包括社会、生态、文化等领域的发展；第三，城市发展不等于城市建设，发展是多元的，建设是单一的；第四，生态不等于绿地，更不等于景观，生态文明强调生态，而不是过分追求绿地和景观。生态一定是道法自然，依靠自然做功，而不是高投入、多维护，城市种植亦是如此，植物是群落的、多样性的，美国每个城市的平均树种是800多种，而中国城市平均才300多种，相差甚多。生态应该少花钱，多花钱的生态是伪生态、反生态。

过去城市发展以经济发展为中心，经济学追求的是价值相同、标准统一，有拉平和趋同的取向；相反，社会学的取向强调不同本身就是价值，丰富多彩更好；而生态学就更加强调整体性与多样性。因此。在生态文明时代，城市的价值应该是多样化的，应关注生物、环境、文化、风貌等多元特色，没有单一的、标准化的所谓"好"，好的城市应该是能够适应生态环境的城市，应该是因地制宜、各美其美，才能美美与共、天下大同。好的规划既不能"以地为本"，也不是简单地"以人为本"或"以生物为本",而应该"以人与自然和谐为本";既不是单一的开发导向,也不是纯粹的保护导向,而是"开发与保护协调"的服务导向。这才是中国文化精髓"道生一,一生二,二生三,三生万物"的真正要义所在,所谓"孤阴不生,独阳不长",阴阳合和才能万物生焉。换言之,只有深刻理解了生态价值观和复合生态系统的重要性,才能更清晰地看待资源、理清问题、认识价值,才能做好新时代的国土空间规划(表1)。

城乡规划、土地利用规划与国土空间规划的比较　　　　表1

项目	城乡规划	土地利用规划	国土空间规划
诞生背景	工业文明时代	工业文明时代	生态文明时代
服务导向	开发导向	保护导向	开发与保护协调
理论基础	规划、地理、工程、经济等	耕地保护国策、土地区划	多元复合的现代生态学
重要特征	复杂性、系统性、弹性	单一性、明确性、刚性	多样性、整体性、韧性
核心价值观	以人为本	以地为本	人地和谐、天人合一

三、本体论:全面实现高水平治理是国土空间规划体系构建的根本依据

"国家治理体系和治理能力现代化"是中共中央提出全面深化改革的总目标之一,《若干意见》指出国土空间规划体系"是保障国家战略有效实施、促进国家治理体系和治理能力现代化、实现'两个一百年'奋斗目标和中华民族伟大复兴中国梦的必然要求"。由此可见,建立国土空间规划体系并监督实施,承载着不断推进全面深化改革目标实现的重大职责,就是要通过改革,让空间规划回归到适应国家治理体系现代化的建设目标上。

从国家治理能力的层面去理解规划,核心是要综合考虑如何将"资源"变成"资产"再变成"资本",自然资源部设立的核心职能就是要聚焦于对自然资产的产权界定、确权、分配、流转、保值与增值,将空间作为自然资源资产进行管理,这与发展阶段及其相应的制度设计密不可分。从规划的发展演变看,大致可以分为三个阶段:第一阶段,规划的时代背景是以建设为导向,是从建筑学、工程学的背景出发,主要任务是回答怎么样的建设更科学合理、更经济、更美观。第二阶段,随着经济社会快速发展,城市发展升级,规划的作用是为城市政府的决策提供咨询服务。衍生出诸多概念规划和战略规划,指向的并不是工程建设,而是城市发展的方向与思想,要确定合理的目标和恰当的战略,以凝聚全社会共识。第三阶段,随着城市与区域快速发展,资源、环境问题越来越突出,规划势必走向资源管理型规划,要在生态文明发展新理念下,加强对国土空间资源的统

筹管理与引导。由此可见，国土空间规划体系的构建是我国社会经济发展的时代要求，其本质是要推动治理能力现代化，是要通过高水平的空间治理，推进生态文明建设，建设美丽中国。

也正因为国土空间规划体系构建事关治理体系改革，因此应紧扣规划的编制、审批、监管三大环节。

（一）规划编制：融合进阶

过去，几大空间规划是相互分隔的：城乡规划比较复杂，动辄几十甚至上百个专题专项，把规划研究和规划编制报批混为一谈，大动干戈却常常事倍功半；国土规划比较简要，强化指标的分解、管控、落实，但刚性管控有余而战略引领不足。新的国土空间规划编制应该是"合一"的，且须把握四个原则：①深入浅出。变革过去不同类型规划"深入深出、浅入浅出"的问题。规划内容要深入，深研问题、找准方法、明确路径；规划成果要浅出，要言不烦、大道至简；②发挥优势。过往不同类型规划有不同的特点与优势，要发挥城乡规划深入研究城市问题的能力，发挥国土规划强化管控和约束传导的体制优势，扬长弃短、优势互补，提升综合水平；③补齐短板。无论城乡规划还是土地规划，都不能认为用过去的"两把刷子"就可以承担起新的国土空间规划编制任务，多规是"合一"而不是"拼一"，"合"是内外互通，是以生态文明的新思想、新理念、新理论，内外一致地指导规划编制；④突出特点。不突出特点的规划是没有价值的，合一的规划还应凸显城乡规划的精髓，突出城市发展的特色。

针对四大原则，规划编制应注意两方面要求：一是不能沿用老思路。过去规划的目标清晰而单一，就是指导建设，因此规划的"招数"如同拿着锤子敲钉子，无论敲击钉子的力量大小、角度高低是否合适，多少都能起些作用。而未来目标更加综合多元，不仅是发展，更重要的是找寻生态、绿色的发展路径，因此需要更加全面、更加创新的思路与方法来支撑；二是不能套用新模板。国土空间规划的技术规范、规程开始陆续发布，但如果规划仅仅是按照规范、规程对号填空，这种规划是没用的、没有生命力的。规划的灵魂是因地制宜，不同地区发展阶段与特点差异明显，如西藏、青海地广人稀，生态极其脆弱，这类地区的国土空间管控应黑白分明，刚性管控相对明确，且边界明晰；而江浙地区，自古以来人与自然高度融合，若用黑白分明的管控措施，会因边界过于分明，导致活力受限，此类地区应该有黑白过渡的"灰空间"，才能传承发扬天人合一的魅力。总之，规划编制必须因地制宜，不能全国一刀切，不能死套规程。做不同地区规划要统筹考虑地方资源禀赋、发展阶段、现实问题、国家战略，提出针对性方案，综合起来体现生态文明下的地方特色与要义。

（二）规划审批：分级授权

自然资源部《关于全面开展国土空间规划工作的通知》中明确要求报批审查的原则是"管什么就批什么"，但也有人对此做了歪曲延续，拿着简化流程的挡箭牌，变成"批什么就编什么"。"管什么就批什么"是对的，但绝不等于"批什么就编什么"是对的。核心在于国家构建五级的国土空间规划体系时，应强调分级授权的理念。现在有些人希望利用国土信息平台的优势，上下一致、一管到底，这种思想对于国家国土空间资源管理来说是一种灾难，听起来很美好，实际却不能应对任何变化。上位规划需通过下位规划贯彻、体现和传递，而不应直接拿上位规划来管理和督查。过去的督查都是拿着国家层面的规划直接督查城市的违法建设，这是错误手段。新的体系应是分级审批、分级授权、分级督查，国家层面督查省级政府的要点应为是否编制省级层面的国土空间规划，是否贯彻落实上位规划与国家战略要求；省级层面督查城市政府的要点应为是否编制城市一级的国土空间规划，是否贯彻落实省级层面的战略部署、管控与指标要求，是否编制详细规划来贯彻落实总体意图，而真正对建设情况的督查依据应该是详细规划，逐层授权、层层监督。

相应地，管什么批什么、分级授权引导下的规划编制，就不能被歪曲为"为管理而规划"，美其名曰过去的规划编制不为管理、不考虑管理，现在应关注管理，怎么好管理怎么去编，尽可能地简单、简单再简单，以便简化流程。然而，管理是上级部门的权力，为管理而编的规划，那就是为上级部门而编制的规划，城市理应属于人民，规划应为人民群众追求美好生活而编制，怎么能一概而论"为管理而编制"。国家和省级层面的规划，作为上位规划，可能更多地为管理而编制，但城市层面的规划更多地为了指导实施。因此，不能简单一刀切，更不应简化、简化再简化，规划的目标不仅仅是规划管理，还是助力科学决策、凝聚社会共识、指导实施建设等的核心政策工具。规划本原很简单，核心是五个字——目标与行动，首先是目标、其次是行动，关联起来就是规划。没有目标就没有规划，理想与目标是希望未来是一种更好的状态，但只提理想没有用，一定要有行动方案，用实际行动去实现，而仅仅为了管理的规划是不需要行动的，因为管理往往是限制行动的。

（三）规划监管：精准有效

规划监管会越来越受到重视，现在有人提出要从简从严，秉承精简流程、提高效率的宗旨，大大减少国务院审批城市的数量，有其合理之处，但也要防止过于简单的思维。其实，审批监管的数量并不是最重要的，监管的对象是否精准、监管的内容是否有效，可能更为关键，正如有的专家所说"数量减少，不如择要"。何为择要，即从国家角度不应仅仅关乎城市的行政等级和规模大小，更应考量城市是否在某一方面体现国家价值。比如桂林市全域不过 530 万人左右，GDP 总量仅排全国第 126 名，既不是省会、副省级城市，也不是特大、超大城市，但却是山水相融相生、天人合一的中国城市建设重要代表，具有国家层面的重大价值，反而应该作为国家层面监管的城市，并指导和支持其规划与建设。

四、方法论：引领高质量发展和缔造高品质生活是国土空间规划的主要抓手

《若干意见》中进一步明确，国土空间规划"是坚持以人民为中心、实现高质量发展和高品质生活、建设美好家园的重要手段"。当前我国面临两大基本国情：一是持续恶化的生态资源环境难以支撑社会经济的持续发展；二是不平衡不充分的空间供给难以满足人民对美好生活的需要。为此，必须一方面引领高质量发展，其内涵包括绿色、创新、特色化的发展，文化艺术和制度创新引领的发展，以及优化社会、人口、空间结构提升效率的发展；另一方面，缔造高品质生活，推动国土空间供给从满足"生存机会"需要的"衣、食、住、行"空间，到满足"生活品质"需要的"教育、医疗、养老、旅游、休闲"空间，再进而满足"生命价值"需要的"艺术、文化、社会交往、自主创造"空间。

（一）划定要素流动边界、显化生态产品价值

改革开放 40 年来，我国在提供农业产品、工业产品的能力上大幅提升，但是在提供生态产品的能力上却是下降的。与之形成对比的是，人民群众对生态产品的需求正在不断攀升。供需矛盾导致的稀缺性使得生态产品的价值实现成为可能，能够兼顾自然资源资产的保值增值和人民群众的财富增长。

国土空间规划需要平衡资源的自然属性和资产属性，实现自然资源的资产化、资本化，以及生态资产的增值和效益最大化。推动生态产品价值实现的制度路径中，建立自然资源资产的产权制度是基础，需要通过创新权能、明晰产权来实现；建立要素流动激励机制是引擎，需要通过分区制度、交易制度、补偿制度来保障。

特别是通过分区制度划定要素流动边界。市场机制不是万能的，生态产品的稀缺性和外部性决定其流动性需要进行分区分类约束。需要通过功能分区制度，让"应流动且已流动的要素更畅通地流动，应流动但未流动的要素创造条件流动，不应流动的要素严禁其流动。"在可流动要素的边界内，通过创新权能建立

自然资源资产的他项权流转机制，通过"低交易成本、高交易总量"的要素市场，实现自然资源的优化配置和资产保值增值。

（二）树立生态优先的国土空间规划价值位序

人类文明不同阶段所需求资源的类型是不同的。工业文明时代的城市规划价值评估多基于开发导向，更加关注工业产品的原料和市场，更加强调交通区位、功能区位等。未来国土空间规划应该更多关注自然资源和生态产品，强化生态区位和生态价值的评估。

生态系统价值包括三个部分：生态系统提供的物质产品、生态调节服务价值、生态文化服务价值。一方面要科学评估生态系统面向区域的生态调节服务价值和自身物质产品价值，建构安全、稳定的生态格局，划定人类不可进入的生态保护红线；另一方面，在人类活动的区域中，要以生态文化服务价值为衡量标准，确定良好生态产品的提供地，将其与生态产品消费地作为国土空间的两个新极点，建构消费人群往返两地的运输通道。

例如：青海玉树州的三江源地区，如果从开发导向的区位评估，结论是距离机场近，有条件开发与建设；但从生态价值的角度评估，该地区是长江、黄河和澜沧江的源头汇水区，是世界上高海拔生物多样性最集中的地区之一，生态价值极高且不可替代，因此应将其划入生态保护红线，促进生态移民搬迁，实施最严格的生态保护制度。

（三）完善多元维度的国土空间规划技术手段

过去土地利用规划的管控要素主要有三个：指标、位置和边界。指标在空间上是不落地的，可以理解为"零维"属性；位置在空间上是点状要素，是"一维"属性；边界在空间上是面状要素，是"二维"属性。这些要素对耕地资源管理已经足够，虽然"简单、粗暴"，但是"有效"。

过去城市建设的管控要素是"三维"的，即在土地利用规划的基础上，需要确定建筑的高度、容积率，研究建筑外部的体量、形态、界面、比例，建筑内部的空间、分层、通道、尺度。

过去城乡规划的管控要素是"四维"的，即在城市建设的基础上，增加了时间维度，按照"开发一片、见效一片、再开发下一片"的原则，考虑近、中、远期规划，明确不同阶段该做什么、不该做什么。从集约、高效运营城市这一角度看，"第四维度"非常重要，同样的规划布局采用不同的规划时序，可能会产生截然相反的结果。

如果抛开"人"这一主体，那么对国土空间实施"四维"要素管控就已经够

285

了。但新时代的国土空间规划是以人民为中心、"五位一体"的规划。它研究的不仅是客体空间，还包括"人"这一主体对客体空间的认识，正如诺伯格·舒尔茨在《场所精神》一书中所述："场所＝空间＋精神"，在客体空间上叠加人的记忆、体验、感受，就增加了"第五维度"，使国土空间成为有意义的"场所"。无论是东方或西方，我们都能从礼仪、宗教建筑或构筑物上感受到它给周围环境带来的"场所精神"。"第五维度"承载了城市记忆，塑造了市民的集体潜意识，培育着城市的认同感和归属感，最终形成"城市精神"。

空间是舞台，主角是历史长河中"你方唱罢我登场"的人，空间存在的历史越长、积累的故事越多，它的"第五维度"价值就越高。我们要让历史走进当代，走向未来；让未来容纳当代、充满历史。苏州古典园林不仅是因其造园技艺而出名，更重要的是其背后承载的故事、积淀的文化及其蕴含的东方哲学思想。它的价值不会随时间的推移而褪色，反而会更加熠熠生辉。

未来的空间规划至少是五维，甚至是六维的。随着信息技术的进步，5G 与 AR、VR 技术的融合，实体空间将与多个虚拟空间伴生构成平行世界，现实与虚拟的边界将逐渐模糊，从而升级到六维空间。

新时代的国土空间规划应该是融合一维、二维、三维、四维、五维视角下的多元技术手段，融合多学科的知识与技术，回归到空间引领与控的本源，回归到人本属性，叠加"人"这个主体的认识，叠加了情绪和情感，空间的意义和价值将会发生翻天覆地的变化。"土地"和"空间"是两个截然不同的概念，空间规划首先要从认识上使空间"升维"，从一维、二维、三维，升级到四维、五维甚至六维；其次要在规划技术手段上实现多元融合、多维创新，才能引领高质量发展、缔造高品质生活，让国土空间更加丰富多彩（图1）。

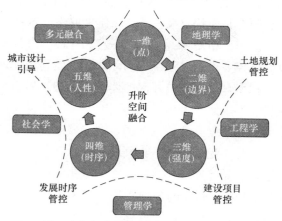

图 1　国土空间规划多元维度融合的技术手段示意

（四）强化环境导向的国土空间规划分析方法

在以往功能导向、产业导向、交通导向确定城市空间结构的基础上，强化环境导向对空间结构的决定作用，例如：

1. 提出通风廊道的格局和控制要求

对于静风频率高或炎热的地区，应打开城市通风廊道，从而提升城市的空气流动性，缓解热岛效应和改善人体舒适度。应依据城市盛行风向决定风廊的大致走向，并在此基础上叠加背景风环境、地表通风潜力、通风量、城市热岛、绿源空间分析，利用区域生态廊道、城市蓝绿网络和公共空间、交通主干路、与风廊走向平行的板式建筑等共同组织构建通道，连通绿源与城市中心，打通弱通风量分布区，达到降低城市热岛强度的目的。

对于常受风暴侵害或寒冷的地区，则应阻隔城市通风廊道，从而降低城市公共空间的风速、减缓极端气候灾害对城市的负面影响。与前面的手段相反，可以通过曲折的生态廊道和公共空间、与风廊走向垂直的板式建筑等形成风廊屏障。

2. 以保护生物迁徙廊道作为空间布局前提

应当识别对生态环境保护具有重要意义的区域、廊道，逐步腾退工程设施和人类活动，实现人与自然的和谐共生。比如，大西洋的三文鱼洄游是一个奇特而壮观的生态现象，加拿大、美国沿线各省（州）都以保障三文鱼洄游为目标，提出河道生态环境修复策略，有效提升了三文鱼种群数量。

（五）发挥"双评价""双评估"的技术支撑作用

应当正确认识"双评价"的"有条件支撑"作用。一方面，通过"双评价"可以识别农业生产、城镇建设的大致合理规模和大致适宜空间；另一方面，我们应当认识到人类和人居空间是一个"复杂自适应系统"，会根据外界自然环境变化制定因地制宜的适应策略，这一定程度上扩大了承载能力和适宜区间，因此，不能用"放之四海而皆准"的固化指标对不同区域进行"双评价"。换言之，"双评价"既非万能，也非无用，关键是要有"生态适应"的理念与策略。

在"双评估"中，应加强对现状资源利用的绩效评估和未来面临风险的安全评估。一方面，按照"严控增量、盘活存量、释放流量、提高质量"的原则，以现状资源利用绩效作为"农转非"增量用地指标投放的首要依据，严格控制闲置用地较多、产出效率不高城市的增量指标；另一方面，对城市所在区域可能面临的中长期风险进行战略评估，特别是气候变化、地质灾害、环境灾害、资源短缺对城市造成的负面影响，采取相应的减缓和适应策略。

（六）建构高质量发展的国土空间规划指标标准

高质量发展要求推动了规划价值取向和指标标准的改变，主要包括：

1. 从经济速度转向经济质量

从过去关注 GDP 总量和增速指标，转向关注经济结构、财政收入与 GDP 的比例、全要素生产率对 GDP 的贡献、高新技术企业占规模以上企业比重、单位 GDP 的能耗水耗、地均产出和利润等指标。

2. 从人口规模转向人口质量

从过去关注人口规模和城镇化率，转向关注人口结构、受高等教育人口占比、人才吸引能力、基尼系数、恩格尔系数、户籍人口城镇化率等指标。

3. 从固定资产投入转向研发投入

从过去关注固定资产投入总量，转向关注研发投入总量，以及吸引研发企业进驻所需要的软硬件环境，包括城市公共服务水平、城市开放度、市场化指数、活力指数等指标。

4. 从城市硬设施转向城市软环境

从过去关注城市公共服务、道路交通、市政公用等硬设施建设，转向关注"以人的感受为核心"的软环境营造，完善"15 分钟社区生活圈"，建设绿道、蓝道、精品街道、魅力街区，创造多元包容的公共空间，推进传统基础设施的绿色化，建设绿色基础设施和智慧基础设施，创建"儿童友好型、老年友好型、残障友好型"城市。

（七）创新促进要素流动的国土空间政策和制度

要素流动才能提高效率，沉淀只会闲置低效浪费。国土空间的资源优化配置不仅需要空间方案供给，更需要政策制度供给。重点包括：

1. 城乡土地增减挂钩应突破地域局限

目前除少数试点地区以外，绝大多数地方的城乡土地增减挂钩仍局限于县域范围，这大大限制了土地整治的价值实现，也阻碍了新型城镇化的推进。应该逐步放开地域局限，近期可以先扩展至经济联系相对紧密的都市圈，在更大范围内统筹和优化资源配置。

2. 城市经营性用地的管控应更加灵活

对不同属性的城市用地应该差异化管控，以兼顾公平与效率。对于非市场化取得的公益性用地，政府的管控应更加严格，防止土地性质和使用功能随意变更；对于通过市场途径取得的经营性用地，应以负面清单的方式进行弹性管控，避免强制、鼓励流动，防止空间供给的供需不匹配，真正发挥市场在资源配置中的决定性作用。

3. 城市土地应加强复合用途的管理

与农村土地用途相对单一不同，城市土地无论在平面还是竖向上的用途都更加复合，这意味着在更小空间内的功能更混合、更有多样性，城市也更有活力。应该细化复合用途城市土地的管理方式，对复合用途的统计、转换等提出契合现实需求的引导性和约束性要求。

总之，应当发挥过去城乡规划、土地利用规划、主体功能区规划等空间类规划的优势。站在生态文明新时代下，结合新时代多元社会群体的新需求，科学评估、预判趋势、前瞻未来，合理管制公共资源，高效供给公共服务，推进过去空间类规划的化学反应和有机融合，建立完善国土空间规划体系，为新时期高质量发展和高品质生活提供空间保障。

五、结语

如前所述，国土空间规划体系构建的核心要义可以简要概括为"一优三高"："一优"是指生态文明建设优先，"三高"为全面实现高水平治理、引领推动高质量发展和共同缔造高品质生活。其中生态文明建设优先是国土空间规划的核心价值观，是认识论的范畴；全面实现高水平治理是国土空间规划体系构建的根本依据，是本体论的范畴；引领推进高质量发展和共同缔造高品质生活是国土空间规划的主要抓手，是方法论的范畴（图2）。

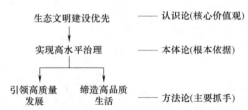

图2　生态文明背景下"一优三高"的国土空间规划体系

国土空间规划体系构建是文明演替和时代变迁背景下的重大变革，要依靠国土空间规划来引领高质量发展、倒逼绿色发展，绝不是原来几种空间规划拼凑型的"物理整合"，而是重构型的"化学反应"。国土空间规划既不是城乡规划，也不是土地利用规划，其对城乡规划和土地利用规划既有承继，也有发展。无论城乡规划还是土地规划，都应该摒弃基于原有经验的"傲慢与偏见"，虚怀若谷、海纳百川。一方面，各取所长、优势互补——充分发挥城乡规划在理论体系和技术方法、土地规划在政策工具和刚性传导的既有优势；另一方面，面向未来、弥补短板——尽快解决知识老化、经验匮乏、能力不足等问题，以应对生态文明新时代的新要求。作为城乡规划师，要深刻理解国土空间规划体系构建的认识论、本体论、方法论，强化以人为本的初心和手段，强化多维空间的感知与管控，补齐各种理论与技术短板，为建设人与自然和谐共生的美丽中国贡献一份力量。

（撰稿人：杨保军，教授级城市规划师，中国城市规划设计研究院院长；陈鹏，教授级高级城市规划师，中国城市规划设计研究院村镇规划研究所所长；董珂，教授级高级城市规划师，中国城市规划设计研究院绿色城市研究所所长；孙娟，教授级高级工程师，中国城市规划设计研究院上海分院副院长）

注：摘自《城市规划学刊》，2019（04）：16-23，参考文献见原文。

国土空间规划体系建构的逻辑及运作策略探讨

导语：在中共中央、国务院作出建立国土空间规划体系决策部署的背景下，首先回顾和分析我国空间性规划的形成与演进历史，然后解析新规划体系建构的行政逻辑和技术逻辑，最后探讨新规划体系的法制建设及若干运作策略，涉及国土空间规划的分级分类编制和传导机制、总体规划的战略引领和底线管控作用、新规划体系中的详细规划编制方法、规划行政事权划分及规划成果体系创新等问题。

一、引言

《中共中央 国务院关于建立国土空间规划体系并监督实施的若干意见》（以下简称《意见》）具有极其重大和深远的意义，标志着将主体功能区、土地利用规划、城乡规划等空间性规划融合为一体的"国土空间规划体系"的整体框架已经明确。这是一项重要改革成果和具有创新意义的制度建构。

统一的国土空间规划体系建构可谓开创了新的历史。在这之前，我国先后形成了多种类型的空间性规划，它们在服务我国改革开放以来的经济社会发展和城镇化发展、促进国土资源合理利用和有效保护等方面发挥了积极作用。同时，正如《意见》所指出的，原先的空间规划存在着规划类型过多、内容重叠冲突、朝令夕改等弊端。克服这些弊端，首先要真正树立和践行科学发展观，同时必须解决好体制和机制方面的问题。十八大以来，随着生态文明建设的不断推进，中央一直在推进相关领域的制度改革（林坚，吴宇翔，等，2018；赵民，2018）。

2018年3月召开的第十三届全国人民代表大会第一次会议批准了国务院机构改革方案，其中包括新组建"自然资源部"。根据所公布的机构方案，全国陆海域空间资源管理及空间性规划的编制和管理职能基本上都被整合进了自然资源部。在解决了空间资源管理"政出多门"的体制机制问题以后，建立全国统一、责权清晰、科学高效的国土空间规划体系便提上了议事日程。

国内外以空间为基本对象的规划有很多，如国土规划、区域规划、城乡规划、城市群规划、都市圈规划、自然保护区规划等，横向上涉及多个政府部委的职能，纵向上分为国家、省、地州市、县、乡镇等多个层级。在此情形下就必须要理顺各项规划的关系，建构起统一的空间规划框架。可以有两种模式选择：一种是统一框架下的多类空间规划并存模式；另一种是采用多规融合模式。与之相对应，"模式一是在不改变现有部门规划本身的基础上进行的协调策略，相对温和、渐进和结构性；而模式二则是整合部门规划基础上的规划编制改革，相对剧烈、彻底和实质性"（罗振东，宋彦，2018）。经数年试点后，中央决定采用"多规合一"的融合模式，即将我国特有的主体功能区规划与土地利用规划、城乡规划融合为"国土空间规划"。解读《意见》，"国土空间规划体系"则是由"国土空间总体规划""详细规划""专项规划"等多个类别的规划所组成。

自然资源部为了落实《意见》，已经发文启动编制全国、省级、市县和乡镇国土空间规划。这是一项庞大的系统工程，还有许多问题要解决，所以在学习领会《意见》的同时，边开展规划边探讨新规划体系的理论和技术问题非常有必要。本文从历史维度切入，解析国土空间规划体系建构的逻辑，进而探讨相关的运作理念和策略。

二、我国空间性规划的形成与演进

（一）计划经济年代的运作以及改革开放后的反思

新中国的空间性规划起步于计划经济年代，基础很薄弱，早期主要是为了配合国家基本建设而开展城市规划，注重于物质性空间规划设计。以 1950 年代的包头、太原、洛阳、西安、兰州、武汉、成都和大同这几个城市的总体规划为例，主要是为了落实"一五"时期苏联等援助我国建设的 156 个重要工业项目的厂址选择任务（李浩，2017）。当时的城镇建设用地使用则是按照基本建设计划程序申请选址和办理征地；1958 年 1 月国务院公布的《国家建设征用土地办法》对此作了明确规定。

在计划经济年代，城市规划和土地管理本质上都是国民经济计划的继续和具体化；城市规划编制工作可以因经济发展的起落而大上大下，既出现过大跃进式的"快速规划"，也出现过"三年不搞规划"以及取消高等院校城市规划专业的倒退（赵民，2004；李浩，2012）。城市发展和规划的科学性得不到尊重，规划学科和规划职业也就没有其正常地位和独立性。

1978 年改革开放以后，市场经济发展和空间开发管控的现实需求推动了规划事业的发展和规划的法制化进程。基于对历史经验教训的反思，1982 年，"全国城市规划工作会议纪要"指出，"我国城市规划长期被废弛，造成了严重后果"，"为了彻底改变多年来形成的'只有人治，没有法制'的局面，国家有必要制定专门的法律，来保障城市规划稳定地、连续地、有效地实施"。

（二）1980～1990年代的城市规划与土地管理

1984年国务院颁发了行政法规《城市规划条例》，规定"城市规划分为总体规划和详细规划两个阶段"，确立了地方政府主管部门编制城市规划及城市规划的分级审批制度。同时，创立了城市规划区内的"建设用地许可证"和"建设许可证"管理制度。1989年全国人大通过了《城市规划法》，这是新中国历史上第一部城市规划法律，以立法方式确立了城市总体规划、详细规划和城镇体系规划的编制审批制度，并针对空间用途管制，建立了较以往更为明晰和完善的"一书两证"（即建设项目选址意见书、建设用地规划许可证、建设工程规划许可证）制度。至此，城市规划法规和法律可谓赋予了城市政府管理地方城市规划建设的明确事权。

在土地利用制度方面，1982年国务院公布了新版《国家建设征用土地条例》，该条例仍然沿用了计划经济时期的管理模式。为了适应改革开放的新形势，1986年全国人大制定了《土地管理法》（同时废止了《国家建设征用土地条例》），将土地利用和保护问题上升到了国家立法层面；同年设立了国家土地管理局。该法律规定，"各级人民政府编制土地利用总体规划，地方人民政府的土地利用总体规划经上级政府批准执行"（第十五条）；"在城市规划区内，土地利用应当符合城市规划"（第十六条）。此外，该法律还确立了国家建设征用土地的"分级限额审批"制度，即："国家建设征用耕地一千亩以上，其他土地二千亩以上的，由国务院批准"，"征用耕地三亩以下，其他土地十亩以下的，由县级人民政府审批"（第二十五条）。

由此可见，改革开放初期的土地利用规划与城市规划一样，都是由地方政府组织编制，报上级政府批准。总体而言，当时的城市规划和土地利用规划编制和实施均不严密和严格。城镇空间发展基本上由地方政府自我主导；建设供地主要是行政划拨方式，国土空间用途管制通行的是"计划批准—规划许可"模式。

当时的城市规划和土地管理服务于改革开放年代的新情势，在我国的经济崛起和社会发展中发挥了不可或缺的作用。但是，自下而上的规划编制和国土空间资源使用的局限性也日益凸显——规划偏重建设空间拓展，且只覆盖局部空间；增量土地的管控机制趋于失效，尽管土地使用有限额审批的约束，但地方政府往往用"化整为零"等手段来规避。其空间表象则为各类新区、开发区遍地开花，导致耕地占用过多、土地资源消耗过快，总体开发绩效低下。

为了治理建设用地的无序蔓延和改变土地资源过快消耗的态势，1990 年代中期中央提出了要实行"最严格的耕地管理制度"。全国人大于 1998 年修订了《土地管理法》；同年组建了国土资源部，土地管理权上收中央和省级政府，随后还在省以下实行土地垂直管理等土地管理体制的重大改革。新的立法规定，"下级土地利用总体规划应当依据上一级土地利用总体规划编制"（第十八条）；"城市总体规划、村庄和集镇规划中建设用地规模不得超过土地利用总体规划确定的城市和村庄、集镇建设用地规模"（第二十二条）。并规定了要依据规划实行土地利用计划管理，实行建设用地总量控制和年度供地计划。

至此，自下而上的"城市规划"与自上而下的"土地利用规划"因其各自的逻辑、行政体制和作用机制不同，进入了矛盾—协调—冲突的循环局面。

（三）新世纪的城乡规划立法

进入 21 世纪以后，中央提出了包括"城乡统筹"在内的一系列新发展理念；为了落实"城乡统筹"，全国人大对既有的《城市规划法》做了大幅修改，形成了《城乡规划法》。新的立法于 2007 年 10 月通过，2008 年 1 月起施行。《城乡规划法》创设了包括城镇体系规划、城市规划、镇规划、乡规划和村庄规划在内的五级城乡规划编制体系。至此，"城市规划"演进为"城乡规划"，城乡规划建设被纳入统一的法制和管理框架。此外，《城乡规划法》还明确了控制性详细规划与建设用地规划许可管理和建设工程规划管理之间的羁束关系。《城乡规划法》的施行，在提高我国城乡规划编制审批水平、完善城乡建设空间用途管制的诸多方面发挥了重要作用。

另一方面，由于各项空间性规划由不同的中央机构管辖，既缺乏顶层设计，机制体制改革也未能跟进，城乡规划与其他部门规划的交叉和矛盾也就更难以避免。尽管《城乡规划法》规定了"城市总体规划、镇总体规划以及乡规划和村庄规划的编制，应当依据国民经济和社会发展规划，并与土地利用总体规划相衔接"，但事实上难以真正落实。住建、国土等部门继续各编各的规划，规划范畴、规划期限、技术标准等各搞一套，导致同一国土空间对象的城乡规划"土地使用图"与国土规划"土地利用图"之间往往会有数十万块差异图斑。"以厦门为例，通过'多规合一'工作，发现在城市规划与土地利用总体规划之间有 12.4 万块差异图斑，导致约 $55km^2$ 的土地指标不能有效使用"（王蒙徽，2015）。不但是"城规"与"土规"有矛盾，"林规""草规"等与"土规"也会有矛盾（图 1、图 2）。同时，有的城市亟需发展空间，但没有建设用地指标；有的城市实际建设用地则突破了土地利用规划的建设用地指标。如此不免会降低行政效率，并影响经济社会的健康发展。

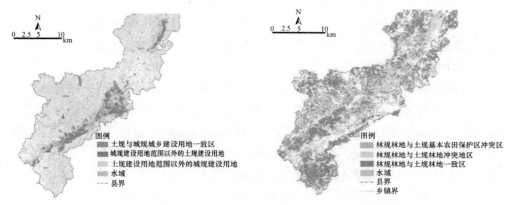

图1 西南某县"城规"与"土规"矛盾示意　　图2 西南某县"林规"与"土规"矛盾示意

（四）《全国主体功能区规划》的产生与评析

为了规范空间开发秩序，形成合理的空间开发结构，2006年全国人大通过的《国民经济和社会发展第十一个五年规划纲要》提出要推进编制"主体功能区"规划，即："根据资源环境承载能力、现有开发密度和发展潜力，统筹考虑未来我国人口分布、经济布局、国土利用和城镇化格局，将国土空间划分为优化开发、重点开发、限制开发和禁止开发四类主体功能区，按照主体功能定位调整完善区域政策和绩效评价。"据此，主体功能区规划应是定位于"发展"与"空间"相结合的战略性规划。

2007年国务院《关于编制全国主体功能区规划的意见》指出："全国主体功能区规划是战略性、基础性、约束性的规划，是国民经济和社会发展总体规划、人口规划、区域规划、城市规划、土地利用规划、环境保护规划、生态建设规划、流域综合规划、水资源综合规划、海洋功能区划、海域使用规划、粮食生产规划、交通规划、防灾减灾规划等在空间开发和布局的基本依据。"据国务院文件，全国主体功能区规划由国家主体功能区规划和省级主体功能区规划组成，分国家和省级两个层次编制。国家主体功能区规划由全国主体功能区规划编制工作领导小组会同各省（区、市）人民政府编制，规划期至2020年；省级主体功能区规划由各省（区、市）人民政府组织市、县级人民政府编制，规划期至2020年。

2010年12月国务院发布《全国主体功能区规划》，据该规划文件的阐述："我国国土空间分为以下主体功能区：按开发方式，分为优化开发区域、重点开发区域、限制开发区域和禁止开发区域；按开发内容，分为城市化地区、农产品主产区和重点生态功能区；按层级，分为国家和省级两个层面"；"本规划的优化开发、重点开发、限制开发、禁止开发中的'开发'，特指大规模高强度的工业化城镇化开发。限制开发，特指限制大规模高强度的工业化城镇化开发，并不是限制所有的开发活动。"

主体功能区规划作为我国国土空间开发的战略性、基础性和约束性规划，无疑有着重要意义。另外，作为一项新的规划，其严密性似不够，例如怎么处理政府选择与市场选择的关系？如何定义"大规模高强度的工业化城镇化开发"？规划所确定的"优化开发区"，诸如"环渤海""长江三角洲"及"珠江三角洲"等地区，实际上在现阶段都仍然需要有一定的大规模高强度开发建设；从其规划图示看，则显得过于抽象和简化。另据林坚等的分析，主体功能区规划只是功能性区划，并无实现针对具体地块进行管理的途径。"在管理实施手段上，土地利用总体规划、城乡规划的成熟度高，林地保护利用规划、水功能区划、海洋功能区划等成熟度较好，主体功能区规划、生态功能区划等则尚无明确手段"（林坚，吴宇翔，等，2018）。由此可以认为，主体功能区规划也必须要与其他空间性规划形成紧密的传导和协调关系，才能发挥预想的作用。

三、新规划体系的探索历程与建构逻辑

(一) 从市县"多规合一"试点到"省级空间规划"试点

针对愈演愈烈的"政出多门"的空间性规划不协调甚至"打架"情形，国家发展改革委会同国土资源部、环境保护部、住房和城乡建设部于2014年8月发出了"关于开展市县'多规合一'试点工作的通知"。

根据该通知，"开展市县空间规划改革试点，推动经济社会发展规划、城乡规划、土地利用规划、生态环境保护规划'多规合一'，形成一个市县一本规划、一张蓝图，是2014年中央全面深化改革工作中的一项重要任务"；开展试点工作的主要任务是，"探索经济社会发展规划、城乡规划、土地利用规划、生态环境保护等规划'多规合一'的具体思路，研究提出可复制可推广的'多规合一'试点方案，形成一个市县一本规划、一张蓝图。同时，探索完善市县空间规划体系，建立相关规划衔接协调机制。"

从实际效果看，这种"自下而上"的试验有其价值，但也有着明显的局限性。若是现行的"多规"均有存在的必要性，"多规合一"的题中之义应是将"多规整合在一个框架内"，从而协调运作（张捷，赵民，2015）。但如果"政出多门"的问题不解决，即使这次消除了至2020年的差异"图斑"，实现了特定时空的"多规合一"，今后可能仍会重蹈覆辙。就四部委抓的试点来看，实际是提

出了三种方案。可见大家对于"多规合一"的理解并不完全相同（孙安军，2018）。在此情形下，试点成果也就难以推广。

随后，中央提升了试点层级。2017年1月，中共中央办公厅、国务院办公厅印发了《省级空间规划试点方案》，其宗旨是："为贯彻落实党的十八届五中全会关于以主体功能区规划为基础统筹各类空间性规划、推进'多规合一'的战略部署，深化规划体制改革创新，建立健全统一衔接的空间规划体系，提升国家国土空间治理能力和效率，在市县'多规合一'试点工作基础上，制定省级空间规划试点方案。"试点范围为海南、宁夏、吉林、浙江、福建、江西、河南、广西、贵州9个省份。试点工作的基本原则是，"针对各类空间性规划存在的问题，加强体制机制、法律法规等顶层设计，研究提出系统解决重点难点问题的一揽子方案，打破各类规划条块分割、各自为政局面。"

省级空间规划试点工作的难度很大。就国土用途管控而言，空间规划与土地利用规划的目标和手段是基本一致的，但要求在省域尺度上划定"三区三线"则是技术上难以完成的任务。就空间规划与城乡规划的关系看，全国城镇体系规划、省域城镇体系规划、城市总体规划与拟议中的空间规划的层次是重合的。可见空间规划的探索与城乡规划、国土规划等的改革密切相关，着眼于顶层设计的改革终究绕不开体制和机制问题。

（二）国土空间规划体系建构的逻辑

对于一个幅员辽阔的大国而言，政府管理体系的某种程度条块分工有其必然性；就我国各项空间性规划的形成和发展而言，也都有其必要性和合理性，但必须要建构起统一框架下的国土开发保护和城乡空间管理体系。针对我国国土开发和保护中存在的问题，以及为了解决空间性规划之间的矛盾，2015年中央《生态文明体制改革总体方案》明确提出要"构建以空间规划为基础、以用途管制为主要手段的国土空间开发保护制度"，"构建以空间治理和空间结构优化为主要内容，全国统一、相互衔接、分级管理的空间规划体系。"

多年来的探索和试点表明，在我国的现实条件下，仅是在空间性规划编制技术上做探索，往往难以实现预期目标，而机构及相应行政管理体制的优化调整，则一般会产生所需要的治理效果。如果深入探究空间资源配置中的部门规划和管理的不协调问题，包括自成体系、内容重叠冲突、缺乏衔接等，可以发现其最根本的原因在于"政出多门"及部门之间的规划逻辑不同和"话语权"争夺；其外在表现便是各编制各的规划，规划范畴、规划期限、技术标准等各搞一套，从而人为导致了困境。如果仅是从技术层面去解决"多规合一"问题，难免是"治标不治本"。中央通过部委机构改革，将与自然资源保护和利用相关的空间性规划和管理工作职责集中于新组建的自然资源部，希冀可以有效化解以往因体制机制而产生的矛盾（赵民，2018）。在此基础上，"多规合一"的国土空间规划体系建构可谓是水到渠成，同时这也显示了新规划体系建构及其称谓选择背后的行政逻辑。

从我国各类空间性规划的缘起和演进看，都有着特定的目标设定，且无不基于充分的技术理性，因而改革及新的规划体系建构应是一个"扬弃"的过程，而并非要全部推倒重来。亦即，在机构改革和顶层设计完成后，因体制而产生的摩擦消除了，原先的各级各类规划的合理内涵都可以且应该要得到保留，并融合进新的体系。诸如主体功能区规划的大局观和宏观调控功能；土地利用规划的"保护、开发土地资源，合理利用土地，切实保护耕地"等作用；城乡规划对于"协调城乡空间布局，改善人居环境发展"以及实施建设用地和建设工程规划许可管理等功能；此外，各个专项规划在其各自与空间相关的领域中也发挥着不可替代的作用。所有这些均是不可或缺的国土空间治理工具，需要整合在新的框架之内，并充分发挥其功效。这可谓是新规划体系建构的技术逻辑。

新的规划体系的主体为"多规合一"的"国土空间总体规划"，对应政府层级而分级编制；在市县及以下则是编制城乡两类详细规划，以落实细化总体规划和实施国土空间用途管制。作为国土空间规划体系组成部分的还有涉及空间利用各个领域的专项规划；可以说这个规划体系既具有"多规合一"的融合性，又具有一定的开放性，但其相互之间必须是协调和统一的。《意见》明确阐述了它们之间的关系：一是要"强化国土空间规划对各专项规划的指导和约束作用"，二是各专项规划"不得违背总体规划强制性内容，其主要内容要纳入详细规划"。

四、新规划体系的法制建设和若干运作策略

（一）加强契合新规划体系的法制建设

建立国土空间规划体系并监督实施，要基于法治理念和重视法制建设。由于改革及新的规划体系建构具有继承性，原先的各类各级规划的合理内涵都得到保留，所以新的规划体系建构与既有的《城乡规划法》《土地管理法》等相关法律的立法精神以及国务院政策文件的基本要求具有内在的一致性，所以从法理和行政规则角度分析，国土空间规划体系的建立和监督实施有其法源可循。另一方面，为了更好地落实依法治国方略，法制建设必须与重大改革相衔接，及时将改革创新的成果制度化，并提供科学和系统的法律规范和技术标准。

同时也要认识到，新的立法需要一定时间，诸如国土空间开发保护法、国土

空间规划法等新法律的制定不可能一蹴而就。但国土空间规划的编制、审批和实施亦不可能等到一切立法和技术标准都完备后再开展，因而这里存在着一个《意见》称之为"过渡时期的法律法规衔接"问题，需要各级人大和政府加以关注和妥善处理。《意见》第六部分阐述了"法规政策与技术保障"问题，要求"加快国土空间规划相关法律法规建设，梳理与国土空间规划相关的现行法律法规和部门规章"。由于融合土地利用规划、城乡规划等的"多规合一"改革，在操作层面必定会出现突破现行法律法规规定的内容和条款的情形，对此，《意见》明确要求要"按程序报批，取得授权后施行"。这些规定体现了依法治国的精神，必须得到遵守。

在全国人大和中央政府出台新的法律、行政法规和规章的同时，有立法权的地方人大和政府也应较以往更为主动地制定地方性规划法规和政府规章。由于国土空间规划、相应的专项规划和详细规划涉及方方面面的关系及技术问题，技术标准和规范的制定任务极为繁重，需要紧迫而有序地推进。根据 2017 年修订的《标准化法》，今后既要制定国家标准，也要发挥地方政府和行业组织等社会主体的作用，积极开展地方和行业规划标准的制定，从而全面满足新时代国土空间规划工作的需要。

（二）国土空间规划的分级分类编制和传导机制

国土空间规划体系的建构和监督实施，可谓是完善国家治理的具体举措，因而国土空间总体规划需要强化上下层级传导，发挥对专项规划的指导约束作用，并最终转译和深化为国土空间用途管制详细规划，进而核发建设用地规划许可证和建设工程规划许可证，从而实现国土空间用途管制和城乡规划管理的目标。

新的规划体系在各级国土空间总体规划的作用设定和机制设计上突出了重点，并强调"自上而下、上下联动"原则。据《意见》中的阐述：全国国土空间规划是全国国土空间保护、开发等的总纲，侧重战略性；省级国土空间规划是对全国国土空间规划的落实，并指导市县国土空间规划的编制，侧重协调性；市县国土规划是本级政府对上级规划要求的细化落实，并对本行政区域开发保护作出具体安排，侧重实施性。

从全局看，这样的上下传导和确定规划的侧重点无疑很必要，与原先的土地利用总体规划的上下传导机制相类似，有利于克服地方编制规划的盲目性。就地方层面的规划任务看，本次省级、市县级自上而下编制国土空间总体规划，以2035 为年限，展望到 2050 年，这就势必要在细化落实上位规划要求的同时，还要结合本地实际开展多方面研究，从而对省域、市县域国土空间发展作出科学和系统的安排，同时反馈到上级总体规划和传导到下级总体规划或详细规划，并指导和约束各专项规划。

新的规划体系在编制和审批上仍沿用了分级分事权模式，但更为重视"实施和监管"，强调下级规划服从上级规划、专项规划和详细规划服从总体规划。同时，下级规划对上级规划、专项规划和详细规划对总体规划等，也都有反馈作用，需要有合理的互动，并有相应的保障机制。由于国土空间规划的制定和监管实施是一个系统工程，唯有如此才能确保国土空间规划体系的顺利运行和充分发挥效用。

（三）市、县国土空间总体规划的战略引领和底线管控作用

相对于全国和省级国土空间总体规划，市、县国土空间规划应是偏重实施性；从国际和国内经验看，市县总体层面的空间规划编制必定会涉及对区域问题和经济社会发展问题的研究。以现行城市总体规划为例，它既是以空间发展为对象，同时也具有很多经济社会发展规划的内涵，已经走向了综合规划（comprehensive planning），早已经不再局限于土地使用规划（land use planning）。

例如关于北京的城市总体规划，习近平总书记曾明确要求，北京的城市规划要深入思考建设一个什么样的首都，怎样建设首都这个问题，把握好战略定位、空间格局、要素配置，坚持城乡统筹，落实"多规合一"，形成一本规划、一张蓝图。关于上海的城市总体规划，国务院的批复指出：要在《总体规划》的指导下，着力提升城市功能，塑造特色风貌，改善环境质量，优化管理服务，努力把上海建设成为创新之城、人文之城、生态之城，卓越的全球城市和社会主义现代化国际大都市。可见承载着诸如"建设一个什么样的首都""建设一个什么样的上海"方略的总体规划，是经济社会发展与空间安排相结合的战略性规划，其编制和实施应是地方党委政府领导下的各主管部门的共同任务。规划期至2035年、展望至2050年的全国、省级、市县级国土空间总体规划，应是五年期的地方"经济社会发展规划"和五年期的"城乡近期建设规划"等行动性规划的共同上位规划。

总之，由主体功能区规划、土地利用规划、城乡规划等空间规划融合而成的国土空间规划，就其市、县总体规划的定位而言，仍应当延续和进一步发挥原本的"战略引领"和"底线管控"作用（董珂，张菁，2018）。按照张庭伟教授的说法，地方层面规划的编制内容应该覆盖经济、社会、生态以及社会服务管理四方面（张庭伟，2019）。故而不能望文生义地就空间论空间，更不能将发展规划、空间规划、建设规划等截然分开，再搞出个新的"三规"打架。

（四）国土空间规划体系下的详细规划编制方法

在市县层面的国土空间总体规划编制中，"多规合一"必定要体现为市县域空间规划总图的政策区划城乡全覆盖；纵向的传递和深化也应该实现市县域的城乡全覆盖。根据《意见》，在市县及以下编制详细规划；详细规划是对具体地块用途和开发建设强度等作出的实施性安排，是开展国土空间开发保护活动、实施国土空间用途管制、核发城乡建设项目规划许可、进行各项建设等的法定依据。具体分为城镇开发边界内的详细规划和城镇开发边界外的乡村地区详细规划，亦即通过两类详细规划，实现城乡全覆盖。《意见》中所指的详细规划，其作用应大致同于现行"控制性详细规划"（以下简称"控规"），但在新体制下"控规"也需要改革和完善。

考察北美和欧洲国家的区划（zoning by-law）和地方规划（local plan），其开发控制层面的规划编制一般都是全政区覆盖的，规划图的比例、用地分类及其他规划控制要素的设定则有很大灵活性，以契合密集建设区及农业地区等的不同规划对象。反观我国以往的"控规"编制，基本是一个模式，较忽视空间对象的多元特性。在"多规合一"的新规划体系下，设想可对"控规"编制施以城乡统一建构和实行分类指导，即针对城区和郊区乡村地域统一编制"控规"，但采用差别化的编制方法及技术标准，包括图纸比例、用地分类、控制要素设置等均可以有所不同；在市县域较大比例图纸上，针对局部密集建设地段，可以借鉴英国地方规划的局部"插入"（insert）方法，以满足对"控规"编制深度的要求（图3）。

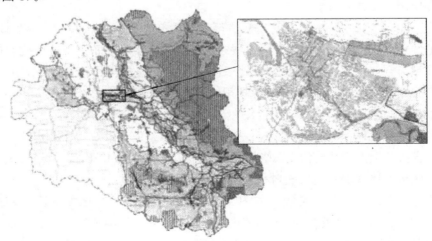

图3 英国地方规划的全域与局部"插入"关系示意

实际上，就"控规"的方法论而言，即使在规划建成区，对不同的功能地域（如工业区、商务区、居住区）、不同的特性地域（如新城区、老城区、历史街区）及发展的不同阶段（如确定性开发、不确定性开发），均应该采用差别化的策略——控制要素的选择及"严格"与"宽松"不一概而论。只有保证了"控规"的"控权"适用性，才能真正有助于严格执行规划。

（五）规划行政事权划分及规划成果体系创新

为了提高规划行政管理的效率，需要对规划行政事权作合理划分。规划学界曾对此有过不少讨论。一般认为，上级政府应关注下级城市的功能定位、发展规模、环境和资源、重要历史文化遗产、区域性基础设施和生态保护等涉及国家和区域利益的规划内容。至于城市用地布局、公共服务设施、商业服务业设施、道路交通设施、市政公用设施、绿地与广场、城市风貌景观建设等都可以归为地方性建设管理事务（赵民，郝晋伟，2012）。

在以往实践经验的基础上，《意见》提出了各级政府的规划编制、审批和监管实施的事权划分的原则，即"管什么就批什么"，并"按照谁审批、谁监管的原则，分级建立国土空间规划审查备案制度"。为了落实这一改革思路，规划编制内容、成果体系和报批方式等都需有所创新或调整。

就规划成果体系的创新目标而言，既要更好地契合规划行政事权划分，同时要有助于彰显市县总体规划的战略定位和公共政策属性。规划成果要让公众看得懂和愿意看，为此一定要改变以往那种干涩的"技术性"条文和图件表达方式。在新的实践中，要力求良好的公众界面，包括采用图文并茂的编排、有理有据的阐述和应用新媒体手段。

这方面，上海新一版总规的经验值得参考。上海采用了"1＋3"成果体系，其中的"1"为《上海城市总体规划（2017—2035年）》总报告，是在战略层面上指导城市空间发展的纲领性文件，以图文并茂的形式编排，具有较好的可读性；"3"则分别为"分区指引""专项规划大纲"和"行动规划大纲"，作为"1"的附件（张尚武，王颖，等，2017）。大体上，"1"关系到中央政府事权，报请国务院审批后由地方政府负责实施；"3"的内容都是地方事权，在总规阶段只作框架性安排。上海市政府依据国务院批复组织实施城市总体规划，包括组织编制和审批区级总体规划、专项规划和各项重大建设规划。

需要指出的是，我国是统一的中央制国家，依据宪法，地方人民政府既要"对本级人民代表大会负责并报告工作"，也要"对上一级国家行政机关负责并报告工作"；"全国地方各级人民政府都是在国务院统一领导下的国家行政机关，都服从国务院"（《宪法》第一百一十条）。因而，事权的划分并非绝对的，即使是

"地方事权"，上级政府及中央政府也仍可以行使监察权和进行问责。

五、结语

国家治理离不开国土空间规划工作，党中央、国务院作出建立国土空间规划体系并监督实施的重大决策部署，体现了新发展理念，反映了新时代的发展诉求；《意见》全面阐述了新规划体系建立的意义和运作原则，对各级国土空间规划及专项规划的编制、审批和实施等提出了诸多要求，指明了今后的工作方向。

本文的研究表明，各项空间性规划的产生和演进均有其特定缘由和轨迹；统一的国土空间规划体系建立有着行政和技术的双重逻辑。就规划的职业实践而言，无论是规划编制体系，还是规划监督实施机制，都要契合新发展理念以及国家治理现代化的需求。从规划职业实践与规划学科发展的关系看，正如罗震东、宋彦（2018）所言，"新的不同职能规划的出现既是对问题和挑战的应对，也是对城市规划实施和知识体系的不断丰富和发展。而这种丰富和发展可能在一段时期体现为相对独立的规划类型，然而随着知识的交流和碰撞，最终会整合在一个更为综合、强大的知识体系内。"

随着国家的经济、社会和城镇化的不断发展，自然资源环境条件等持续变化，空间规划体系、职业实践及其背后的学科体系也必然会发生变化。就我国城市规划而言，多年来不但是空间不断延伸，范畴也在不断跨越——从规划方案设计到规划许可管理，从城区规划到城镇体系规划，从物质性规划设计到经济社会发展战略，从城市规划到城乡规划（城市、镇、乡、村庄）及"城市—区域"规划。可以说，城市规划已经演化为综合规划，需要处理"城区"与"区域"、"城市"与"乡村"、"发展"与"空间"以及"开发"与"保护"等多个层面和多种性质的问题。因而城市规划职业与其他规划职业的交叉和交融不可避免，城市规划学科也因不断汲取其他学科的知识和方法而不断发展甚至蜕变。

但变中亦有不变，不变的是规划的初心，无论是埃比尼泽·霍华德的"田园城市"及"田园城市和城市规划协会"所倡导的理念，还是为了克服市场机制的缺陷而形成的公共干预思维，以及保护生态环境、历史文化、追求资源配置效率和公平等价值观念，都应继续得到坚守并不断有新的升华。

（撰稿人：赵民，同济大学建筑与城市规划学院，高密度人居环境生态与节能教育部重点实验室教授）

注：摘自《城市规划学刊》，2019（04）：8-15，参考文献见原文。

国土空间规划体系中的城市规划初论

导语：国家关于统一规划体系与统一国土空间规划体系的顶层设计已经完成，在当前及未来一段时期内，需要进一步深化规划体系改革，明确国土空间规划体系中城市规划的地位和作用。建议在市县级国土空间规划中发挥城市规划在城市空间产品供给过程中的独特优势，城市总规发挥宏观的导控作用，城市详规发挥底层的管控作用，将城市规划融入国土空间规划体系，为引领城市高质量发展提供规划保障；相应地，要增强中长期发展规划的研究和支撑，为国土空间规划体系中的城市规划制定与实施提供战略指引。此外，要适应国土空间规划体系新要求发展城乡规划学。

一、引言

建立国土空间规划体系并监督实施，将主体功能区规划、土地利用规划、城乡规划等空间规划融合为统一的国土空间规划，实现"多规合一"，强化国土空间规划对各专项规划的指导约束作用，是党中央、国务院作出的重大部署。2019年5月，《中共中央 国务院关于建立国土空间规划体系并监督实施的若干意见》正式发布，这是党中央、国务院关于国土空间规划的顶层设计，无疑将对规划行业发展与学科建设产生重大而深远的影响。

2015年12月中央城市工作会议指出，城市是我国各类要素资源和经济社会活动最集中的地方，全面建成小康社会、加快实现现代化，必须抓好城市这个"火车头"。2016年2月中共中央、国务院《关于进一步加强城市规划建设管理工作的若干意见》要求"强化城市规划工作"，包括依法制定城市规划、严格依法执行规划。2017年2月24日习近平总书记在北京考察工作时要求，"立足提高治理能力抓好城市规划建设"。2019年6月21日自然资源部在福建省厦门市召开推进"多规合一"国土空间规划工作现场会，深入学习了习近平总书记关于城镇化、城市发展和规划工作的一系列重要论述，作为抓好国土空间规划工作的根本遵循。

城市是国土空间规划的重要阵地，本文审视现代城市规划的形成发展与独特优势，揭示国土空间规划的时代特色，进而提出深化规划体系改革发挥城市规划重要引领作用的建议。

二、城市规划与城镇化问题

（一）现代城市规划是一门年轻的学科

与建筑学、地理学相比，现代城市规划学是一门是非常年轻的学科。西方现代城市规划的形成源于工业革命以来大城市发展所带来的"城市病"的治理。18世纪60年代，工业革命开始在英国中部发源，现代机器大工业促进了城市大发展，人口从农村向城市大量迁移，1801年英国城市化率约为20%，1901年上升到了75%。现代城市快速无序扩张带来了居住条件恶劣、交通拥堵、环境污染、传染疾病成灾等一系列"城市病"。19世纪中叶开始，英国采取公共卫生运动等政府干预行为和立法活动加以应对，1875年英国颁布《公共卫生法》，1909年第一部规划法在英国问世，同年，美国召开第一次全国城市规划会议，标志着以解决城市问题和建设美好城市为出发点，作为公共行为的现代城市规划诞生。

中国城市规划学的学科形成始于20世纪初对西方城市规划理论与方法的借鉴，20世纪20年代初，在土木工程学、市政学、社会学、建筑学等本科专业中开始设置"都市计划（学）"课程，1940年出版大学教材《都市计划学》。中华人民共和国成立后的50年代，为满足"一五""二五"计划时期工业建设的需要，城市规划工作得到重视。1953年9月中共中央下发《关于城市建设中几个问题的指示》，要求重要工业城市规划工作必须加紧进行，对于工业建设比重较大的城市更应迅速组织力量，加强城市规划设计工作。1956年的《1956—1967年科学技术发展远景规划》（"十二年规划"）从13个方面提出了57项重要的科学技术任务，其中第6个方面"建筑"部分指出："历史事实证明，城市的规划和修建是生产力的发展、社会制度、文化和建筑技术水平以及自然地理条件的综合产物。由于这种高度综合性，科学问题也就异常复杂。"第30项任务为"区域规划、城市建设和建筑创作问题的综合研究"。同年，国家教育部将"城市规划"作为专业列入招生目录，标志着"城市规划"专业正式确定；城市规划学术委员会（中国建筑学会城乡规划学术委员会）在北京成立，这是中国第一个真正意义上的城市规划专业学术团体。1983年建筑学下设置"城市规划与设计"二级学科（试行方案）。1989年城市规划学术委员会四届五次常务委员扩大会议决定，中国建筑学会城乡规划学术委员会改组为二级学会，简称"中国城市规划学会"；1992年建设部批复了中国城市规划学术委员会晋升为城市规划学会（一级学会）的报告，民政部批准中国城市规划学会由二级学会晋升为一级学会。2011年3月8日国务院学位委员会、教育部公布了新版《学位授予和人才培养学科目录》，正式将"城市规划学"升格为一级学科，并正式更名为"城乡规划学"（学科代码为0833），城乡规划学与建筑学、土木工程等平行列于工学门类下。中国近现代城市规划从1923年作为一门课程到2011年成为一级学科，历时88年。

（二）城市规划学以解决问题为导向

因其年轻，城市规划学科有足够的灵活性和多面性，要求规划师具有跨界的基础知识和通才的素质，成为具有理想主义精神的现实主义者。究竟如何界定城市规划？

2012年版《牛津城市规划手册》从学术的角度总结规划的基本特征，认为规划学术通常包含了至少4个具有指示性且又是重叠的研究方向，即环境（environment）、问题（problem）、行动（action）、变化（change）。以此为基础，可以对城市规划的学术特征作进一步分析。

一是环境，包括建成环境与自然环境。诸多学科均致力于更好地理解贫困、交通、治理或环境资源冲突等问题，规划学科则关注城市中的场所与空间（place and space）的复杂性如何影响了上述这些现象。归根结底，规划因关注场所营造（place-making）的方法、理由与途径而被定义为一种规范性尝试。

二是问题，复杂而相互关联的问题。城市化、城市兴衰与社会冲突等诸多棘手的问题往往十分复杂、混乱而难以解决，而规划的核心任务就是应对这些困扰着政府、社会与个人的问题。

三是行动，实施与实践。与其他许多仅将城乡问题视为研究对象的学科不同，城市规划重点关注怎么通过行动来应对问题，城市规划师以解决问题为导向提出问题、分析问题，这一导向即便不是独一无二，也是与其他大部分学科不同的。对实践、实施与积极变革的特别关注，也将规划与其他社会科学区别开来，并且丰富了规划领域相关研究的知识内涵。

四是变化，规划师试图预测方向，预测未来，创建一套可以引导、响应并管理变化的物质规划、程序与制度。规划师通过团队合作，努力构建精细的模型并计划可能的情景，预测当下行动的未来后果，或者收集数据并构建理论，更精确地展示社区或区域的实时转变。

围绕着上述四大研究方向，规划研究者从以城市为研究对象的多学科领域中汲取分散的知识并综合运用，来应对现代城市发展的挑战。以解决复杂的城市发展问题为导向，聚焦城市场所营造与空间构建（建设美好人居环境、"没有'城市病'的城市"），制定一套规划、程序与制度，试图对城市变化进行积极有效地管理，这是城市规划乃至空间类规划学术的独特性，也是规划学术的优势所在。

通常人们说城市规划以问题为导向，严格说来是城市规划以解决问题为导向。城市规划是解决城市问题的手段，城市规划的类型多样，内容不一，各有侧重，主要与规划要解决的问题及其所采取的手段相关联。针对所要解决的问题，规划会呈现出不同的形式，并有不同的侧重点，这也是不同类型规划得以存在并发生变化的内在逻辑。

（三）中国大规模快速城镇化与发展中的问题

从 1983 年建筑学下设置"城市规划与设计"二级学科，到 2011 年正式将"城市规划学"升格为一级学科，这个过程正是改革开放以来中国大规模快速城镇化的过程。1980～2018 年，全国常住人口城镇化率由 19.39％提高到 59.58％，38 年的时间提高了 40 个百分点，其中 2010～2011 年常住人口城镇化率跨过 50％。《国家人口发展规划（2016—2030 年）》预测，2030 年全国总人口达到 14.5 亿人左右，常住人口城镇化率达到 70％。顾朝林等（2017）对中国城镇化过程多情景模拟显示，到 2050 年，中国城镇化水平将达到 75％左右，中国城镇化进入稳定和饱和状态。总体看来，1980～2050 年的 70 年间，中国将完成城镇化的起飞、快速成长和成熟过程，当前正处于城镇化进程的分水岭上。与英国 1801～1901 年经过 100 年时间实现城市化率从 20％上升到 75％相比，中国城镇化进程略快，国际社会普遍肯定中国城市发生的巨大变化，视之为中国发展的奇迹之一。

同时，我国城镇化在快速发展中也积累了不少突出矛盾和问题，《国家新型城镇化规划（2014—2020 年）》将其总结为 6 个方面：大量农业转移人口难以融入城市社会，市民化进程滞后；"土地城镇化"快于人口城镇化，建设用地粗放低效；城镇空间分布和规模结构不合理，与资源环境承载能力不匹配；城市管理服务水平不高，"城市病"问题日益突出；自然历史文化遗产保护不力，城乡建设缺乏特色；体制机制不健全，阻碍了城镇化健康发展。有效解决城镇化快速发展中积累的突出矛盾和问题，是包括城市规划在内的规划体系所面临的时代任务。

三、从空间规划到国土空间规划

（一）空间类规划兴起及其问题

在大规模快速城镇化进程中，针对经济社会发展、国土资源管理、城市规划建设、生态环境保护等问题，国家多个管理部门采取了不同的措施，这些部门的工作都离不开规划，多种空间类规划随之兴起。

　　不同部门根据职责开展规划工作并形成多种空间类规划，这本身无可厚非。问题的症结并不在"多"，而是这些空间类规划之间互不协调、互不衔接，规划职能部门分割、交叉重叠现象严重，加之地方权力频繁、随意修改规划，结果影响了空间治理的效率与发展的质量。做好规划协调工作，通过建立科学合理的空间规划体系，让有关规划互相衔接起来、协调起来，这是规划体系的改革方向，也正是中央的要求所在。

　　2005～2010 年，国家发展和改革委员会编制完成《全国主体功能区规划》并获国务院批准实施。国土资源部从 2009 年开始编制《全国国土规划纲要》，吸纳了《全国主体功能区规划》的成果，并在国家发改委的支持下完成了《全国国土规划纲要（2016—2030 年)》。2014～2016 年国家四部委共同开展市县"多规合一"试点工作（全国 28 个市县），2017 年 1 月中共中央办公厅和国务院办公厅印发了《省级空间规划试点方案》，要求以主体功能区规划为基础，统筹各类空间性规划，推进"多规合一"的战略部署，深化规划体制改革与创新，建立健全统一衔接的空间规划任务，提升国家国土空间治理能力和效率，在市县"多规合一"试点工作基础上，制定省级空间规划试点方案。2019 年 5 月《中共中央 国务院关于建立国土空间规划体系并监督实施的若干意见》发布。凡此都说明，我国的空间规划和空间治理改革工作已开始逐步走向健全和深化。

（二）建立面向生态文明制度建设的空间规划体系

　　城镇化快速发展中积累的突出矛盾和问题，以及应对这些矛盾和问题的各类空间规划之间的冲突和矛盾，究其根本，是相当一段时期以来采取粗放的经济发展方式和社会治理方式造成的。事实证明，"粗放扩张、人地失衡、举债度日、破坏环境的老路不能再走了，也走不通了"。2013 年 4 月 25 日习近平总书记在十八届中央政治局常委会会议上指出，"如果仍是粗放发展，即使实现了国内生产总值翻一番的目标，那污染又会是一种什么情况？届时资源环境恐怕完全承载不了。经济上去了，老百姓的幸福感大打折扣，甚至强烈的不满情绪上来了，那是什么形势？所以，我们不能把加强生态文明建设、加强生态环境保护、提倡绿色低碳生活方式等仅仅作为经济问题。这里面有很大的政治。"2013 年 11 月中共十八届三中全会通过的《中共中央关于全面深化改革若干重大问题的决定》提出"加快生态文明制度建设"的要求，并强调"通过建立空间规划体系，划定生产、生活、生态空间开发管制界限，落实用途管制"。从此，空间规划正式从国家引导和控制城镇化的技术工具上升为生态文明建设基本制度的组成部分，成为治国理政的重要支撑，这也是中国空间规划概念的一个重要特征。

　　2015 年 9 月中共中央、国务院印发《生态文明体制改革总体方案》进一步要求，构建"以空间规划为基础，以用途管制为主要手段的国土空间开发保护制度"，构建"以空间治理和空间结构优化为主要内容，全国统一、相互衔接、分级管理的空间规划体系，着力解决空间性规划重叠冲突、部门职责交叉重复、地方规划朝令夕改等问题"。关于编制空间规划要求："整合目前各部门分头编制的各类空间性规划，编制统一的空间规划，实现规划全覆盖。空间规划是国家空间发展的指南、可持续发展的空间蓝图，是各类开发建设活动的基本依据。空间规划分为国家、省、市县（设区的市空间规划范围为市辖区）三级"。

显然，统一的空间规划，是针对各部门分头编制的各类空间性规划而言的，空间规划以空间治理和空间结构优化为主要内容，强调的是国家对空间的调控能力与管控作用，分为国家、省、市县三级。《生态文明体制改革总体方案》还要求，推进市县"多规合一"，统一编制市县空间规划，逐步形成一个市县一个规划、一张蓝图，并创新市县空间规划编制方法。

2018 年 12 月中共中央、国务院发布《关于统一规划体系更好发挥国家发展规划战略导向作用的意见》强调："建立以国家发展规划为统领，以空间规划为基础，以专项规划、区域规划为支撑，由国家、省、市县各级规划共同组成，定位准确、边界清晰、功能互补、统一衔接的国家规划体系。"

（三）国家规划主管机构改革与国土空间规划

2018 年 3 月中共十九届三中全会通过的《深化党和国家机构改革方案》要求，组建自然资源部，"强化国土空间规划对各专项规划的指导约束作用，推进多规合一，实现土地利用规划、城乡规划等有机融合。"同月十三届全国人大一次会议批准通过了《国务院机构改革方案》，明确组建自然资源部，并将原国土资源部的规划职责、发改委的主体功能区规划职责及住房和城乡建设部的城乡规划管理职责整合，统一行使所有国土空间用途管制和生态保护修复职责，"强化国土空间规划对各专项规划的指导约束作用"，推进"多规合一"，负责建立"空间规划体系"并监督实施。规划主管机构改革举措表明，以国土空间用途管制为主要内容的国土空间规划将成为空间规划体系的核心。

值得注意的是，自然资源部设立国土空间用途管制司、国土空间规划局、国土空间生态修复司 3 个专职机构，规划管理行政架构上突出了"国土空间规划"。随着规划改革进程的推进，政策文件中出现了"空间类规划""空间规划""国土空间规划"，以及"空间规划体系""国土空间规划体系"诸多概念，厘清这些概念的内涵及其相互关系，对于统一认识并落实统一规划体系、建立国土空间规划体系并监督实施、加强城市规划建设管理工作等，都具有重要理论和现实意义。

《中共中央 国务院关于建立国土空间规划体系并监督实施的若干意见》中对"国土空间规划"内容的表述，与《生态文明体制改革总体方案》对"空间规划"内容的表述是完全相同的，即"国土空间规划是国家空间发展的指南、可持续发展的空间蓝图，是各类开发保护建设活动的基本依据"。

从文字表述看，"国土空间规划"与"空间规划"已经等同起来，所谓"国土空间规划"就是"统一的空间规划"。如果说"国土空间规划"与"空间规划"还有什么微妙的不同，可能在于"国土空间规划"特别强调国土空间规划的对象是具体的"国土"。2019年7月5日，自然资源部国土空间规划局组织召开"国土空间规划重点问题研讨会"，庄少勤总规划师在会议小结时指出：在国土上有具体的禀赋（地方性的自然和人文禀赋）、活动（人的生产和生活活动）、权益，而不是抽象的尺度、区位、边界所限定的"空间"；"国土"赋予"空间"以具体的内涵，"国土空间规划"强调是在具体的空间中而不是在抽象空间中做规划，这样规划才有价值。根据这个说法，将"空间规划"改称"国土空间规划"是有特定的、积极意义的，同时也说明"国土空间规划"是关于"国土空间"的"规划"。

建立全国统一、权责清晰、科学高效的国土空间规划体系，是按照国家空间治理现代化的要求而进行的系统性、整体性、重构性改革，主要目的在于解决各级各类空间规划之间的矛盾，包括"规划类型过多、内容重叠冲突，审批流程复杂、周期过长，地方规划朝令夕改等问题"。显然，国土空间规划解决的是关于"规划"的问题（"多规"之间的问题），包括城市规划在内的空间类规划之间的矛盾得以解决。

值得指出的是，各类空间性规划曾经要解决的"老问题"并不会因为国土空间规划体系的建立而自动化解或消失，并且随着发展环境与要求的变化，正在或即将出现一些"新问题"。在建立国土空间规划体系并监督实施的过程中，必须针对这些新老问题，对国土空间规划体系进行进一步的深化与完善，真正做到"确保规划能用、管用、好用"。

四、深化规划体系改革，发挥城市规划重要引领作用

（一）城市规划在城市发展中起着重要引领作用

中华人民共和国成立以来，城市规划随着国家发展建设需要而不断演进，在城市发展中的引领和控制作用不断显现。从"一五"时期国家建立城市规划开始，就非常重视这项工作，1954年8月28日，《人民日报》发表题为《迅速做好城市规划》的社论，计划经济时期城市规划就是计划的延续和深化。改革开放初

期，城市规划成为城市各项建设的综合部署，中央非常重视，指出城市政府的主要职责是规划建设管理好城市。进入市场经济时期，城市规划成为宏观调控的有效工具。2016年2月中共中央、国务院《关于进一步加强城市规划建设管理工作的若干意见》要求"强化城市规划工作"。特别是2014年2月26日和2017年2月24日习近平总书记两次在北京市考察时的讲话都深刻指出："城市规划在城市发展中起着重要引领作用。考察一个城市首先看规划，规划科学是最大的效益，规划失误是最大的浪费，规划折腾是最大的忌讳"。应该认为，这个指示不只是针对北京市政府，而是针对国家和全局而言的，在建立国土空间规划体系并监督实施的过程中亟须进一步加以认识和贯彻。

从推进国家治理体系与治理能力现代化看，城市是联系中央与地方事权的交汇处，坚持"全国一盘棋"，正确处理整体利益和局部利益关系，调动中央和地方两个积极性，城市是重要环节。同时，城市工作既要满足国家战略要求，又要满足广大人民群众日常生活和美好生活需求，坚持以人民为中心执政理念，建设共商共建共享共治的人民城市，城市是主阵地。保障以土地、资源、场所为核心的城市空间产品的生产与供应，建设"没有'城市病'的城市"，其中相当一部分都属于地方事权，这并非基于全域用途管制而构建的国土空间规划所能涵盖的。因此，明确并发挥以解决问题为导向的城市规划在国土空间规划体系中不同于一般国土空间规划的特殊地位和作用，满足城市发展和人民群众对城市规划的切实需求，无论对于促进国土空间合理利用和有效保护，还是支撑健康城镇化、城市高质量发展、建设美好家园，都具有十分重要的现实意义。

（二）直面城市规划问题，提高城市规划工作的全局性

当前，我国城镇化与城市发展正处在一个十分关键的阶段，快速城镇化过程中积累了许多突出的矛盾与问题。尽管这些问题不都是城市规划造成的，但是多与城市规划有关。尽管单纯的规划手段远不能解决这些问题，但是问题的解决离不开科学合理的城市规划。2013年12月，习近平总书记在中央城镇化工作会议上明确指出："目前，城市规划工作中还存在不少问题，空间约束性规划无力，各类规划自成体系、互不衔接，规划的科学性和严肃性不够。要先布棋盘再落子。要建立空间规划体系，推进规划体制改革，加快推进规划立法工作，形成统一衔接、功能互补、相互协调的规划体系。城市规划要由扩张性规划逐步转向限定城市边界、优化空间结构的规划。城市规划要保持连续性，不能政府一换届、规划就换届。可以在县（市）探索经济社会发展、城乡、土地利用规划的'三规合一'或'多规合一'，形成一个县（市）一本规划、一张蓝图，持之以恒加以落实。编制空间规划和城市规划要多听取群众意见、尊重专家意见，形成后要通

过立法形式确定下来，使之具有法律权威性。"

城市规划工作者必须严肃地直面这些问题，在建立国土空间规划体系并监督实施的过程中着力加以解决。

毋庸讳言，长期以来由于规划事权等种种原因，城市规划工作存在一系列薄弱环节，如规划服务于地方层面的经济社会发展与城市扩张需求，缺乏国家层面的上位规划指导与管控；对所规划的单个城市知之甚多，而对整个国家或当前的城市体系知之甚少；规划只针对规划区，而非行政区划全域；对建设地区关注较多，对非建设地区关注较少；甚至规划与建设管理之间脱节，缺乏有效的政策机制思考。这些问题的解决，需要纳入国土空间规划体系，进行整体谋划。前文回顾了从空间规划到国土空间规划的过程，明确了建立国土空间规划体系并监督实施是党中央推进生态文明建设重大工程的一个组成部分，城市规划工作必须融入生态文明建设大局中，从生态文明建设大局重新思考城市规划的时代定位与历史担当。

（三）在国土空间规划体系中明确城市规划地位和作用

客观上，国家规划主管机构改革已经为发挥城市规划在城市发展中的重要引领作用提供了基础和条件。当前正在建立国土空间规划体系并监督实施，已经提出了"五级三类"的国土空间规划体系基本构架，包括"总体规划、详细规划和相关专项规划"三类，明确了"国家、省、市县编制国土空间总体规划"，"在市县及以下编制详细规划"。有鉴于此，本文建议在市县国土空间规划层面，发挥城市规划在城市空间产品供给过程中的独特优势，其中城市总规发挥宏观的导控作用，城市详规发挥底层的管控作用。

发挥城市规划在市县国土空间总体规划层面的宏观导控作用，是指在市县国土空间总体规划中，基于目前已经强化的"三线"为主底线约束和三大主导功能分区管控，加强城市总规，承担宏观的导控作用。城市总规要秉持综合性思维，坚持生态效益、社会效益、经济效益的统一，主要任务是回应中央提出的以人为核心，资源环境空间约束下的绿色生产方式和消费方式、改善民生、市场配置资源的决定性作用等核心要求和关切，确保上位国土空间规划传递的刚性内容；在确定的底线约束和分区管控刚性要求之下，按照中央城市工作会议要求，做好"五个量"的管控，即"坚持集约发展，框定总量、限定容量、盘活存量、做优增量、提高质量"。在此前提下，"综合考虑城市功能定位、文化特色、建设管理等多种因素"，"着力提高城市发展持续性、宜居性"，兼顾城市发展方式转型、城市品质提升、地方特色塑造等地方事务需求，为城市发展决策留有弹性，这部分内容可以由城市自主选择与决定，作为非法定/非强制的内容。城市规划在城市发展中起着重要引领作用，主要是指城市总规发挥宏观的"导控"作用，认识、尊重、顺应自然规律、经济规律、社会规律和城乡发展规律，统筹空间、规模、产业三大结构，有效化解各种"城市病"，促进城市治理体系和治理能力现代化。

发挥城市规划在市县国土空间详细规划层面的底层管控作用，是指在街区层面将城市总规确定的内容加以落实，并切实回应广大人民群众对日常生活和美好生活的需求，需要通过对各类人群的多样化空间需求进行调查、预判，在保护和尊重产权制度的基础上，以保障非营利和公共空间物品的供给为主要目标，以行为规范的细化管理为核心，明确空间资源分配秩序，保障以土地、资源、场所为核心要素的物质空间高质量供给，塑造高品质特色宜居空间。城市详规要差别化地对以土地为核心的城市空间产品的类别、比例、区位、品质、开发时序等方面进行结构性管控，着重在公共产品的供给端补短板，在市场产品的供给端求平衡，在总量供给上紧约束，最终在微观层面满足人民对空间产品的需求。显然，城市详规符合《中共中央 国务院关于建立国土空间规划体系并监督实施的若干意见》提出的基本要求："详细规划是对具体地块用途和开发建设强度等作出的实施性安排，是开展国土空间开发保护活动、实施国土空间用途管制、核发城乡建设项目规划许可、进行各项建设等的法定依据。"

《中共中央 国务院关于建立国土空间规划体系并监督实施的若干意见》要求报国务院审批的直辖市、计划单列市、省会城市及国务院指定城市，实际上都是城市型地区或城市化地区（city region，urbanized area），最近由党中央、国务院批复的《北京城市总体规划（2016年—2035年）》，由国务院批复的《上海市城市总体规划（2017—2035年)》《河北雄安新区总体规划（2018—2035年）》等，都是如此。这些城市由于承担重要的国家功能，且规模较大，一般采用"总体规划—分区（单元）规划—详细规划"形式，即在"总体规划—详细规划"基础上增加了"分区（单元）规划"。

总之，无论"总体规划—详细规划"两级还是"总体规划—分区（单元）规划—详细规划"三级，国土空间规划中的城市规划是原有城市规划的简化、升级版，是城市规划在不同层级国土空间规划当中发挥作用的具体表现形式；国土空间规划体系中的城市规划综合了"条条规划"（国家意志）与"块块规划"（地方需求），可以为"确保规划能用、管用、好用"提供不可或缺的制度安排与关键的技术构架（图1）。市县国土空间规划中的城市规划，为包括城市建设规划、社区规划、文化规划等各类优化和提升城市物质空间和社会空间环境的专项规划工作提供了规定与指引。

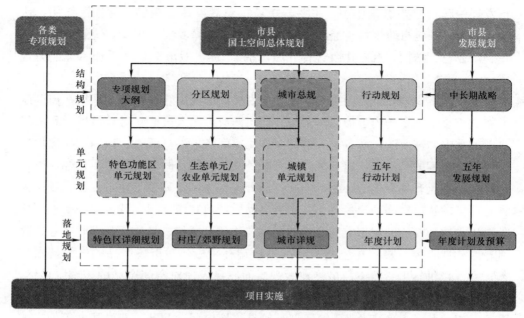

图 1　市县国土空间规划中城市规划的建议

（四）加强中长期发展规划对城市规划的战略导向作用

根据《关于统一规划体系更好发挥国家发展规划战略导向作用的意见》，发展规划居于规划体系最上位，是其他各级各类规划的总遵循。国土空间规划体系中的城市规划特别是城市总规，关注城市战略性发展与空间安排，发挥的是宏观的导控作用，因此，城市总规的确定除了上级国土空间规划的刚性传导与地方发展需求外，离不开城市中长期发展规划的战略导向。

然而，目前的城市发展规划，即国民经济和社会发展五年规划，主要是对规划期内城市经济社会发展的阶段性部署和安排。要发挥发展规划对各级各类规划的统领作用，包括对国土空间规划体系中的城市规划的战略导向，就必须加强中长期发展规划研究和支撑，提高发展规划的战略性、宏观性与政策性，增强指导和约束功能，保障把党的主张转化为国家意志，为各类规划系统落实国家意志和国家发展战略提供根本遵循。

五、发展适合国土空间规划体系要求的城乡规划学

前文已经指出，无论现代西方还是近现代中国，城市规划学科从起源到形成都经历了近百年的时间。中国城市规划学会主编的《中国城乡规划学科史》有一

个基本认识：城乡规划学科一直伴随着政府规划主管部门的频繁变更而发展。2018 年 3 月，国务院组建自然资源部，负责研究拟订城乡规划政策并监督实施，城乡规划管理职能从传统的"建口"划归"资源口"，城乡规划从一项独立的政府行政职能变成国土空间规划体系内诸多规划层级或类型中的一种，城乡规划业务主管部门从独立设置的城乡规划司变成隶属于国土空间规划局。从学科史的角度看，这只是中国城市规划学科近百年变迁的一个组成部分。

国土空间规划体系内容丰富而复杂，就像发展规划体系一样，涉及土地、资源、环境、地理、经济、社会、规划等多个学科，国土空间规划工作离不开多学科的交叉合作与支撑。中华人民共和国成立以来，城市规划学科长期服务于发展规划体系，作为国民经济计划的延续与深化，城市规划实践与基本建设过程结合紧密；可以预期，随着城市规划学科开始服务于国土空间规划体系，城市规划实践将在保障生态文明建设和促进城市治理现代化过程中取得长足进步。

《中共中央 国务院关于建立国土空间规划体系并监督实施的若干意见》要求"教育部门要研究加强国土空间规划相关学科建设"，"城乡规划学"作为工学门类下的一级学科，显然是国土空间规划的重要支撑学科。2019 年 5 月 22 日，清华大学城市规划系和同济大学城市规划系联合召开城乡规划学科发展教学研讨会，一致认为：

"国土空间规划是城乡规划实践的重要领域，城乡规划学科发展要适应国土空间规划的时代要求，放眼美丽国土，规划美丽城乡，聚焦美好人居，共筑美好家园；适应国家不同部门对国土空间规划编制、实施、监督和城乡人居环境建设、管理等多类型高层次人才需求，因势利导地推进城乡规划学科发展，培养新时代卓越规划人才；以人居科学理论为指导，创造性地发展城乡规划科学理论与技术方法，加强城乡规划学在国土空间规划领域的实践应用，为国土空间规划提供坚实的学科支撑；积极开展国土空间规划知识体系建设，促进相应的城乡规划课程教学改革，鼓励教学过程中的交流与合作，加强学科之间的交叉融合，广泛吸纳学术同道探讨教学中的迫切和重大问题，促进城乡规划学更好地满足新时代国土空间规划的知识与技能需求。"

城乡规划教育的目标是培养适合社会发展需要的高等规划专业人才，城市规划师具有解决社会问题的责任担当，具有观大势、识大局、谋大事的战略视野和广阔思维，在国土空间规划时代城市规划能否把握时代大趋势，回答实践新要求，顺应人民新期待，真正担当起时代和历史的重任，出路在于城市规划师能否因势利导、与时俱进地改革与发展城市规划。在建立并完善国土空间规划体系的过程中，城市规划学科知识体系和教育体系建设是一个值得持续关注、探讨并不断取得进展的话题。

笔者研究过程中深刻体会到，建立并完善国土空间规划体系将是一个较为长期的实践过程，规划体系改革从属于新时代坚持和发展中国特色社会主义的总任务与总目标。如何积极有效地推进统筹城市规划建设管理工作，提高城市工作的系统性？可以说，国土空间规划体系已经提供了一个体制框架，如何进一步深化和细化机制和体系问题，仍然是摆在广大城市规划工作者面前的时代任务。

（撰稿人：武廷海，博士，清华大学建筑学院教授，中国城市规划学会规划历史与理论学术委员会副主任委员、学术工作委员会副主任委员）

注：摘自《城市规划》，2019（08）：09-17，参考文献见原文。

一个以人为本的规划范式

导语：人类通过聚居去追求经济、社会、生态的机会。这些机会有空间维度。以人为本的规划尊重人有自存与共存平衡的理性（"城市人"），并以此作为组织空间使用与分配的原则，以求达到最高平衡。规划工作聚焦于"人"与"居"的匹配。

在长期的历史实践中，我国形成了发改部门的主体功能区划及国民经济社会发展规划、住建部门的城乡规划、国土部门的土地利用规划、环保部门的生态环境规划，还有水利部门的蓝线规划和文保部门的紫线规划等"多种规划"，各规划由不同部门组织编制，规划目标及技术路线不尽相同，相互矛盾难以避免。

党的十八届三中全会通过的《中共中央关于全面深化改革若干重大问题的决定》指出，要"建立空间规划体系，划定生产、生活、生态空间开发管制界限，落实用途管制"；2015 年 9 月，中共中央与国务院颁发的《生态文明体制改革总体方案》进一步要求"构建以空间治理和空间结构优化为主要内容，全国统一、相互衔接、分级管理的空间规划体系"。

党的十九届三中全会、第十三届全国人大一次会议批准的《党和国家机构改革方案》提出，统一行使所有国土空间用途管制职责，着力解决空间规划重叠等问题，将国土资源部的职责、国家发改委的编制主体功能区划职责、住建部的城乡规划职责整合，组建自然资源部，实现山水林田湖草整体保护、系统修复、综合治理。自然资源部的成立从制度和部门层面彻底解决了长期以来的规划多头、规划冲突等问题，为实现真正的"多规合一"创造了基础条件。

"多规合一"协调不同空间和主体的发展与保护需求是当前空间规划体系有效实施的重要难题。回归到空间规划建立的本源，服务人民的利益、以人民的需求为中心、破解美好生活需要和不平衡不充分的发展之间的矛盾是空间规划得以存在和发展的根本，也就是"以人为本"。"城市人"是一套聚焦于人的本性（物性、群性、理性）的规划范式，其目的在于实现最佳人居。

最佳人居是人与居的最佳匹配。这里有 4 个理念："人""居""匹配"和"最佳"。

"人"是动物，有生产、生活、生态的需要，由其年龄、性别和生命阶段支配（用在"法人"上，就是规模、类别和发展阶段）。人的生产、生活、生态活动会有（虽然不一定有）空间维度，例如种田（生产活动）就需要一块田（空间）和把这块田与其住所（空间）连上（空间接触）；购物（生活活动）就需要一间商店（空间）和把这商店与其住所（空间）连上（空间接触）。在这些空间接触上，人追求安全、方便、舒适、美观。这是人的"物性"。

"人"是群体动物。在追求生产、生活、生态活动的空间接触中，人会倾向聚居，因为知道聚居会提升其接触机会，也就是更多的接触机会（类型和选择）和更佳的空间素质（安全、方便、舒适、美观），使其获得更大的满足。每个"人"同时是空间接触机会的需求者和供给者。一个工人同时是工作岗位的需求者和劳动力的供给者；一个老板同时是劳动力的需求者和工作岗位的供给者。同样地，一个顾客同时是货品的需求者和消费力的供给者；一个店主同时是消费力的需求者和货品的供给者。为此，每一个空间接触中（工人与工厂的接触、顾客与商店的接触）都会有一对相应的需求/供给者，双方都在追求最多选择、最佳质量的空间接触。这是人的"群性"。

"人"是理性动物。人在追求空间接触的最高度满足时，会知道别人就在追求他们的最大满足。但是，人的理性和经验会告诉自己，如果不愿意离群独处，又不想被群体排挤，就要在追求自己的最大满足时也让别人拿到起码的满足。理性与经验会引导人在不自觉中（也会有自觉的计算，但通常是不自觉的条件反射）追求"合理"（合"理性"）的满足——最大的自我保存和最起码的与人共存，也就是自存与共存平衡。这是人的"理性"。

综合以上，"人"是理性的群体动物。人的物性驱使其追求生产、生活、生态的空间接触机会；群性使其知道聚居会提升这些空间接触机会的质和量；理性启发和规范其在聚居中追求空间接触机会时要对自己和别人合理，亦即是自存与共存平衡。

"居"是空间接触机会的载体。这些机会是"人"创造的（通过需求和供给），但空间的条件和约束也规范"人"的创造能力和契机。这些条件和约束有天然的（地理、天时、历史等）和人为的（财力、物力、政治、管理等）。从规划的角度去看，空间接触机会的多寡和质量与"居"的规模、结构、密度是相互影响的，影响"人"对其空间接触机会的满意度。

"匹配"是指"人"与"居"的匹配。以人为本的规划是顺着人的物性、群性和理性去部署人"居"之内的空间使用与分配，也就是"顺理成居"，其目的是为人的生产、生活、生态活动提供安全、方便、舒适、美观的空间接触机会。聚焦点是"人"所追求的，与"居"所承载的空间接触机会之间的吻合、矛盾和张力，以"人"的"满意度"去衡量。

"匹配"是动态的。正如"人"的年龄、生命阶段不断在变，其需求/供给的空间接触也在变。"居"的规模、结构、密度也要跟着变。"最佳"的匹配是指有关各"人"的自存与共存最高平衡，反映他们之间自存与共存的最高共识。

用舞台演剧做比拟。"居"是舞台，"人"是演员。舞台是按剧情设计的，主要是提供剧情故事的时间、空间背景，好使演员能发挥最佳的演技。"居"的故事不是新的，上演了几千年，近百年来的故事更是人人耳熟能详。因此，演员的演出是自发的、即兴的，无需剧本。但每个角色的动作，无论是工架或台步，都是有规有矩的（有板有眼）。舞台上人多，角色也多。演员们知道自己的角色，但不一定知道故事正发展到怎样的时空阶段。如果他不知道身在何处，他会不知所措（工架会错）；如果他不知道要往哪走，他会跟其他角色碰撞（台步会乱）。舞台设计就是让演员知道他的角色处身于何时、何地。这样，演员才可以摆出合适的工架，走出合适的台步。最好的舞台设计会安置演员在正确的活动位置上，部署演员间合度的空间距离。这不可能只考虑某一个演员或某一段剧情，而是要考虑所有演员、整个剧情。目的是使这套戏演得生动和流畅，使每个演员能按剧情发挥。这是舞台设计者按剧情的需要、角色的特性、舞台的条件精心炮制出来的效果。

回到规划。最佳匹配就是规划者通过对国土空间的使用和分配，把每个相关的"人"安置在对其最正确的地点上，把所有相关的"人"部署在他们最合度的距离间。目的是使"整个居"既稳定又有活力，使"每个人"都能以最少气力获得最多、最佳的空间接触机会。这也是要精心炮制的。

在表面上，"匹配"代表"人"所追求的空间接触机会与"居"所承载（提供）的空间接触机会的一致性。但归根结底，空间接触机会是"人"创造出来的（生产、生活、生态活动的空间体现）。所以"人"与"居"的"匹配"的实质意义是指在"居"的特征和条件下，"人"与"人"在追求和供给空间接触机会上的平衡。因此，规划工作有两个方面：第一，提升"居"的条件与特征，第二，引导"人"与"人"之间的自存与共存平衡。就像球赛，两球队（"人"）打球，规划是球场管理者和球赛裁判，提供合适的场地（"居"，例如成人球赛用大球场，孩童球赛用小球场）和规范打球的行为（不能犯规、不容伤人），目的在于保证精彩的球赛。这就是整个规划体制的构建原则。

现代人倾向个人利益、经济利益、眼前利益。他们虽然有自存与共存平衡的理性，但他们之间的利益底线会有一定的差距，需要由"整体利益"去协调、仲裁。这项重任要由规划工作者承担。整体利益的关键在"适度"：适度地分配不同人的利益、不同层面的利益、不同时刻的利益。要达到完全的平衡，规划工作者需要准确地判断现状、追踪过去、猜测未来，难度极高。再加上匹配永远处于动态，那就难上加难。更基本的是"人"的理性，就算不被扭曲和腐化，在信息上、制度上、时限上仍会存在种种约束和限制，使其不能准确知道自存与共存平衡点之所在，需要有更高的"整体利益"原则去处理个体利益之间的失衡，也就是在"整体利益最大化下，每个个别利益都有起码的满足"。实践上，就是从整体利益出发去设定个体利益之间的"权重"。这需要从上而下的"政治智慧"——"政治"体现合法、公开、透明；"智慧"则指道德、科学、可行。

　　最佳匹配是个理想，而且是一个在现实中永远不能完全实现的理想。但理想给我们方向，指导我们怎么去走。所以，规划是至诚的事业，需要有择善的智慧和固执的情操。最高的自存与共存平衡永远不可能，但比现状更高的自存与共存平衡永远有可能。就像彩虹，你永远不能捕捉它，但你永远可以亲近它。当你向着它走的时候，它会越看越美，你也会越走越幸福。

　　（撰稿人：梁鹤年，中国城市规划学会荣誉理事，加拿大女王大学区域与城市规划学院前院长、荣休教授，国务院发展研究中心、国家发展和改革委员会、住房和城乡建设部、自然资源部高级顾问和专家组成员）

　　注：摘自《城市规划》，2019（09）：13-14，参考文献见原文。

防范重大风险构建韧性城市

从 2020 年新冠肺炎疫情防控事件中人们可以获得如下启示：应对重大风险，需要尊重客观规律，构建韧性城市。

第一，"城市让生活更美好"的第一前提是安全与健康，是公共卫生。安全与健康是城市产生发展的初心与使命。"人类的一切活动目的一般都在于追求幸福"。但是"天有不测风云"，风险性（脆弱性）是现代社会一大特征，更是现代城市一大特征。现代城市在创造巨大财富的同时，风险也在剧增。

《吴越春秋》记载："筑城以卫君，造郭以守民，此城郭之始也。"城市本应安全，但现在越来越脆弱，风险无处不在。随着城镇化的进展，城市规模越大，人口密度越高，城市灾害（包括传染病、恐怖袭击等突发事件）防治任务越艰巨。"城市在为人类创造经济奇迹的同时，也无可辩驳地充当了人类灾害的创造者。"现代城市规划真正意义上的第一部法律是英国的《公共卫生法》。从 18 世纪后半叶开始，工业革命所带来的城市化使英国的城市生活环境发生了较大的变化，糟糕的卫生状况引起了有识之士的关注，兴起了公共卫生运动，促使英国在 19 世纪制定了公共卫生法。这部《公共卫生法》从严格意义上是人类历史上第一部涉及城市问题的法案，开启了现代城市社会法制化的序幕。

第二，不确定性是现代社会灾害的另一特征——关于黑天鹅与灰犀牛。人类面临的所有问题，最根本的原因还是在于人类的认知局限性。"黑天鹅"与"灰犀牛"分别被用来比喻突然发生的不测事件和已有苗头甚至显而易见却常常被人们忽略的风险。春秋左丘明在《左传·襄公十一年》写道："居安思危，思则有备，有备无患。"事物发展具有两面性认识。治病救人的医院可以成为最集中的交叉传染源。事物的演进发展具有越来越多的不确定性。城市发展应对这种巨大的不确定性要有提前准备。比如火神山、雷神山医院、方舱医院。所以规划一定要留白，留有余地，具有弹性。

第三，"人无远虑必有近忧"，城市公共安全应给予更加高度的关注，建设韧性城市是必然的发展要求。应对风险的韧性建设与韧性治理理应成为社会治理重要内容。"人类既要有防范风险的先手，也要有应对和化解风险挑战的高招；既要打好防范和抵御风险的有准备之战，也要打好化险为夷、转危为机的战略主动战。"毁灭性风险可能会是"黑天鹅"，但更大的可能会是"灰犀牛"。如何防范化解重大风险，让"黑天鹅"飞不起，让"灰犀牛"冲不动，需要构建起现代社会风险管理体制和机制。应对越来越不确定的多样风险，城市需要建立风险管理体制与机制，这也是建设韧性城市所迫切需要的。韧性城市建设迫切需要完善城市风险管理机制。需要建立完善基于风险管理的城市公共安全体系，包括预警系统、预防系统、应急反应体系、恢复重建体系。韧性城市规划建设管理需要尊重城市发展规律，需要综合运用城市学、管理学、灾害学、预测学、生态学、系统工程学、风险管理、可持续发展、低影响开发等理论和技术，才能逐步走向成熟。

第四，人类能否控制甚至战胜天灾人祸，绝非仅仅与所掌握的科学技术相关，而是与人类自身的生产和生活方式密切相关，与社会综合治理能力密切相关。我们必须重新审视人与自然的关系，重新审视人的自身行为。几次重大的公共卫生事件都提示了人们生活要有节制，要敬畏自然、尊重自然、保护自然。人在自然之中，人不在自然之外，人更不在自然之上。城市发展尤其要尊重这一点！"人法地、地法天、天法道、道法自然。""心灵与自然相结合才能产生智慧，才能产生想象力。"公共安全是一个社会全面发展的系统工程。风险防控管理是人类社会永恒且富有挑战性的任务之一，建设可持续发展的韧性城市也是城市工作者的一项永恒且极富挑战性的工作之一。让我们一起努力吧。

（撰稿人：李迅，《城市发展研究》杂志主编，中国城市规划设计研究院原副院长，教授级高级城市规划师，国务院特殊津贴获得者）

注：摘自《城市发展研究》，2020（03）：01，参考文献见原文。

新中国成立初期国家规划机构的
建立及发展过程
——兼谈国家空间规划体系

导语： 在广泛查阅大量档案资料的基础上，对新中国成立初期国家规划机构的建立和发展过程进行了梳理。在大规模工业化建设的时代背景下，国家规划机构应运而生并不断调整，总体上体现出不断加强和升格的基本趋势，同时一些部门体制方面的制约性矛盾也长期存在。从历史认知的角度，城市规划在未来国家空间规划体系中将发挥其重要使命，规划与建设的协作配合以及国家规划设计与科学研究机构的建设是影响事业可持续发展的关键环节。

一、引言

自中共十九届三中全会作出深化党和国家机构改革的重大决策以来，关于国家空间规划体系的构建已成为规划行业乃至全社会广泛热议的一个重要话题，由于改革力度空前、规划机构面临重大调整以及未来规划格局尚不明晰等原因，不少规划人员呈现焦虑不安的心理状态：中国的城市规划何以走到今天的地步？城市规划在未来的空间规划体系中将扮演何种角色？规划体系的变革会对规划师群体的实际工作产生何种影响？……当我们对未来的前景产生迷茫时，一个重要的解惑途径正在于对历史的回望，因为今日的规划格局乃过去的规划发展之延续，而历史的发展在很多情况下又体现出惊人的相似。

基于这样的认识，本文尝试对新中国成立初期国家规划机构的建立及发展变化情况作一初步梳理，或许可以对当前国家空间规划体系相关问题的认识有所启发。当然，在严格意义上，规划机构包括不同的层级与类型，本文的讨论仅限于国家层面规划机构的讨论，并侧重于城市规划建设方面的内容。

二、国家规划机构的初步建立（1949～1952 年）

1949 年 10 月 1 日中华人民共和国成立后，面临的是一个大片国土尚未解放、经济力量极为薄弱、社会仍较动荡、战争威胁仍较突出的局面，新生的人民政权亟待巩固。为此，国家进行了大约 3 年时间的国民经济恢复和整顿。在这一时期，城市规划建设工作尚未成为国家层面的主导性事务，相关的政府管理职能主要是由中央人民政府政务院财政经济委员会（以下简称中财委，图1）计划局下所设基本建设计划处承担。从工作内容来看，早期的管理工作更偏重对城市规划建设活动的一些方针政策的引导。

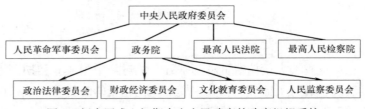

图1　新中国成立初期中央人民政府的政府组织系统

自1952年开始，国民经济恢复趋于完成，第一个"五年计划"的各项准备工作在即，国家建筑和规划机构的建立问题逐渐被提到议事日程。1952年8月7日，中央人民政府委员会第十七次会议决定成立中央人民政府建筑工程部（以下简称建工部）。建工部共设六司、一局和一厅等，其中的一局即城市建设局（以下简称建工部城建局），由此也可从一个侧面显见城建局地位之独特。然而，城建局的建立也绝非易事，在1953年3月正式成立之前，经历了一个较长的筹备时期。据1953年2月4日完成的《城市建设局两个月工作的基本总结》："城市建设工作一九五二年十二月以前在中财委基建处……十二月初城市建设工作由中财委移到城市建设局"，"在这期间做了以下几项工作：参加了一次中南区城市建设会议；听了北京、上海、西安、郑州、包头、石家庄、邯郸等市的汇报；搜集了兰州等几个城市的材料，并进行了或正在进行研究；在专家的帮助下初步确定了富拉尔基、西安、石家庄等城市的几个工厂的工人住宅区的位置；初步研究了沈阳、鞍山、天津、西安、兰州、富拉尔基、石家庄、郑州等市的规划工作，此外初步研究与草拟了本局的机构和编制。"档案表明，所谓"城市建设局"是"城市规划修建及公用事业建设局"的简称，城市规划正是其核心和主导业务（图2）。换言之，建工部城建局也就是较正式意义上的我国最早的国家规划机构。

在建工部城建局筹建的过程中，1952年11月15日，中央人民政府委员会第19次会议决定成立国家计划委员会（以下简称国家计委），任命高岗为国家计委主席，邓子恢为副主席；1953年9月又任命李富春、贾拓夫为国家计委副主席。在国家计委的机构设置中，早期并没有城市规划建设方面的二级机构，直到1953年10月才增设了"基本建设综合计划局""设计工作计划局"和"城市规划〔计划〕局"（以下简称国家计委规划局）。与建工部城建局主要继承中财委基建处的工作相类似，国家计委城市规划局同样是在中财委计划局的基础上组建的，两者具有"同根同源"的脉络关系。

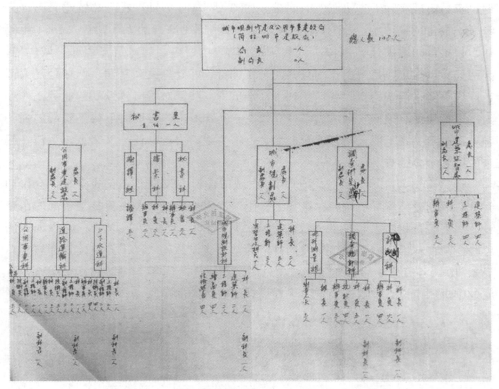

图2　建筑工程部城市建设局组织机构档案图（1953年年初）

三、国家计委与建工部的双重领导（1953～1954年）

1954年9月，第一届全国人民代表大会第一次会议通过《中华人民共和国宪法》和《中华人民共和国国务院组织法》，决定成立国务院，原政务院及其下属的中财委即告结束。自1956年初至1954年9月的这段时期，我国规划机构的一个显著特征是国家计委与建工部的双重领导。

根据建工部城建局于1954年2月完成的《一九五三年工作总结》，"一年来，为了配合国家的工业建设任务，曾在国家计划委员会领导下进行了：西安、兰州、武汉、包头、郑州、洛阳六个工业城市的工厂厂址选择工作（有的已大体定案）；并制出西安、兰州、武汉、郑州、北京、包头、富拉尔基、杭州、上海、邯郸、石家庄十一个重点工业城市的规划示意图或总平面布置图，研究并布置了

327

十二个城市的资料工作，拟制了土地使用办法。"

由国家两个部门共同领导城市规划工作，有利于发挥两个部门的各自优势，但也容易出现实际工作协调上的困难。1953 年 10 月 7 日，建工部城建局向部党组呈交报告反映："我局工作主要困难是'范围不明''关系不清'。"1954 年年初，建工部向国家计委报告："计委城建局与中［央］建［筑工程部］城建局，因两局力量很小，每个工作均只共同合作进行，好处是关系密切，但坏处是大部工作均重复，浪费力量，各地感到不知谁负责。我部对城市建设局的业务工作亦无法进行领导，他们实际成为半独立状态。我部城市建设局对上得不到部的强的领导，对下关系不明，与各部牵扯太大，本身缺乏力量，任务又繁重，工作［起来］感到十分困难"。

1954 年 6 月 10～28 日，全国第一次城市建设会议在北京正式举行。会议期间针对规划建设领导机构问题进行了专门讨论，形成了《中央建筑工程部城市建设总局组织机构表及说明》等文件（图 3）。当时，建工部采取了一种最现实的思路——在本部门内将城市建设局升格为城市建设总局（以下简称建工部城建总局）。1954 年 9 月前后，建工部城建总局正式成立，同年 10 月 18 日又成立了下属的中央城市设计院（中国城市规划设计研究院的前身）。

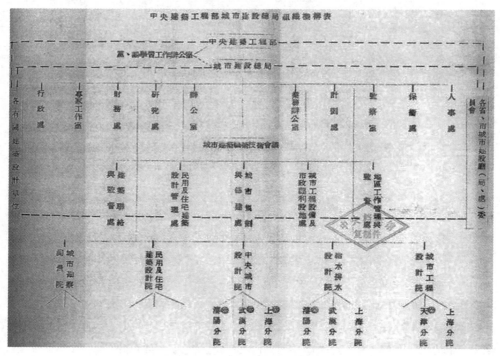

图 3　中央建筑工程部城市建设总局组织机构（1954 年 6 月）

四、国家规划机构的逐步升格及多部共管（1955～1957 年）

1954 年 6 月，中央为了进一步加强对国家计划经济建设的集中领导，决定撤销各大区行政委员会。同年 9 月，第一届全国人民代表大会召开第一次会议，对国家组织机构进行了重大的调整。到 1956 年底时，国务院共设 48 个部委、24 个直属机构、8 个办公机构及 1 个秘书厅，共 81 个部门，这是新中国成立后中央政府机构设置的第一个高峰。与城市规划关系较为密切的部门，除了原国家计委和建工部之外，还有 1954 年 9 月新成立的国家建设委员会（简称国家建委，又称一届建委），以及 1956 年 5 月成立的国家经济委员会（以下简称国家经委）和城市服务部等。

新成立的国家建委主要负责组织以工业为重心的基本建设计划的实现，从政治上、组织上、经济上、技术上采取措施，保证国家基本建设特别是 156 个单位工程建设的进度、质量，并力求经济节省；以国家计委的相关机构为基础组建，下设设计组织局和城市建设局等机构。国家经委主要负责掌管在五年计划和长远计划的基础上的年度计划的制定，督促和检查年度计划的执行，并且负责提出改善国民经济薄弱环节的措施；下设国民经济综合计划局、基本建设综合计划局等机构。而城市服务部则是为了加强城市以及新兴工矿区的副食品供应和房地产管理而决定设立的，下设基本建设局和房地产业管理局等机构。

与此同时，建工部城建总局则经历了从建工部划出并逐步升格为城市建设部的过程。

据建工部城建总局《一九五四年工作总结（初稿）》，该年度"在全国一百六十多个城市中，抓住了十几个重点工业城市的建设，在一个城市中又抓住了重点项目。完成了十一个城市的总体规划设计，七个城市的详细规划设计，五个城市的给水排水初步设计，并组织完成了若干重大工程项目设计工作"，"一年来，我们在实践中认识到城市建设任务是具有高度的综合性、复杂性与长期性的工作，城市建设机构、力量与任务经常在工作中表现着严重的矛盾现象。城市建设系统还十分不健全，障碍工作的情况也十分严重。"

1954 年 7 月前后，建工部向国家计委提出《关于建议成立城市建设部给富春并中央的报告》："关于大区撤销及中央各部调整问题，我们建议成立一个新部——城市建设部""今后建筑工程主要是搞工业建筑，加以一年来未管好的教训，已不可能再管城市建设，此工作应当划出。"

然而，一个新部的成立绝非易事，当时的各项准备工作还显仓促。这样，建工部的意见又转向另一个相对务实的方向：将城市建设总局从建工部划出。

1954年11月前后，建工部向国家计委和国家建委报告提出："在政府机关系统中设立中华人民共和国城市建设的中央机关——城市建设总局是适宜的"。1954年12月16日，国家计委和国家建委向国务院联合提交《关于建立城市建设总局的建议》："我们建议：（一）以现在建筑工程部的城市建设［总］局为基础，建立国务院直属城市建设总局，统一领导全国的城市建设工作"，"按工作需要说，建立一个国务院城市建设部似乎更适当些……但我国目前条件尚不具备（俟条件成熟时再成立部）。"

1955年4月，第一届全国人民代表大会常务委员会第十一次会议批准城市建设总局从建筑工程部划出，成立作为国务院的一个直属机构的城市建设总局（以下简称国家城建总局），万里被任命为国家城建总局局长。

1955年国家城建总局成立后，开展了大量规划工作，积累了较丰富的实践经验，加之国家在1956年启动第二个五年计划的各项准备工作，城市规划建设的任务更加繁重，成立城市建设部的时机也就成熟了。1956年5月12日，第一届全国人大常委会第四十次会议决定撤销城市建设总局，设立城市建设部（以下简称城建部），万里被任命为城市建设部部长。

城市建设部成立后，我国城市规划工作的组织领导机构和力量达到了新中国成立后的第一个高潮。在国家建委、国家计委和国家经委等共同领导以及城建部、建工部和城市服务部等的密切配合下，城市规划方面的各项工作进入一个蓬勃发展的新时期，城市规划编制和审批工作显著加快，城市规划科学研究得到加强，以1956年7月国家建委颁布《城市规划编制暂行办法》为主要标志，城市规划法制建设也取得重要成果。

在为国家大规模工业化建设提供有效配合、做出重要贡献的同时，城市规划工作的开展也积极地推动了国家的城市建设和城镇化发展进程。据统计，在第一个五年计划期间，全国共完成69个城市与工人镇规划，正在进行或已经完成局部规划的城镇88个。期间，新建的城镇39个，大规模扩建的城镇54个，一般扩建的城镇185个。全国设市数量由1950年的134个发展到1957年底的178个，其中百万人口以上的特大城市11个，50万~100万人的大城市19个，10万~50万人的中等城市91个，10万人以下的小城市58个。城市人口由1952年的4238万余人增加到1957年的6911万余人。

五、国家规划机构的重大调整（1958年）及后续演化

1958~1959年，在特殊的时代条件下，我国中央政府组织机构再次进行调整。到1959年底，国务院下设部委共39个，直属机构14个，还有6个办公机

构和 1 个秘书厅，共 60 个部门（1956 年底时共 81 个部门）。

在这一背景下，1958 年 2 月，第一届全国人民代表大会第五次会议决定"撤销国家建设委员会。国家建设委员会管理的工作，分别交由国家计划委员会、国家经济委员会和建筑工程部管理"，"建筑材料工程部、建筑工程部和城市建设部合并为建筑工程部"。与此同时，城市服务部、全国供销合作总社（群众经济组织）与商业部合并，组建新的商业部。

改组后的建工部，下设城市规划局、基本建设局、市政建设局等机构，既是管理建筑、建材等的专业部门，又是城乡建设的综合管理部门，中央城市设计院为其下属单位之一。至此，之前多部共管城市规划工作的格局宣告结束，全国城市规划工作的领导体制大致又回归到"一五"早期由国家计委和建工部双重领导的局面。

1958 年以后，与城市规划工作有关的几个重要部门的一些重大变化情况如下：

国家计委——1964 年中央决定成立"小计委"，原"大计委"主要负责处理计委的日常事务。1998 年更名为国家发展计划委员会。2008 年改组为国家发展和改革委员会。

国家建委——1958 年 9 月成立国家基本建设委员会（统称二届建委），1961 年 1 月撤销。1965 年 3 月成立国家基本建设委员会（统称三届建委）。1979 年 3 月分出建筑材料工业部、国家城市建设总局、国家建筑工程总局、国家测绘总局和国务院环境保护领导小组办公室（除建材部外，后四者由国家建委代管）。1982 年 5 月撤销，国家城市建设总局、国家建筑工程总局、国家测绘总局和国务院环境保护领导小组办公室并入新成立的城乡建设环境保护部，国土局划归国家计委。

国家经委——1970 年 5 月撤销。1978 年 4 月成立国家经济委员会，1988 年 5 月撤销（与国家计委合并组建新的国家计委，部分职能并入国家体改委）。

建工部——1965 年 3 月划归国家建委领导，1970 年 6 月撤销（并入国家建委）。1982 年 5 月以国家建委的部分机构和国家城市建设总局、国家建筑工程总局、国家测绘总局以及国务院环境保护领导小组办公室合并组建城乡建设环境保护部，其规划职能为"会同国家计委，负责审查城市总体规划，做好城市总体规划与国民经济发展计划的衔接工作，参与区域规划和国家重大建设项目的选址以及城市能源、通讯、交通等的规划工作"。1988 年 4 月改组为建设部。2008 年 3 月改组为住房和城乡建设部。

在部门调整的过程中，城市规划机构也多有变化，如 1960 年 9 月，建工部的城市规划局和城市设计院移交国家建委领导，1961 年 1 月国家建委撤销时又移交国家计委领导，1964 年 4 月又被划归国家经委领导，等等。1984 年 7 月至 1988 年 4 月，城乡建设环境保护部城市规划局由该部与国家计委双重领导（以城乡建设环境保护部为主）。

此外，在改革开放以后，还有一些与城市规划建设工作密切相关的新部门的成立，主要包括：

国家土地管理局——1986 年 3 月以城乡建设环境保护部和农牧渔业部的有关土地管理业务连同人员为基础成立，为国务院直属机构；1998 年升格为国土资源部。2018 年撤销（改组成立自然资源部）。

国家环境保护局——1988 年 8 月以城乡建设环境保护部国家环境保护局为基础成立（前身为 1979 年 5 月成立的国务院环境保护领导小组办公室，由国家建委代管），为国务院直属机构。1998 年升格为国家环境保护总局；2008 年升格为环境保护部。2018 年撤销（改组成立生态环境部）。

六、几点粗浅的思考

（一）国家规划机构建设发展的基本趋势

综上所述，新中国成立初期国家规划机构的建设呈现出不断升格和逐步加强的基本趋势（图 4），这是由当时国家大规模工业化建设的时代背景所决定的。出于配合一大批重点工业项目建设等的实际需要，城市规划工作得到前所未有的高度重视，国家规划机构在不断调整的过程中也逐渐适应了社会经济发展的要求，为新中国建设做出了重要贡献，这段时期也被誉为新中国城市规划发展的第一个春天。

然而，如果我们把目光跳出"一五"时期，以 1958 年的大调整为标志，国家规划机构的调整和变化又是颇为频繁的，正所谓"分久必合，合久必分"。可以讲，国家规划机构不可能保持某一种格局而长期不变，作为政府机构的组成部分之一，它总是要在国家建设的历史进程中因应某一时期的特殊时代诉求而作出相应的变革。也正因如此，如果我们从历史的视角把目光稍稍放长远一些，大可不必过于纠结于国家规划机构在某一特定时期的特殊状态。

（二）城市规划与空间规划体系

就当前热议的空间规划体系而言，新中国成立初期尚没有空间规划的概念，尽管如此，当时的城市规划工作作为国民经济计划的延续和具体化，偏重物质环境建设的空间落实，并以规划总图的设计为其核心技术内容，无疑正具有空间规划的实质内涵。那么，空间规划这一概念又是在何时、因何缘故而得以出现的

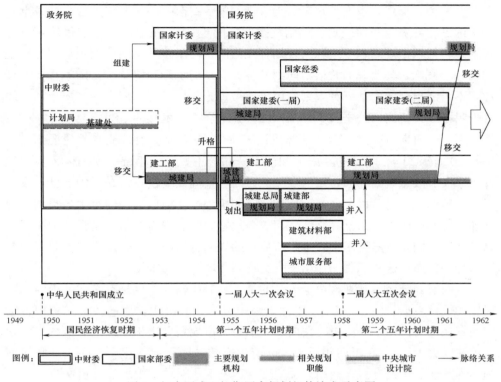

图4 新中国成立初期国家规划机构演变示意图

呢？拙文《我国空间规划发展演化的历史回顾》曾作过一些粗浅的梳理。从规划史研究的角度，笔者认为空间规划在我国的出现有三个重要的时期，并表现为不同的内涵特征：

第一个时期是1986年国家土地管理局成立及同年《土地管理法出台》后，国土部门开始编制土地利用规划。在城市规划和区域规划编制中，为了与国土部门的规划成果相区别，把土地使用规划图或规划总图等名称采用空间布局规划图或空间规划图等替代性称呼，空间规划的提法开始出现。应该说，所谓空间规划，是传统的城市规划与新出现的土地利用规划在产生交叉或重复矛盾以后才较大量出现的。而在早期，空间规划的概念更多地出现于城市规划工作的技术文件之中。

第二个时期是2013年以来，在国家的一些重要文件及重要领导人的讲话中，开始较频繁地出现空间规划体系的用语。值得注意的是，国家文件中所谓的空间规划体系是有一定内涵指向的，如2015年9月中共中央和国务院联合颁发的《生态文明体制改革总体方案》中明确要求"构建以空间治理和空间结构优化为主要内容，全国统一、相互衔接、分级管理的空间规划体系，着力解决空间性规划重叠冲突、部门职责交叉重复、地方规划朝令夕改等问题","整合目前各部门分头编制的各类空间性规划，编制统一的空间规划。"不难理解，这里所谓空间规划是包括城市规划和土地利用规划等在内的、对于多种不同的相关规划加以统称的一个概念，其明确的政策指向则是各类规划的统筹和协调。在国家重要文件中，不可能出现偏向某一种规划的用语而被评论为持偏袒态度，在实质上，空间规划只是一种折衷的公文行文手法而已，并不属于技术性的范畴。

第三个时期也就是 2018 年机构调整以后。2018 年 3 月成立自然资源部，特别是 2018 年 11 月 18 日中共中央和国务院联合下发《关于统一规划体系更好发挥国家发展战略规划导向作用的意见》以后，空间规划这一概念的内涵已经发生了一些新的变化。可以说，当前所谓的空间规划，之前所承担的对于各类相关规划加以统称的历史使命已经终结，而更多地趋向和表现为在新一轮党和国家机构调整之后，国家自然资源主管部门所肩负的规划管理职责，以及自然资源部门对于自身如何履行这一职责而作出的一些规划制度设计与安排。

空间规划与城市规划这两个概念的学术趋势比较认识也是有趣的。中国知网提供的统计数据表明，在 1990 年代以来中国快速城镇化发展的历史进程中，空间规划在相当长的一个历史时期内是一个与城市规划无法相提并论的概念（以学术关注度为表征）；在近两年以来，随着国家政策的重大变化与影响，空间规划的学术关注度迅速升温，而用户关注度甚至已形成对城市规划的反超（图 5）。

由此，便过渡到大家十分关心的一个话题：在未来关于国家空间规划的制度设计中，城市规划将扮演何种角色？在已公布的自然资源部"三定方案"中只是在"国土空间用途管制司"这一机构的职能中出现了相关的一句话："拟定开展城乡规划管理等用途政策并监督实施"。早在新中国成立初期，城市规划工作就对国家建设发挥了重要作用，今天尽管已经不是 60 多年前大规模工业化建设的时代背景，然而城镇化率早已超过 50%、大量城镇的人居环境质量亟待提升等诸多新型城镇化发展的新命题，都迫切需要通过加强城市规划管理这一宏观调控手段。从历史的角度看，在未来发展的进程中，城市规划工作在新中国成立初期那种不断升格与加强的局面，是否会再次出现呢？

值得考量的是，经过近 70 年的发展，我国城市规划工作早已形成了十分复杂的网络系统，包括人才教育与专业设置、行业管理与标准规范等诸多千丝万缕的关系在内，在未来空间规划体系逐步构建与推进实施的过程中，应充分考虑到长期以来业已形成的规划传统，避免引发不必要的混乱。

（三）规划与建设的关系

回顾中国当代城市规划发展历程，近 70 年来，不论从早期规划机构的名称

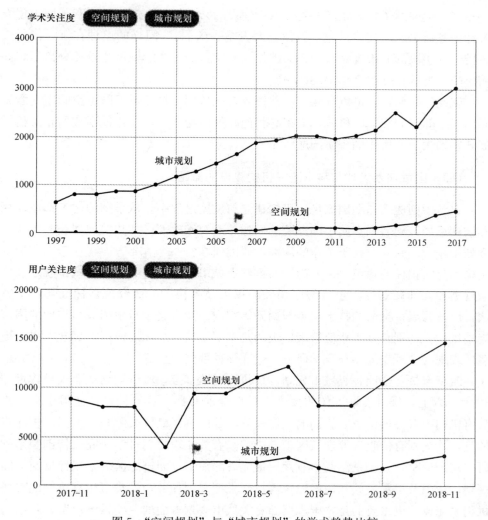

图5 "空间规划"与"城市规划"的学术趋势比较

注：▶表示标识点数值高于前后两点，且与前一数值点相比增长率大于30%。

"城市建设局"（城市规划修建及公用事业建设局，见图2上部机构名称）来讲，或者就其长期由国家建委、建工部、城建总局和城建部等领导的关系而论，始终是与建设密不可分甚至携手而行的，由此还形成了"先规划、后建设""规划指导建设"和"规划为建设服务"等根深蒂固的文化传统。2018年国家机构再次调整后，城乡规划管理职能从城乡建设部门剥离出来，这将会对城市规划工作和城乡建设活动产生何种深远影响？

早在1954年6月全国第一次城市建设会议期间，与会代表曾就"城市建设与城市规划的方针任务是否一致"这一问题展开争论，"最后大家一致认为，不必在名词上兜圈子，大家同意先有城市建设的方针任务，规划是为实现城市建设方针任务而采取的具体措施，所以，两者是一致的。"同样的道理在于，作为具体措施或手段的城市规划，与作为工作任务或目的所在的城市建设相分离后，如何保障二者的相互配合与协调统一？

就此问题而言，可以预测，自然资源系统特别是具体负责国土空间用途管制和国土空间规划职能的机构，未来必将面临如何与住房城乡建设系统的相关机构展开密切沟通与协作的现实问题。

（四）国家规划设计与科学研究机构建设的命题

在新中国成立初期国家规划机构建立与发展过程中，从早期的建工部城建局和城建总局，到后来直属于国务院的城建总局及城建部，其相关规划业务工作始终处于颇为紧张甚至疲于奔命的局面，原因何在？一个重要方面正在于国家规划机构本身所担任的角色——要为一大批重点城市编制出科学合理的城市规划及区域规划和详细规划等，包括与之相关的提供技术协助、研究规划标准与技术方法，以及开展审批前的技术审查与论证等在内。简言之，新中国成立初期的国家规划机构，特别是处于略低管理层级的建工部城建（总）局或国家城建总局，更多地表现为"规划编制与科学研究"这样一种部门角色。

时至今日，全国各级城市规划设计机构已达多家，城市规划从业人员数量在30万人以上，城市规划工作的技术力量已今非昔比。这一局面，使得中央一级政府机构中有关城市规划编制的工作任务与部门责任已较大缩减。然而值得注意的是，受规划有偿收费等现实因素的影响，有关城市规划科学研究（特别是基础研究与理论总结）仍是制约事业发展最显著的短板，而跨地区的宏观性城镇空间规划、贫困及少数民族和边疆地区等特殊类型规划任务，尚难以依靠单一的市场机制来完成。更重要的是，国家层面有关城市规划方面的一些重大决策，包括国家战略地区的规划调控政策、对一大批重点城市的规划审批等在内，仍然需要甚至更加需要公益性的有关规划设计与科学研究机构来提供技术支持。面对新一轮事业单位改革将导致的重大变革及可能带来的冲击，规划行业特别是领导者应当为事业的长远可持续发展谋求睿智的应对之策。

（撰稿人：李浩，博士，注册城市规划师，未来城市设计高精尖创新中心研究员，北京建筑大学建筑与城市规划学院教授）

注：摘自《城市发展研究》，2019（07）：01-08，参考文献见原文。

中国特色新型城镇化理论内涵的认知与建构

导语： 改革开放以来，中国快速城镇化既推动经济社会大发展，也面临巨大挑战。跨学科视野下，围绕城镇化问题的争论和持续研究对国家新型城镇化规划产生重要影响，也标志着中国城镇化方向的重大调整。但对中国特色新型城镇化的科学认知和理论挖掘仍不充分。本文归纳了中国城镇化发展的简要历程，指出半城镇化、特殊国情、复杂因素及治理体系交织的中国城镇化特征，阐明了中国城镇化对世界的巨大贡献，论述作为最显著的人文空间过程的城镇化对人文与经济地理学的学科意义，并解读了新型城镇化认知与建构的 4 个方面理论内涵：人本性、协同性、包容性和可持续性。伴随结构主义向人本主义发展理念的转变，新型城镇化应逐步实现从"人口城镇化"到"人的城镇化"的转变，其中有 6 个关键议题：人的城镇化与基本公共服务均等化、城镇化城乡综合过程与协同研究、资源环境承载与气候变化适应下的城镇化、多样化区域模式与典型区域、城镇化与人文社会空间效应及机制、大数据与城镇化研究的技术方法创新。本文尝试构建中国特色的新型城镇化理论内涵的认知框架，以期为新型城镇化理论研究和政策实践提供借鉴。

一、引言

城镇化是经济社会发展的必然趋势和现代化的必由之路。改革开放以来，伴随快速城镇化进程，中国经济社会大发展，城乡居民生活也随之改善。但是在20 世纪 90 年代前后，"主流"观点认为一些发展中国家是过度城镇化，而中国是城镇化严重滞后；根据诺瑟姆理论，中国城镇化水平在 30%～70%之间是城镇化加速发展阶段，中国城镇化需要顺应世界潮流，不失时机地推进实施加速城镇化战略。1996 年，中国城镇化率正好达到 30%，2000 年城镇化率达到了36%，这正好是处在需要"加速"发展的时期。正在这个时候，应邀来华参加论坛的诺贝尔奖获得者斯蒂格列茨把中国的城镇化与美国的高科技并列为影响 21世纪人类发展进程的两大关键因素的说法传开了，这也成为地方政府追求城镇化高速发展的依据之一，无论政府工作报告还是研究文献大多将城镇化率高速增长视为重要指标。然而，持续的高速城镇化逐渐出现了"冒进"现象，特大城市和城市群地区持续扩张与资源环境综合承载力约束之间的矛盾也加剧。以人文与经济地理学者领衔，以资源环境科学和城市区域科学学者为主体，就城镇化规律认知、不同类型区城镇化问题、不同区域城镇化模式、城镇化动力机制等开展了深入研究，并取得一系列重要研究进展，对《国家新型城镇化规划（2014—2020）》（简称"新型城镇化规划"）的出台产生重要影响。这也标志着中国城镇化方向的重大调整。对城镇化的一些发展规律和观点看法也渐渐得以澄清和修正，曾经常见的"世界城镇化不断加速""实施加速城镇化"等提法也逐渐淡出了政府文件和报告。注重城镇化发展质量成为普遍共识，发展目标也转向以人为本的新型城镇化。即使是一些仍然坚持中国城镇化严重滞后的学者也转向认为是人的城镇化滞后，而非人口城镇化率和速度的滞后。

新型城镇化是对过去城镇化道路的反思和调整，也是中国城镇化研究和实践的新起点。但如何进一步推动城镇化健康、持续地发展，仍是一个重要的学术问题。人文与经济地理学具有明显的交叉学科性质，是一门研究真实世界、"接地气"的学科，在国家战略决策和社会实践中扮演着重要角色，地理学家的知识结构也更有利于在城镇化领域发挥重要作用。同时，人文与经济地理学受到西方中心主义的影响。一方面，改革开放以来，中国学术界引入城镇化的概念、理论和范式大多来自西方，主要是基于西方城镇化与经济社会发展经验；另一方面，国际一流期刊设置了发表论文准入性门槛，西方人文与经济地理学的主流价值观和理论范式才被认可为"正统"。这种直接借用西方的既有城镇化理论和范式的局限性也日益凸显。中国特色城镇化的演化机制较发达国家和地区要复杂得多，西方模式不完全适合甚至不符合中国城镇化和城市发展的实际。从国情和现实问题出发，批判性地引进西方理论，加强理论自信和自觉，以科学规范、跨学科交叉与新方法引进推进城镇化研究无疑非常重要。中国新型城镇化蓬勃发展的实践也为我们提供了很好的研究素材和机遇。目前最为迫切和需要解决的关键问题是：如何科学认识新型城镇化？如何正确理解新型城镇化理论内涵？本文在归纳中国城镇化独特性的基础上，阐述其对世界的贡献及学科意义，分析新型城镇化理论内涵，并提出未来需要聚焦的重要议题，为中国特色新型城镇化提供科学认知，进而为国家新型城镇化规划的顺利实施提供思路借鉴。

二、中国特色城镇化的独特性、世界贡献与学科意义

（一）中国特色城镇化的独特性

（1）中国特色城镇化的"巨幅画卷"。中国城镇化进程波澜壮阔，经历了人类历史上最大规模的由农民向市民、由农村向城镇的大转移，这种转移的速度和

规模非常惊人。1978～2018 年，中国城镇化率从 17.92% 快速上升到 59.58%，年均增长 1.04%；城镇人口从 1.7 亿快速增加到 8.3 亿，增长了 4.8 倍；与此同时，农村人口从 7.9 亿下降到 5.6 亿，农村人口规模下降了 2.3 亿；此外，建设用地面积从 1986 年的 10161km^2 快速增加到 2016 年的 52761km^2，增长了 5.2 倍。中国城镇化发展速度和规模均是空前的。党的十九大报告中，回顾十八大以来的辉煌成就时指出，"城镇化率年均提高一点二个百分点，八千多万农业转移人口成为城镇居民。"

（2）候鸟式进城务工群体与半城镇化特征。半城镇化特征主要体现在社会性和空间性两个方面。从社会性来看，出现了日益扩大的候鸟式进城务工群体，留守妇女、老人与儿童等问题突出，中国式春运等现象都与此密切关联。中国进城务工人员数量继续增长，2016 年进城务工人员总量达到 28171 万人，比上年增加 424 万人。其中，外出务工 16934 万人，本地务工 11237 万人。这些人被统计为城镇常住人口，但实际上，多数人并没有达到城市生活水准，也没有真正融入城市社会。从空间性来看，出现了较为普遍的"村村像城镇，镇镇像农村"的独特半城镇化景观。此外，城镇化进程中城乡差距扩大，农村面临空心化风险。

（3）中国基本国情的特殊性与有限宜居空间。中国不同地区的自然基础存在着巨大差异，地势上存在三大阶梯，青藏高原是中国最高一级地形阶梯，平均海拔大于 4000m，气候寒冷，人口密度低。大兴安岭、太行山和伏牛山以东是中国地势最低的第三级阶梯，多为海拔 500m 以下的平原与丘陵，主要包括东部沿海地区、东北地区和中部地区，水热条件较好。中间为第二级阶梯，海拔大多在 1000～2000m 的高原与盆地。大致相应形成了三大自然区：东部季风气候区、西北干旱和半干旱区以及青藏高寒区。地势三大阶梯和三大自然区在相当程度上决定了中国城镇化发展和经济社会活动的宏观框架和基本格局。同时，中国山地多，平地少，约 60% 的陆域国土空间为山地和高原等，宜居国土空间有限。

（4）影响因素的同步交织与系统复杂性。中国拥有城镇化和经济增长的双重丰富又曲折的发展实践经历，有着特定的民族文化和历史文化传统，形成于特定的时代背景和制度背景之下，由此也孕育了中国城镇化道路的复杂性。随着经济全球化、信息化与信息技术革命、创新发展与技术研发、交通技术大幅度提高以及服务业大发展等各种新因素涌现，中国城镇化发展的影响因素日益复杂且相互交织，城镇化需要与新型工业化、信息化、农业现代化和绿色化等协同推进。

（5）独特的治理体系与体制机制。中国城镇化的一个重要特征就是政府主导城镇化模式，通过制定法律法规、制定和执行公共政策等手段，对城镇化进程加以推动、引导和调控，在人口向城市迁移、要素向城市集聚、城市的内部结构调整和外部扩张、城市之间的竞争与协调，以及城乡关系调整等方面起着基础和主导作用。政府在城镇化进程中至少承担着4种角色：城镇化战略的制定、城镇化制度的供给、新城新区建设的推行、城镇化绩效的评价。以中国特色的户籍制度、土地所有制以及政府对一级土地开发市场垄断等为代表的一系列城镇化相关的治理政策，确实在一定阶段发挥了重要作用，但在当前却不同程度地面临着变革、创新和完善，以适应城镇化新发展。

（二）中国城镇化对世界的巨大贡献

1986～2016年，世界人口城镇化率由41.5%提高到54.3%，30年间提高了12.8%。与此同时，中国城镇化率从24.52%快速上升到57.35%，从远低于世界平均水平逐渐实现了反超。借鉴贡献率的相关计算方法：

$$\Delta U = U^* - U = \frac{C^*}{P^*} - \frac{C}{P} = \frac{\sum_i U_i^* P_i^*}{P^*} - \frac{\sum_i U_i P_i}{P} = \sum_i \left(\frac{U_i^* P_i^*}{P^*} - \frac{U_i P_i}{P} \right)$$

$$G_i = \frac{U_i^* P_i^*}{P^*} - \frac{U_i P_i}{P}$$

$$R_i = \frac{G_i}{\Delta U}$$

式中，世界期初和期末的城镇化率分别为 U 和 U^*；城镇人口为 C 和 C^*；总人口为 P 和 P^*；ΔU 为研究期内世界城镇化水平的提高量；i 为国家。则各国对研究期内世界城镇化水平提高的贡献为 G_i，贡献率为 R_i。

1986～2016年，中国是对世界城镇化率贡献最大的国家，高达42.32%。同期，世界上城镇人口总量排名前10位的其余9个国家，印度、巴西、印度尼西亚、墨西哥、尼日利亚、巴基斯坦对世界城镇化率的贡献率分别为14.91%、3.21%、7.73%、1.95%、5.89%、3.49%，美国、日本、俄罗斯的城镇化贡献率分别为−0.67%、−2.27%、−5.38%。将世界上其他国家作为整体，城镇化的贡献率为28.77%，也远低于中国的贡献率。从时间段来看，1986～2000年，中国贡献率在波动中提高，从40.51%提高到47.9%；2000～2005年，中国贡献率呈现缓慢下降趋势；2005～2016年，中国贡献率呈较明显下降趋势，从45.26%下降到35.81%，但仍然保持35%以上的高贡献率（图1）。此外，世界城镇人口规模由1986年的20.36亿增加到2016年的40.27亿，城镇人口增加1倍，其中亚洲城镇人口规模由1986年的8.76亿增加到2016年的21.32亿。1986～2016

年，中国城镇人口规模增加了 5.31 亿，占世界新增城镇人口规模的 26.69%，超过世界 1/4 占比；占亚洲新增城镇人口规模的 42.29%，接近 1/2 占比。

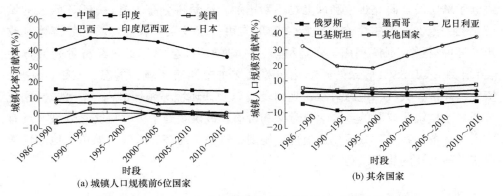

(a) 城镇人口规模前6位国家　　(b) 其余国家

图1　1986～2016 年世界城镇化率的分国别、分时段贡献率

因此，中国城镇化毫无疑问在 1986～2016 年间一直是世界城镇化的重要组成部分和主要推动力量，促进了世界城镇化进程的大发展，并带动了世界经济增长和复苏步伐。未来中国仍将有数以亿计的农业人口进入各级城市，这对中国、对世界都将产生积极和深远的影响，中国城镇化孕育着巨大发展机遇，当然也面临着可持续发展的巨大挑战。从全球视野来看，中国城镇化发展恰好处于承上启下的中间阶段，具有承前启后的性质特点。一方面，欧美等发达国家的城镇化已进入成熟阶段，在城镇化发展道路、经验、模式、技术等方面积累了丰富经验，中国要积极向发达国家学习城镇化的经验，这样的经验对于中国新型城镇化建设有着很好的启示意义。另一方面，中国城镇化水平又比一些欠发达国家要高，中国城镇化发展历程和经验为全球欠发达国家和地区，在城镇化发展、消除贫困、拉动就业、改善基础设施、促进经济增长等方面提供了很好的示范和样本作用。当然，中国高速城镇化面临的困难与挑战也可以提供借鉴，避免一些弯路和教训。因此，城镇化的全球合作拥有良好前景，中国在世界城镇化进程中扮演着重要的纽带角色和作用。

（三）学科意义

城镇化研究是一个跨学科议题。近年来，科学引文索引（Science Citation Index，SCI）和社会科学引文索引（Social Sciences Citation Index，SSCI）文献库与中国知网（CNKI）核心期刊文献库中关于城镇化的研究论文总体上快速增加（图 2a）。其中，SCI/SSCI 收录的城镇化论文数量在 1995 年后迅速增长，到 2017 年已达到 480 篇；CNKI 收录的城镇化论文数量自 2000 年起大幅增长，

2014 年达到峰值 2741 篇。此后却有一个很有意思的现象，随着新型城镇化规划的发布，相关中文研究数量却大幅下降了。其主要原因可能在于中国城镇化研究进入了新阶段，研究难度和深度在不断增加。从学科分布上看，CNKI 收录的城镇化相关论文主要集中在宏观经济管理与可持续发展、农业经济、经济体制改革、环境科学与资源利用、建筑科学、人口学、社会学与工业经济等领域方向（图 2b）；SCI/SSCI 收录的城镇化相关论文主要涵盖环境、生态、城市、地理、资源、经济、大气、地球科学、规划发展与公共环境等领域方向（图 2c）。这充分凸显了城镇化议题的重要学科意义和价值，该议题处于多学科交叉领域，具有广泛的综合性特点，城镇化是地理、规划、资源、经济、人口、城市、地球科学等多学科关注的热点议题。

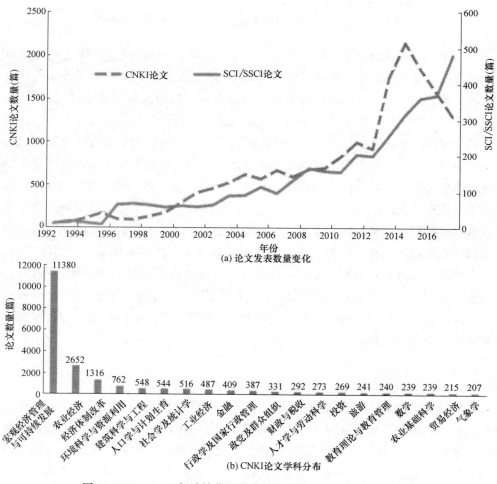

(a) 论文发表数量变化

(b) CNKI论文学科分布

图 2　1992～2017 年城镇化相关中英文学术论文发表情况（一）

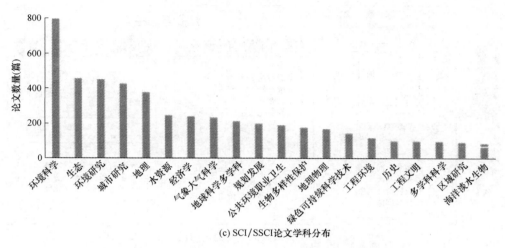

(c) SCI/SSCI论文学科分布

图2　1992～2017年城镇化相关中英文学术论文发表情况（二）

　　从地理学，尤其是人文与经济地理学来看，城镇化议题的学科意义更为突出。地理学着重研究地球表层人与自然的相互影响与反馈作用。经济社会快速发展强烈地改变了中国自然结构和社会经济结构，从注重由自然支配的环境变化转移到人类支配的环境变化。城镇化是一个关于国家发展和区域发展的重大领域，是陆地表层最重要的人文过程主导的综合地理过程，人文和自然作用机理复杂。从中国城镇化过程及特点出发，阐述这种独特性及其变化与驱动力。批判性地引进西方理论，加强理论方面的总结和创新并寻求理论突破，以及定量模型方法的提升和发展。由于中国城镇化发展的独特性，对世界城镇化的重要贡献，为中国城镇化研究提供了极为丰富的土壤，及时总结城镇化经验和教训，迫切需要多学科学者共同努力，逐步建立起中国特色新型城镇化的自主理论方法创新及文化自信，成长为国际上有影响力、有话语权的学科领域方向，最终实现中国在城镇化这一交叉学科领域研究可以并跑甚至领跑国际学术同行的目标。

三、新型城镇化理论内涵

　　新型城镇化的理论内涵至少包括4方面内容：人本性、协同性、包容性和可持续性（图3），实现从结构主义到人本主义转变下从"人口城镇化"到"人的城镇化"转变。

（一）人本性

　　新型城镇化反映出城镇化的价值理念由结构主义向人本主义转换。结构主义

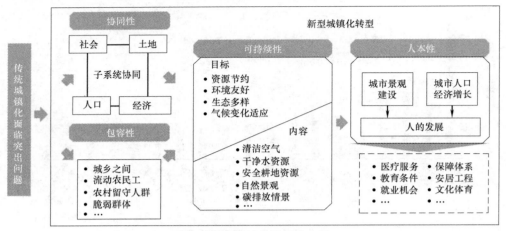

图3　新型城镇化的理论内涵

强调事物中相互连接的要素存在决定与被决定的状态，而后结构主义虽然承袭了结构主义对事物关系的链接性，但反对决定和支配，反对固化、宏大的结构，认为存在一个多样化的、不断生成的过程。人文主义或人本主义是讨论个体的、个性的（人）与集体的人（文）发展变化的思想或学问。人文主义地理学因而也有两个对应：在个体层面强调价值观、个性、感情、心理与地理学的空间、地方之间的关系；在文化层面强调从历史、哲学、社会和组织行为、经济与政治集团综合思考它们与地理之间的关系。作为同时并起的两个西方地理学学术流派，结构主义地理学更注重社会结构动力，而人文主义地理学则从个体情感与价值观对空间的理解上升到不同尺度上的地方感。城镇化的发展应更多地体现"以人为本"的3种至关重要的益处或满足感，即身份（认同）、安全和激励。人本主义理念渗透到所有从大到小的事件之中。两种理论思潮互相补充与发展，将构建出更具开放性与包容性的思想或理论。因此，地理学中的结构主义与人文主义思潮一直在发展和延续，而且在批判性思考的基础上不断进行思想更新，这些思想也深刻地促进了城镇化的理论内涵。尤其是空间的多尺度"解构—重构"与"以人为本"的空间聚焦，为"人口城镇化"向"人的城镇化"发展理念的转变奠定了坚实的思想基础。

（二）协同性

由于城镇化是由传统的农业社会向现代城市社会发展的转变过程，这个过程具有人口向城镇集中、经济向非农转变、土地景观变化等多要素内涵，"城镇化是多维的包含社会空间的复杂过程"。由于城镇化的综合性特征，因此城镇化的多维要素，如人口、土地、经济和社会等关键要素，在城镇化进程中应保持协同关系。已有研究表明，中国快速城镇化进程中，以经济增长和地域景观的快速演进为主要特征，其次是人口城镇化，最后是社会城镇化。其中，人口、经济、社会、土地各个子系统在不同阶段也具有不同的演变特点。在 2014 年国家发布的新型城镇化规划中，明确指出过去快速城镇化面临的突出矛盾。其中，第一条就是大量农业转移人口难以融入城市社会，市民化进程滞后；第二条是土地城镇化快于人口城镇化，建设用地粗放低效。这两条矛盾所反映出的问题归根结底都在于城镇化进程中多要素之间的不协同，有的要素过快，有的要素偏慢，前者主要是社会要素城镇化发展不足，后者主要是土地要素快于人口要素的演进，这都会导致城镇化这个复杂系统出现矛盾和问题，进一步阻碍了城镇化的健康发展。因此，城镇化中多维要素应保持相适应和匹配的速度演进，以促进实现新型城镇化，通过定量评估城镇化进程中人口、土地和经济等要素的演化过程及其协同水平，识别要素间演化的关联参数及其阈值范围，按照城镇化进程中不同阶段深入分析各要素间协同演进的区域差别化模式。协同性还应在空间格局上有所体现，逐步实现空间均等（spatial equity）和空间正义（spatial justice），即人口、经济和土地以及社会要素城镇化在空间的集疏过程相匹配。在新型城镇化背景之下，综合考虑各地区实际接纳和实现人口市民化的规模和水平，以人的城镇化为核心，匹配相应的建设用地指标等，促进城镇化各要素在空间上的有序流动和协同发展。

（三）包容性

2007 年，亚洲开发银行（Asian Development Bank，ADB）发布了《Defining and Measuring Inclusive Growth：Application to the Philippines》的报告，提出并定义了"包容性增长"的概念，认为确保经济增长的机会要最大可能地分享给所有人，尤其是贫困人群（available to all，particularly the poor）。包容性强调了更加公平的发展理念，这种理念对于新型城镇化非常重要。新型城镇化的包容性内涵主要体现在城乡统筹、流动人口、脆弱群体 3 个方面。①城镇化本身就是一个国家和区域尺度的发展问题，而不是单纯的城市发展，简单地说任何一个城市建成区的城市化水平没有实际意义。城乡之间的关系是彼此孤立还是互动互促，关系到城镇化的长远发展。总体而言，过去城镇化进程更加关注城市，而相对忽视乡村发展，城乡之间绝对收入差距不断扩大，乡村甚至出现了空心化的危机。新型城镇化与乡村振兴战略紧密结合，推动城乡统筹发展。②日益增长的城市流动人口问题。新生代进城务工人员普遍出现"进不了城、回不了村"的情况。一方面，随着近年来持续增长的住房等城市公共服务成本的快速上升，多数进城务工人员的收入水平越来越难以在城市实现安居，往往只能合租、群居。2017 年 11 月 18 日北京大兴区西红门镇"聚福缘公寓"火灾夺走了 19 人的生命，而这个所谓的聚福缘公寓实际上是典型的集储存、生产、居住功能为一体的工业大院，地下一层是冷库仓储，一层是商业作坊，二层、三层是居住，安全风险隐患极大。另一方面，新生代进城务工人员往往习惯了在城市生活，多数已经对农村生产劳动并不熟悉，也不愿意回到农村。这是城镇化快速发展过程中出现的突出矛盾，也是新型城镇化着力的重点。③关于脆弱群体。脆弱群体既包括在农村地域空间上留守的家庭妇女、老人和儿童，难以享受到日常的家庭亲情环境，也难以享受较好的物质生活条件；还包括城市贫困人群，由于城市住房等价格攀升，城市居民也开始出现阶层分化，既有老市民和新市民的分化，也有不同行业不同收入阶层等的分化，这种分化导致城市出现了新的二元结构，新的不公平以及在城市地域空间上出现的空间分区等现象引起广泛关注。

（四）可持续性

过去城镇化发展较少考虑资源环境本底的承载能力，全国各地区城镇化都以较快速度发展，这种粗放式城镇化发展模式带来了严重的资源环境负面效应，而资源环境负面效应又反馈到了城镇化发展速度和质量上。中国城镇化率已经接近60%，逐渐步入中后期提升质量的发展阶段。而且中国特色社会主义进入新时代，中国社会主要矛盾已经转化为人民日益增长的美好生活需要和不平衡不充分的发展之间的矛盾。美好生活向往一定要求的不仅仅是物质生活条件，而是包涵优质的宜居环境，包括清洁空气、干净的水资源、安全无污染的耕地资源、美丽的自然景观以及合理的碳排放规模等。新型城镇化发展充分考虑与水土资源和环境承载力保持一致，从根本上改变城镇化不重视自然地理环境的不足，根据不同地区资源环境的承载能力，合理确定区域范围内城市的数量、规模和空间集聚形态及分布，进一步优化国土空间格局，加强城镇化与资源保障和环境（包括生态承载能力）支撑能力的科学评价，通过科学监测、动态评估、及时预警，为新型城镇化提供关键保障。此外，气候变化情境下城镇化发展及适应也是新型城镇化不可或缺的重要内容。联合国政府间气候变化专门委员会（IPCC）最新的第五次气候变化评估报告，《Working Group Ⅰ Report—Climate Change 2013：The Physical Science Basis》认为气候变暖事实更确凿，而且与人类活动关系密切；《Working Group Ⅱ Report—Climate Change 2014：Impacts，Adaptation，and Vulnerability》聚焦气候变化影响、适应与脆弱性，认为人类系统对气候变化风险，尤其是对极端气候，有着明显的脆弱性和暴露度；《Working Group Ⅲ Report—Climate Change 2014：Mitigation of Climate Change》报告主要观点是人类活动排放显著增长，促使全球和区域气候发生变化，通过减排政策措施和手段减缓气候变化，促进可持续发展。全球城镇化过程显著地影响着地球表层结构改变，尤其是重点城市群地区和大都市区，中国 1992～2013 年的夜间灯光指数强度显著增加，城镇化也增加了能源使用和温室气体排放。因此，可持续性是新型城镇化的重要内涵，至少包括资源节约、环境友好、生态多样和气候变化适应的新型城镇化发展目标。

四、新型城镇化研究的重点议题

围绕新型城镇化理论内涵的 4 个方面，针对当前城镇化发展面临的突出矛盾和新问题，提出新型城镇化研究的 6 个方面重点议题：基本公共服务、城乡综合过程与协同、资源环境与气候变化、多样化区域模式、空间生产机制以及技术方法创新等，这些议题和新型城镇化理论内涵有着密切联系，这些议题是 4 个方面理论内涵的关联和复合，但是不同议题有着各自侧重的重点内涵方向（表1）。

重点议题与新型城镇化理论内涵的关联性　　　　　　　　　　表 1

项目	公共服务	综合过程	资源环境	区域模式	空间生产	技术方法
人本性	+++	++	++	+	++	++
协同性	++	+++	++	+++	+	++
包容性	+++	++	+	+	+++	+++
可持续性	+	+++	+++	++	+	++

注：+++，关联度较强；++，关联度中等；+，关联度较弱。

（一）人的城镇化与基本公共服务均等化

着力构建与中国经济社会发展水平相适应、解决民众生活生产需求、促进经济社会持续和谐发展、符合中国国情的以人的发展为核心的新型城镇化发展理论和模式。围绕人的城镇化，深入分析流动人口群体的规模、特征、分布格局与迁移机制等，积极推动具备一定条件的进城务工人员实现市民化，在各级各类城市能够安居乐业，努力提高东部地区城市的开放性和包容性，使进城务工人员群体和城市弱势群体能够共享城市医疗、教育、保障、文化体育等各项基本公共服务，逐步实现大、中、小城市的基本公共服务均等化。同时，通过与乡村振兴战略的融合，推进城乡基本公共服务的均等化，实现城乡统筹的新型城镇化。此外，对人的城镇化的关键难点之一，即住房问题给予关注，对中国住房总量、住宅结构、职住平衡、住房去库存等及其与进城务工人员市民化关系开展深入研究，促进住房回归到居住属性为主。

（二）城镇化城乡综合过程与协同研究

过程研究是地理学研究的重点内容，也是学科科学化的重要路径之一。城镇化作为最为显著的人文与经济地理过程，加强对城镇化综合过程的集成研究，深入理解这一过程的动因、阶段、演化和趋势等科学问题。不仅要分析城镇化过程中人口、经济、土地和社会等各要素的城乡演化过程，还要建立人口向城镇集聚、经济增长与非农就业岗位以及土地非农化利用之间的综合分析框架与模型，分析转变过程及格局，进而识别城镇化过程中多元要素演变的协同参数和阈值，探索相互之间的协同演化模式，在此基础上探究城镇化多维要素城乡空间演化的特征及规律。研究城镇化中后期的动力机制变化，科技创新是推动新旧动能转换和城镇化发展升级的重要力量，以及城镇化发展的新产业支撑，如现代服务业发展、战略性新兴产业、旅游＋、智能制造、一二三产业融合、信息化与电商等，也是值得关注的研究方向。

（三）资源环境承载与气候变化适应下的城镇化

新型城镇化必须充分考虑资源环境承载以及对气候变化的适应等新问题。如城镇化和空气雾霾之间的关系，如何打好"蓝天保卫战"？建立城镇化发展的资源环境承载能力监测预警机制，从资源环境承载力内涵出发，探究资源、环境等构成的承载体和人类城镇化活动之间的关系，遴选基础指标进行地域全覆盖评价，针对不同类型地区确定各类专项指标的关键阈值并进行分类评价，最后进行复合，从资源环境约束人口与城镇化发展的合理规模等阈值开展的超载预警，要识别关键约束指标并提出应对路径。此外，随着气候变化影响的持续增强，城市人口密度大、人工建筑物密集，易受气候变化不利影响，城镇化适应气候变化任务十分繁重，统筹考虑城镇化合理发展和保护气候的双重目标，调整城镇化发展方式以适应不断变化的气候，加强绿色、低碳的新型城镇化探索。

（四）多样化区域模式与典型区域

中国国土面积广大，各地区自然本底、经济社会基础、历史文化和民族习惯等存在显著差异，新型城镇化在不同地区应探索多样化的区域模式。国家陆续公布了三批新型城镇化试点地区，及时开展自下而上的经验总结，开展独立客观的第三方评估，凝练新型城镇化的区域模式。从三大板块来看，有东部发达地区城镇化质量提升模式，中西部地区人口就近城镇化模式，以及东北地区城镇化与工业化融合发展模式。从不同地带性特征来看，土地资源约束下的山地城镇化模式，水资源约束下的绿洲城镇化模式，传统农区和垦区的城镇化模式，以及海岸带城镇化模式等。此外，新型城镇化问题十分复杂，需要选择一些典型区域，围绕独特科学问题，开展持续深入的示范研究。如，加强京津冀新型城镇化多维要素的区域协同发展研究，开展粤港澳大湾区城市群发展研究等。

（五）城镇化与人文社会空间效应及机制

城镇化也是一种人文和社会过程，社会空间及其生产是城镇化的重要内容。空间的生产自 20 世纪 70 年代提出以来就成为城市研究的理论范式之一。首先是 20 世纪下半叶以来，人文和社会科学领域广泛的"空间转向"，使得从"空间中的生产"（production in space）转向"空间的生产"（production of space）。21 世纪，更是进入了"空间"的时代。城镇化过程中的空间问题与社会过程是交错共生的，空间性与历史性、社会性同样重要，城镇化和空间的生产则是彼此交织。改革开放以来，中国的快速城镇化是以空间生产为最大特征。这种特征具体表现为超大规模的土地利用和空间扩张、超快的发展速度、超常规的政府主导型发展以及超高的资源环境风险和依赖，以及快速城市化背景下乡村绅士化的演变、城市"新移民"社会网络与空间分异等。因此，对城镇化进行多尺度的理论与实证分析，进而发现和解释中国城镇化的社会空间效应和演化机制，对西方城镇研究的社会、文化、制度转向等相关理论的批判式引入与创新，也有助于中国未来城镇社会问题解决与学科方向的全面发展。

（六）大数据与城镇化研究的技术方法创新

近年来，大数据及其应用研究成为新的热点，大数据在城市群空间结构分析与规划应用等领域也得到了初步进展。*Nature* 和 *Science* 等国际刊物相继出版专刊来专门探讨对大数据的研究。倘若能够更有效地组织和使用数据洪流，人们将得到更多的机会发挥科学技术对社会发展的巨大推动作用。尽管大数据仍然存在一些争议，但是其对人文地理学的城市与区域发展分析和模拟研究具有重要意义。以人文经济地理学基础理论方法为重要支撑，开展面向城镇化的大数据挖掘，探索获取不同尺度上的多源大数据，分析城镇化的形态格局、城镇体系、居民行为轨迹和社会联系网络等特征，有望为大数据在新型城镇化的研究提供一种可能经验模式和技术方法突破。此外，区域空间结构是人文与经济地理学的重要内容，也是城镇化的重要内容，在传统点线面空间结构研究基础上，高精度模拟空间结构趋势面及其演化过程，分析和评估基本公共服务的设施和服务水平的空间分布及可达性特征，探索空间正义等理论和实践问题。

五、结论与讨论

中国的新型城镇化急需理论构建与实践创新。在理论创建上，"中国特色"是基于中国国情和本土化的需要进行思想和理论创新。这既是科学认知城镇化问题的现实基础，也是应对"西方中心论"的理论倾向的必然。学术界始终在探索理论创新的路径或模式，致力于改变"西方中心主义"的城镇化研究，在中国特色城镇体系规划、城市全球化过程等方面取得明显进展。中国已经进入了新型城镇化的发展阶段，中国特色的城镇化已经积累了丰厚的实践经验，无论从实践经验还是理论储备，加强自主理论和方法创新都正逢其时。当然，何为"西方"，何为"中国"，这些界定已经变得越来越模糊和趋于复杂。使得城镇化研究既充满挑战，也面临前所未有的机遇。

本文构建了新型城镇化理论内涵的认知框架，中国特色的"新型城镇化"至少包括4方面内涵：人本性、协同性、包容性和可持续性。仅以人口城镇化率来评价城镇化越来越难以反映城镇化实质。而新型城镇化的核心是实现人的城镇化，发生的宏观背景变化在于从结构主义发展思路到人本主义的转变。结构主义路径关心的是城乡人口结构转变，宏大的经济结构和社会阶层演变，以及人口城镇化率的结构变化。但新型城镇化更强调人的基本公共服务、人地协调、社区发展、地方性、日常生活以及城市中人的权利。这就需要转变传统的以空间生产为主要逻辑、人口和工业化主导的城镇化模式，探索和实现以良好的人居生活、地方文化、社会正义与市民权利为核心的新城镇化道路。这个过程也许是漫长且充满矛盾的，但在价值和理念上无疑是现今新型城镇化的追求。正如十九大报告中指出的，"中国特色社会主义进入新时代，我国社会主要矛盾已经转化为人民日益增长的美好生活需要和不平衡不充分的发展之间的矛盾。"城镇化是为了实现人们的生活更加美好的目标。为达到这一目标，需要跨学科、跨领域、跨国界的理论与实践交互。地理学，尤其是人文与经济地理学，因其学科特性和传统，在其中将扮演至关重要的角色。

（撰稿人：陈明星，博士，中国科学院地理科学与资源研究所中国科学院可持续发展分析与模拟重点实验室研究员；叶超，博士，华东师范大学地理科学学院副教授；陆大道，中国科学院院士；隋昱文，中国科学院地理科学与资源研究所中国科学院可持续发展分析与模拟重点实验室研究员；郭莎莎，硕士，中国科学院地理科学与资源研究所中国科学院可持续发展分析与模拟重点实验室研究员）

注：摘自《地理学报》，2019（04）：633-647，参考文献见原文。

新型冠状病毒肺炎疫情背景下社区防疫规划和治理体系研究

导语： 2020 年新春前后的新型冠状病毒肺炎疫情给全中国乃至全球公共卫生安全带来巨大冲击，社区成为防疫工作的前沿阵地。文章从社区规划、防控行动和治理体系三方面总结了中国当前社区防疫工作中的主要问题，基于社区调研和国内外相关经验，对社区防疫规划和治理体系提出相关改进建议，包括推进社区命运共同体建设、完善基于社区生活圈的防疫体系规划、聚焦以健康社区为核心理念的社区赋能、依托智慧社区强化风险预警和精准服务以及共建社区健康协同治理网络。

一、新型冠状病毒肺炎疫情背景下社区成为重要防控阵地

2020 年新春前后的新型冠状病毒肺炎疫情给中国乃至全球公共卫生安全带来严峻的挑战。这次疫情的潜伏周期长、传播面广等特点，决定了防治工作重心很大一部分从点对点的医疗救治转向以社区为载体的面源管控，社区成为当前乃至未来较长时期内防疫工作的重要阵地。

全球防疫减灾的相关研究和实践的一个共同趋势是更加关注基于社区的灾害风险管理，强调社区不再是被动地接受援助，而是通过整合在地的各类资源，组织动员多方主体，形成合作治理的参与网络，提升社区的灾害应对能力，使其成为自身防疫减灾建设的主导者和行动者，从而真正降低社区的灾害风险。另一个转型趋势是，防疫减灾从传统聚焦灾害应对和救治转向全过程的危机管理，以联合国的"灾害管理循环"概念作为应急管理的核心框架，包括减灾、准备、响应和恢复四个循环往复的阶段。

由此，探索和推进应对重大疫情的社区防疫规划与治理体系建设，有助于进一步完善中国当前的社区防控工作，更是提升社区应对重大危机的韧性，促进社区治理能力和长效机制建设的重要保障。

二、当前社区防疫工作中的主要问题

审视当前中国社区防疫工作，其在社区规划、防控行动和治理体系三方面暴

露了以下问题。

1. 社区规划层面：社区规划和生活圈建设中对防疫减灾体系关注不足

这次疫情防控暴露了近年来大力推进的社区规划和社区生活圈建设对防疫减灾体系的关注不足，包括重视硬件投入而忽视安全意识和健康生活方式的普及，关注慢性病防治而对传染病防治考虑不足，聚焦自上而下的医疗服务机构建设而忽略了在地健康资源网络和社区能力建设，重大灾疫事件下社区应急预案和物资储备不足等。

此外，近年来各地投入大量资源建设的网格中心、智慧社区以及迅速发展的大数据等信息技术，目前在社区一线防控工作中的应用非常有限。大量的事后被动式、救火式应付，耗费人力物力，难以支撑前瞻性、精准性和及时性的社区响应机制。

2. 防控行动层面：基层工作者压力大而保障缺失，在地组织参与有限

基层工作团队成为防疫一线主体，责任重大而权利保障缺失。一夜之间，社区成为联防联治的前沿阵地，基层干部和社区工作者成为社区防疫的核心主体，承担了宣传、防治、排查、统计、汇报、体温监测、场所消毒和邻里协调等大量工作，有基层工作者戏谑地说，自己身兼信息员、观察员、宣传员、排查员、联络员、警卫员、辅导员、应急员、协调员和心理疏导员"十大员"职责。在繁重的防控任务和巨大的压力下，他们面临着艰巨的挑战：一是人手紧缺。数千人的社区通常只有十余位社区工作者，很多老旧小区缺乏物业，之前的志愿者多数为老年人，受身体状况制约不便参加一线工作。二是苦于应对填表和检查。上级部门的分割导致重复填表，部分表格设计不合理，与一线社区防控实务脱节。三是薪资补贴、技能培训和装备供给保障不足。大量社区工作者面临基本防护装备供给不足或储备极其有限，缺乏基本防护技能培训，在疫情发生时若处置不当可能形成新的污染源。四是急需心理疏导。此次疫情期间，众多社区一线工作者已持续数十日面临生理和心理的双重冲击，需要有效的心理疏导支持。

此外，还有大量的社区社会组织力量尚未有效参与行动。在国家和社会行动力量之外，依托于社区的社会组织具有本地化和熟人网络的先天优势，为防疫减灾的应急行动、信息传递和互助服务等提供了重要的力量支撑。但总体而言，基层众多的社区社会组织尚未能积极参与和充分发挥作用，社会志愿者力量与具体社区需求没有实现有效对接。

3. 治理体系层面：社区利益冲突事件折射出公民意识和责任感培育滞后

面对突如其来的疫情，部分社区防疫工作中出现了特殊地区人群、外地租户人员等被歧视、禁止进入及驱逐，个人隐私严重泄露，以及由个别人不戴口罩等

引发的利益冲突事件，反映出在快速城镇化进程中，培育有公民意识和责任感的"城市人"任重道远。

反思近年来政府大力推进的社区规划和社区治理，其更多体现为"行政下沉"，即大量资源和服务投向社区，却相对忽视了对社区公民意识和主体责任感的培育，容易形成有问题就提要求、局限于个体或小圈子利益的狭隘利己主义心理，出现了诸多负面影响和不稳定因素，背离了社区共同体的建设初衷。

三、社区防疫规划和治理体系发展建议

基于上述问题反思，借鉴国内外相关经验，笔者对中国当前的社区防疫规划和治理体系建设提出以下建议。

1. 大力推进社区命运共同体建设与公民意识培育，共建良序社区

明确社区规划和社区治理的目标是建设社区共同体，不仅是"利益共同体"，还是"命运共同体"，即不能只依附于对利益的共享分配，更应着眼于对未来命运的共生呼吸；不应成为部分个体锁定小团体既得利益的保护伞，抑或如古斯塔夫·勒庞笔下的"乌合之众"，以群体之名逃避责任乃至各种约束。今天的社区共同体，不是指要完全回到曾经的熟人社会，而是致力于营造陌生人社会背景下有公民意识、情感联系和责权共担的社会人。应以帕累托改进为目标，即应有至少一人的境况变好而没有人的境况变坏。公共卫生伦理也强调对于个人权利的限制应基于对公共秩序、个人权利和自主性之间价值和利益的权衡。

此外，应大力宣传和培育理性自觉、互爱互助、勇于担当的公民意识与社会责任，推进社区主体性建设，共建良序社区。加大对公共卫生伦理和公共行为准则的价值宣导，明确防疫策略法制化、保障基本人权和遵循伦理原则等防疫工作基本价值观，并向医护、防疫人员和大众进行普及宣传，为预防和避免群体性失序事件构筑社会自我调节机制。依托中小学和高校，加强对新一代青少年的公民教育，推动学校教育、家庭教育和社区教育的有机联动。

2. 重视和完善基于社区生活圈的防疫体系规划建设

首先，在社区生活圈规划和建设中全面纳入健康防疫相关内容。可借鉴日本和中国台湾地区的防灾生活圈建设模式，以中小学为中心，基于邻里生活圈构建基层防疫减灾功能单元。划设不同级别的封锁区、重要管控节点、资源配给处、物资储备场所、社区防疫服务中心和临时安置点等；部分社区公共设施兼具防疫避难的功能，以便居民熟悉环境和路线；应对不同级别的疫情，可开辟社区卫生服务中心、学校、体育馆和室外广场作为集中收治场所。结合中国国情，建议以

街镇为协调单元、社区为管控单元，对疫情社区采取封闭式或半封闭式管控措施，重点强化基于生活圈的资源配给和人员管控。借助居委会、微信群和 App等收集生活物资需求信息，通过快递外卖系统、志愿者服务队和无人售卖机等渠道，在社区定点定时进行食蔬、防护用品和常用药等生活必需品的集中式甚至无接触式配送，主动降低社区成员日常生活的出行频次和接触程度，减少传染源流动和健康人群被感染的途径，同时保障空巢老人和行动不便者等弱势群体的基本生活。

其次，重视健康合理的社区空间环境塑造。营造良好的采光、通风环境，设置充足的室内外康体健身场所，为脆弱群体、易感群体提供下楼即可开展的基础性康健活动。在应对重大事件和灾害或社区需要临时封闭管理时，这些健身场所也可作为居民活动和避难场所。在这次疫情防控过程中，部分社区出现了临时砌墙堵路的无奈之举，也显示出在开放型社区规划设计中需要统筹考虑封闭化应急管理的可能。

最后，大力推进地方灾害应急管理体系和行动机制建设。重视在镇街、社区层级建设和完善防疫减灾的平时预防机制、资源动员机制、社区参与机制与灾害防救能力建设机制，以及灾害后的伤害评价、安全监测和修复机制，制定应急预案，培育和组建专业化的灾疫防救组织及志愿者参与平台。

3. 以健康社区作为核心理念，以社区赋能为根本

社区防疫工作的成功与否，不能仅依赖于疫情暴发后的"全民抗疫战争"。当代传染病的主要诱因更多与社会行为和生态环境息息相关。能否避免疫情的发生、发动民众积极配合防控工作，以及巩固防控成果，都与社区是否拥有健康的生活理念、方式和环境紧密关联。因此，应将健康作为社区防疫的最终价值和第一要务。

世界卫生组织提出"全民健康"理念和"健康城市"策略，落脚于健康社区，体现在以下方面：一是持续性地创造利于人们健康的环境；二是鼓励多方主体参与制定影响地方性健康的政策，减少不公平所造成的健康危害；三是通过问题分析、共识形成和社会行动等方式，强化个人和社区实现正向改变的能力；四是有能力及弹性地适应社区内不同主体的独特性和健康需求。

此外，应大力推进以健康为导向的社区教育和能力建设。开展系统化全民疫情防控知识和卫生安全教育，加强科普宣传，倡导全体公民摒弃食用野生动物的陋习和养成科学健康的饮食习惯，提倡文明的生活方式。加强对个体、家庭、社区两委和社区（家庭）医生等关于重大疫情安全事件的防控意识、应急处理能力、自救互救技能等的基本教育和培训，加强科普宣传，发放指导手册，将其作为常态化社区教育的内容。基于"参与式学习"行动模式，在专业力量支持下，

鼓励以社区为主体，检视社区问题，研拟健康计划，付诸健康行动，共同营造健康社区。

4. 依托智慧社区强化风险预警和精准服务功能

一是建立风险地图和社区预警机制。根据病理学和案例研究，摸清疫情的社会性和空间性引发机制，建立易感人群和易致病空间的特征识别系统；依托网格化管理平台、融媒体中心、云服务平台、大数据等信息技术和高时空精度的人口数据，建立社区社会空间数据库；形成城市疫情风险地图和人群暴露风险地图，为有效辨识潜在风险人群和风险点的分布与演变，以及面向重点社区开展针对性预警提示、制定差异化防控措施和精细化部署应急资源提供支撑。在特殊疫情时期，面向基层加大数据库使用的授权力度，特别要纳入个体、家庭的社会特征和时空间流动信息查询、追踪与更新功能，保障社区工作的及时联动响应，避免填写表格和统计数据的重复性工作。

二是利用开源数据平台实现社区服务的精准化和个性化响应。例如，借助外卖、快递和生鲜速递等电商大数据分析，了解市民生活物资需求和保障状况；利用媒体大数据解读舆情态势，指导居民心理健康建设；利用线上扎针地图收集居民对防疫物资和日用品供应、违规营业场所和可疑人员等的举报信息。结合智慧社区建设，支持小区清洁、设备维护、安全监测、一键巡逻、逃生通道监控和疏散引导、无接触式物资递送、智能对讲、目标追踪、行为识别和联动指挥等功能，实现特殊状况下提前预警、零时响应和提供决策支持。同时，推动物业转型，从聚焦硬件维护，转向更加人性化、精准化的管家式服务。

5. 整合社区多方力量，共建社区健康协同治理网络

建构基于社区的健康协同治理网络，是保障各项防疫措施能在地有效实施的重要前提，也是推动防疫工作顺利开展的力量源泉。应充分挖掘和整合社区多方力量，包括社区医院、卫生服务站、药店、学校，以及社会组织、社会工作者和志愿者等，充分发挥自下而上的社区自组织力量，建立社区自我管理、自我组织、互相支持、互相救助的机制，在平时实现有效组织，在非常时期发挥关键性支撑作用。

首先，针对防疫工作的高传染性风险，应建立明确区分专业性防治和服务性支持的工作清单制度。专业性防治工作主要通过医疗卫生、心理服务、养老照护和病后康复等专业力量向基层下沉，实现线上平台问题收集、服务咨询与线下专业干预的全面结合。服务性支持工作则主要发动社区工作者、物业及社会组织等基层社会力量开展，如为易感或弱势群体提供物资取送、生活支持和信息传递等互助服务。由此，确保专业的人做专业的事，避免基层工作者受限于专业性和实际权限，可能带来病情耽误或交叉感染等继发性问题。组织两者的工作并非截然

分开，很多时候需要互动配合，如老年人等群体在线上就医方面有障碍，需要社区工作者在线下提供指导。

其次，加大社区工作者权益保障，构筑坚实可持续的基层防线。社区工作者是实践社区防疫规划和治理工作的最重要行动者，但长期以来他们的权益保障和技能提升相对滞后，很大程度上制约了实际行动的效力和效益。在疫情期间，应全面保障社区防控一线工作人员（社区工作者、物业人员、志愿者等）的基本防疫装备供给，建立轮岗轮休制度。有条件的地区，通过设立市区级防控专项资金，为他们提供营养健康和应急交通支出补助，以及购置防疫保险。对于参与防疫工作表现突出的物业企业，予以免税等支持性政策。更重要的是，在平时应加强对社区工作者、志愿者的防疫减灾能力培训。可借鉴美国、日本以及中国台湾地区培训当地居民组建"睦邻救援队""志工队""宣导队""巡导队"等志愿团队的措施，通过规定课时的专业化技能培训和实务训练，形成在地健康宣导、防疫减灾的中坚力量，在灾害和重大事件发生时能快速组织起来，并采取自救互助响应行动。

再次，推进社区自助互助参与机制建设，增强专业化组织力度。针对当前社区规模普遍偏大、人员流动性高的特点，依托"楼门—小区—社区"搭建三道联防战线，在疫情过后作为"微治理"网络体系，进一步推进社区治理。多渠道动员和吸纳中青年志愿者特别是党员群体成为社区自救互助的有生力量。对于当前社区中占据较大比重的兴趣型社区社会组织，通过有效引导和专业培训，推动其在疫情防控中积极参与互助服务、专业支持等工作，实现向公益互助型社区社会组织的转型升级。积极引导专业社会组织对接社区需求，为老年人、残障人士等弱势群体提供疫情无障碍信息、生活必需品和常用药代购、居家康复和锻炼等支持，为染病或疑似症状患者提供心理疏导、社工支持等。此外，还可创新和推广社工非面对面干预方法及宣传平台。

最后，良好有序、行动高效的社区治理网络离不开公开透明的信息传递。特别是在疫情冲击下，面对自媒体时代铺天盖地的信息传播，搭建有公信力的、统一的官方信息监测和传播平台，对于降低社会恐慌、减少不良效应的扩散与传播具有重要意义。此外，可建设社区健康学习平台，将社区健康营造和防疫减灾的相关理念、资讯、史料、课程、教材、风险地图、公共活动和安全预警等信息及时向社区广泛传递。

四、结语

这次的新型冠状病毒肺炎疫情危机，是危，更是机，有天灾因素，更需要对人治进行反思。希冀借助这次危机，让规划师重新关注并审视社区的意义和价值——不仅是居住邻里，生活便利性的载体，还是每个个体和家庭行动起来保障自我安全的最后一公里防线，是平衡个体自由和集体利益的试金石，是自助互助共渡难关的重要平台。这不仅对当下疫情防控作用重大，还是实现社会长治久安的重要保障，需要完善相关规划和长效治理机制并持续推进。

（撰稿人：刘佳燕，博士，清华大学建筑学院副教授）

注：摘自《规划师》，2020（06）：86-89，参考文献见原文。

城乡共构视角下的乡村振兴多元路径探索

导语： 文章基于当前我国实施乡村振兴战略的背景，提出城乡共构的理论视角，探索乡村振兴实践的多元路径。文章指出，中国特色城镇化促进城乡要素双向流动，乡村角色逐渐从生产功能向兼具消费功能转型。基于城乡共构的乡村振兴多元路径，应围绕乡村振兴的总体方针，区分乡村所处的不同地域类型和不同经济水平。在乡村振兴分项目标与乡村地理空间、经济水平三者之间建构矩阵关系，理论上可形成乡村振兴多元路径 45 个交汇点的概念模式。城乡共构视角下乡村振兴多元路径的先期重点包括城乡生态系统、市政基础设施和公共服务设施、乡村文化遗产的活化再生及技术创新等。

一、引言

在"实施乡村振兴战略"的新时代，我国城乡发展进入了切实破解城乡二元格局困境的新阶段，要解决好城乡发展的不平衡和不充分的矛盾。各地乡村振兴工作围绕"产业振兴、人才振兴、文化振兴、生态振兴、组织振兴"方略，积极探索适合地方特点的实施路径和实践经验。虽然取得了很大成绩，但各地乡村振兴在具体实施操作过程中也遇到一些困境和挑战。如何因地制宜、精准施策，从而更加有效地推进乡村振兴战略的实施，成为当前规划工作者关注的重要课题。

应当看到，国家实施乡村振兴这一战略已十分明确，但是各地实施乡村振兴战略的路径应该是多元的。如果只有一条路径，那么不仅不能解决本地区乡村振兴的问题，还可能导致"破坏性建设、建设性破坏"。那么，如何寻找适合本地区乡村发展的有效路径？如何实现从理念到方法的突破？本文尝试从城乡共构的视角，探讨乡村振兴多元路径实施的可能性。

所谓"城乡共构"（Urban-Rural Co-Construction，URCC），是指基于城乡关系的复杂性，通过跨学科和多向量研究，认识在不断增长的城镇化空间廊道中的城乡之间相互依存关系，并通过政策设计、规划和治理，共同建构实现城乡社会、生态、经济和文化可持续发展的路径。城乡共构强调城乡联系和关键要素的技术创新，探索城乡联系的潜力，解决城市增长区及其农村腹地之间的两极分化问题，促进乡村可持续性发展。

二、城乡共构的背景与内涵

（一）中国特色城镇化促进城乡要素双向流动

我国城镇化的特点决定了城乡二元角色将长期存在。在我国城乡发展的现实情境中，中高速城镇化的进程伴随着城镇人口与建设用地的增加，也意味着乡村人居空间仍将呈现逐渐收缩的态势。2016 年底，我国常住人口城镇化率为 57.35%，较 2015 年底显著上升了 1.25%，但从城乡人口结构看，全国户籍人口城镇化率（41.2%）低于常住人口城镇化率 16% 左右，城乡流动人口高达 2.2 亿。这类人群中，愿意放弃农村户籍的比例极少：据官方调查，四川进城务工人员愿意放弃农村户籍的仅占 14.8%。在城镇常住人口扩张、农村常住人口减少的同时，大量"返乡兼业""城乡双栖"人口已成为中国城乡发展的常态。因此，尽管我国城镇化正经历快速"时空压缩"（Time-Space Compression）进程，但依附于农村户籍的土地红利日益显现，未来仍将维系相当数量的"农村人口"。据联合国人居署的观点，中国的人口城镇化率将难以达到美国、澳大利亚、新西兰等移民国家和英国、日本等海岛国家 80%～90% 的稳定状态，而更可能类似稳定状态为 70% 左右的欧洲大陆的德国、法国等历史上传统农耕国家的人口城镇化比重。承载大量"城乡双栖""返乡兼业"人口的农村将长期担任中国城镇化进程"稳定器"和"蓄水池"的角色。

我国城乡要素存在"收缩"与"回流"的双向作用效应。纵观我国数十年来的快速城镇化进程，一方面，1994 年分税制改革以来地方政府对于土地财政的追逐和对乡村土地产权的约束加速了乡村人口向城市的大量转移，也在相当程度上导致乡村人居空间总体上日益凋敝；另一方面，中央政府致力于避免城乡差距的进一步拉大，2004 年来中央"一号文件"连续 13 年持续关注乡村问题，先后提出了农民增收、新农村建设、城乡统筹和一体化发展等重大战略，2012～2016 年中央预算内投资用于农业、农村的比重连续 5 年超过 50%。在各级公共财政大规模注入下，民间资金、技术等资源要素向乡村地区流动的态势也日益增强。此外，十八届三中全会后我国农村土地制度改革也进一步提速，2015 年中央办公厅和国务院办公厅联合印发《关于农村土地征收、集体经营性建设用地入市、宅基地制度改革试点工作的意见》《关于完善农村土地所有权承包权经营权分置办法的意见》，大力推进农地的"三权分置"，同年国务院授权 15 个县（市、区）作为集体建设用地入市试点。尽管改革的成效仍有待检验，但我国农村土地权利制度壁垒的逐渐打破和社会资本的涌入趋势已日益明朗，乡村地区的发展将不再是一个城镇化背景下"资源要素"单向供给、整体走向凋敝的过程。参照西方发达经济体的一般经验，城镇化发展到一定阶段，随着资金、技术、人口向乡村地区流动，乡村地区人居空间的发展将会迎来一轮"自下而上"的内生发展动力。因此，尽管我国城镇化进程仍将带来乡村人口减少和人居空间"总体收缩"，但可以预判，市场动力将带来资源、要素流动的进一步增强，并将逐渐开启与之相应群体的人口回流，这些回流效应将对我国未来大量乡村人居空间发展带来显著的促进作用。

从德国、英国、日本等传统农耕文化的发达国家乡村发展经验看，"整体收缩"和不同程度的要素回流也是其共同特征。它一方面导致乡村人口结构发生了巨大的变化，另一方面也使得乡村人居空间的主导发展力量不再是单纯的农业人口组成的农村社区，而呈现出更为多元化、复杂化的特征。人口回流背后更是城市资金、资源向乡村大规模流动的结果。

（二）乡村角色转型：从生产功能到兼具消费功能

在生产力水平低下的社会发展阶段，乡村以粮食生产功能为主，保障食物供给安全，以维持社会稳定。乡村农业生产力水平决定其乡村农业生产关系，并构成了乡村社会关系结构的总体特征，进而影响了乡村聚落空间布局的模式，即我国的乡村人居空间格局是随着农业生产力的发展而不断演化的。空间是社会生产和再生产的背景容器，与社会生产关系密切相连，是生产关系强加给社会的秩序，并影响社会关系的再生产，这说明乡村人居空间与乡村农业生产力、生产关系具有紧密的联系。在漫长的农业文明时代，由于农业生产力水平持续低下，决定了自给自足的小农经济生产关系的产生，以及传统农耕社会的封闭性和稳定性，乡村聚落空间处于自发的周期性的演替过程。

在生产力水平较高的社会发展阶段，乡村不仅具有粮食生产功能，还将具有各种类型的消费功能，乡村的角色开始分化并呈现多元化。乡村地区特有的自然地理环境优势、长期农耕社会积淀的农耕文明、优秀的传统文化等资源禀赋，使得乡村具有独特的农业景观观赏、康养健身及优秀传统村落历史文化游览等多种功能，促进了休闲度假等乡村旅游的蓬勃兴起。所谓"绿水青山就是金山银山"，正是反映了在农业生产力发展之后，城乡要素流动下乡村经济发展潜力。因此，在我国城乡现代化发展过程中，乡村将兼具生产功能和消费功能。对于消费型转向的乡村地区，城市要素的逆向迁移给乡村带来新的经济增长机会和就业机会，人口和资金的投入将激活被村民或村集体弃置的乡村资产，创造性转化、创新性发展优秀传统文化资源，重新焕发出乡村地区的魅力，为乡村振兴带来了希望。从这个意义上说，乡村地区是我国现代化发展的重要战略资源。虽然乡村角色转型在我国不同经济发达地区的进程有所不同，但它将对新型城乡关系下的政策制定、规划建设及长效治理等具有重要的影响。

世界发达经济体的乡村发展正在经历这一转型过程。例如，有西方学者研究指出，北美（美国、加拿大）乡村地区在 21 世纪初期正处于一个重要转折点，主要是因为其正经历着经济性质的根本转变，一方面农业生产的资本密集型特征越来越明显，另一方面由于环境资源优越，许多乡村地区从生产型角色向消费型角色转变。当然，还有一些乡村地区由于种种原因，经济活力完全衰败。在欧洲，德国乡村发展历程也不约而同地出现了城乡之间要素流动及其带来的乡村角色转型。一个时期以来，德国政府的公共财政按照"村镇体系"进行高强度、均等化的基础设施和公共设施投入，但是这并不能有效解决乡村地区社会经济衰败的问题。由于乡村地区严重的人口老龄化和村落空心化，乡村居民聚居点及其周边农地的直接功能性联系已经日益疏远。然而，正是由于政府的投入，乡村基础设施、数字化设施和公共服务建设不断完善，逐渐促生了一种新的、明显有别于传统城镇或乡村的生活模式。城市要素向乡村的逆向迁移，带来了资金和新的就业机会，乡村居住人口的多元化使得原有的乡村社会结构发生了变化。不同群体的诉求又相应表现在对新空间的需求和布局方面，逐渐呈现出空间分散化、居住层次分异化，地方文化也呈现出多元化的趋势，形成了与全球化网络紧密关联的"空间碎片"。这一新的阶段被德国学者定义为"后乡村时代"。

乡村角色的转型需要从城乡关系的高度来重新审视乡村的角色和城乡要素流动。随着科技的进步，代表着先进生产力发展方向的市场经济导致了小农经济生产关系的破产，而与旧的生产关系相适应的乡村聚落空间布局的形态也因生产关系的变革而产生了亟待优化布局的需求。由于城镇化和工业化快速推进，乡村农业生产力得到解放，相应的乡村聚落空间布局也进行了重构，乡村聚落空间从原来的"同质同构"形态转变为"异质异构"形态，村庄的功能和性质向多元化的方向演绎，乡村聚落空间的格局、要素、结构和组织关系等呈现出加速变动及重构的趋势。伴随着乡村生产要素和社会要素的分化与重组，尤其是乡村社会结构变迁带来的重大影响，乡村空间布局问题日益严重，物质空间衰败趋势明显。因此，解决我国当前乡村振兴面临的问题，必须跨越乡村社会和空间本身，以城乡共构的视角，探索乡村振兴的路径。

（三）城乡共构的理论响应

新时代乡村振兴战略的实施，呼唤具有中国特色的城乡规划理论和方法。科学认识我国城乡发展规律是制定好相关政策、精准施策、有效指导城乡规划建设实践的重要前提。如果没有基于我国国情的城乡规划理论指导，那么接下来我国各地大量的城乡建设实践将难以有科学的理论导向，将无法充分发挥出政策的能量，甚至将导致不同程度的破坏。同时，如果没有系统化的有效的规划方法，那么理论就会脱离实际而变得抽象。实施乡村振兴战略，急需从各地成功的实践案例中提取、归纳和总结出符合地方实际的城乡规划理论及有效的做法，并将理论和方法再运用于实践，从而形成有实践验证的理论、有理论指导的实践。

然而，当前我国乡村振兴尚缺乏系统性的适合中国国情的理论和方法。传统计划经济时代城乡二元结构和城乡区域空间关系理论、规划方法受到严峻挑战。这是因为传统城乡地域空间关系是"垂直"结构，"超大城市—大城市—中等城市—小城市—镇—乡—村"这一结构模式虽然"秩序"稳定，但是缺乏"效率"。当前，由于市场化和信息化变革，城乡地域空间关系开始"扁平化"，不同规模的人居环境单元都获得了发展机会，"效率"显著提升，然而由于缺乏相关政策引导和规划控制，城乡地域空间"秩序"变得混乱，甚至失控。如何避免从传统"垂直"模式到当代"扁平化"模式转换进程中"秩序"和"效率"难以兼顾的矛盾冲突？怎样形成城乡地域空间"效率"和"秩序"相互支撑的城乡融通、城乡共享的乡村现代化路径？这需要进行系统化的理论和方法研究，需要在理论和方法上有所创新与突破。显然，新型城乡关系将成为规划和治理的关键领域。

因此，城乡共构正是在这样的时代背景下对我国城乡关系理论发展的及时回应。新时代要求我们，要在生态文明思想指导下践行新的发展理念。党中央提出"创新、绿色、协调、开放、共享"发展方针，其中"共享"的重要内涵之一，就是要实现城乡社会发展的共享。因此，研究实施乡村振兴战略的路径，需要把它放在城乡共享的目标下来讨论，而城乡共享的基础需要首先实现城乡共构，在城乡共构的视角下探索实施乡村振兴的多元路径。城乡共构旨在更好地了解沿着不断成长的城镇化空间廊道出现的城乡族群和城乡依存关系，而这一错综复杂的城乡关系已经难以通过传统的城乡二元结构理论或区域等级体系理论来解释和分析，而必须通过跨学科和多向量研究，分析其特点和存在问题，制定相应的政策设计、规划实施路径及治理对策，从而实现社会、生态、经济和文化可持续发展。

三、城乡共构下的乡村振兴路径

（一）城乡共构视角下乡村振兴路径的内涵

首先，基于城乡共构的乡村振兴路径，应该围绕乡村振兴的总体方针展开探讨。即：产业振兴、人才振兴、文化振兴、生态振兴和组织振兴，这些乡村振兴的分项目标需要结合乡村地方实际，充分发挥相应的特点，从而选择它（们）率先与城市要素建立互动关联，找准接口，并传递信息，形成共构联系（图1）。

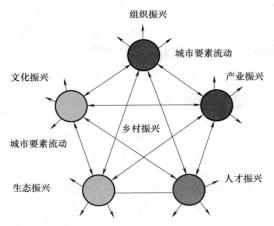

图1　乡村振兴分项目标与城市要素的流动示意图

　　其次，基于城乡共构的乡村振兴路径应当区分乡村所处的不同地域类型。这里地域类型主要是指乡村与城市的地理空间关系。例如，大都市区周边的郊区乡村、城镇化空间廊道的关联乡村，以及传统农业地区的乡村。这些不同地域类型的乡村，由于交通联系差异，它们与周边城市之间的社会、经济和文化等要素流动呈现出不同频度，因而它们在城镇化过程中的角色均有所不同，导致它们在城乡共构的互动关联上程度不同。只有对乡村空间的地理特点加以区别对待，才能精准地看待乡村作为战略资源的不同内涵。如果把乡村地理空间关系与乡村振兴的分项目标建立关联，就可以思考并找出乡村振兴的各自路径（图2）。

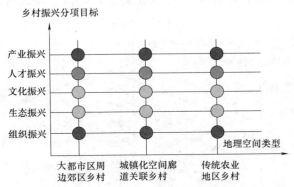

图2　乡村振兴分项目标与乡村地理空间的矩阵关系

　　最后，基于城乡共构的乡村振兴路径应当区分乡村所处的不同经济水平。例如，经济十分发达地区的乡村、经济中等发展水平的乡村，以及经济落后地区的乡村，当然也相应地认为这些地区城乡居（村）民收入水平与地区经济发达水平呈正相关性。不同经济水平的乡村与各自周边城市之间的社会、经济和文化等要素流动呈现出不同强度，因而它们在城镇化过程中的角色也相应地有所不同，使得它们在城乡共构的互动关联上程度不同。只有对乡村空间的经济水平阶段加以区别对待，才能精准地看待乡村作为战略资源的不同内涵。如果把乡村经济水平与乡村振兴的分项目标建立关联，就可以发现各自乡村振兴的路径（图3）。

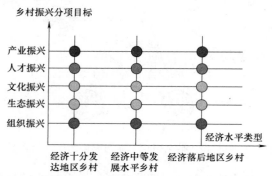

图3　乡村振兴分项目标与乡村经济水平的矩阵关系

（二）建立城乡共构视角下乡村振兴多元路径的矩阵

根据上述乡村振兴分项目标与乡村地理空间建构的关联，以及与经济水平建构的关联，建构三者之间的矩阵关系图，本文称之为"基于城乡共构的乡村振兴多元路径矩阵关系图"（图4）。在 X（乡村地理空间）、Y（乡村经济水平）、Z（乡村振兴分项目标）3 个坐标相互关系下，可以构建关于城乡共构视角下的乡村振兴多元路径概念模式，共有 45 个交汇点。这些概念模式可以作为选取某一

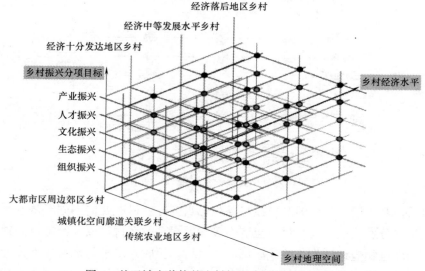

图4　基于城乡共构的乡村振兴多元路径矩阵关系

地区乡村振兴路径的参考。当然，这是一个系统化的思考方式，是对于城乡共构视角下关于乡村可持续发展的理论分析。在实践运用方面，还需要结合乡村地理气候、地形地貌差异，区域环境下的基础设施条件，以及地方历史文化独特性，进行更为细致的考量。

（三）城乡共构视角下乡村振兴多元路径的先期重点

对于一个特定的乡村地区，如何结合上述城乡共构的矩阵思路选择其相应的乡村振兴路径？在分析了这个特定乡村地区的城市共构环境条件的基础上，首先要找到城乡共构的"接口"，即如何既合乎逻辑，又合乎时宜地对接城与乡的某个要素，从而碰撞产生"火花"，寻找到"穴位"，点穴启动，以点带面。

因此，这一类城乡共构的"接口"十分重要。需要充分认识到城乡共构"接口"的社会、生态、经济和文化可持续性发展的挑战，以及当下在政策制定和规划治理方面的差距。城乡共构"接口"的机会点所在，也是当前我国城乡共构视角下乡村振兴的共性重点，包括以下 4 个方面：

1. 城乡生态系统的共构

它是城乡共构的重要基础。之前城乡二元结构总体上呈隔离状态，而且城市发展一定程度上以牺牲区域生态系统为代价；乡村生态系统则持续衰退和环境恶化，导致了城乡生态系统碎片化，无法承担区域生态可持续发展的重任。因此，城乡共构对于区域内的城市和乡村，首先需要建构共同的城乡生态支撑系统，制定相应的环境标准和政策措施，促进可持续发展的经济模式。这也是乡村生态振兴的重要保障。

在城乡生态系统总体要求下，通过绿色基础设施建构城市和乡村的绿色空间网络，把山、水、林、田、湖、草等所有要素组成一个相互联系、有机统一的生态网络系统，该系统自身也可以调蓄暴雨，减少洪水的危害，并改善水体环境，节约城市管理成本。

2. 市政基础设施和公共服务设施的城乡共构

经济水平较为发达的地区，应率先建构城市与乡村之间的市政基础设施和公共服务设施的统一标准、统一网络、统一服务水平。通过城乡国土空间总体规划，对市政基础设施和公共服务设施的用地做好统筹安排，并通过政府自身或者由政府组织社会资本进行有计划投资，消除城乡在发展质量上的差别。市政基础设施包括道路和交通工具的连接，电力电信、燃气供热、污水治理、垃圾和环境卫生管理，特别是保障居民饮用水的"共同品质"（简称"共质"）。在公共服务设施方面，特别要保障医疗和教育方面的"共质"。只有这样，才能有效并且可持续地促进城乡要素双向流动，为乡村地区系统化转型和可持续发展提供社会基础。

3. 以乡村文化遗产的活化再生促进城乡共构

我国长期处于农耕社会发展阶段，其耕读文化营造了传统村落，并积淀了优秀的传统文化。通过"文化定桩"，挖掘并提炼乡村优秀传统文化，充分重视对历史文化遗产的保护和利用，并通过创造性转化、创新性发展的"双创"过程，促进城乡要素流动，从而开发具有地方特色的可持续经济模式，提供就业岗位，为乡村文化振兴、产业振兴提供支撑。

我国各地乡村在特定发展时期，特别是 20 世纪计划经济时期（包括人民公社时期）遗存了大量集体资产，如供销社、粮站、兽医站与卫生站，甚至乡公所等公共设施及其场地，由于产权复杂等多种原因，至今还有相当一部分仍处于废弃状态，资源浪费严重。这些设施已经历半个多世纪，并视作人民公社的历史遗产，并视其建筑质量优劣程度加以保护和再利用。加强城市要素引入和流动，为满足当下乡村新的设施需求提供条件。

一些乡村地区的传统村落村民住宅本身也可以作为文化遗产加以保护和利用。这方面工作，浙江省走在了全国前列。浙江省已经连续 7 年在全省范围申报各地历史文化传统村落，并通过政策设计加以鼓励和监督，对于每一个历史文化保护和利用重点村提供 500 万元省补资金和一定数量的建设用地。一些历史久远的、偏远地区的传统村落，虽然人口大量流失，但是通过细化确权、建筑改造和功能注入，促进了城乡要素双向流动。如今有一些改造后的乡村不仅吸引了村民返乡创业，还成为远近闻名的旅游目的地之一。在城乡共构的过程中，乡村社会结构发生变化，乡村原有的设施和场地进行了新的功能重组，"旧瓶装新酒"，实现了乡村社会空间再生产。浙江省台州市黄岩区宁溪镇乌岩头古村的再生就是其中一例。

4. 技术创新促进城乡共构。

我国自改革开放以来的快速城镇化，一方面造就了城市规模增长和城市空前繁荣，另一方面也持续拉大了城乡之间的差距，一些地区城乡两极分化十分严重。因此，当前在我国新的发展时期，需要关注有效解决城乡发展的不平衡问题，推进技术创新，并通过城乡共构实现新技术应用在城乡之间的对接。例如，对于广大乡村地区的农业种植业等可再生资源的利用，尤其是生物质能作为再生能源的有效利用，需要制定有针对性的地方政策，鼓励并促进城乡之间制定共同的相关技术标准。通过技术创新，为城乡可持续能源结构的构建提供保障。

四、结语

我国各地存在区域之间、城乡之间发展不平衡，以及城市和乡村内部发展不充分的现实困境，要求我们在更大范围、更长时间内来面对和解决问题。对于各地乡村振兴面对的问题和挑战，不能就乡村论乡村，而需要"跳出乡村"，从更大的城乡关系、区域层面上来统筹协调，从而更好地激发城乡之间要素的双向流动，激发城乡社会经济发展活力，开创更多发展路径。要求各地根据各自的经济、社会、文化、地理气候环境特点和差异性，因地制宜地采取有针对性的方法与措施，创新驱动，精准施策，切不可照搬照抄。全国各地在学习先进地区经验的同时，还需要顺应时代的发展，根据自身的问题、禀赋和机遇，实现理念和方法的不断突破。

总之，城乡之间联系的潜力巨大。本文的城乡共构提供了一个新的理论视角，重新审视长期以来我国城乡二元结构分置、区域等级规模等传统区域关系理论的得失。在新的发展时期，如何有效解决城乡发展不平衡、不充分的问题，城乡共构视角下的乡村振兴多元路径探索可谓是一个有益启发。需要指出的是，在城乡共构的视角下，乡村问题的解决需要跨学科、多专业共同参与，同时，城乡关系也将成为城乡规划专业的关键领域之一，需要新时代的规划师善于运用多学科合作的技能，把握好城乡可持续发展的整体走向。

（撰稿人：杨贵庆，同济大学建筑与城市规划学院城市规划系主任、教授、博士生导师，中国城市规划学会山地城乡规划学术委员会副主任委员）

注：摘自《规划师》，2019（11）：5-10，参考文献见原文。

2019 年中国海绵城市建设工作综述

2019 年是系统化全域推进海绵城市建设提出的第一年，也是全国开展海绵城市建设效果评估工作的第一年。系统化全域推进海绵城市建设，充分运用国家海绵城市试点工作经验和成果，制定全域开展海绵城市建设工作方案，使海绵城市理念得到全面、有效落实，为建设宜居、绿色、韧性、智慧、人文城市创造条件，推动全国海绵城市建设迈上新台阶。海绵城市建设效果评估工作是持续推进海绵城市建设的重要抓手，通过有效评估海绵城市建设进展、实施效果、体制机制等方面的总体趋势，为系统化全域推进海绵城市建设提供了重要的依据与支撑。

一、开展的主要工作

（一）海绵城市系列标准开展编制工作

2019 年，《海绵城市建设专项规划与设计标准》《海绵城市建设工程施工验收与运行维护标准》《海绵城市建设监测标准》三项海绵城市系列国家标准同时制定。三项标准为海绵城市规划、建设、监测提供了标准统一、系统规范、高效可靠、可实施、易操作的技术方法，为科学、合理地开展海绵城市建设提供了技术支撑。海绵城市系列标准制定工作，有效促进海绵城市建设全生命周期长效管理，对于全域系统化推进海绵城市具有重要作用。

（二）开展系统化全域推进海绵城市建设

2019 年 12 月 23 日，全国住房和城乡建设工作会议指出，加快转变城市建设方式，城市高质量发展迈出新步伐，继续推进海绵城市建设。会议强调，2020年，着力提升城市品质和人居环境质量，建设"美丽城市"。深入贯彻落实新发展理念，把城市作为"有机生命体"，从解决"城市病"突出问题入手，统筹城市规划建设管理，推动城市高质量发展。系统化全域推进海绵城市建设，推进基础设施补短板和更新改造专项行动。

（三）"以评促建"，确保海绵城市建设有效落实

2019 年，住房和城乡建设部组织开展了海绵城市建设试评估工作，探索建

立一套科学、合理的评估方法，建立了常态化、标准化的评估机制，从实施效果、规划引领、制度机制、创新等方面，系统评判了全国所有设市城市的海绵城市建设效果。通过逐步规范化评价方法体系，实现"以评促建""以评促管"，有效推进全国海绵城市科学化、标准化、规范化规划建设。

二、主要经验总结

通过对海绵城市建设评估工作的总结，形成经验并加大推广力度，实现"以评促建"，推进全国开展系统化全域海绵城市建设。

（一）海绵城市建设评估工作组织

以《国务院办公厅关于推进海绵城市建设的指导意见》（国办发〔2015〕75号）、《住房和城乡建设部办公厅关于开展海绵城市建设试评估工作的通知》（建办城函〔2019〕445号）、《住房和城乡建设部办公厅关于开展2020年度海绵城市建设评估工作的通知》（建办城函〔2020〕179号）为评估依据，对照《海绵城市建设评价标准》GB/T 51345—2018与《海绵城市建设监测技术指南》，从水生态保护、水安全保障、水资源涵养、水环境改善等方面对海绵城市建设成效进行评估。海绵城市建设评估工作组织形式，由地方自评估、省级复核、第三方评估方式相结合，并选取多个典型城市进行了实地监测复核。地方自评估工作开展前，组织专家团队对地方开展海绵城市建设自评估培训。

海绵城市建设评估范围覆盖全国所有设市城市。海绵城市建设评估工作的原则，充分体现了定性与定量相结合、普适性及代表性相结合、适用性与实用性相结合、针对性与可操作性相结合。对于海绵城市规划的系统性、协调性、整体性、合理性以及规划管控制度的落地性，采用以定性评价为主的方式；对于海绵城市建设情况、建设效果、监测情况，采用以定量为主的方式。定性与定量相结合，保障评价结果的全面、客观。评估方法既要适用于对全国不同地域区位、自然地理特征、社会经济特点的城市进行评价，又要能突出重点、亮点与特色，对具有典型示范意义的海绵城市建设情况进行综合评价，保障评估成果的普适性及代表性。评估方法既要有回答"国办发〔2015〕75号"文件目标要求的指标，又要有评估系统化全域推进海绵城市建设情况的指标。评估指标要能落地、易监测、能考核、能推广，覆盖海绵城市规划建设管理全过程，面向结果、突出重点、百姓关切、数据可得。

海绵城市建设评估内容，涵盖实施效果、规划引领、制度机制、创新四个方面，综合评价海绵城市建设的情况。通过对海绵城市建设效果进行评估，有利于通过量化形式从建设效果层面，评价海绵城市建设在径流总量控制、城市易涝点消除、黑臭水体改善、热岛效应等方面产生的具体效果。通过对海绵城市规划专项规划、建设规划、系统方案的审查，有利于从顶层设计层面对海绵城市建设的方向进行把关，保障海绵建设的顶层设计科学合理、经济有效。通过对规划建设管控体系的评估，有利于从前置条件、法定程序层面，以制度的形式，保障海绵城市的理念在城市规划、设计、施工、运营及管理等全流程上落实落地。海绵城市建设效果评估指标体系涵盖 4 大类 20 项具体指标，其中，自然生态格局管控等效果指标，体现生态文明理念在涉水领域的落实；水环境治理、水安全保障、缺水地区的水资源利用等效果指标，体现涉及民生的城市水问题有效解决；制度机制、规划引领、创新等指标，体现系统化全域推进海绵城市可持续保障体系。通过对全国各典型地区海绵城市建设效果评估，形成《海绵城市建设规范化评价手册》，以此促进海绵城市建设评价工作的规范化进程。

（二）系统化推进海绵城市建设

海绵城市建设要从生态系统、水系统、设施系统、管控系统等多维度去解决系统碎片化的问题。

要从生态系统的完整性上来考虑，避免生态系统的碎片化。水是重要的生态环境的载体，治水绝不能"就水论水"，要牢固树立"山水林田湖草"生命共同体的思想，充分发挥山水林田湖草等自然地理下垫面对降雨径流的积存、渗透、净化作用。如，宜昌市将小范围的海绵城市建设与大范围的山水林田湖草系统修复有机结合起来，统筹上下游、山上山下、左岸右岸、城市区和非城市区，加强城市海绵体建设和山水林田湖草系统修复相互衔接，促进城市海绵体和山水林田湖草生命共同体的边界融合。结合海绵城市建设和山水林田湖草系统修复体制、经济、技术整体评估，形成统一的指标与标准，做好相互对接与优化提升，促进综合效益，持续深入推进水土保持和美丽乡村联动建设工程、生态环境污染治理"4＋1"工程、河湖水系修复扩容工程、生态公园建设提升工程，形成"城市海绵体＋山水林田湖草生命共同体"协同发力的海绵城市建设模式，建设美丽宜昌。

要建立完整的水系统观。水环境问题的表象在水上，但问题的根源在岸上。应充分考虑水体的岸上岸下、上下游、左右岸水环境治理和维护的联动效应。如，青岛市在城市开发建设中，因地制宜开展海绵城市建设，按照"源头减排、过程控制、系统治理"理念系统谋划，采用"渗、滞、蓄、净、用、排"等多种方法综合施策，实现"灰绿结合"。除小区与公园改造外，还包括解决城市内涝、水体黑臭等问题的各种类型项目。以李沧试点区为例，试点区项目包括建筑与小区类项目、道路与广场类项目、公园绿地类项目、管网建设类项目、水系生态类项目、防洪工程类项目、内涝治理类项目、能力建设类项目8大类，涵盖水生态、水环境、水安全和水资源等多方面，根本目的是解决城市涉水问题，提高城市品质，让城市更生态、更宜居。

要以水环境目标为导向，建立完整的污染治理设施系统。城市雨洪管理要构建从源头减排设施（微排水系统）、市政排水管渠（小排水系统）到排涝除险系统（大排水系统），并与城市外洪防治系统有机衔接的完整体系。如，武汉市针对本地雨洪同期，长江水位顶托严重的特点，提出了以湖泊调蓄和泵站强排统一协调，蓄排平衡，绿色优先，灰绿结合的海绵城市建设目标。通过严格的生态红线管控，保持山水林田湖面积，提高对降雨径流的自然滞蓄能力，同时加强基础设施建设，有效提高沿江泵站的抽排能力，构建完善的大海绵体系。通过统筹协调城市生态保护、城市发展、市政基础设施建设等关系，构建低影响开发排放系统、传统雨水管渠排放系统、超标雨水径流排放系统三位一体的排水基础设施，充分重视源头减排在城市雨水控制中的作用，加大中小海绵体系的建设。综合各流域地形、建设情况、内涝风险等因素，分片分区进行了特色管控，提出了适宜各分区的建设目标和解决措施。

构建完整的"规、建、运、管"管控系统。要发挥规划的顶层设计和法规的严肃性；建设和工程验收等环节要严格落实规划设计的要求；要建立一套科学的、完善的运维管理制度，避免管理碎片化、责任主体不落实，同时加强监管。如，鹤壁市制定《鹤壁市循环经济生态城市建设条例》，从立法层面规范海绵城市建设，对海绵城市规划、建设、管理、运营维护等提出明确要求。鹤壁市先后出台了《鹤壁市海绵城市建设项目规划管理实施办法》《鹤壁市海绵城市建设项目规划管控实施保障制度》《鹤壁市海绵城市建设项目"一书两证"管理制度》《鹤壁市海绵城市建设项目规划管控责任落实和追究制度》《鹤壁市海绵城市建设工程管理规定》等一系列部门实施细则，结合鹤壁市管理体制，明确全市范围内海绵城市建设项目的规划、建设、运行维护与管理的管控要求、手续办理流程和责任追究办法。同时出台《鹤壁市海绵城市建设考核办法》等文件，构建"评价准确，权责明晰，奖罚分明"的工作考核模式，激发各单位配合完成海绵城市建设工作的积极性和主动性，持续推动海绵城市建设工作的稳步发展。

三、下一步工作展望

通过试点，海绵城市建设的理念和效果得到社会的逐步认同，下一步的重点工作主要有以下几方面：

(一) 进一步强化系统性，全域推进海绵城市建设

将海绵城市建设、黑臭水体治理、城市排水防涝、污水提质增效等城市水系统工作相结合，系统梳理城市水系统的问题与需求，统筹发挥自然生态功能和人工干预功能，实施源头减排、过程控制、系统治理，切实提高城市排水、防涝、防洪和防灾减灾能力。

(二) 强调融合推进，强化城市更新和新建过程中海绵理念融入

在海绵城市推进过程中，要切实避免"为海绵而海绵""过度工程化"等已经暴露出的问题，强化融合推进，将海绵城市理念融入城市更新和新建两大主线中，将海绵城市建设变成城市正常开发建设过程中贯彻的要求。

(三) 加大海绵城市建设的宣传

由于海绵城市强调系统、全域统筹，蓝绿融合、多专业融合的综合实施，需要各专业的共同建设，不能在专业上出现割裂。同时，加强海绵城市科普宣传，注意把握好宣传准确性和针对性，不刻意夸大，避免出现海绵万能、海绵费钱、海绵无用等观点，凝聚全社会共识。

(四) 加强海绵城市智慧管控

海绵城市建设领域的智慧化是"十四五"阶段的必然趋势，应尽快出台海绵城市信息化平台建设标准，构建全国海绵城市建设情况监管平台，以定量化、空间化的方式呈现，逐年动态更新，实现海绵城市建设情况的实时监管、动态评估，为全国海绵城市建设效果评估、监管提供标准化的大数据智慧平台支持。

（撰稿人：龚道孝，浙江财经大学博士研究生，中国城市规划设计研究院城镇水务与工程研究院教授级高级城市规划师）

2019 年城市设计管理工作综述

2019 年，全面贯彻落实党中央、国务院决策部署，在完善城市设计管理制度、加强生态修复城市修补、推进居住社区建设等方面取得了积极成效。

一、完善城市设计体系，塑造城市特色风貌

（一）推进城市设计试点工作

2019 年 4～7 月，组织专家和技术团队赴近 20 个省（自治区、直辖市）实地调研城市设计试点工作进展情况，对城市设计试点工作进行阶段性总结。

（二）总结推广城市设计试点经验

2019 年 11 月，组织 57 个城市设计试点城市及相关省级主管部门在广州、南京召开城市设计工作座谈会，总结推广城市设计试点城市工作经验和做法。

（三）组建住房和城乡建设部科学技术委员会城市设计专业委员会

邀请清华大学、中国城市规划设计研究院业内知名专家大师担任委员和顾问，充分发挥专家委员会作用，组织调研城市设计管理工作，提供技术指导和专业咨询，宣传城市设计有关政策措施等。

二、推进生态修复城市修补，补足城市短板问题

（一）推进生态修复城市修补试点工作

2019 年 5～7 月，组织行业专家及技术支撑团队赴全国 19 个省（自治区、直辖市）20 个城市开展生态修复城市修补试点城市调研，全面总结生态修复城市修补试点工作中的好做法和好案例。

（二）总结推广生态修复城市修补试点经验

2019 年 8 月，在延安召开生态修复城市修补现场会暨试点工作总结会，组织 58 个生态修复城市修补试点城市及相关省级主管部门学习试点经验。

（三）创新开展老厂区老厂房更新改造利用试点工作

2019 年 9 月，将景德镇市列为老厂区老厂房更新改造利用试点城市，指导

建立老厂区老厂房更新改造的组织实施模式，创新规划设计方法和相关技术标准，完善相关配套政策。

三、加强居住社区建设，提升人民群众幸福感获得感

（一）启动城市社区足球场地设施建设试点工作

2019年4月、10月，分两批将武汉、福州、深圳等9个城市列为城市社区足球场地设施建设试点城市，指导复合利用城市空闲地、边角地、屋顶等各类空间资源，建设改造一批非标准、非规则社区足球场地。编制《城市社区足球场地设施建设技术指南（试行）》，为各试点城市提供技术参考。

（二）开展完整居住社区研究

推动补齐居住社区设施短板，加强公共空间营造，注重居住社区与周边地区的风貌协调，提升居住社区建设质量、服务水平，重塑社区价值。

四、下一步工作打算

（一）探索完善城市设计管理体系

进一步总结城市设计试点经验做法，探索完善城市设计与相关规划、建筑设计管理工作的衔接机制。编制国家城市设计导则，从国家层面明确城市设计管理架构和技术体系，塑造城市特色风貌。

（二）全面推动城市更新工作

结合实施城市更新行动，建立完善适用于大规模城市更新的体制机制、政策制度和标准规范，推动城市高质量发展。研究搭建网络宣传平台，通过多种渠道，全面宣传推广全国生态修复城市修补经验和优秀案例。

（三）推进城市社区足球场地设施建设

全面推进城市社区足球场地设施建设工作，加强统筹谋划，充分挖潜资源，健全管理机制，全面破解社区足球场地设施选址建设难题，补齐社区体育设施短板。

（撰稿人：陈振羽，高级城市规划师，中国城市规划设计研究院城市设计分院院长，中国城市规划学会会员）

2019—2020 年度中国规划相关领域大事记

2019 年 2 月 2 日，住房和城乡建设部发布《关于开展农村住房建设试点工作的通知》。《通知》以习近平新时代中国特色社会主义思想为指导，认真贯彻中央经济工作会议精神，全面落实全国住房和城乡建设工作会议部署，在尊重农民安居需求和农房建设实际的基础上，通过农村住房建设试点工作，提升农房建设设计和服务管理水平，建设一批功能现代、风貌乡土、成本经济、结构安全、绿色环保的宜居型示范农房，改善农民居住条件和居住环境，提升乡村风貌。《通知》要求，到 2022 年，多数县（市、区、旗）建成示范农房；到 2035 年，农房建设普遍有管理，农民居住条件和乡村风貌普遍改善，农民基本住上适应新的生活方式的宜居型农房。

2019 年 2 月 13 日，"新首钢城市复兴新地标行动计划"新闻发布会在京召开。新首钢地区规划以"打造新时代首都城市复兴新地标"为总体目标，落实北京新总规关于"传统工业绿色转型升级示范区、京西高端产业创新高地、后工业文化体育创意基地"的定位。规划工作突出"搭建平台、院士领衔、多规合一、设计深化"的工作思路。新首钢地区整体空间结构为"一轴、两带、五区"：一轴为长安街首都功能轴；两带为永定河生态带、后工业景观休闲带；五区为冬奥广场区、国际交流展示区、科技创新区、综合服务配套区和战略留白区。

2019 年 2 月 18 日，中共中央、国务院印发《粤港澳大湾区发展规划纲要》。《纲要》明确提出粤港澳大湾区的五大战略定位，即充满活力的世界级城市群、具有全球影响力的国际科技创新中心、"一带一路"建设的重要支撑、内地与港澳深度合作示范区、宜居宜业宜游的优质生活圈。《纲要》在城市空间布局方面提出优化提升中心城市，以香港、澳门、广州、深圳四大中心城市作为区域发展的核心引擎。建设重要节点城市，支持珠海、佛山、惠州、东莞、中山、江门、肇庆等城市充分发挥自身优势，深化改革创新，增强城市综合实力，形成特色鲜明、功能互补、具有竞争力的重要节点城市。

2019 年 2 月 19 日，国家发展改革委发布《关于培育发展现代化都市圈的指导意见》。《意见》明确到 2022 年，都市圈同城化取得明显进展，基础设施一体化程度大幅提高，阻碍生产要素自由流动的行政壁垒和体制机制障碍基本消除，成本分担和利益共享机制更加完善，梯次形成若干空间结构清晰、城市功能互补、要素流动有序、产业分工协调、交通往来顺畅、公共服务均衡、环境和谐宜居的现代化都市圈。到 2035 年，现代化都市圈格局更加成熟，形成若干具有全球影响力的都市圈。

2019 年 2 月 24 日，自然资源部原则同意开展《上海大都市圈空间协同规划（国土空间规划）》编制工作。方案初步拟定将覆盖上海＋苏州、无锡、南通、嘉兴、宁波、舟山、湖州，即"1＋7"市，陆域面积 4.9 万平方公里，常住人口约 6500 万人。文件指出，编制上海大都市圈空间协同规划是落实党中央决策部署、支持长江三角洲区域一体化发展，落实《国务院关于上海城市总体规划的批复》中"构建上海大都市圈"要求的重要举措，是建立国土空间规划体系、推动都市圈空间治理现代化的积极探索。

2019 年 3 月 1 日，住房和城乡建设部公布最新规划国家标准，批准《城市综合交通体系规划标准》《城市综合防灾规划标准》《风景名胜区总体规划标准》《城市环境规划标准》自 2019 年 3 月 1 日起实施。

2019 年 3 月 5 日，十三届全国人大二次会议在人民大会堂开幕，会议听取国务院总理李克强关于政府工作的报告。《报告》回顾 2018 年的工作，明确了 2019 年经济社会发展总体要求和政策取向，提出十项 2019 年政府工作任务。《报告》指出，优化区域发展格局；落实和完善促进东北全面振兴、中部地区崛起、东部率先发展的改革创新举措；京津冀协同发展重在疏解北京非首都功能，高标准建设雄安新区；落实粤港澳大湾区建设规划，促进规则衔接，推动生产要素流动和人员往来便利化；将长三角区域一体化发展上升为国家战略，编制实施发展规划纲要；长江经济带发展要坚持上中下游协同，加强生态保护修复和综合交通运输体系建设，打造高质量发展经济带；支持资源型地区经济转型；加快补齐革命老区、民族地区、边疆地区、贫困地区发展短板。

2019 年 3 月 29 日，北京市十五届人大常委会第十二次会议上审议通过修订后的《北京市城乡规划条例》，《条例》将于 2019 年 4 月 28 日起正式施行。今后，城市总规实施情况将每年体检。同时，北京市将构建全流程覆盖、全周期服务、全要素公开、全方位监管的工程建设项目审批和管理体系。

2019 年 3 月 29 日，"上海市旧区改造专家委员会"成立，将按照"坚持留改拆并举，深化城市有机更新，进一步改善市民群众居住条件"的工作要求，助力有关部门推进城市旧区改造工作决策科学化、管理精细化。

2019 年 3 月 31 日，国家发展改革委印发《2019 年新型城镇化建设重点任务》。《任务》以习近平新时代中国特色社会主义思想为指导，要求加快实施以促进人的城镇化为核心、提高质量为导向的新型城镇化战略，突出抓好在城镇就业的农业转移人口落户工作，推动 1 亿非户籍人口在城市落户目标取得决定性进展。培育发展现代化都市圈，推进大城市精细化管理，支持特色小镇有序发展，加快推动城乡融合发展，实现常住人口和户籍人口城镇化率均提高 1 个百分点以上，为保持经济持续健康发展和社会大局稳定提供有力支撑，为决胜全面建成小康社会提供有力保障。《任务》主要分为四个方面：（1）要加快农业转移人口市民化；（2）要优化城镇化布局形态；（3）要推动城市高质量发展；（4）要加快推进城乡融合发展。

2019 年 4 月 1 日，住房和城乡建设部批准国家标准《城市环境卫生设施规划标准》自 2019 年 4 月 1 日起实施。

2019 年 4 月 1 日，海南热带雨林国家公园管理局在吊罗山国家级自然保护区揭牌成立，标志着国家公园试点工作进入了全面推进的新阶段。

2019 年 4 月 15 日，国务院公布《中共中央国务院关于建立健全城乡融合发展体制机制和政策体系的意见》。《意见》旨在重塑新型城乡关系，走城乡融合发展之路，促进乡村振兴和农业农村现代化。《意见》提出三个阶段的主要目标：到 2022 年，城乡融合发展体制机制初步建立；到 2035 年，城乡融合发展体制机制更加完善；到 21 世纪中叶，城乡融合发展体制机制成熟定型。

2019 年 4 月 23 日，为加强城乡规划管理，协调城乡空间布局，改善人居环境，促进城乡经济社会全面协调可持续发展，《中华人民共和国城乡规划法》二次修订后正式发布。《中华人民共和国城乡规划法》于 2007 年 10 月 28 日第十届全国人民代表大会常务委员会第三十次会议通过，根据 2015 年 4 月 24 日第十二届全国人民代表大会常务委员会第十四次会议《关于修改〈中华人民共和国港口法〉等七部法律的决定》第一次修正，根据 2019 年 4 月 23 日第十三届全国人民代表大会常务委员会第十次会议《关于修改〈中华人民共和国建筑法〉等八部法律的决定》第二次修正。

2019 年 4 月 29 日，住房和城乡建设部发布《住房和城乡建设部办公厅关于成立部科学技术委员会历史文化保护与传承专业委员会的通知》。《通知》称，为进一步加强住房和城乡建设领域历史文化保护与传承工作，提升历史文化名城名镇名村保护与管理水平，充分发挥专家智库作用，根据住房和城乡建设部科学技术委员会相关管理规定，决定成立住房和城乡建设部科学技术委员会历史文化保护与传承专业委员会。

2019 年 5 月 9 日，《中共中央 国务院关于建立国土空间规划体系并监督实施的若干意见》正式印发，标志着国土空间规划体系构建工作正式全面展开。建立国土空间规划体系并监督实施，将主体功能区规划、土地利用规划、城乡规划等空间规划融合为统一的国土空间规划，实现"多规合一"，强化国土空间规划对各专项规划的指导约束作用，是党中央、国务院作出的重大决策部署。

2019 年 5 月 12 日，为进一步发挥海南省生态优势，深入开展生态文明体制改革综合试验，中共中央办公厅、国务院办公厅印发《国家生态文明试验区（海南）实施方案》，以生态文明体制改革样板区、陆海统筹保护发展实践区、生态价值实现机制试验区、清洁能源优先发展示范区为战略定位，以生态环境质量和资源利用效率居于世界领先水平为目标，着力在构建生态文明制度体系、优化国土空间布局、统筹陆海保护发展、提升生态环境质量和资源利用效率、实现生态产品价值、推行生态优先的投资消费模式、推动形成绿色生产生活方式等方面进行探索，坚定不移走生产发展、生活富裕、生态良好的文明发展道路，推动形成人与自然和谐共生的现代化建设新格局，谱写美丽中国海南篇章。

2019 年 5 月 28 日，为深入贯彻落实《中共中央 国务院关于建立国土空间规划体系并监督实施的若干意见》，自然资源部印发《关于全面开展国土空间规划工作的通知》，对国土空间规划各项工作进行全面部署，全面启动国土空间规划编制审批和实施管理工作，其中明确了七项近期相关工作：（1）做好规划编制基础工作；（2）开展双评价工作；（3）开展重大问题研究；（4）科学评估三条控制线；（5）各地要加强与正在编制的国民经济和社会发展五年规划的衔接；（6）集中力量编制好"多规合一"的实用性村庄规划；（7）同步构建国土空间规划"一张图"实施监督信息系统。

2019 年 6 月 26 日，中共中央办公厅、国务院办公厅印发了《关于建立以国家公园为主体的自然保护地体系的指导意见》。《意见》要求，建成中国特色的以国家公园为主体的自然保护地体系。到 2020 年，提出国家公园及各类自然保护地总体布局和发展规划，完成国家公园体制试点，设立一批国家公园。到 2025 年，健全国家公园体制。到 2035 年，全面建成中国特色自然保护地体系，自然保护地占陆域国土面积 18％以上。

2019 年 6 月 28 日，国务院印发《关于促进乡村产业振兴的指导意见》，提出以实施乡村振兴战略为总抓手，以农业供给侧结构性改革为主线，围绕农村一二三产业融合发展，与脱贫攻坚有效衔接、与城镇化联动推进，充分挖掘乡村多种功能和价值，聚焦重点产业，聚集资源要素，强化创新引领，突出集群成链，延长产业链、提升价值链，培育发展新动能，加快构建现代农业产业体系、生产体系和经营体系，推动形成城乡融合发展格局，为农业农村现代化奠定坚实基础。

2019 年 6 月 1～30 日，《河北雄安新区启动区控制性详细规划》《河北雄安新区起步区控制性规划》向社会公示，公众可以通过现场填表格、网络等四种渠道来表达意见和建议。启动区作为雄安新区率先建设区域，承担着首批北京非首都功能疏解项目落地、高端创新要素集聚、高质量发展引领、新区雏形展现的重任。启动区规划面积 38 平方公里，其中城市建设用地 26 平方公里。

2019 年 7 月 11 日，自然资源部、财政部、生态环境部、水利部、国家林业和草原局五部门联合印发《自然资源统一确权登记暂行办法》，对水流、森林、山岭、草原、荒地、滩涂、海域、无居民海岛以及探明储量的矿产资源等自然资源的所有权和所有自然生态空间统一进行确权登记。这标志着我国开始全面实行自然资源统一确权登记制度，自然资源确权登记迈入法治化轨道。同步印发的《自然资源统一确权登记工作方案》明确，从 2019 年起，利用 5 年时间基本完成全国重点区域自然资源统一确权登记，在此基础上，通过补充完善的方式逐步实现全国全覆盖。

2019 年 7 月 12 日，按照《"十三五"旅游业发展规划》《国务院关于促进乡村产业振兴的指导意见》提出的建立全国乡村旅游重点村名录要求，文化和旅游部会同国家发展改革委联合开展了全国乡村旅游重点村名录遴选工作并发布《关于公示第一批拟入选全国乡村旅游重点村名录乡村名单的公告》，宣布将北京市怀柔区渤海镇北沟村等 320 个乡村列入全国乡村旅游重点村名录。对于列入名录的全国乡村旅游重点村，文化和旅游部将依托旅游规划建设单位、创意设计机构等各方资源，在旅游规划、创意下乡等方面予以支持。

2019 年 7 月 15 日，国务院同意建立由国家发展改革委牵头的城镇化工作暨城乡融合发展工作部际联席会议制度，不再保留推进新型城镇化工作部际联席会议制度。联席会议不刻制印章，不正式行文，按照党中央、国务院有关文件精神认真组织开展工作。联席会议由国家发展改革委、中央统战部、中央政法委、中央编办、中央农办、教育部、科技部、公安部、民政部、财政部、人力资源社会保障部、自然资源部、生态环境部、住房和城乡建设部、交通运输部、农业农村部、文化和旅游部、卫生健康委、人民银行、市场监管总局、统计局、医保局、银保监会、证监会、扶贫办、全国工商联、开发银行、农业发展银行等 28 个部门和单位组成，国家发展改革委为牵头单位。联席会议的主要职责是在党中央、国务院领导下，统筹协调城镇化和城乡融合发展工作，研究提出政策建议和年度重点工作安排，协同推进重点任务落实，协调解决工作中遇到的问题，加强会商沟通、信息共享、监测评估；完成党中央、国务院交办的其他事项。

2019 年 7 月 18 日，为贯彻《中共中央 国务院关于建立国土空间规划体系并监督实施的若干意见》精神，落实《自然资源部关于全面开展国土空间规划工作的通知》要求，自然资源部办公厅印发《关于开展国土空间规划"一张图"建设和现状评估工作的通知》，依托国土空间基础信息平台，全面开展国土空间规划"一张图"建设和市县国土空间开发保护现状评估工作。《通知》提出了三个步骤：第一步，统一形成"一张底图"；第二步，建设完善国土空间基础信息平台；第三步，叠加各级各类规划成果，构建国土空间规划"一张图"。

2019 年 7 月 19 日，国务院办公厅印发《关于完善建设用地使用权转让、出租、抵押二级市场的指导意见》。《意见》指出，要加快建立产权明晰、市场定价、信息集聚、交易安全、监管有效的土地二级市场，使市场规则健全完善，交易平台全面形成，服务和监管落实到位，市场秩序更加规范，制度性交易成本明显降低，土地资源配置效率显著提高，形成一、二级市场协调发展、规范有序、资源利用集约高效的现代土地市场体系，为加快推动经济高质量发展提供用地保障。

2019 年 7 月 24 日，中共中央总书记、国家主席、中央全面深化改革委员会主任习近平主持召开中央全面深化改革委员会第九次会议并发表重要讲话。习近平强调，全面深化改革是我们党守初心、担使命的重要体现；改革越到深处，越要担当作为、蹄疾步稳、奋勇前进，不能有任何停一停、歇一歇的懈怠；要紧密结合"不忘初心、牢记使命"主题教育，提高改革的思想自觉、政治自觉、行动自觉，迎难而上、攻坚克难，着力补短板、强弱项、激活力、抓落实，坚定不移破除利益固化的藩篱、破除妨碍发展的体制机制弊端。会议审议通过了包括《关于在国土空间规划中统筹划定落实三条控制线的指导意见》在内的多份文件。会议强调，统筹划定落实生态保护红线、永久基本农田、城镇开发边界 3 条控制线，要以资源环境承载能力和国土空间开发适宜性评价为基础，科学有序统筹布局生态、农业、城镇等功能空间，按照统一底图、统一标准、统一规划、统一平台的要求，建立健全分类管控机制。

2019 年 8 月 1 日，住房和城乡建设部批准国家标准《海绵城市建设评价标准》自 2019 年 8 月 1 日起实施。

2019 年 8 月 2 日，为进一步强化西部地区交通基础设施建设，扩大既有通道能力，协同衔接长江经济带发展，提升物流发展质量和效率，国家发展改革委发布《西部陆海新通道总体规划》。这是深化陆海双向开放、推进西部大开发形成新格局的重要举措，规划期为 2019 年至 2025 年，展望到 2035 年。根据《规划》，西部陆海新通道的战略定位是推进西部大开发、形成新格局的战略通道，连接"一带"和"一路"的陆海联动通道，支撑西部地区参与国际经济合作的陆海贸易通道，促进交通物流经济深度融合的综合运输通道。

2019 年 8 月 6 日，国务院印发《中国（上海）自由贸易试验区临港新片区总体方案》。《方案》指出，要对标国际上公认的竞争力最强的自由贸易园区，选择国家战略需要、国际市场需求大、对开放度要求高但其他地区尚不具备实施条件的重点领域，实施具有较强国际市场竞争力的开放政策和制度，加大开放型经济的风险压力测试，实现新片区与境外投资经营便利、货物自由进出、资金流动便利、运输高度开放、人员自由执业、信息快捷联通，打造更具国际市场影响力和竞争力的特殊经济功能区，主动服务和融入国家重大战略，更好地服务对外开放总体战略布局。《方案》明确，新片区参照经济特区管理。

2019年8月9日，《中共中央 国务院关于支持深圳建设中国特色社会主义先行示范区的意见》正式发布。《意见》就支持深圳率先建设体现高质量发展要求的现代化经济体系、率先营造彰显公平正义的民主法治环境、率先塑造展现社会主义文化繁荣兴盛的现代城市文明、率先形成共建共治共享共同富裕的民生发展格局、率先打造人与自然和谐共生的美丽中国典范作出具体部署，为新时代深圳发展提供了行动指引，更为加快实现社会主义现代化强国进程注入了强大动力。《意见》赋予深圳高质量发展高地、法治城市示范、城市文明典范、民生幸福标杆、可持续发展先锋的战略定位，并提出加快实施创新驱动发展战略、加快构建现代产业体系、促进社会治理现代化、全面推进城市精神文明建设、发展更具竞争力的文化产业和旅游业、提升教育医疗事业发展水平、完善社会保障体系、构建城市绿色发展新格局等举措。

2019年8月15日，国家统计局接连发布"城镇化水平不断提升，城市发展阔步前进——新中国成立70周年经济社会发展成就系列报告之十七""重大战略扎实推进，区域发展成效显著——新中国成立70周年经济社会发展成就系列报告之十八"，展现了中华人民共和国成立以来在城市发展和区域发展方面取得的巨大成就。报告指出，党的十八大以来，在以习近平同志为核心的党中央坚强领导下，城市建设和发展步入了新的阶段，城镇化水平进一步提高，城市发展质量明显改善，城市功能全面提升，为全面建成小康社会搭建了一个坚实的平台。"一带一路"建设、京津冀协同发展、长江经济带发展、粤港澳大湾区建设等重大区域战略稳步推进，区域板块之间融合互动，区域发展协调性持续增强，形成了区域协调发展新格局。

2019年8月15~16日，住房和城乡建设部"生态修复城市修补"试点现场会在陕西省延安市召开，黄艳副部长出席会议并讲话。各省（区、市）住房和城乡建设部门和58个试点城市人民政府分管同志参加会议。近几年来，住房和城乡建设部贯彻落实中央城市工作会议精神，指导58个试点城市工作，通过生态修复和城市修补，探索城市补短板、惠民生转型发展的城市建设管理经验。住房和城乡建设部要求各地以习近平新时代中国特色社会主义思想为指导，学习推广试点经验，将生态修复城市修补作为破解城市矛盾问题的综合抓手，采取"绣花功夫"，久久为功，持续深入推进工作，尤其要做好老旧小区改造、历史文化保护利用等工作，不断提高人民群众的获得感、幸福感、安全感。

2019年8月19日，第一届国家公园论坛在青海省西宁市隆重开幕，习近平总书记发来贺信，深刻阐述了实行国家公园体制的意义、理念、目的、内涵和承担的国际义务，对办好论坛寄予了殷切期望，提出了明确要求。习近平在贺信中指出，生态文明建设对人类文明发展进步具有十分重大的意义。近年来，中国坚持绿水青山就是金山银山的理念，坚持山水林田湖草系统治理，实行了国家公园体制。三江源国家公园就是中国第一个国家公园体制试点。中国实行国家公园体制，目的是保持自然生态系统的原真性和完整性，保护生物多样性，保护生态安全屏障，给子孙后代留下珍贵的自然资产。这是中国推进自然生态保护、建设美丽中国、促进人与自然和谐共生的一项重要举措。习近平强调，中国加强生态文明建设，既要紧密结合中国国情，又要广泛借鉴国外成功经验。

2019年8月26日，国务院印发《中国（山东）、（江苏）、（广西）、（河北）、（云南）、（黑龙江）自由贸易试验区总体方案》。《总体方案》指出，在山东、江苏、广西、河北、云南、黑龙江等6省区设立自由贸易实验区，是党中央、国务院作出的重大决策，是新时代推进改革开放的战略举措。《总体方案》提出了各有侧重的差别化改革试点任务。《总体方案》强调，自贸试验区建设过程中，要强化底线思维和风险意识，完善风险防控和处置机制，实现区域稳定安全高效运行，切实维护国家安全和社会安全。同时，要加强试点任务的总结评估，加强政策的系统集成性，形成更多可复制可推广的改革经验，充分发挥示范带动作用。

2019年8月29日，国务院发布关于同意南昌、新余、景德镇、鹰潭、抚州、吉安、赣州高新技术产业开发区建设国家自主创新示范区的批复，区域范围为国务院有关部门公布的开发区审核公告确定的四至范围，并享受国家自主创新示范区相关政策，同时结合自身实际，不断深化简政放权、放管结合、优化服务改革，积极开展科技体制改革和机制创新，加强资源优化整合，在优势特色产业集群培育、高水平科技创新基地建设、科技投融资体系构建、人才引进培养、科技成果转移转化、知识产权协同保护、科技精准扶贫、协同开放创新等方面探索示范，努力创造出可复制、可推广的经验。

2019年9月12日，中共中央政治局常委、国务院副总理韩正出席省部级干部国土空间规划专题研讨班座谈会，听取学员代表发言并讲话。他强调，要认真学习领会习近平总书记关于国土空间规划工作的一系列重要指示精神，提高政治站位，抓好贯彻落实，推动国土空间规划工作迈上新水平。韩正表示，规划工作是一门大学问，必须尊重科学、尊重规律。要以人为本，本着对历史、对人民高度负责的态度，把让群众宜居、方便的理念体现到规划的每一个细节中。要严控开发强度，城市规划必须守住建设用地总量、住宅用地占比两条底线。要注重留白，立足长远，为子孙后代留有空间，促进人与自然和谐共生。要真正实现"多规合一"，在一张底板上把各方面的规划整合进去，解决好各类规划不衔接、不协调的问题。要体现强制性，规划经过批准后必须严格执行，确保严肃性、权威性。

2019 年 9 月 12 日，住房和城乡建设部办公厅发布《关于加强贫困地区传统村落保护工作的通知》，为贯彻落实《中共中央 国务院关于打赢脱贫攻坚战三年行动的指导意见》精神，提出加强贫困地区中国传统村落保护发展，助力贫困村精准脱贫。《通知》明确四项要求：一、加大贫困地区传统村落保护力度；二、统筹推进贫困地区传统村落保护利用；三、加快改善贫困地区传统村落人居环境；四、加强对贫困地区传统村落保护发展的指导和技术帮扶。

2019 年 9 月 18 日，中共中央总书记、国家主席、中央军委主席习近平在郑州主持召开黄河流域生态保护和高质量发展座谈会并发表重要讲话。会议提出黄河流域生态保护和高质量发展战略。习近平总书记强调，要坚持绿水青山就是金山银山的理念，坚持生态优先、绿色发展，以水而定、量水而行，因地制宜、分类施策，上下游、干支流、左右岸统筹谋划，共同抓好大保护，协同推进大治理，着力加强生态保护治理、保障黄河长治久安、促进全流域高质量发展、改善人民群众生活、保护传承弘扬黄河文化，让黄河成为造福人民的幸福河。

2019 年 9 月 19 日，党中央、国务院批准印发《交通强国建设纲要》。建设交通强国是以习近平同志为核心的党中央立足国情、着眼全局、面向未来作出的重大战略决策，是建设现代化经济体系的先行领域，是全面建成社会主义现代化强国的重要支撑，是新时代做好交通工作的总抓手。《纲要》提出，到 2020 年，完成决胜全面建成小康社会交通建设任务和"十三五"现代综合交通运输体系发展规划各项任务，为交通强国建设奠定坚实基础；到 2035 年，基本建成交通强国，智能、平安、绿色、共享交通发展水平明显提高；到本世纪中叶，全面建成人民满意、保障有力、世界前列的交通强国，基础设施规模质量、技术装备、科技创新能力、智能化与绿色化水平位居世界前列。

2019 年 9 月 20 日，国务院新闻办举行新闻发布会，自然资源部表示，继国土空间规划实行"多规合一"后，自然资源部在此基础上集中推进了两项改革：一是面向广大企业和群众，改革规划许可和用地审批，推进"多审合一""多证合一"；二是面向地方人民政府，改革国土空间规划审查报批制度，改革规划许可和用地审批，推进"多审合一、多证合一"。自然资源部出台《关于以"多规合一"为基础推进规划用地"多审合一、多证合一"改革的通知》，通过"3 个合并""1 个简化"，即合并规划选址和用地预审，合并建设用地规划许可和用地批准，多测整合、多验合一和简化报件审批材料，进行流程再造，完善便民措施。

2019 年 10 月 29 日，国务院批复同意《长三角生态绿色一体化发展示范区总体方案》，随后国家发改委于 2019 年 11 月 19 日对方案进行正式公布。根据《方案》，到 2035 年，长三角生态绿色一体化发展示范区将形成更加成熟、更加有效的绿色一体化发展制度体系，全面建设成为示范引领长三角更高质量一体化发展的标杆。《方案》指出，建设长三角生态绿色一体化发展示范区是实施长三角一体化发展战略的先手棋和突破口。一体化示范区范围包括上海市青浦区、江苏省苏州市吴江区、浙江省嘉兴市嘉善县，面积约2300平方公里。在区域发展布局上，将统筹生态、生产、生活三大空间，把生态保护放在优先位置，打造"多中心、组团式、网络化、集约型"的空间格局，形成"两核、两轴、三组团"的功能布局。

2019年11月1日，为统筹划定落实生态保护红线、永久基本农田、城镇开发边界三条控制线，中共中央办公厅、国务院办公厅印发了《关于在国土空间规划中统筹划定落实三条控制线的指导意见》，明确了总体要求，并提出要科学有序划定，协调解决冲突，强化保障措施。《意见》提出，要落实最严格的生态环境保护制度、耕地保护制度和节约用地制度，将三条控制线作为调整经济结构、规划产业发展、推进城镇化不可逾越的红线，夯实中华民族永续发展基础。三条控制线划定基本原则是：底线思维，保护优先；多规合一，协调落实；统筹推进，分类管控。

2019年11月2~3日，习近平总书记在上海考察，深入上海杨浦滨江、古北社区，就贯彻落实党的十九届四中全会精神、城市公共空间规划建设、社区治理和服务等进行调研。习近平总书记指出，城市是人民的城市，人民城市为人民。无论是城市规划还是城市建设，无论是新城区建设还是老城区改造，都要坚持以人民为中心，聚焦人民群众的需求，合理安排生产、生活、生态空间，走内涵式、集约型、绿色化的高质量发展路子，努力创造宜业、宜居、宜乐、宜游的良好环境，让人民有更多获得感，为人民创造更加幸福的美好生活。

2019年11月10日，"'一带一路'倡议下的全球城市发布会"在北京举行。中国城市规划设计研究院首次对外公开发布了《"一带一路"倡议下的全球城市报告（2019）》。《报告》共筛选出485个城市作为研究对象，以全新的包容发展视角，构建出全球价值活力城市指数及"一带一路"潜力城市指数，具有开创性、科学性和权威性，为我国开展国际城市学术研究提供了范例，也为国际跨区域城市合作提供了指南。

2019年11月27日，《自然资源部关于加强规划和用地保障支持养老服务发展的指导意见》公布。《意见》坚持问题导向，从养老服务设施用地的内涵界定、空间规划布局、土地供应、监管服务等方面，明确养老服务设施规划和用地管理的政策措施，保障养老服务设施用地有效供给，积极促进养老服务发展。《意见》要求，各地编制的市、县国土空间总体规划，应提出养老服务设施用地的规模、标准和布局原则。新建城区和新建居住（小）区要按照相应国家标准和规范，配套建设养老服务设施。已建成城区养老服务设施不足的，应结合城市功能优化和有机更新等统筹规划，支持盘活利用存量资源改造为养老服务设施，保证老年人就近养老需求。

2019年12月1日，中共中央、国务院印发《长江三角洲区域一体化发展规划纲要》。2018年11月5日，习近平总书记宣布支持长江三角洲区域一体化发展并上升为国家战略。《规划纲要》是指导长三角地区当前和今后一个时期一体化发展的纲领性文件。长江三角洲区域规划范围包括上海市、江苏省、浙江省、安徽省全域（面积35.8万平方公里）。《规划纲要》要求，推动形成区域协调发展新格局，加强协同创新产业体系建设，提升基础设施互联互通水平，强化生态环境共保联治，加快公共服务便利共享，推进更高水平协同开放，创新一体化发展体制机制，高水平建设长三角生态绿色一体化发展示范区，高标准建设上海自由贸易试验区新片区，推进规划实施。

2019年12月17日，中共中央政治局常委、国务院副总理韩正在住房和城乡建设部召开座谈会。继中央经济工作会议再提"房子是用来住的、不是用来炒的"大原则后，韩正指出，我国城镇化已从高速发展进入高质量发展阶段。要坚持以供给侧结构性改革为主线，把城市作为"有机生命体"，统筹考虑、系统谋划，推动城市可持续发展，以新型城镇化促进农业农村现代化。韩正强调，当前房地产市场总体平稳，成绩来之不易。保持房地产市场稳定，是对宏观经济平稳健康发展的重要贡献。要坚持"房子是用来住的、不是用来炒的"定位，保持定力，不将房地产作为短期刺激经济的手段。要坚持因城施策，落实城市政府主体责任，紧紧围绕稳地价、稳房价、稳预期的目标，完善长效管理调控机制，做好重点区域房地产市场调控工作，促进房地产市场平稳健康发展。要完善住房保障体系，进一步加强城市困难群众住房保障工作，大力发展和规范住房租赁市场，着力解决新市民、年轻群体的住房困难。要以城市更新为契机做好老旧小区改造，指导各地因地制宜开展工作，尊重群众意愿，满足居民实际需求。要深入推进垃圾分类处理，协调好前端、中端、后端各环节关系，实现垃圾减量化、资源化、无害化。

2019年12月19日，国家发展改革委、中央农村工作领导小组办公室、农业农村部、公安部、自然资源部、财政部、教育部、国家卫生健康委、科技部、交通运输部、文化和旅游部、生态环境部、人民银行、银保监会、证监会、全国工商联、国家开发银行、中国农业发展银行等18部门联合印发《国家城乡融合发展试验区改革方案》，并公布11个国家城乡融合发展试验区名单。《方案》提出，2022～2025年，试验区实现城乡生产要素双向自由流动的制度性通道基本打通，城乡有序流动的人口迁徙制度基本建立，城乡统一的建设用地市场全面形成，城乡普惠的金融服务体系基本建成，农村产权保护交易制度基本建立，农民持续增收体制机制更加完善，城乡发展差距和居民生活水平差距明显缩小。

2019 年 12 月 23 日，全国住房和城乡建设工作会议在京召开。住房和城乡建设部党组书记、部长王蒙徽全面总结 2019 年住房和城乡建设工作，分析面临的形势和问题，提出 2020 年工作总体要求，对重点工作任务作出部署。会议全面总结了 2019 年全国住房和城乡建设系统取得的进展和成效，随后对 2020 年工作提出了 5 个方面要求：坚定不移贯彻新发展理念；坚决打好三大攻坚战；做好民生保障工作；着力推动高质量发展；切实改进工作作风。并要重点抓好 9 个方面工作：一是着力稳地价稳房价稳预期，保持房地产市场平稳健康发展；二是着力完善城镇住房保障体系，加大城市困难群众住房保障工作力度；三是着力培育和发展租赁住房，促进解决新市民等群体的住房问题；四是着力提升城市品质和人居环境质量，建设"美丽城市"；五是着力改善农村住房条件和居住环境，建设"美丽乡村"；六是着力推进建筑业供给侧结构性改革，促进建筑产业转型升级；七是着力深化工程建设项目审批制度改革，持续优化营商环境；八是着力开展美好环境与幸福生活共同缔造活动，推进"完整社区"建设；九是着力加强党的建设，为住房和城乡建设事业高质量发展提供坚强政治保障。

2019 年 12 月 25 日，首都规划建设委员会在京召开第 38 次全体会议，传达学习习近平总书记在听取北京市规划和自然资源领域问题整改情况汇报时的重要讲话，审议通过《关于首都规划重大事项向党中央请示报告制度》，通报 2018 年度北京城市体检情况。会议强调，要深入学习贯彻习近平总书记重要讲话精神，深刻认识首都规划的特殊重要性，把首都规划建设放在党和国家工作大局中来把握。要坚持首都规划权属党中央，坚决维护规划的严肃性和权威性，落实北京主体责任和中央党政军机关共同责任，把对党中央负责和对首都人民群众负责统一起来，强化首规委把好关、管重点、强监督的职能作用，切实把按规划办事作为检验"两个维护"的重要试金石。

2020 年 1 月 3 日，中共中央总书记、国家主席习近平主持召开中央财经委员会第六次会议，研究黄河流域生态保护和高质量发展问题、推动成渝地区双城经济圈建设问题。习近平在会上发表重要讲话并强调，黄河流域必须下大气力进行大保护、大治理，走生态保护和高质量发展的路子；要推动成渝地区双城经济圈建设，在西部形成高质量发展的重要增长极。会议指出，要把握好黄河流域生态保护和高质量发展的原则，编好规划、加强落实。要坚持生态优先、绿色发展，从过度干预、过度利用向自然修复、休养生息转变，坚定走绿色、可持续的高质量发展之路。坚持统筹谋划、协同推进，立足于全流域和生态系统的整体性，共同抓好大保护、协同推进大治理。会议指出，推动成渝地区双城经济圈建设，有利于在西部形成高质量发展的重要增长极，打造内陆开放战略高地，对于推动高质量发展具有重要意义。要尊重客观规律，发挥比较优势，推进成渝地区统筹发展，促进产业、人口及各类生产要素合理流动和高效集聚，强化重庆和成都的中心城市带动作用，使成渝地区成为具有全国影响力的重要经济中心、科技创新中心、改革开放新高地、高品质生活宜居地，助推高质量发展。

2020年1月15日，中国雄安官网发布了经党中央同意、国务院批复的两部规划全文——《河北雄安新区起步区控制性规划》和《河北雄安新区启动区控制性详细规划》，标志着雄安新区规划建设进入新阶段。启动区作为雄安新区率先建设区域，承担着首批北京非首都功能疏解项目落地、高端创新要素集聚、高质量发展引领、新区雏形展现的重任，肩负着在深化改革、扩大开放、创新发展、城市治理、公共服务等方面先行先试，在新区开发建设上探索新路的重要使命；起步区作为雄安新区的主城区，肩负着集中承接北京非首都功能疏解的时代重任，承担着打造"雄安质量"样板、培育建设现代化经济体系新引擎的历史使命。

2020年1月17日，国务院办公厅印发《关于支持国家级新区深化改革创新加快推动高质量发展的指导意见》。《意见》指出，国家级新区是承担国家重大发展和改革开放战略任务的综合功能平台。要突出高起点规划、高标准建设、高水平开放、高质量发展，用改革的办法和市场化、法治化的手段，大力培育新动能、激发新活力、塑造新优势，努力成为高质量发展引领区、改革开放新高地、城市建设新标杆。《意见》要求，新区建设发展要实体为本，持续增强竞争优势；刀刃向内，加快完善体制机制；主动对标，全面提升开放水平；尊重规律，合理把握开发节奏。《意见》就加快推动新区高质量发展提出5个方面重点举措：（1）着力提升关键领域科技创新能力；（2）加快推动实体经济高质量发展；（3）持续增创体制机制新优势；（4）推动全方位高水平对外开放；（5）高标准推进建设管理。

2020年1月17日，自然资源部办公厅印发《省级国土空间规划编制指南（试行）》。为贯彻落实《中共中央 国务院关于建立国土空间规划体系并监督实施的若干意见》，推进省级国土空间规划编制，提高规划编制针对性、科学性和可操作性，《指南》规定了省级国土空间规划的定位、编制原则、任务、内容、程序、管控和指导要求等。《指南》提出以落实国家重大战略，按照全国国土空间规划纲要的主要目标、管控方向、重大任务等为目标，结合省城实际，明确省级国土空间发展的总体定位，确定国土空间开发保护目标。

2019—2020 年度城市规划相关法规文件索引

一、中共中央、国务院颁布政策法规

序号	政策法规名称	发文字号	发布日期
1	国务院关于在市场监管领域全面推行部门联合"双随机、一公开"监管的意见	国发〔2019〕5 号	2019 年 2 月 15 日
2	中共中央 国务院印发《粤港澳大湾区发展规划纲要》		2019 年 2 月 18 日
3	中共中央 国务院关于坚持农业农村优先发展做好"三农"工作的若干意见		2019 年 2 月 19 日
4	中共中央办公厅 国务院办公厅转发《中央农办、农业农村部、国家发展改革委关于深入学习浙江"千村示范、万村整治"工程经验扎实推进农村人居环境整治工作的报告》		2019 年 3 月 6 日
5	国务院关于设立大连大窑湾保税港区的批复	国函〔2006〕80 号	2019 年 3 月 19 日
6	国务院关于设立天津东疆保税港区的批复	国函〔2006〕81 号	2019 年 3 月 19 日
7	国务院办公厅关于修复贵州省生态环境问题的复函	国办函〔2004〕20 号	2019 年 3 月 23 日
8	国务院办公厅关于全面开展工程建设项目审批制度改革的实施意见	国办发〔2019〕11 号	2019 年 3 月 26 日
9	国务院关于横琴国际休闲旅游岛建设方案的批复	国函〔2019〕30 号	2019 年 4 月 1 日
10	国务院办公厅关于推进养老服务发展的意见	国办发〔2019〕5 号	2019 年 4 月 16 日
11	中共中央 国务院关于建立健全城乡融合发展体制机制和政策体系的意见		2019 年 5 月 5 日
12	中共中央办公厅 国务院办公厅印发《国家生态文明试验区(海南)实施方案》		2019 年 5 月 12 日
13	国务院关于同意郴州市建设国家可持续发展议程创新示范区的批复	国函〔2019〕44 号	2019 年 5 月 14 日
14	国务院关于同意临沧市建设国家可持续发展议程创新示范区的批复	国函〔2019〕45 号	2019 年 5 月 14 日
15	国务院关于同意承德市建设国家可持续发展议程创新示范区的批复	国函〔2019〕46 号	2019 年 5 月 14 日
16	中共中央办公厅 国务院办公厅印发《数字乡村发展战略纲要》		2019 年 5 月 16 日
17	中共中央 国务院关于建立国土空间规划体系并监督实施的若干意见		2019 年 5 月 23 日

序号	政策法规名称	发文字号	发布日期
18	国务院关于推进国家级经济技术开发区创新提升打造改革开放新高地的意见	国发〔2019〕11 号	2019 年 5 月 28 日
19	中共中央办公厅 国务院办公厅印发《中央生态环境保护督察工作规定》		2019 年 6 月 17 日
20	中共中央办公厅 国务院办公厅印发《关于加强和改进乡村治理的指导意见》		2019 年 6 月 23 日
21	国务院办公厅关于同意建立大运河文化保护传承利用工作省部际联席会议制度的函	国办函〔2019〕51 号	2019 年 6 月 24 日
22	中共中央办公厅 国务院办公厅印发《关于建立以国家公园为主体的自然保护地体系的指导意见》		2019 年 6 月 26 日
23	国务院关于促进乡村产业振兴的指导意见	国发〔2019〕12 号	2019 年 6 月 28 日
24	国务院办公厅关于完善建设用地使用权转让、出租、抵押二级市场的指导意见	国办发〔2019〕34 号	2019 年 7 月 19 日
25	国务院办公厅关于同意建立城镇化工作暨城乡融合发展工作部际联席会议制度的函	国办函〔2019〕67 号	2019 年 7 月 24 日
26	国务院关于印发中国（上海）自由贸易试验区临港新片区总体方案的通知	国发〔2019〕15 号	2019 年 8 月 6 日
27	国务院办公厅关于印发全国深化"放管服"改革优化营商环境电视电话会议重点任务分工方案的通知	国办发〔2019〕39 号	2019 年 8 月 12 日
28	中共中央 国务院关于支持深圳建设中国特色社会主义先行示范区的意见		2019 年 8 月 18 日
29	国务院办公厅关于进一步激发文化和旅游消费潜力的意见	国办发〔2019〕41 号	2019 年 8 月 23 日
30	国务院关于同意新设 6 个自由贸易试验区的批复	国函〔2019〕72 号	2019 年 8 月 26 日
31	国务院关于印发 6 个新设自由贸易试验区总体方案的通知	国发〔2019〕16 号	2019 年 8 月 26 日
32	国务院办公厅关于印发体育强国建设纲要的通知	国办发〔2019〕40 号	2019 年 9 月 2 日
33	国务院办公厅关于促进全民健身和体育消费推动体育产业高质量发展的意见	国办发〔2019〕43 号	2019 年 9 月 17 日
34	中共中央 国务院印发《交通强国建设纲要》		2019 年 9 月 19 日
35	国务院办公厅关于深化农村公路	国办发〔2019〕45 号	2019 年 9 月 23 日
36	国务院办公厅转发住房城乡建设部关于完善质量保障体系提升建筑工程品质指导意见的通知	国办函〔2019〕92 号	2019 年 9 月 24 日
37	中共中央办公厅 国务院办公厅印发《关于在国土空间规划中统筹划定落实三条控制线的指导意见》		2019 年 11 月 1 日
38	中共中央关于坚持和完善中国特色社会主义制度推进国家治理体系和治理能力现代化若干重大问题的决定		2019 年 11 月 5 日

续表

序号	政策法规名称	发文字号	发布日期
39	国务院关于开展第七次全国人口普查的通知	国发〔2019〕24 号	2019 年 11 月 8 日
40	国务院关于同意建设山西晋中国家农业高新技术产业示范区的批复	国函〔2019〕114 号	2019 年 11 月 26 日
41	国务院关于同意建设江苏南京国家农业高新技术产业示范区的批复	国函〔2019〕113 号	2019 年 11 月 26 日
42	中共中央 国务院印发《长江三角洲区域一体化发展规划纲要》		2019 年 12 月 1 日
43	国务院办公厅关于支持国家级新区深化改革创新加快推动高质量发展的指导意见	国办发〔2019〕58 号	2020 年 1 月 17 日
44	中共中央 国务院关于抓好"三农"领域重点工作确保如期实现全面小康的意见		2020 年 2 月 5 日
45	中共中央 国务院印发《国家综合立体交通网规划纲要》		2021 年 2 月 24 日

二、住房和城乡建设部等部委颁布政策法规

序号	政策法规名称	发文字号	发布日期
1	住房和城乡建设部 国家文物局关于公布第七批中国历史文化名镇名村的通知	建科〔2019〕12 号	2019 年 1 月 21 日
2	关于印发首批国家农村产业融合发展示范园名单的通知	发改农经〔2019〕245 号	2019 年 2 月 2 日
3	住房和城乡建设部办公厅关于开展农村住房建设试点工作的通知	建办村〔2019〕11 号	2019 年 2 月 2 日
4	印发《关于进一步推动进城农村贫困人口优先享有基本公共服务并有序实现市民化的实施意见》的通知	发改社会〔2019〕280 号	2019 年 2 月 13 日
5	国家发展改革委关于培育发展现代化都市圈的指导意见	发改规划〔2019〕328 号	2019 年 2 月 19 日
6	住房和城乡建设部关于在城乡人居环境建设和整治中开展美好环境与幸福生活共同缔造活动的指导意见	建村〔2019〕19 号	2019 年 2 月 22 日
7	住房和城乡建设部关于公布 2019 年全国城市排水防涝安全及重要易涝点整治责任人名单的通告	建城函〔2019〕37 号	2019 年 3 月 1 日
8	国家发展改革委办公厅关于开展第二批国家农村产业融合发展示范园创建工作的通知	发改办农经〔2019〕334 号	2019 年 3 月 15 日
9	国家发展改革委关于印发《2019 年新型城镇化建设重点任务》的通知	发改规划〔2019〕617 号	2019 年 3 月 31 日

序号	政策法规名称	发文字号	发布日期
10	住房和城乡建设部关于发布国家标准《城市绿地规划标准》的公告	中华人民共和国住房和城乡建设部公告2019年第99号	2019年4月9日
11	国家发展改革委 科技部关于构建市场导向的绿色技术创新体系的指导意见	发改环资〔2019〕689号	2019年4月15日
12	住房和城乡建设部等部门关于在全国地级及以上城市全面开展生活垃圾分类工作的通知	建城〔2019〕56号	2019年4月26日
13	住房和城乡建设部 生态环境部 发展改革委关于印发城镇污水处理提质增效三年行动方案(2019—2021年)的通知	建城〔2019〕52号	2019年4月29日
14	住房和城乡建设部 国家发展改革委 财政部 自然资源部关于进一步规范发展公租房的意见	建保〔2019〕55号	2019年5月7日
15	住房和城乡建设部 国家文物局关于历史文化名城名镇名村保护工作评估检查情况的通报	建科函〔2019〕95号	2019年5月13日
16	自然资源部关于全面开展国土空间规划工作的通知	自然资发〔2019〕87号	2019年5月28日
17	关于2019年全国节能宣传周和全国低碳日活动的通知	发改环资〔2019〕999号	2019年6月6日
18	住房和城乡建设部办公厅关于成立部城市体检专家指导委员会的通知	建办科函〔2019〕359号	2019年6月11日
19	住房和城乡建设部办公厅关于印发《城市地下综合管廊建设规划技术导则》的通知	建办城函〔2019〕363号	2019年6月13日
20	国家发展改革委关于依法依规加强PPP项目投资和建设管理的通知	发改投资规〔2019〕1098号	2019年6月21日
21	国家发展改革委办公厅关于推广第二批国家新型城镇化综合试点等地区经验的通知	发改办规划〔2019〕727号	2019年6月25日
22	国家发展改革委办公厅 生态环境部办公厅关于深入推进园区环境污染第三方治理的通知	发改办环资〔2019〕785号	2019年7月11日
23	关于印发《全国社会足球场地设施建设专项行动实施方案(试行)》的通知	发改社会〔2019〕1222号	2019年7月12日
24	关于进一步加快推进中西部地区城镇污水垃圾处理有关工作的通知	发改环资〔2019〕1227号	2019年7月13日
25	住房和城乡建设部 财政部 国务院扶贫办关于决战决胜脱贫攻坚 进一步做好农村危房改造工作的通知	建村〔2019〕83号	2019年7月29日
26	矿产资源规划编制实施办法		2019年8月14日
27	关于印发《促进健康产业高质量发展行动纲要(2019—2022年)》的通知	发改社会〔2019〕1427号	2019年8月28日

序号	政策法规名称	发文字号	发布日期
28	住房和城乡建设部办公厅关于再次征求《城乡给水工程项目规范》等住房和城乡建设领域全文强制性工程建设规范意见的函	建办标函〔2019〕492号	2019年8月30日
29	住房和城乡建设部办公厅关于开展第十三届中国国际园林博览会承办城市遴选工作的通知	建办城函〔2019〕506号	2019年9月6日
30	住房和城乡建设部办公厅关于加强贫困地区传统村落保护工作的通知	建办村〔2019〕61号	2019年9月12日
31	自然资源部关于以"多规合一"为基础推进规划用地"多审合一、多证合一"改革的通知	自然资规〔2019〕2号	2019年9月20日
32	自然资源部办公厅关于开展全国矿产资源规划（2021—2025年）重大专题研究的函	自然资办函〔2019〕1734号	2019年10月8日
33	住房和城乡建设部办公厅关于开展2019年"世界城市日"主题宣传活动的通知		2019年10月10日
34	住房和城乡建设部办公厅关于组织申报第二批装配式建筑示范城市和产业基地的通知	建办标函〔2019〕585号	2019年10月17日
35	国家发展改革委办公厅 工业和信息化部办公厅关于发布资源综合利用基地名单的通知	发改办环资〔2019〕1009号	2019年10月28日
36	国家发展改革委关于印发《绿色生活创建行动总体方案》的通知	发改环资〔2019〕1696号	2019年10月29日
37	住房和城乡建设部办公厅关于做好2019年全国村庄建设调查工作的通知	建办村函〔2019〕637号	2019年11月14日
38	住房和城乡建设部关于发布行业标准《城市照明建设规划标准》的公告	中华人民共和国住房和城乡建设部公告2019年第293号	2019年11月15日
39	住房和城乡建设部 工业和信息化部 国家广播电视总局 国家能源局关于进一步加强城市地下管线建设管理有关工作的通知	建城〔2019〕100号	2019年11月25日
40	自然资源部关于加强规划和用地保障支持养老服务发展的指导意见	自然资规〔2019〕3号	2019年12月5日
41	关于促进"互联网＋社会服务"发展的意见	发改高技〔2019〕1903号	2019年12月6日
42	关于开展国家城乡融合发展试验区工作的通知	发改规划〔2019〕1947号	2019年12月19日
43	关于加快促进有能力在城镇稳定就业生活的农村贫困人口落户城镇的意见	发改规划〔2019〕1976号	2019年12月21日
44	住房和城乡建设部 工业和信息化部 国家广播电视总局 国家能源局关于进一步加强城市地下管线建设管理有关工作的通知	建城〔2019〕100号	2019年11月25日
45	住房和城乡建设部办公厅关于开展住宅工程质量信息公示试点的通知	建办质函〔2019〕757号	2019年12月31日

续表

序号	政策法规名称	发文字号	发布日期
46	住房和城乡建设部关于开展人行道净化和自行车专用道建设工作的意见	建城〔2020〕3号	2020年1月3日
47	住房和城乡建设部关于命名2019年国家生态园林城市、园林城市(县城、城镇)的通知	建城〔2020〕17号	2020年1月22日
48	住房和城乡建设部办公厅关于应对新型冠状病毒感染的肺炎疫情做好住房公积金管理服务工作的通知	建办金函〔2020〕71号	2020年2月10日
49	住房和城乡建设部 财政部 人民银行关于妥善应对新冠肺炎疫情实施住房公积金阶段性支持政策的通知	建金〔2020〕23号	2020年2月21日
50	关于印发新冠肺炎应急救治设施负压病区建筑技术导则(试行)的通知	国卫办规划函〔2020〕166号	2020年2月27日